DSP
技术完全攻略
——基于TI系列的DSP设计与开发

钟　睿　主　编
李尚柏　副主编
粟思科　审

化学工业出版社
·北京·

本书采用通俗易懂、轻松灵活的语言介绍了DSP的设计与开发攻略，循序渐进地介绍了TI公司C2000、C5000、C6000三大主流DSP的基本结构、开发步骤以及应用实例。全书共分为三部分：基础原理部分介绍了DSP的基本概念以及主流DSP芯片的常用硬件资源；DSP软件资源部分介绍了指令系统与CCS集成开发环境；实例部分重点讨论了DSP开发中最常见、最有特色的例程。同时还总结了一些非常有用，但有时容易忽略的知识点。本书内容实用，且系统性强、理论联系实际，能够使读者快速、全面地掌握DSP系统设计与开发技巧。

本书适合DSP技术初学者、从事DSP系统设计与开发的工程技术人员阅读使用，也可用作高等院校的电子、自动化、计算机等相关专业的参考书。

图书在版编目（CIP）数据

DSP技术完全攻略——基于TI系列的DSP设计与开发/钟睿主编．北京：化学工业出版社，2015.1
ISBN 978-7-122-21756-1

Ⅰ.①D… Ⅱ.①钟… Ⅲ.①数字信号处理 Ⅳ.①TN911.72

中国版本图书馆CIP数据核字（2014）第206650号

责任编辑：李军亮　耍利娜　　　　　　　　装帧设计：刘丽华
责任校对：王素芹

出版发行：化学工业出版社（北京市东城区青年湖南街13号　邮政编码100011）
印　　刷：北京市永鑫印刷有限责任公司
装　　订：三河市宇鑫装订厂
787mm×1092mm　1/16　印张27½　字数665千字　2015年2月北京第1版第1次印刷

购书咨询：010-64518888（传真：010-64519686）　　售后服务：010-64518899
网　　址：http://www.cip.com.cn
凡购买本书，如有缺损质量问题，本社销售中心负责调换。

定　　价：98.00元

前 言

>>>>>>>>>

自从 20 世纪 80 年代初，世界上第一块可编程 DSP 芯片诞生以来，DSP 技术取得了飞速的发展，并已在众多领域得到了广泛应用。无论是在工业控制，还是在消费电子领域，无不体现了 DSP 技术带给人们生活的巨大变化。

随着 DSP 时代的到来，专业的 DSP 开发人才相当紧缺，因此，学习 DSP 技术受到了广大技术人员的追捧。其中，TI 公司的 DSP 产品无疑是目前市场的主流，占据了大部分市场份额，因此学习 TI 公司主流 DSP 产品的开发技术具有非常良好的工作前景。

初次接触 DSP 技术的开发人员或许带有这样的疑虑，认为 DSP 技术和数字信号处理的理论算法等息息相关，由于很多开发人员畏惧其中复杂的数学公式，因此对学习 DSP 开发信心不足。然而编者仍要鼓励这部分因畏惧繁琐信号推导数学公式的读者，DSP 技术是一门涉及众多交叉学科知识点的学科，还有很多内容是偏向于上层应用技术，如计算机技术、电子技术等。也许因为缺少深入的理论知识，你暂时成不了 DSP 技术的专家，但这并不能阻碍你成为一名优秀的"工匠"。

本书编者一直从事 DSP 领域的科研、开发应用和教学工作，积累了丰富的经验。本书就是作者多年来在 DSP 领域工作经验的结晶，书中的应用实例也是从作者的工作实践中节选而来的，相信对初学者非常有帮助。

DSP 技术的学习和其他嵌入式芯片的学习基本一致，关注的永远是两个"永恒"的话题：能做什么和怎么做。能做什么，是指 DSP 的硬件结构、硬件资源，这些内容决定了一款 DSP 能完成哪些工作；怎么做，则是要求开发人员还需要了解一款 DSP 的指令系统、开发环境、基本硬件设计等内容，即让 DSP 去完成自己可以完成的工作。

市面上的 DSP 学习参考书不少，总体来说内容还是在回答上面的两个问题。但编者要指出的是，TI 公司 DSP 技术的内容是相当丰富的，一本书终归篇幅有限，即使内容介绍得再详细，比起 TI 公司提供的用户手册、开发手册等资料而言，一本书的内容实在还是太少了。那么书的意义在于哪里呢？编者以为书的意义在于提纲挈领，把重点的、常用的知识点有条理地介绍给读者。读者可以通过书先对 DSP 的知识点有初步的认识，然后再深入对照阅读 TI 公司的技术文档，相互补充，这样一定是有所裨益的。

本书特点

本书的内容主要针对 DSP 初学者和对 DSP 具体开发需要帮助的读者。这部分读者往往希望对 TI 公司的 DSP 产品有一个总体了解；又或者希望能有几个详细的实例，解决开发中遇到的问题。因此本书在编排和目录组织上十分讲究，通过目录读者可快速地浏览和查阅所关心的内容。本书中的每个知识点都是以简短的篇幅介绍其中最基本、最常用的内容。通过精心设计的一些编程实例，阐述 DSP 的基本内容和设计方法，避免了枯燥而空洞的说教，在循序渐进的阅读中使读者掌握 DSP 系统的原理、开发流程和应用程序设计方法，从而激发读者对 DSP 系统的兴趣。

概括来讲，本书具有如下特点。

□取材广泛，内容丰富。包含 TI 公司 3 大主流系列 DSP 的基本知识点。既有原理介绍，又有应用实例分析。

□实例完整，结构清晰。本书选择的实例以及代码实现都有明确的针对性，且在内容安排上由浅入深、循序渐进。

□讲解通俗，步骤详细。每个实例的开发步骤都是以通俗易懂的语言阐述，并穿插图片和表格。

□代码准确，注释清晰。本书所有实例的代码都经过严格测试，并有详尽的注释，以便于读者理解核心代码的功能和逻辑意义。

组织结构

全书共分 12 章，可分为 3 部分。第 1 部分（第 1~4 章）为 DSP 的概念和硬件资源介绍，着重介绍 DSP 的结构组成、硬件资源等内容；第 2 部分（第 5、6 章）为 DSP 软件资源和开发环境介绍，着重介绍 DSP 指令系统、CCS 集成开发环境使用等内容；第 3 部分（第 7~12 章）为 DSP 开发实例介绍，着重介绍最基础、最常用以及一些容易忽略的应用范例。

读者对象

□ DSP 技术初学者。

□ DSP 系统设计和开发人员。

□高等院校相关专业学生。

□大中专院校相关专业学生。

编者与致谢

本书由钟睿主编，李尚柏副主编，粟思科审。其中，钟睿编写第 1~6 章，李尚柏编写第 7~12 章。全书内容与结构由钟睿规划、通稿，由粟思科审。书中源代码的调试工作亦由编者负责完成。

参与本书编写工作的人员还有王治国、钟晓林、王娟、胡静、杨龙、张成林、方明、王波、雷晓、李军华、陈晓云、方鹏、龙帆、刘亚航、凌云鹏、陈龙、曹淑明、徐伟、杨阳、张宇、刘挺、单琳、

吴川、李鹏、李岩、朱榕、陈思涛和孙浩。

感谢我的同事，在进行 DSP 系统的设计与开发中，大家共同讨论、互相启发，许多疑难问题才得以澄清。本书的部分内容也有他们的贡献。感谢我的家人，在他们的鼓励和支持下，我才坚持把这本书完成。

配套服务

我们为 DSP 读者和用户尽心服务，围绕 DSP 技术、产品和项目市场，探讨应用与发展，发掘热点与重点，提供技术支持，俱乐部 QQ：2216417551，欢迎读者讨论交流。

由于编者水平有限，加之 DSP 技术的快速发展，书中难免有不恰当的地方，恳请广大读者及同行专家批评指正。我们的联络方式：hwhpc @163. com。

编者

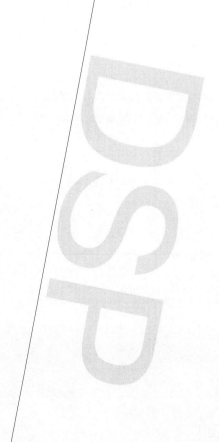

目 录

◂◂◂◂◂◂◂

DSP

基础知识篇

第1章 新手入门

1.1 信号 ……………………………………………………………… 2

1.2 数字信号处理 …………………………………………………… 3

1.3 初识 DSP ………………………………………………………… 4

   1.3.1 DSP 概述 ………………………………………………… 4

   1.3.2 为什么 DSP 能算这么快 ……………………………… 5

   1.3.3 DSP 芯片的现状与发展趋势 ………………………… 7

1.4 DSP 的主流与非主流 …………………………………………… 9

   1.4.1 N 多种 DSP …………………………………………… 9

   1.4.2 你会选择谁 …………………………………………… 10

   1.4.3 TI 公司主流 DSP …………………………………… 12

1.5 DSP 和其他微芯片的比较 …………………………………… 13

   1.5.1 DSP 和单片机的比较 ………………………………… 13

   1.5.2 DSP 和 ARM 的比较 ………………………………… 13

1.6 如何玩转 DSP …………………………………………………… 14

   1.6.1 DSP 技术知识点准备 ………………………………… 14

   1.6.2 DSP 参考资料 ………………………………………… 14

   1.6.3 DSP 开发流程 ………………………………………… 15

   1.6.4 DSP 软件、硬件开发 ………………………………… 16

1.7 要点与思考 ……………………………………………………… 16

第2章 数字控制利器——TMS320C24x系列

2.1 TMS320C24x 系列 CPU 简介 ………………………………… 18

2.2 CPU 结构和内核 ………………………………………………… 19

2.3 系统总线 ………………………………………………………… 20

2.4 CPU 内核 ………………………………………………………… 21

   2.4.1 输入定标移位器 ……………………………………… 21

2.4.2　乘法器 ··· 22

2.4.3　中央算术逻辑单元 ··· 23

2.4.4　累加器（ACC）·· 24

2.4.5　输出数据定标移位器 ··· 25

2.4.6　辅助寄存器算术单元 ··· 25

2.4.7　状态寄存器 ··· 26

2.5　存储器与 I/O 空间 ·· 28

2.5.1　片内存储器 ··· 28

2.5.2　程序存储器 ··· 29

2.5.3　数据存储器 ··· 30

2.5.4　I/O 空间 ··· 32

2.5.5　外部存储器接口 ·· 34

2.6　寻址方式 ··· 35

2.7　系统配置寄存器 ··· 36

2.7.1　系统控制和状态寄存器 1（SCSR1）···················· 36

2.7.2　系统控制和状态寄存器 2（SCSR2）···················· 38

2.7.3　器件标识号寄存器（DINR）····························· 38

2.8　中断 ··· 39

2.8.1　中断优先级和中断向量表 ···································· 39

2.8.2　外设中断扩展控制器 ··· 42

2.8.3　中断向量表 ··· 43

2.8.4　全局中断使能 ··· 44

2.8.5　中断响应过程 ··· 44

2.8.6　中断响应延迟处理 ··· 45

2.8.7　中断寄存器 ··· 46

2.8.8　外设中断寄存器 ·· 46

2.8.9　复位与无效地址检测 ··· 51

2.8.10　外部中断控制寄存器 ·· 51

2.9　程序控制 ··· 52

2.9.1　程序地址的产生 ·· 52

2.9.2　流水线操作 ··· 54

2.9.3　无条件转移、调用和返回 ···································· 55

2.9.4　有条件转移、调用和返回 ···································· 55

2.9.5　重复指令 ··· 56

2.10　看门狗（Watch Dog，简称 WD）·························· 57

2.11　TMS320x240x 的片上外设 ································· 58

2.11.1　通用 I/O 模块（GPIO）······························· 58

2.11.2　事件管理器（EV）····································· 60

2.11.3　捕获单元 ··· 69

2.11.4　正交编码脉冲（QEP）电路 ····························· 72

    2.11.5　模数转换模块（ADC）･･･････････････････････ 73

    2.11.6　SCI串行通信接口模块 ･･････････････････････ 79

    2.11.7　SPI串行外设接口模块 ･･････････････････････ 80

    2.11.8　CAN控制器模块 ･･････････････････････････ 80

  2.12　要点与思考 ･････････････････････････････････ 82

第3章 适合便携终端的低功耗产品——TMS320C54x系列

3.1　TMS320C54x系列CPU简介 ･･･････････････････ 83

3.2　总线结构 ･･････････････････････････････････ 85

3.3　CPU内核 ･･･････････････････････････････････ 86

  3.3.1　算术逻辑运算单元ALU ････････････････････ 87

  3.3.2　累加器 ･･････････････････････････････････ 88

  3.3.3　桶形移位寄存器 ･･･････････････････････････ 89

  3.3.4　乘法-加法累加单元（MAC）･･･････････････････ 90

  3.3.5　比较、选择和存储单元CSSU ･･････････････････ 91

  3.3.6　指数编码器 ･･･････････････････････････････ 92

  3.3.7　CPU寄存器 ･･････････････････････････････ 92

3.4　存储器 ････････････････････････････････････ 94

  3.4.1　存储器结构 ･･･････････････････････････････ 95

  3.4.2　程序存储器 ･･･････････････････････････････ 96

  3.4.3　数据存储器 ･･･････････････････････････････ 98

  3.4.4　I/O存储器空间 ･･･････････････････････････ 100

3.5　中断系统 ･･･････････････････････････････････ 100

  3.5.1　中断寄存器 ･･･････････････････････････････ 100

  3.5.2　中断控制 ･･･････････････････････････････ 101

3.6　片内外设 ･･･････････････････････････････････ 105

  3.6.1　通用I/O引脚 ････････････････････････････ 105

  3.6.2　定时器 ･･････････････････････････････････ 105

  3.6.3　时钟发生器 ･･･････････････････････････････ 106

  3.6.4　主机接口（HPI）･･････････････････････････ 108

  3.6.5　串行口 ･････････････････････････････････ 109

3.7　要点与思考 ････････････････････････････････ 112

第4章 高性能的代表——TMS320C6000系列

4.1　TMS320C6000系列简介 ････････････････････････ 113

4.2　CPU结构 ･･････････････････････････････････ 114

  4.2.1　程序执行机构 ････････････････････････････ 115

  4.2.2　控制寄存器组 ････････････････････････････ 119

  4.2.3　控制状态寄存器 ･･････････････････････････ 119

4.3 存储器 ……………………………………………………… 120
　4.3.1 程序存储器及其控制器 ………………………………… 121
　4.3.2 数据存储器及其控制器 ………………………………… 122
4.4 中断 …………………………………………………………… 124
　4.4.1 中断类型和优先级 ……………………………………… 124
　4.4.2 中断源 …………………………………………………… 124
　4.4.3 中断寄存器 ……………………………………………… 126
4.5 片内集成外设 ………………………………………………… 126
　4.5.1 外部存储器接口（EMIF）……………………………… 127
　4.5.2 扩展总线 xBus …………………………………………… 130
4.6 要点与思考 …………………………………………………… 133

软件资源篇

第5章 开发好帮手——CCS集成开发环境

5.1 CCS 概述 …………………………………………………… 135
5.2 CCS 的安装与配置 ………………………………………… 137
5.3 CCS 文件类型 ……………………………………………… 138
5.4 CCS 基本界面 ……………………………………………… 139
　5.4.1 主界面 …………………………………………………… 139
　5.4.2 主菜单 …………………………………………………… 139
5.5 CCS 开发入门 ……………………………………………… 140
　5.5.1 创建工程 ………………………………………………… 140
　5.5.2 项目文件操作 …………………………………………… 141
　5.5.3 工程配置 ………………………………………………… 142
　5.5.4 工程从属关系 …………………………………………… 142
　5.5.5 编译和运行程序 ………………………………………… 143
5.6 基础调试 ……………………………………………………… 144
　5.6.1 调试设置 ………………………………………………… 145
　5.6.2 运行与单步调试 ………………………………………… 145
　5.6.3 断点 ……………………………………………………… 147
　5.6.4 探针点 …………………………………………………… 147
　5.6.5 观察窗口 ………………………………………………… 149
　5.6.6 内存窗口 ………………………………………………… 150
　5.6.7 寄存器窗口 ……………………………………………… 152
　5.6.8 反汇编模式/混合模式 ………………………………… 152
5.7 基础软件 ……………………………………………………… 153
5.8 要点与思考 …………………………………………………… 154

第6章 指挥工作靠软件——指令和C语言程序设计

6.1 概述 ··· 155

6.2 C2000 指令系统 ·· 155

　6.2.1 C2000 寻址方式 ······································ 155

　6.2.2 C2000 常用指令集 ···································· 156

　6.2.3 C2000 常用伪指令 ···································· 157

6.3 C5000 指令系统 ·· 157

　6.3.1 C5000 寻址方式 ······································ 157

　6.3.2 C5000 常用指令集 ···································· 158

　6.3.3 C5000 常用伪指令 ···································· 159

6.4 C6000 指令结构 ·· 160

　6.4.1 C6000 系列的基本寻址方式 ························· 160

　6.4.2 C6000 常用指令集 ···································· 160

6.5 详细指令集 ··· 161

6.6 DSP 的 C 语言开发 ······································· 171

　6.6.1 简介 ··· 171

　6.6.2 DSP C 语言数据类型 ·································· 172

　6.6.3 寄存器变量 ··· 172

　6.6.4 pragma 伪指令 ·· 172

　6.6.5 ASM 语句 ·· 173

　6.6.6 I/O 空间访问 ··· 173

　6.6.7 数据空间访问 ··· 173

　6.6.8 中断服务函数 ··· 173

　6.6.9 初始化系统 ··· 174

6.7 DSP 汇编语言/C 语言混合编程 ·························· 174

　6.7.1 混合编程环境设置 ···································· 174

　6.7.2 内嵌汇编语句 ··· 177

　6.7.3 C 语言访问汇编程序变量 ···························· 177

6.8 要点与思考 ··· 178

应用实例篇

第7章 实施工作靠硬件——基本DSP硬件平台搭建

7.1 概述 ··· 180

7.2 DSP 最小系统 ·· 181

　7.2.1 电源电路设计 ··· 181

　7.2.2 复位和时钟电路设计 ·································· 184

　7.2.3 JTAG 接口电路设计 ·································· 186

7.3 C6x DSP 与 Flash 存储器的接口 ······················ 187

　7.3.1 C6x EMIF 接口 ······································· 187

7.3.2　EMIF 与 Flash 存储器接口 ·············· 191

7.3.3　Flash 编程示例 ·············· 195

7.4　C6x DSP 与 SDRAM 存储器的接口 ·············· 199

7.4.1　C6x 兼容的 SDRAM 类型 ·············· 199

7.4.2　C6x EMIF 与 SDRAM 接口特点及其接口信号 ·············· 201

7.4.3　C6x EMIF 的 SDRAM 控制寄存器 ·············· 203

7.4.4　EMIF 支持的 SDRAM 命令及其时序参数 ·············· 206

7.4.5　C6713B 与 MT48LC4M32B2 SDRAM 的接口 ·············· 212

7.5　要点与思考 ·············· 214

第8章　最常见DSP硬件资源配置与应用

8.1　概述 ·············· 215

8.2　芯片支持库简介 ·············· 216

8.2.1　CSL 架构 ·············· 216

8.2.2　CSL 的命名规则和数据类型 ·············· 219

8.2.3　CSL 函数 ·············· 220

8.2.4　CSL 宏 ·············· 221

8.2.5　CSL 的资源管理 ·············· 222

8.2.6　芯片支持库的使用 ·············· 223

8.3　定时器和中断应用程序设计 ·············· 224

8.3.1　C6x 中断控制器 ·············· 224

8.3.2　芯片支持库的中断模块 IRQ ·············· 230

8.3.3　定时器 ·············· 233

8.3.4　芯片支持库的定时器模块 TIMER ·············· 235

8.3.5　定时器和中断应用实例 ·············· 238

8.4　DMA 和 McBSP 应用程序设计 ·············· 242

8.4.1　C54xx 的 DMA 控制器 ·············· 243

8.4.2　芯片支持库的直接存储器访问模块 DMA ·············· 249

8.4.3　C54xx 的多通道缓冲串口 McBSP ·············· 252

8.4.4　芯片支持库的多通道串口模块 McBSP ·············· 262

8.4.5　DMA 和 McBSP 应用实例 ·············· 265

8.5　要点与思考 ·············· 276

第9章　让程序自己跑起来 —— DSP程序的引导

9.1　概述 ·············· 278

9.2　LF240x DSP 程序的引导 ·············· 279

9.2.1　引导硬件配置 ·············· 279

9.2.2　SPI 同步传输协议和数据格式 ·············· 281

9.2.3　SCI 异步传输协议和数据格式 ·············· 281

9.3　C54x DSP 程序的引导 ·· 282
　9.3.1　引导模式选择 ··· 283
　9.3.2　HPI 引导 ··· 284
　9.3.3　串行 EEPROM 引导 ·· 286
　9.3.4　并行引导 ··· 288
　9.3.5　标准串行引导 ··· 290
　9.3.6　I/O 引导 ··· 291
　9.3.7　产生引导表 ··· 292

9.4　C6x DSP 程序的引导 ··· 297
　9.4.1　引导控制逻辑 ··· 297
　9.4.2　两级引导过程 ··· 299
　9.4.3　创建二级引导应用程序 ······································ 300
　9.4.4　编写用户引导程序 ·· 302
　9.4.5　C6x 程序的烧录 ··· 305
　9.4.6　关于用户引导程序的进一步讨论 ······························ 308

9.5　要点与思考 ··· 313

第10章　回归原点 —— DSP在信号处理上的应用

10.1　概述 ··· 315

10.2　基于 DSP 的信号源设计 ·· 316
　10.2.1　信号的生成与输出 ··· 316
　10.2.2　正弦信号的产生 ··· 318
　10.2.3　调幅信号的产生 ··· 326

10.3　FIR 滤波器 ·· 329
　10.3.1　FIR 滤波器程序设计考虑 ····································· 329
　10.3.2　FIR 滤波器在 C54x DSP 上的实现 ····························· 331

10.4　IIR 滤波器 ·· 337
　10.4.1　IIR 滤波器程序设计考虑 ····································· 337
　10.4.2　IIR 滤波器在 C67x 上的实现 ································· 339

10.5　快速傅里叶变换（FFT） ·· 343
　10.5.1　FFT 算法原理简介 ·· 343
　10.5.2　FFT 算法的编程考虑 ·· 343
　10.5.3　FFT 算法在 C67x 上的实现 ··································· 346

10.6　要点与思考 ·· 352

第11章　也许有一天你就会遇到——DSP覆盖（Overlay）程序设计

11.1　概述 ··· 353

11.2　链接命令文件 ·· 354
　11.2.1　MEMORY 指令 ·· 355

　　　11.2.2　SECTIONS 指令 ··· 357
11.3　Overlay 源程序设计 ··· 363
　　　11.3.1　程序功能划分的考虑 ·· 363
　　　11.3.2　设计实例 ··· 364
　　　11.3.3　Overlay 模块的动态加载 ··································· 377
11.4　Overlay 程序的调试和运行 ·· 377
　　　11.4.1　加载 Overlay 代码模块到外部内存 ······················ 378
　　　11.4.2　Overlay 代码的跟踪调试 ··································· 378
11.5　要点与思考 ··· 382

第12章　给自己的程序打个分——DSP实时数据交换技术(RTDX)

12.1　概述 ··· 383
12.2　RTDX 详解 ·· 384
　　　12.2.1　RTDX 的工作原理 ·· 384
　　　12.2.2　RTDX 用户接口 ··· 385
　　　12.2.3　RTDX 的 COM 接口 ··· 387
　　　12.2.4　主机 RTDX 配置 ·· 393
　　　12.2.5　RTDX 目标库缓冲区的配置 ································ 395
12.3　使用 RTDX 工具 ·· 397
　　　12.3.1　RTDX 监视工具 ··· 397
　　　12.3.2　RTDX 诊断工具 ··· 397
　　　12.3.3　日志文件查阅工具 ·· 401
12.4　RTDX 工程实例 ·· 401
　　　12.4.1　目标应用程序 ··· 402
　　　12.4.2　主机客户程序 ··· 405
　　　12.4.3　RTDX 程序的调试 ··· 409
　　　12.4.4　RTDX 程序的性能考虑 ······································ 411
12.5　RTDX 应用实例 ·· 412
　　　12.5.1　目标应用程序 ··· 413
　　　12.5.2　主机客户程序 ··· 421
12.6　要点与思考 ·· 424

参考文献

基础知识篇

DSP 技术是一门涉及众多交叉学科知识点且又被广泛应用的技术。毫无疑问，DSP 目前是信息技术领域应用的热点，受到广大开发人员的追捧。初学者在学习 DSP 的时候充满激情，一开始就扎进各种参考资料，去研究硬件接口、软件编程等容易实践的内容。实际上，这么做还只是单纯地将 DSP 当成了一种计算机技术去对待，这是比较片面的。这样容易带来一个问题，就是开发人员往往忽略了这门技术的意义、目的、应用领域、发展情况等。换句话说，就是缺乏了解概述性的内容。而笔者认为，掌握这些总体性的知识，对开发人员来说，也是有所裨益的。

笔者建议 DSP 初学者在入门的时候需要首先清楚或者至少了解以下几方面内容：①DSP 是种什么器件？和其他通用微处理器有什么区别？它的主要特点和功能是什么？②DSP 能用在哪些领域？适合解决哪些问题？③如何进行 DSP 入门学习？需要做哪些软件和硬件开发的准备？

本书的第 1～4 章为 DSP 基础知识介绍，说白了就是为读者介绍以上 3 点的内容。文字不求过多过细，力求提纲挈领，起到磨刀不误砍柴工的效果。第 1 章主要介绍一些概念性的内容，第 2～4 章对基于 TI 公司的 DSP 进行了详细介绍。笔者以为，对于初学者而言，DSP 的硬件资源，包含 CPU 结构、存储器、寄存器等内容，是最不容易学习的。所谓不容易，并不是说这部分很难，而是这些内容纷繁复杂，不像实物可以动手把玩，不像软件可以上机操作。这些内容往往都是停留在书面的文字，是一些定义和描述，非常枯燥，而且往往记不住，因此学习起来令人抓狂。此外，由于书本的篇幅限制，往往需要将书本提纲性的内容和 TI 公司的英文资料具体内容对照阅读，这也使得部分对英语不"感冒"的读者感到麻烦。不过笔者仍然要强调，学习微处理，包括 DSP、ARM、单片机等，无论怎么变化，所学内容归纳起来就两句话：能做什么，怎么做。对应的就是 DSP 有什么硬件资源，如何操作这些资源。所谓万事开头难，只要多一点耐性，掌握这些内容还是比较容易的。

新手入门

 本章要点

◆ 数字信号处理的基本概念

◆ DSP为什么适合用于信号处理

◆ TI公司主流DSP的特点和应用

1.1 信号

信号，这个看似简单的名词，却很难给它一个非常准确的定义。通俗地讲，信号是运载信息的工具，是信息的载体，它通过某种物理形式表现出来，例如电波、光波、声波等。信号可以被人们获取、感知，这里所指的获取和感知，并不简单指人们能听得到，看得见，而是指把信号输入一个系统，通过系统的某些特殊处理，使人们能够提取到对信号中感兴趣的信息。这一处理过程就是信号处理，而这个系统则被称为信号处理系统。

最容易理解和认识的是模拟信号。它是指时间连续、幅度连续的信号。模拟信号的主要优点是信息密度高，由于不存在人为量化描述所造成的误差，因此，模拟信号可以尽可能逼近地反映自然界物理量的真实值。模拟信号的处理也相对简单，可以直接通过模拟电路组件来实现。然而，模拟信号极容易受到环境中各种其他随机或者非随机信号的干扰，人们常把这种对原始信号的干扰称为噪声。当信号被多次复制，或进行长距离传输之后，这些噪声的影响会变得十分明显，从而使原始信号产生严重损害，使得人们几乎不可能通过信号处理从受损后的模拟信号获得最原始的信息。因此，即使模拟信号最能逼近描述真实的物理信号，在这种情况下也没有意义了。

与模拟信号对应的是数字信号。用最简单的话来说，数字信号是对模拟信号进行抽样、量化和编码的结果。抽样是指在时间上将模拟信号离散化；量化是指在幅度上将模拟信号离散化；编码则是按照一定的规律，将量化后的幅度值用二进制数字表示，然后转换成数字信号流。数字信号最大的优点是抗干扰能力强，无噪声累积，因此在通信、存储、多媒体、图像识别、医学工程、工业检测、雷达等领域有着极其广泛的应用。

1.2 数字信号处理

一般而言，人们最初接触数字信号多来自数字产品。尤其是在全球进入信息化时代后，无论普通群众还是专业人士，都不可避免地会接触到数字产品。其中最直观的感受莫过于来自消费电子产品领域，例如 CD、VCD、电脑、数字电话等，如雨后春笋般涌现的数字产品让人充分领略了数字化革命的成果。

以上种种成果的取得，都离不开数字信号处理技术。数字信号处理技术并非单指数字信号处理理论，而更多的是偏向应用实现技术。它以数字信号处理理论、硬件技术、软件技术为基础，研究数字信号处理算法及其实现方法。可以这么概括，数字信号处理是利用数字计算机或其他专门数字硬件，对数字信号所进行的一切变换或按照预设规则所进行的一切加工处理运算。可以对数字信号进行采集、变换、滤波、估值、增强等处理。这些处理的实质是对数字信号进行变换，使之能够更直观地表达，以符合人们的需要和习惯。

普遍认为，数字信号处理技术诞生于 20 世纪 40～60 年代。随着计算机和信息技术的飞速发展，数字信号处理技术也取得了迅速的发展。从内容来看，数字信号处理主要研究以下方面的内容。

① 信号采集技术（如 A/D）。

② 离散时间信号的分析（时域和频域分析）。

③ 离散时间系统分析（系统描述、系统函数、频率特性）。

④ 信号处理中的快速算法（FFT）。

⑤ 滤波技术（如 IIR、FIR 等）。

⑥ 信号的建模（AR、MA、ARMA 等模型）。

⑦ 信号处理的特殊算法（如 Chirp-Z）。

⑧ 信号处理技术的实现（如 DSP）。

⑨ 信号处理技术的应用。

可以看到，数字信号处理是围绕着理论、实现和应用等几个方面发展起来的。数字信号处理理论提高推动了数字信号处理应用的发展。反过来，数字信号处理的应用进步又促进了数字信号处理理论的提高。而数字信号处理的实现则是理论和应用之间的桥梁。数字信号处理是以众多学科为理论基础的，它所涉及的范围极其广泛。例如，在数学领域，微积分、概率统计、随机过程、数值分析等都是数字信号处理的基本工具，与网络理论、信号与系统、控制论、通信理论、故障诊断等也密切相关。基于高速数字计算机和超大规模数字集成电路的新算法、新实现技术、高速器件、多维处理和新的应用成为 DSP 学科发展方向和研究热点。

DSP 一般包含两种含义：一种是 digital signal processing，即数字信号处理；另一种是 digital signal processor，即数字信号处理器，一种专门从事数字信号处理的芯片。相应的，学习 DSP 技术，一方面要学习数字信号处理的理论和算法；另一方面又需要学习数字信号处理的硬件平台和开发软件。本书讨论的主要是处理器的相关内容，以后出现的 DSP，如不做特殊说明，也都指 digital signal processor，即器件的应用。

如果读者有志于学习数字信号处理理论知识，那么请阅读相关的专业教材。常有初学者会提出这样的问题，我数理基础不好，学习数字信号理论知识很头疼，那么要还适合学习 DSP 吗？诚然，如果你想成为一个 DSP 技术专家，那么深厚的数字信号理论基础是不可或缺的。然而笔者仍要鼓励这部分因畏惧繁琐信号推导数学公式的读者，DSP 还有很多内容是偏向于上层应用技术，如计算机技术、电子技术等。也许因为缺少深厚的理论知识，你暂时成不了 DSP 技术的专家，但这并不能阻碍你成为一名优秀的"工匠"。

1.3 初识 DSP

数字信号处理的任务，特别是实时处理的任务，在很大程度上需要由 DSP 器件或以 DSP 为核心的 ASIC（Application Specific Integrated Circuit，专用集成电路）来完成。如果说前几年 DSP 作为一个处理器是相对比较新的东西，那么现在 DSP 已经在电子设计开发中非常常见了。因此，有必要先从概要上介绍一下 DSP。

1.3.1 DSP 概述

在 20 世纪 80 年代以前，由于受电子技术等实现方法的限制，数字信号处理的理论还不能得到广泛的应用。直到 20 世纪 80 年代初，世界上第一块可编程 DSP 芯片的诞生，才使理论研究成果广泛应用到实际的系统中，并且推动了新的理论和应用领域的发展。可以毫不夸张地讲，DSP 芯片的诞生及发展对近 20 年来通信、计算机、控制等领域的技术发展起到了里程碑的作用。

DSP 芯片诞生于 20 世纪 70 年代末，至今已经得到了长足发展。归纳起来，DSP 的发展经历了以下三个阶段。

① DSP 雏形期（1980 年前后） 这一阶段，DSP 刚出现，功能还比较弱。1978 年 AMI 公司生产出第一片 DSP 芯片 S2811。1979 年美国 Intel 公司发布了商用可编程 DSP 器件 Intel2920，由于内部没有单周期的硬件乘法器，使芯片的运算速度、数据处理能力以及运算精度等都受到了很大的限制。运算速度大约为单指令周期 $200\sim250ns$，应用领域仅局限于军事或航空航天部门。

这个时期的代表性器件主要有：PD7720（NEC）、Intel2920（Intel）、TMS32010（TI）、DSP16（AT&T）、ADSP-21（AD）、S2811（AMI）等。

② DSP 成熟期（1990 年前后） 这个时期的 DSP 器件在工艺和硬件结构上有了很大程度的优化，使得其更适应数字信号处理的要求，能进行硬件乘法、硬件 FFT 变换和单指令滤波处理，其单指令周期为 $80\sim100ns$。如 TI 公司的 TMS320C20 系列 DSP，它是该公司的第二代 DSP 器件，采用了 CMOS 制造工艺，其存储容量和运算速度成倍提高，为语音处理、图像硬件处理技术的发展提供了良好的基础。20 世纪 80 年代后期，以 TI 公司的 TMS320C30 为代表的第三代 DSP 芯片问世，伴随着运算速度的进一步提高，其应用范围逐步扩大到通信、计算机领域。

这个时期的器件主要有：TI 公司的 TMS320C20、30、40、50 系列，Motorola 公司的 DSP5600、9600 系列，AT&T 公司的 DSP32 等。

③ DSP 完善期 这一时期各大 DSP 制造商不仅使器件的信号处理能力更加完善，而且使系统开发更加方便，程序编辑调试更加灵活，同时功耗进一步降低，成本也不断下

降。尤其是各种通用外设集成到片上，大大地提高了数字信号处理能力。这一时期的DSP运算速度可达到单指令周期10ns左右，可在Windows环境下直接用C语言编程，使用方便灵活，使DSP芯片不仅在通信、计算机领域得到了广泛的应用，而且逐渐渗透到日常消费领域。

这个阶段，DSP芯片的发展非常迅速。硬件方面主要是向多处理器的并行处理结构、便于外部数据交换的串行总线传输、大容量片上RAM和ROM、程序加密、增加I/O驱动能力、外围电路内装化、低功耗等方面发展。软件方面主要是综合开发平台的完善，使DSP的应用开发更加灵活方便。

在数十年的发展过程中，为了适应数字信号处理各种各样的实际应用，DSP厂商生产出多种类型和档次的DSP芯片。面对林林总总的DSP芯片，如何分类也是个麻烦的事情。粗略而言，可以按照下列3种方式进行分类。

（1）按基础特性

根据DSP芯片的工作时钟和指令类型来分类，包含以下2类。

① 静态DSP芯片　DSP芯片在某时钟频率范围内的任何频率上都能正常工作，除计算速度有变化外，没有性能的下降。

② 一致性DSP芯片　它们的指令集和相应的机器代码以及管脚结构相互兼容。

（2）按数据格式

根据芯片工作的数据格式，按其精度或动态范围可划分为以下2类。

① 定点DSP芯片　数据以定点格式工作。

② 浮点DSP芯片　数据以浮点格式工作。不同的浮点DSP芯片所采用的浮点格式有所不同，有的DSP芯片采用自定义的浮点格式，有的DSP芯片则采用IEEE的标准浮点格式。

（3）按用途

① 通用型DSP芯片　一般是指可以用指令编程的DSP芯片，适合于普通的DSP应用，具有可编程性和强大的处理能力，可完成复杂的数字信号处理的算法。

② 专用型DSP芯片　为特定的DSP运算而设计，通常只针对某一种应用，相应的算法由内部硬件电路实现，适合于数字滤波、FFT、卷积和相关算法等特殊的运算，主要用于要求信号处理速度极快的特殊场合。

1.3.2　为什么DSP能算这么快

为什么DSP运算速度这么快？这是DSP开发人员入门时常问的一个问题。不过笔者认为，这个问题的提法并不准确。准确的提法应该是，为什么DSP在做信号处理时运算速度这么快，或者为什么说DSP特别适合数字信号处理呢？原来，DSP在硬件结构上做了优化，使得其运算效率非常高。下面从各家DSP硬件共同点、各家硬件特点和通用CPU共同点来说说DSP硬件结构。其实只要掌握了任何一家的DSP硬件结构，就可以触类旁通理解其他厂家的DSP。因为只要是DSP，就有很多共同点。当然，各家也有各自的特色，这里一并对比介绍。通用CPU上也有加快运算速度的优化结构，这里列举的硬件结构主要是指和通用CPU不一样的部分。

（1）哈佛结构总线

DSP采用程序存储器和数据存储器分开，取指和数据访问同时进行。通用CPU采用冯·诺依曼型总线，程序和数据总线共享同一总线，取指和数据访问不能并发。如图 1-1 所示，采用哈佛结构的 DSP 目前的水平已达到 90 亿次浮点运算/秒（9000MFLOPS）。

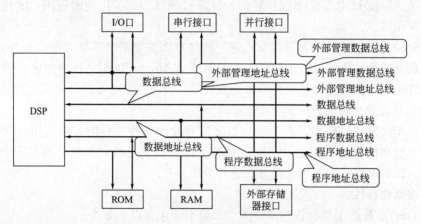

图 1-1　DSP 的哈佛结构

（2）流水线操作

在流水线操作（pipeline）中，取指、译码、寻址、取数、运算、存储流水操作，等效单周期完成指令，而通用 CPU 通常一条指令需要几个时钟周期才可以完成。传统指令操作如图 1-2 所示。

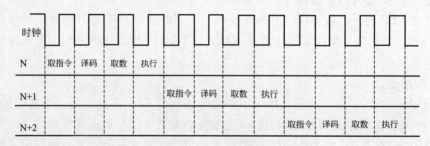

图 1-2　单周期流水线

这种操作中，指令操作不能重叠执行，必须等一条指令的四步骤操作结束后才能进行下一条指令操作。而 DSP 四级流水线如图 1-3 所示。

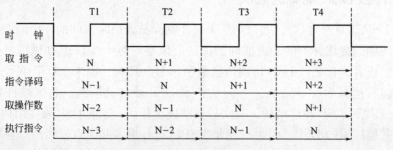

图 1-3　四级流水线

当然，流水线操作引入了一些新问题，比如需要在适当位置加 NOP 空操作指令或者调整指令位置以确保流水操作能顺利完成。

（3）独立硬件乘法器

如果说前两点特征还不是 DSP 独有的话，那么第三点特征则完全是 DSP 专有的特色。在数字信号处理常见的卷积、数字滤波、FFT、相关、矩阵运算等算法中，都有大量如 $A(k)B(n-k)$ 这类的运算。如果大量重复乘法和累加通过计算机的软件实现，则需要消耗若干个指令周期。DSP 专门设计了硬件乘法器，用 MAC 指令（取数、乘法、累加）在单周期内完成。

（4）特殊 DSP 指令

为了满足数字信号处理的需要，在 DSP 的指令系统中，设计了一些完成特殊功能的指令。如 TMS320C54x 中的 FIRS 和 LMS 指令，专门用于完成系数对称的 FIR 滤波器和 LMS 算法。

（5）高性能硬件配置

新一代的 DSP 芯片具有较强的接口功能，除了具有串行口、定时器、主机接口（HPI）、DMA 控制器、软件可编程等待状态发生器等片内外设外，还配有中断处理器、PLL、片内存储器、测试接口等单元电路，可以方便地构成一个嵌入式自封闭控制的处理系统。

总之，DSP 硬件结构均围绕着怎么样提高数字信号处理器运算速度这个目的设计。由此可见，DSP 的确比通用处理器更适合做实时数字信号处理。

1.3.3 DSP 芯片的现状与发展趋势

（1）DSP 芯片的现状

① 制造工艺 早期 DSP 采用 $4\mu m$ 的 NMOS 工艺。现在的 DSP 芯片普遍采用 $0.25\mu m$ 或 $0.18\mu m$ 的 CMOS 工艺。芯片引脚从原来的 40 个增加到 200 个以上，需要设计的外围电路越来越少，成本、体积和功耗不断下降，更加适合嵌入式、便携式、手持式设备的发展要求。

② 存储器容量 早期的 DSP 芯片，其片内程序存储器和数据存储器只有几百个单元。目前，片内程序和数据存储器可轻松达到几十 KB。而片外程序存储器和数据存储器更是可达到 16M×48 位和 4G×40 位以上。存储器容量的增加有利于开发更大规模的程序。

③ 内部结构 目前，DSP 内部均采用多总线、多处理单元和多级流水线结构，加上完善的接口功能，使 DSP 的系统功能、数据处理能力和与外部设备的通信功能都有了很大的提高。

④ 运算速度 近 20 年的发展，使 DSP 的指令周期从 400ns 缩短到 10ns 以下，其相应的速度从 2.5MIPS 提高到 2000MIPS 以上。运算速度的提高更有利于 DSP 从事实时性要求高的计算任务。

⑤ 高度集成化 集滤波、A/D、D/A、ROM、RAM 和 DSP 内核于一体的模拟混合式 DSP 芯片已有较大的发展和应用。集成化程度的提高，简化了 DSP 外围电路的设计，使得 DSP 开发更有效率。

⑥ 运算精度和动态范围 DSP 的字长已从 8 位增加到 32 位，累加器的长度也增加到 40 位，从而提高了运算精度。同时，采用甚长指令字（VLIW）结构和高性能的浮点运算，扩大了数据处理的动态范围。

⑦ 开发工具　目前，DSP 开发具有较完善的软件和硬件开发工具，如软件仿真器 Simulator、在线仿真器 Emulator、C 编译器和集成开发环境 CCS 等，给开发应用带来很大方便。

（2）DSP 芯片的技术发展趋势

目前的 DSP 技术并非完美无缺，从长远看，DSP 已经显现出以下一些发展趋势。

① 内核及指令改善　DSP 的内核结构将进一步得到改善，多通道结构和单指令多重数据（SIMD）、特大指令字组（VLIM）将在新的高性能 DSP 中将占主导地位，如 Analog Devices 的 ADSP-2116x。

② DSP 和微处理器整合　一般情况下，通用微处理主要执行智能控制任务，如 I/O 操作、人机交互、显示、网络传输等，但是，通用微处理的数字信号处理功能则是短板。而 DSP 的功能正好与之相反。实际情况下，在许多应用中均需要同时具有智能控制和数字信号处理两种功能。因此，把 DSP 和微处理器结合起来，用单一芯片的处理器实现这两种功能，将加速个人通信机、智能电话、无线网络产品的开发，同时简化设计，减小 PCB 体积，降低功耗和整个系统的成本。目前就出现了不少采用 DSP＋MCU 结构的整合芯片。例如，有多个处理器的 Motorola 公司的 DSP5665x，有协处理器功能的 Massan 公司 FILU-200，把 MCU 功能扩展成 DSP 和 MCU 功能的 TI 公司的 TMS320C27xx 以及 Hitachi 公司的 SH-DSP，都是 DSP 和 MCU 融合在一起的产品。各种复杂的应用需要将进一步加速这一融合过程。

③ DSP 和高档 CPU 整合　这一点和第二点本质一致，只是整合的 CPU 更为高档，如 Pentium 和 PowerPC 等，都是 SIMD 指令组的超标量结构，速度很快。LSI Logic 公司的 LSI401Z 采用高档 CPU 的分支预示和动态缓冲技术，结构规范，利于编程，不用担心指令排队，使得性能大幅度提高。很多世界知名大公司都开始涉足这一技术，如 Intel 公司，这将大大加速这种整合。

④ DSP 和 SOC 整合　SOC(System-On-Chip)是指把一个系统集成在一块芯片上。这一技术使得 DSP 能够连接更多的外围接口。例如 Virata 公司购买了 LSI Logic 公司的 ZSP400 处理器内核使用许可证，将其与系统软件，如 USB、10BASET、以太网、UART、GPIO、HDLC 等一起集成在芯片上，应用在 xDSL 上，得到了很好的经济效益。因此，SOC 芯片近几年销售很好，由 1998 年的 1.6 亿片猛增至 1999 年的 3.45 亿片。1999 年，约 39％的 SOC 产品应用于通信系统。今后几年，SOC 将以每年 31％的平均速度增长。毋庸置疑，SOC 将成为市场中越来越耀眼的明星。

⑤ DSP 和 FPGA 整合　FPGA 是现场编程门阵列器件。它和 DSP 集成在一块芯片上，可实现宽带信号处理，大幅提高信号处理速度。例如，Xilinx 公司的 Virtex-Ⅱ FPGA 对快速傅立叶变换（FFT）的处理可提高 30 倍以上。它的芯片中有自由的 FPGA 可供编程。Xilinx 公司开发出一种称作 Turbo 卷积编译码器的高性能内核。设计者可以在 FPGA 中集成一个或多个 Turbo 内核，它支持多路大数据流，以满足第三代（3G）WC-DMA 无线基站和手机的需要，同时大大节省开发时间，使功能的增加或性能的改善非常容易。因此在无线通信、多媒体等领域将有广泛应用。

⑥ 实时操作系统 RTOS 与 DSP 的结合　随着 DSP 处理能力的增强，DSP 系统越来越复杂，使得软件的规模越来越大，往往需要运行多个任务，各任务间的通信、同步等问题就变得非常突出。随着 DSP 性能和功能的日益增强，对 DSP 应用提供 RTOS 的支持已

成为必然的结果。

⑦ DSP 的并行处理结构　为了提高 DSP 芯片的运算速度，各 DSP 厂商纷纷在 DSP 芯片中引入并行处理机制。这样，可以在同一时刻将不同的 DSP 与不同的任一存储器连通，大大提高数据传输的速率。

⑧ 功耗越来越低　这几乎是所有处理器的发展方向。随着超大规模集成电路技术和先进的电源管理设计技术的发展，DSP 芯片内核的电源电压将会越来越低。

1.4　DSP 的主流与非主流

如果是谈论计算机的 CPU 生产厂家，稍有知识的人都能脱口而出 Intel 和 AMD。那么，如果谈到 DSP，你又知道有哪些厂家吗？

1.4.1　N 多种 DSP

（1）德州仪器公司（TI）

众所周知，美国德州仪器（Texas Instruments，TI）是世界上最知名的 DSP 芯片生产厂商，其产品应用也最广泛，TI 公司生产的 TMS320 系列 DSP 芯片广泛应用于各个领域。TI 公司在 1982 年成功推出了其第一代 DSP 芯片 TMS32010，这是 DSP 应用历史上的一个里程碑，从此，DSP 芯片开始得到真正的广泛应用。由于 TMS320 系列 DSP 芯片具有价格低廉、简单易用、功能强大等特点，所以逐渐成为目前最有影响、最为成功的 DSP 系列处理器。

目前，TI 公司在市场上主要有三大系列产品。

① 面向数字控制、运动控制的 TMS320C2000 系列，主要包括 TMS320C24x/F24x、TMS320LC240x/LF240x、TMS320C24xA/LF240xA、TMS320C28xx 等。

② 面向低功耗、手持设备、无线终端应用的 TMS320C5000 系列，主要包括 TMS320C54x、TMS320C54xx、TMS320C55x 等。

③ 面向高性能、多功能、复杂应用领域的 TMS320C6000 系列，主要包括 TMS320C62xx、TMS320C64xx、TMS320C67xx 等。

（2）美国模拟器件公司（ADI）

ADI 公司在 DSP 芯片市场上也占有一定的份额，相继推出了一系列具有自己特点的 DSP 芯片，其定点 DSP 芯片有 ADSP2101/2103/2105、ADSP2111/2115、ADSP2126/2162/2164、ADSP2127/2181、ADSP-BF532 以及 Blackfin 系列；浮点 DSP 芯片有 ADSP21000/21020、ADSP21060/21062，以及虎鲨 TS101、TS201S。

（3）Motorola 公司

Motorola 公司推出的 DSP 芯片比较晚。1986 年该公司推出了定点 DSP 处理器 MC56001；1990 年，又推出了与 IEEE 浮点格式兼容的浮点 DSP 芯片 MC96002。还有 DSP53611、16 位 DSP56800、24 位的 DSP563XX 和 MSC8101 等产品。

（4）杰尔公司（Agere Systems）

看似不知名的公司，实际在 2003 年的时候，杰尔公司的 DSP 市场占有率超过了 Motorola，仅次于 TI 公司。杰尔公司的 SC1000 和 SC2000 两大系列的嵌入式 DSP 内核，主要面向电信基础设施、移动通信、多媒体服务器及其他新兴应用。

1.4.2 你会选择谁

面对林林总总的 DSP 型号，根据应用场合和设计目标的不同，选择 DSP 芯片的侧重点也各不相同，其主要参数包括以下几个方面。

（1）运算速度

首先要确定数字信号处理的算法，算法确定以后，其运算量和完成时间也就大体确定了，根据运算量及其时间要求就可以估算 DSP 芯片运算速度的下限。在选择 DSP 芯片时，各个芯片运算速度的衡量标准主要如下。

① MIPS（Millions of Instructions Per Second）　百万条指令/秒，一般 DSP 为 20～100MIPS，使用超长指令字的 TMS320B2xx 为 2400MIPS。必须指出的是这是定点 DSP 芯片运算速度的衡量指标。应注意的是，厂家提供的该指标一般是指峰值指标，因此，系统设计时应留有一定的裕量。

② MOPS（Millions of Operations Per Second）　每秒执行百万操作。这个指标的问题是什么是一次操作，通常操作包括 CPU 操作外，还包括地址计算、DMA 访问数据传输、I/O 操作等。一般 MOPS 越高意味着乘积-累加和运算速度越快。MOPS 可以对 DSP 芯片的性能进行综合描述。

③ MFLOPS（Million Floating Point Operations Per Second）　百万次浮点操作/秒，这是衡量浮点 DSP 芯片的重要指标。例如 TMS320C31 在主频为 40MHz 时，处理能力为 40MFLOPS，TMS320C6701 在指令周期为 6ns 时，单精度运算可达 1GFLOPS。浮点操作包括浮点乘法、加法、减法、存储等操作。应注意的是，厂家提供的该指标一般是指峰值指标，因此，系统设计时应注意留有一定的裕量。

④ MBPS（Million Bit Per Second）　它是对总线和 I/O 口数据吞吐率的度量，也就是某个总线或 I/O 的带宽。例如在 TMS320C6xxx、200MHz 时钟、32bit 总线时，总线数据吞吐率则为 800Mbyte/s 或 6400MBPS。

⑤ MACS（Multiply-Accumulates Per Second）　例如 TMS320C6xxx 乘加速度达 300～600MMACS。

⑥ 指令周期　即执行一条指令所需的时间，通常以 ns（纳秒）为单位，如 TMS320LC549-80 在主频为 80MHz 时的指令周期为 12.5ns。

⑦ MAC 时间　执行一次乘法和加法运算所花费的时间。大多数 DSP 芯片可以在一个指令周期内完成一次 MAC 运算。

⑧ FFT/FIR 执行时间　运行一个 N 点 FFT 或 N 点 FIR 程序的运算时间。由于 FFT 运算/FIR 运算是数字信号处理的一个典型算法，因此，该指标可以作为衡量芯片性能的综合指标。

（2）运算精度

一般情况下，浮点 DSP 芯片的运算精度要高于定点 DSP 芯片的运算精度，但是功耗和价格也随之上升。一般定点 DSP 芯片的字长为 16 位、24 位或者 32 位，浮点芯片的字长为 32 位。累加器一般都为 32 位或 40 位。　定点 DSP 的特点是主频高、速度快、成本低、功耗小，主要用于计算复杂度不高的控制、通信、语音/图像、消费电子产品等领域。通常可以用定点器件解决的问题，尽量用定点器件，因为它经济、速度快、成本低，功耗小。但是在编程时要关注信号的动态范围，在代码中增加限制信号动态范围的定标运算，虽然可以通过改进算法来提高运算精度，但是这样做会相应增加程序的复杂度和运算量。浮点 DSP 的速度一般比定点 DSP 处理速度低，其成本和功耗都比定点 DSP 高，但是由于其采用了浮点数据格式，因而处理精度、动态范围都远高于定点 DSP，适合于运算复杂度高、精度要求高的应用场合。即使是一般的应用，在对浮点 DSP 进行编程时，不必考虑数据溢出和精度不够的问题，因而编程要比定点 DSP 方便、容易。因此说，运算精度要求是一个折中的问题，需要根据经验等来确定一个最佳的结合点。

（3）字长的选择

一般浮点 DSP 芯片都用 32 位的数据字，大多数定点 DSP 芯片是 16 位数据字。而 Motorola 公司定点芯片用 24 位数据字，以便在定点和浮点精度之间取得折衷。字长大小是影响成本的重要因素，它影响芯片的大小、引脚数以及存储器的大小，设计时在满足性能指标的条件下，尽可能选用最小的数据字。

（4）存储器等片内硬件资源

包括存储器的大小、片内存储器的数量、总线寻址空间等。片内存储器的大小决定了芯片运行速度和成本，例如 TI 公司同一系列的 DSP 芯片，不同种类芯片存储器的配置等硬件资源各不相同。通过对算法程序和应用目标的仔细分析可以大体判定对 DSP 芯片片内资源的要求。几个重要的考虑因素是片内 RAM 和 ROM 的数量、可否外扩存储器、总线接口/中断/串行口等是否够用、是否具有 A/D 转换等。

（5）开发调试工具

完善、方便的开发工具和相关支持软件是开发大型、复杂 DSP 系统的必备条件，对缩短产品的开发周期有很重要的作用。开发工具包括软件和硬件两部分。软件开发工具主要包括 C 编译器、汇编器、链接器、程序库、软件仿真器等。在确定 DSP 算法后，编写的程序代码通过软件仿真器进行仿真运行，来确定必要的性能指标。硬件开发工具包括在线硬件仿真器和系统开发板。在线硬件仿真器通常是 JTAG 周边扫描接口板，可以对设计的硬件进行在线调试；在硬件系统完成之前，不同功能的开发板上实时运行设计的 DSP 软件，可以提高开发效率。甚至在有的数量小的产品中，直接将开发板当作最终产品。

（6）功耗与电源管理

一般来说，个人数字产品、便携设备和户外设备等对功耗有特殊要求，因此这也是一个该考虑的问题。它通常包括供电电压的选择和电源的管理功能。供电电压一般取得比较低，通常有 3.3V、2.5V、1.8V、0.9V 等，在同样的时钟频率下，它们的功耗将远远低于 5V 供电电压的芯片。加强了对电源的管理后，通常用休眠、等待模式等方式节省功率消耗。例如 TI 公司提供了详细的、功能随指令类型和处理器配置而改变的应用说明。

（7）价格及厂家的售后服务因素

价格包括 DSP 芯片的价格和开发工具的价格。如果采用昂贵的 DSP 芯片，即使性能再高，其应用范围也肯定受到一定的限制。但低价位的芯片必然是功能较少、片内存储器少、性能上差一些的，这就带给编程一定的困难。因此，要根据实际系统的应用情况，确定一个价格适中的 DSP 芯片。还要充分考虑厂家提供的售后服务等因素，良好的售后技术支持也是开发过程中重要资源。

(8) 其他因素

包括 DSP 芯片的封装形式、环境要求、供货周期、生命周期等。

1.4.3 TI 公司主流 DSP

前面谈了很多 DSP 选型方面的注意事项，那么最终的市场占有率很大程度上说明了消费者的选择。毫无疑问，TI 公司的 DSP 产品更多地受到了大家的青睐，因此有必要单独详细介绍。德州仪器（Texas Instruments），简称 TI，是全球领先的半导体公司，为现实世界的信号处理提供创新的数字信号处理（DSP）及模拟器件技术。自 1982 年以来，TI 成为数字信号处理（DSP）解决方案全球的领导厂商及先驱，为全球超过 30000 个客户提供创新的 DSP 和混合信号/模拟技术，应用领域涵盖无线通信、宽带、网络家电、数字控制与消费类市场。TI 公司现在主推四大系列 DSP。

① C5000 系列（定点、低功耗） C54x、C54xx、C55x，相比其他系列的主要特点是低功耗，旨在延长便携式设备的电池寿命，同时降低系统成本并实现用户友好特性。这些器件包括 TMS320C55x 低功耗 DSP、TMS320C54x 低功耗 DSP，高度集成的外设，1024 点可编程 FFT 硬件加速器，高速 USB2.0（具有 PHY），LCD 显示屏控制器，MMC/SD 和 10 位 4 通道 SAR ADC，更高容量的存储器。所以最适合个人与便携式上网以及无线通信应用，如手机、PDA、GPS 等应用。处理速度在 80～400MIPS。C54xx 和 C55xx 一般只具有 McBSP 同步串口、HPI 并行接口、定时器、DMA 等外设。值得注意的是，C55xx 提供了 EMIF 外部存储器扩展接口，可以直接使用 SDRAM，而 C54xx 则不能直接使用。两个系列的数字 I/O 都只有两条。

② C2000 系列（定点、控制器） C20x、F20x、F24x、F24xx、C28x，该系列芯片具有大量外设资源，如 A/D、定时器、各种串口（同步和异步）、WATCHDOG、CAN 总线/PWM 发生器、数字 I/O 脚等，是针对控制应用最佳化的 DSP。在 TI 所有的 DSP 中，只有 C2000 有 FLASH，也只有该系列有异步串口，可以和 PC 的 UART 相连。该系列是 TI 公司 DSP 产品中最适合用于控制方面操作的 DSP，因此这一系列有时也被人称为 DSC（Digital Signal Control）。

③ C6000 系列 C62xx、C67xx、C64x，该系列以高性能著称，该平台的处理和低功耗功能非常适合于影像和视频，通信和宽带基础设施、工业、医疗、测试和测量、高端计算和高性能音频等应用。该定点平台具有各种高性能和经济高效的选项，可解决大多数低成本或节能型应用所面临的大部分任务。32bit，其中 C62xx 和 C64x 是定点系列，C67xx 是浮点系列。该系列提供 EMIF 扩展存储器接口。该系列只提供 BGA 封装，只能制作多层 PCB，且功耗较大。同为浮点系列的 C3x 中的 VC33 现在虽非主流产品，但也仍在广泛使用，但其速度较低，最高在 150MIPS。

④ OMAP 系列 OMAP 处理器集成 ARM 的命令及控制功能，提供各种 Cortex-A8 内核组合，具有丰富多媒体功能的外设，OpenGL ES 2.0 兼容图形引擎、视频加速器和 TMS320C64x+ DSP 内核。模块化和可扩展的 OMAP35x 评估模块（EVM）提供了当前在 OMAP3503 处理器（包括基于 2.6.22 内核的 OMAP3503 Linux 板级支持包）上进行开发所需的所有组件。另外还提供 DSP 的低功耗实时信号处理能力，最适合移动上网设备和多媒体家电。

以上 4 种 DSP 中，前 3 种的应用最为广泛。

1.5　DSP 和其他微芯片的比较

市场上其他微处理芯片也有很多，常见的有单片机、嵌入式 CPU（如 ARM）等，有很多从事 DSP 开发的人员都是从其他芯片的开发人员转过来的。因此，难免要对这些芯片进行比较。DSP 和它们比起来有什么区别呢？

1.5.1　DSP 和单片机的比较

单片机也是很普通的一大类微处理器，在过去的几十年里，单片机的应用实现了简单的智能控制功能，受到市场的广泛应用，那么 DSP 器件与单片机的比较有什么区别呢？

（1）单片机的特点

所谓单片机就是在一块芯片上集成了 CPU、RAM、ROM（EPROM 或 EEPROM）、时钟、定时/计数器、多种功能的串行和并行 I/O 口，如 Intel 公司的 8051 系列等。除了以上基本功能外，有的还集成有 A/D、D/A，如 Intel 公司的 8098 系列。概括起来说，单片机具有位处理能力，强调控制和事务处理功能，价格低廉。

（2）DSP 器件的特点

与单片机相比，DSP 器件具有较高的集成度。DSP 具有更快的 CPU，更大容量的存储器，内置有波特率发生器和 FIFO 缓冲器，提供高速、同步串口和标准异步串口。有的片内集成了 A/D 和采样/保持电路，可提供 PWM 输出。DSP 器件采用改进的哈佛结构，具有独立的程序和数据空间，允许同时存取程序和数据。内置高速的硬件乘法器，增强的多级流水线，使 DSP 器件具有高速的数据运算能力。DSP 器件比 16 位单片机单指令执行时间快 8～10 倍，完成一次乘加运算快 16～30 倍。DSP 器件还提供了高度专业化的指令集，提高了 FFT 和滤波器的运算速度。此外，DSP 器件提供 JTAG 接口，具有更先进的开发手段，批量生产测试更方便，开发工具可实现全空间透明仿真，不占用用户任何资源。

1.5.2　DSP 和 ARM 的比较

ARM（Advanced RISC Machines）是一款以 RISC 为体系结构的微处理器，已遍及工业控制、消费类电子产品、通信系统、网络系统、无线系统等各类产品市场。ARM 最大的优势在于速度快、低功耗、芯片集成度高，多数 ARM 芯片都可以算作 SOC，基本上外围加上电源和驱动接口就可以做成一个小系统了。

ARM 具有比较强的事务管理功能，可以用来跑界面以及应用程序等，其优势主要体现在控制方面，它的速度和数据处理能力一般，但是外围接口比较丰富，标准化和通用性很好，而且在功耗等方面做得也比较好，所以适合用在一些消费电子品方面。而 DSP 主要是用来计算的，比如进行加密解密、调制解调等，优势是强大的数据处理能力和较高的运行速度。由于其在控制算法等方面很擅长，所以适合用在对计算控制要求比较高的场合。如果只是着眼于嵌入式应用的话，ARM 和 DSP 的区别应该只是一个偏重控制、一个偏重运算了。

由于两大处理器在各自领域的飞速发展，如今两者中的高端或比较先进的系列产品中，都在弥补自身缺点、扩大自身优势，从而使得两者之间的一些明显不同已经不再那么明显了，甚至出现两者部分结合的趋势（如 ARM 的 AMBA 总线，可以把 DSP 或其他处理器集成在一块芯片中；又如 DSP 中的两个系列 OMAP 和达芬奇系列，就是直接针对两者的广泛应用而将两者结合在一起，从而最大限度发挥各自优势），即由 DSP 结合采样电路采集并处理信号，由 ARM 处理器作为平台，运行嵌入式操作系统，将经过 DSP 运算的结果发送给用户程序进行进一步处理，然后提供给图形化友好的人机交互环境完成数据分析和网络传输等功能，就会最大限度地发挥两者所长。这也恰恰印证了上文有关 DSP 技术发展方向的内容。

1.6　如何玩转 DSP

不同的人有不同的学习习惯，对 DSP 的学习而言也是这样。虽然如此，但是笔者认为，借鉴众多 DSP 从业人员长期以来总结的入门经验，对初学者来说是很有帮助的。

1.6.1　DSP 技术知识点准备

DSP 技术融合几门交叉学科知识。尽管 DSP 核心是为了实现数字信号处理。但笔者认为，作为入门 DSP 的基础，开发人员必须具备两门计算机技术相关知识，如下。

① 微机原理或接口技术。

② C 语言程序设计或汇编程序设计。

毫无疑问，①是为 DSP 硬件学习做准备，重点是掌握 DSP 的寄存器以及引脚功能；②是为 DSP 软件开发做准备，重点是熟记常用指令集，掌握系统开发的过程和工具，掌握程序基本结构等。

再进一步，如果打算专门针对 DSP 信号处理做研究，甚至做一些优化算法，那么至少应该学习以下两门课程。

① 信号与系统。

② 数字信号处理。

学习这两门课程需要良好的数学功底，否则会觉得它们过于枯燥、晦暗，甚至不知所云。笔者觉得这两门课程是 DSP 计算机基础知识的重要扩展。这句话的意思是，基础的部分，必须掌握，否则一切都是空谈；而扩展部分，是一种提高，掌握扩展部分，有利于更好地利用 DSP 的优势。这也是普通计算机开发人员和 DSP 开发人员的根本区别所在。

此外，在进行 DSP 开发时，往往还会遇到和其他控制单元混合开发的情况，因此，掌握一些这个领域常见的微控制器技术，是学习 DSP 的有益补充，笔者向读者推荐以下两门课程。

① 单片机技术。

② 嵌入式系统。

1.6.2　DSP 参考资料

任何学习都离不开资料的准备和收集，参考书当然算一大类。除此之外，新手进行 DSP 开发学习之时，常常感觉技术文档太多，都有用，都想看，无从下手。此时的应对是，只看入门必需的、只看和芯片相关的。基本的原则是，常去 www.ti.com 用 keyword 访问，基本都能得到自己需要的答案。根据笔者经验，以下的资料很重要。

① 讲述 DSP 的 CPU、memory、program memory addressing、data memory addressing 的资料都需要看，外设资源的资料可以只看自己用到的部分。

② C 和汇编的编程指南需要仔细阅读。

③ 汇编指令和 C 语言的运行时间支持库、DSP LIB 等资料需要看。

其他的如 Applications Guide、Optimizing C/C++ Compiler User's Guide、Assembly Language Tools U'ser's Guide 等资料留待入门之后再去看体会会更深一些。

1.6.3　DSP 开发流程

任何 DSP 学习都离不开亲自动手进行开发实践。一般情况下，一套完整的 DSP 系统开发需要包含以下问题。

① 系统要求的描述。

② 信号分析。

③ 信号处理算法设计。

④ 资源分析。

⑤ 硬件结构分析与设计。

⑥ 软件设计与调试。

⑦ 系统集成与测试。

这些问题又可以分为两大部分，即信号处理和非信号处理的问题。信号处理的问题包括输入、输出结果特性的分析，DSP 算法的确定，以及按要求对确定的性能指标在通用机上用高级语言编程仿真。非信号处理问题包括应用环境、设备的可靠性指标，设备的可维护性，功耗、体积重量、成本、性能价格比等项目。算法研究与仿真是 DSP 应用实际系统设计中重要的一步。系统性能指标能否实现，以何种算法和结构应对需求，都是在这一步考虑的。这种仿真是在通用机上用高级语言编程实现的，编程时最好能仿 DSP 处理器形式运行，以达到更好的真实性。

用流程图的方式表达 DSP 的开发过程，如图 1-4 所示。

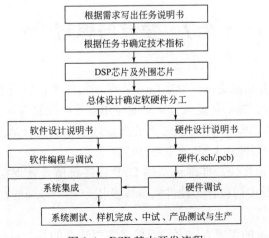

图 1-4　DSP 基本开发流程

1.6.4 DSP 软件、硬件开发

DSP 开发和其他通用微处理一样，基本分为硬件开发和软件开发两个部分。笔者认为，要实现高效的硬件开发，读者可以从以下几个步骤入手。

① 根据应用领域选择 TI 推荐的 DSP 类型。

② 参考选定的 DSP 之 EVM 板、DSK 等原理图，完成 DSP 最小系统的搭建，包括外扩内存空间、电源复位系统、各控制信号管脚的连接、JTAG 口的连接等。

③ 根据具体应用需要，选择外围电路的扩展，一般如语音、视频、控制等领域均有成熟的电路可以从 TI 网站得到。外围电路与 DSP 的接口可参看 EVM 或 DSK，以及所选外围电路芯片的典型接口设计原理图。外围电路芯片最好也选 TI 的，这样的话不光硬件接口有现成原理图，很多连 DSP 与其接口的基本控制源码都有。

④ 地址译码、I/O 扩展等用 CPLD 或者 FPGA 来做，将 DSP 的地址线、数据线、控制信号线，如 IS、PS、DS 等都引进去有利于调试。

就 DSP 软件开发而言，笔者认为对以下几个问题，读者应该做到心中有数。

① 开发语言的选择 C 语言和汇编语言是 DSP 的常用两种开发语言。从传统意义上将，汇编语言的效率更高，C 语言的可读性更强。记住一条原则，TI 的工程师在不断改进 CCS 的 C 程序优化编译器，现在 C 优化的效率可达到手工汇编的 90% 甚至更高。当然有的时候如果计算能力和内存资源是瓶颈，汇编语言还是有优势，比如 G.729 编解码。但是针对一般的应用开发，C 是最好的选择。

② 熟悉 CCS 开发环境 CCS 是 TI 公司推出的 DSP 代码开发和调试套件。读者应该通过学习 CCS，了解 DSP 开发系统的组成，熟悉 DSP 开发系统的连接，并能熟练使用 CCS 进行软件开发。

③ 掌握 DSP 外设的软件操作 在 DSP 软件开发中，单纯的算法只是一部分，还涉及不少硬件操作的内容，例如需要使用 DSP 的片上外设，需要控制片外接口电路，那么建议在写程序前先好好将这个目标板的电路设计搞清楚。最重要的是程序、数据、I/O 空间的译码。

1.7 要点与思考

① DSP 芯片的主要功能是进行数字信号处理，尤其适合应用于对信号处理各种运算实时性要求很高的场合。如果开发人员面对的应用要求以控制为主，而计算的实时性要求不高，那么选择其他如 ARM、单片机之类的微处理器则更为合适。因此，信号处理、计算、实时性是决定是否要使用 DSP 的重要标签。

② 所谓 DSP 计算速度快，准确地是指 DSP 在进行信号处理相关运算时的处理速度快。这是由于 DSP 为此专门设计了硬件资源以及指令集。单纯的加减乘除不能体现 DSP 的速度优势。

③ 整合是 DSP 技术的发展方向之一。但是需要注意的是，目前的整合方案更多的是使 DSP 的功能扩展，而并不是性能提高。因此，如果需要高性能的 DSP 完成任务，目前

还是采用单独高性能 DSP 芯片＋其他外围芯片的方案为好，当然，这会增加外围电路的设计复杂程度。

④ TI 公司 DSP 是市场毫无疑问的主力，其中 2000、5000、6000 三大系列的功能，开发人员应该牢记，以便于面对具体应用时迅速选型和指定方案。

⑤ C 语言是 DSP 开发人员入门的首选语言，采用 C 语言进行开发迅速而快捷。但如果想从根本上了解和掌握 DSP 的硬件资源和指令集，那么必须学习 DSP 汇编语言开发。

数字控制利器
—— TMS320C24x系列

◄◄◄◄◄◄◄◄

本章要点

- ◆ TMS320 C24x基本结构和资源
- ◆ TMS320 C24x存储器与I/O空间
- ◆ TMS320 C24x中断系统
- ◆ 事件管理器（EV）

2.1 TMS320 C24x 系列 CPU 简介

TMS320C2000 是 TI 公司 DSP 最基础的一个系列，这个系列的 DSP 多为定点型芯片，自身集成了丰富的 I/O 口、A/D 采样接口及 PWM 输出接口。由于 2000 系列 DSP 将实时处理功能与控制器的外设功能集于一身，为控制系统提供了一个理想的解决方案，因此主要应用偏重于工控领域。

目前 TMS320C2000 系列包括 C24x 和 C28x 两个子系列。其中，C24x 系列目前市面上多使用 LF24xx 系列来替代，这是因为 LF24xx 系列的价格比 C24x 便宜，性能高于 C24x，而且 LF24xxA 还具有加密功能。而 C28x 系列主要用于大存储设备管理，高性能的控制场合。当然，这两个子系列各自又有可以划分的更细的产品系。

下面介绍 TMS320Lx240xx、TMS320x24x、TMS320x280x、TMS320x281x 这几个系列的 DSP 市场上常见的具体 CPU 型号，以及最基本的性能指标。

（1）TMS320LF24xA、TMS320LC240xA

① 常见型号 F2401、F2402、F2403、F2406、F2407、C2401、C2402、C2404、C2406。

② 主要性能指标 16-bit CPU；3.3V、40MHz、40MIPS；32K/16K/8K Flash、32K/16K/8K ROM、544 DARAM、2K/1K/512 SARAM；64K 程序空间、64K 数据空间、64K I/O 寻址空间；144/100/64 pin。

（2）TMS320F24x、TMS320C24x

① 常见型号 F240、F241、F243、C240、C243。

② 主要性能指标　16-bit CPU；5V、20MHz；16K/8K Flash、16K/4K ROM、256 +288 RAM；64K 程序空间、64K 数据空间、64K I/O 寻址空间；144/132/68/64 pin。

（3）TMS320F280x、TMS320C280x

① 常见型号　F2809、F2808、F2806、F2802、F2801、F28044、F28016、F28015、UCD9501、C2802，C2801。

② 主要性能指标　32-bit CPU；1.8V/3.3V，100/60MHz；128K/64K/32K/16K Flash、32K/16K ROM、18K/10K/6K SARAM；100pin。

（4）TMS320F281x、C281x、R281x

① 主要型号　F2812、F2811、F2810、C2812、C2811、C2810、R2812、R2811。

② 主要性能指标　32-bit CPU；1.8V/3.3V，150MHz；128K/64K Flash、128K/64K ROM、18K SARAM；1M 寻址空间；179/176/128pin。

这里介绍的 DSP 型号、性能等是从浅处入手，就像平常买一台 PC 机，首先要了解的配置就是主频、内存容量、硬盘容量等。不过仅仅了解这些内容对于掌握 DSP 芯片来说远远不够。一般情况下，学习一款 DSP 需要掌握 CPU 结构、总线结构、存储器、外部资源、指令系统等各个方面。下面将以 LF2407 型 DSP 为例，详细介绍这些内容，其他型号的 DSP 可能在硬件资源方面有所不同，但总体大同小异。

2.2　CPU 结构和内核

首先介绍 DSP 的结构，如图 2-1 所示。

结构图有利于读者最直观地了解 DSP 的结构。图 2-1 可分为三个部分。其中，黑色粗实线方框划定的范围称为 CPU 内核；SARAM、DARAM、EEPROM 部分称为在片存储器；事件管理器、A/D、SPI 等称为在片外设或者外围扩展。这三个部分通过系统总线联络。

具体到 LF2407 系列，其外围扩展资源包含以下一些功能块：

• 事件管理器 EVA、EVB（每个有 2 个通用 Timer、提供 8 路 PWM）；
• 10 位 A/D 转换器（500ns）；
• 串行外设接口（SPI）；
• 串行通信接口（SCI）；
• CAN 总线接口；
• 看门狗定时器；
• 可编程 I/O 引脚（40 个）。

CPU 内核、存储器、外设可以统称为 DSP 硬件资源。总体来说，学习 DSP，很大程度上就是了解这些资源的功能以及如何通过寄存器设置对这些资源进行使用。这里提到了寄存器这个概念，这是非常重要而又繁琐的一项内容，将在介绍具体硬件资源时再详细介绍对应的寄存器的要点。如果想了解最详细的寄存器内容，笔者建议读者参考 TI 公司的资料。

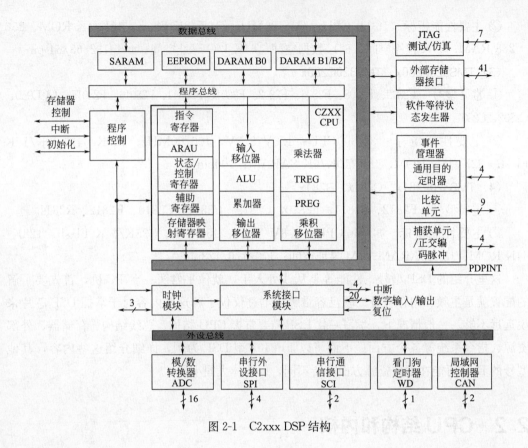

图 2-1　C2xxx DSP 结构

2.3　系统总线

正如上文提到的，CPU 内部资源通过总线联络，可见总线对于 DSP 来说有着非常重要的意义，因此在介绍内核、存储器、外设等内容前，单独提出一个小节来介绍系统总线，这样有利于读者对后续内容的理解。

C240x 系列 DSP 总线结构如图 2-2 所示。

C240x 系列 DSP 包含如下 6 种总线。

① 程序地址总线（PAB）　提供内部程序存储器读/写操作访问地址。

② 数据读地址总线（DRAB）　提供内部数据存储空间读操作访问地址。

③ 数据写地址总线（DWAB）　提供内部数据存储空间写操作访问地址。

④ 程序读总线（PRDB）　传递内部程序空间的指令代码、立即数和表格等信息。

⑤ 数据读总线（DRDB）　传递从内部数据存储空间到中央算术逻辑单元和辅助寄存器算术单元的数据。

⑥ 数据写总线（DWEB）　传递写到数据存储空间和程序存储空间的数据。

归纳起来，这 6 种总线中，2 种和程序相关，4 种和数据相关，如图 2-3 所示。

采用这样的总线结构和分类带来的好处有以下几点。

① 程序和数据总线分离　允许 CPU 同时访问程序指令和数据存储器。

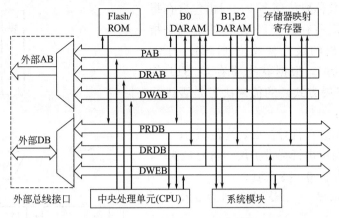

图 2-2　C240x 系列 DSP 总线结构

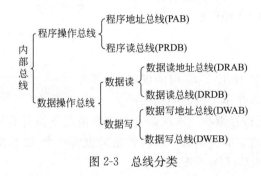

图 2-3　总线分类

② 独立的数据读地址总线和数据写总线　CPU 对数据存储器的读/写操作可在一个机器周期内完成。

③ 程序、数据空间及独立的总线结构　支持 CPU 在单机器时钟内并行执行算术、逻辑和位处理操作。

④ 改进的哈佛型总线结构　使运行速度大幅度提高，CPU 处理能力得到优化。

2.4　CPU 内核

C240x 系列 DSP 内核包含输入定标移位器、乘法器、中央算术逻辑单元（CALU）、辅助寄存器算术单元等。

2.4.1　输入定标移位器

输入定标移位器是一个 16 位到 32 位的滚动式左向移位器，该单元将来自程序/数据存储器的 16 位数据调整为 32 位数据送到中央算术逻辑单元（CALU）。因此，输入定标移位器的 16 位输入与数据总线相连，32 位输出与中央算术逻辑单元（CALU）相连，如图 2-4 所示。

移位器的输入来源为两部分，其一来自数据读总线（DRDB），该输入值来自指令操作数据所引用的数据存储单元；其二来自程序读总线（PRDB），该输入是指令操作数给出的常数。至于具体要位移多少位，由包含在指令中的常量或临时寄存器（TREG）中的值来指定。左移时，输出的最低有效位（LSB）为 0，最高有效位（MSB）根据状态寄存器 ST1 的 SXM 位（符号扩展方式）的值来决定是否进行符号扩展，其中：

SXM＝0：不进行符号扩展，高位填 0；

SXM＝1：高位进行符号扩展，符号位为 1，高位填 1；符号位为 0，高位填 0。

如图 2-5 所示显示了 SXM 分别为 0 和 1 时位移后的不同值。

输入定标移位器在算术定标及逻辑操作设置时非常有用。这也是专门详细讨论它的原因。

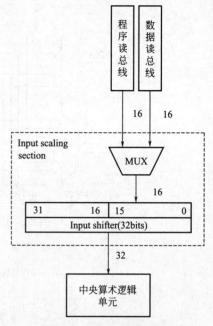

图 2-4　输入定标移位器

2.4.2　乘法器

C240x 内核包含一个 16 位×16 位的硬件乘法器，利用该乘法器可以在单个机器周期内产生一个 32 位的有符号或无符号乘积。乘法指令大多数情况下执行有符号数的乘法操作，即相乘的两个数都作为二进制的补码数，而运算结果也为一个 32 位的二进制的补码数，但执行无符号乘法指令（MPYU）情况除外。

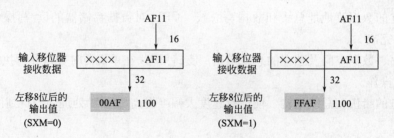

图 2-5　符号扩展位移

乘法器的数据输入源来自两处：其一为 16 位临时寄存器（TREG），内容为在进行乘法之前把数据读总线加载的值；其二为数据读总线的数据存储器值和程序读总线的程序存储器值。两个输入源值相乘后的 32 位结果保存在乘积寄存器（PREG）中。PREG 的输出又连接到 32 位的乘积定标移位器（PSCALE）上，并通过 PSCALE 将乘积结果送到中央算术逻辑单元（CALU）或数据存储器中。整体结构如图 2-6 所示，其中虚线方框表示乘法部分。

乘积定标移位器对乘积采用 4 种乘积移位方式。移位方式由状态寄存器 ST1 的乘积移位方式位（PM）指定，具体如表 2-1 所示。

其中，Q31 是一种二进制小数格式，表示二进制的小数点后有 31 位数字。

乘法器的相关指令和操作包含：①用 LT 指令将数据从数据总线载入 TREG 提供第 1 个操作数，MPY 指令提供第 2 个操作数或从数据总线上得到；②使用 MPY 指令时，可以对一个 13 位的立即数进行操作，每两个指令周期得到一个乘积；③代码执行多路乘法

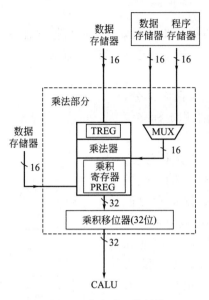

图 2-6 乘法器整体结构

和乘积求和运算时，CPU 支持流水线操作。

表 2-1 乘积移位方式

PM	移位	说明
00	不移位	乘积结果没有移位地送到 CALU 单元或数据总线
01	左移 1 位	移去在一次 2 的补码乘法运算中产生的 1 位附加符号位，以得到一个 Q31 的乘积
10	左移 4 位	当与一个 13 位的常数相乘时，移去在 16 位×13 位的 2 的补码乘法运算中产生的 4 位附加符号位，以生成一个 Q31 的乘积
11	右移 6 位	对乘积结果进行定标，使得运行 128 次的乘积累加器不会溢出

具体指令包含如表 2-2 所示。

表 2-2 乘法器指令

指令	操作
LT	把通过 CALU 得到的前次乘积结果装载到 TREG
LTP	把 PREG 的值装载入 ACC
LTA	把 PREG 的值加载到 ACC
DMOV,LTD	把 PREG 的值加到 ACC，移位 TREG 输入数据到数据存储器的下一地址
LTS	从 ACC 中减去 PREG 的值

乘积位移对于执行乘法/累加操作、小数运算或者小数乘积的调整都很有用。

2.4.3 中央算术逻辑单元

中央算数逻辑单元（CALU）的主要功能是用于实现绝大部分的算术和逻辑运算功能。其中的大多数运算功能只需一个时钟周期，包括：16 位加、16 位减、布尔逻辑操作、位测试、移动和循环。

此外，由于 CALU 可以执行布尔运算，这使得控制器具有位操作功能。一旦布尔运算操作在 CALU 中被执行，运算结果会被传送到累加器中，并在累加器中再实现移位等附加操作，如图 2-7 所示。

CALU 的数据输入源包含两个部分，其一由累加器提供，其二由乘积定标移位器或输入数据定标移位器提供。CALU 的输出结果被送至 32 位累加器进行移位，而累加器的输出又被送到 32 位输出数据定标移位器。经过输出到数据定标移位器，累加器的高/低 16 位字可被分别移位或存入数据寄存器。CALU 的溢出饱和方式由状态寄存器 ST0 的溢出模式（OVM）位来使能或除能。根据 CALU 和累加器的状态，CALU 可以执行各种分支指令。这些指令可以和状态位标志结合，从而保证有条件地执行。为了溢出管理，这些条件包括 OV（根据溢出跳转）和 EQ（根据累加器是否为 0 跳转）等。

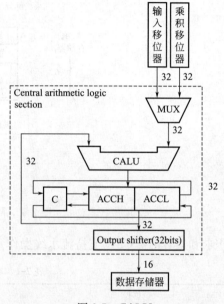

图 2-7　CALU

此外还需要注意的是，BACC（跳到累加器的地址）指令可以跳转到由累加器所指定的地址；不影响累加器的位测试指令（BIT 和 BITT）允许对数据存储器中的一个指定位进行测试。对绝大多数指令而言，状态寄存器 ST1 的第 10 位符号扩展位（SXM）决定了在 CALU 计算时是否使用符号扩展，SXM=0，抑制符号扩展；SXM=1，进行符号扩展。

2.4.4　累加器（ACC）

累加器（ACC）的功能是对送到 ACC 的 CALU 运算结果进行单个移位和循环操作。ACC 的输入为 CALU 的运算结果；ACC 的输出可以是高 16 位或者低 16 位中的任何一个，它们都可被送到输出定标移位器，经定标移位后再存入数据存储器。

与累加器有关的状态位和功能描述如表 2-3 所示。

表 2-3　与累加器有关的状态位和功能描述

状态位	状态寄存器	说明
进位位 C	ST1 第 9 位	C=0：减结果产生借位，加结果不产生进位；C=1：加结果产生进位，减结果不产生借位；左移或左循环，ACC 最高位送至 C，否则最低位送至 C
溢出方式位 OVM	ST0 第 11 位	决定 ACC 如何反映算术运算的溢出。OVM=1：正溢出，ACC 填充最大正数，否则填充最大负数；OVM=0：正常溢出
溢出标志位 OV	ST0 第 12 位	ACC 未发生溢出时，OV=0；否则 OV=1
测试/控制标志位 TC	ST1 第 11 位	根据被测试位的值，该位被置 0 或 1

2.4.5　输出数据定标移位器

该移位器的功能是根据存储指令中指定的位数，将累加器输出的内容左移 0～7 位，然后将移位器的高位字或者低位字采用 SACH 或 SACL 指令分别存到数据存储器中。

SACH：移位器高 16 位字存到数据存储器；

SACL：移位器低 16 位字存到数据存储器。

在此过程中，累加器的内容保持不变。

例如，执行指令：

SACH 10H，1　　　　　　　；即 $(10H) \leftarrow [ACC * 2^1]_{31-16}$

设执行前，

ACC＝4209001H　　　　　（10H）＝4H

那么执行后，

ACC＝4209001H　　　　　（10H）＝0841H

2.4.6　辅助寄存器算术单元

辅助寄存器算术单元（ARAU）是完全独立于中央算术逻辑单元的一个功能模块，其主要功能包含：

· 在 CALU 操作的同时执行 8 个辅助寄存器（AR7～AR0）上的运算；

· 8 个辅助寄存器可实现灵活而有效的间接寻址方式；

· 通过把数值 0～7 写入状态寄存器 ST0 第 3 位的辅助寄存器指针（ARP），可以选择一个辅助寄存器作为当前的 AR；

· 当前 AR 存放被访问的数据存储器的地址，根据指令的需要分别向数据读/写地址总线读/写数据，使用完该数据后，当前 AR 的内容可以被 ARAU 增/减，可实现无符号 16 位算术运算。

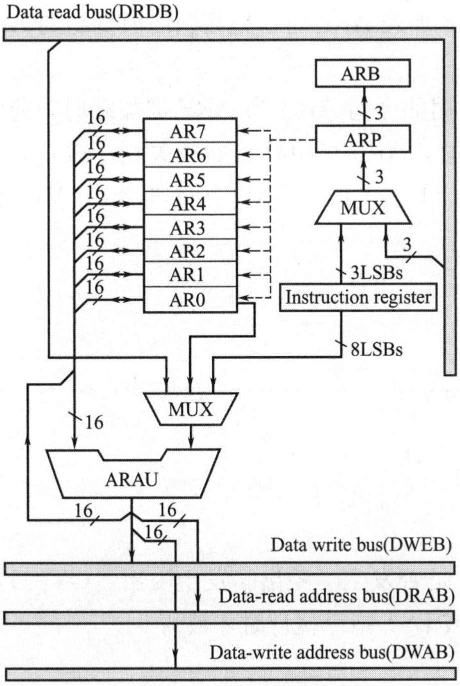

ARAU 的结构如图 2-8 所示。

ARAU 可进行的操作包含：

· 将辅助寄存器值增、减 1，或者增、减一个变址量（借助任何支持间接寻址的指令）；

· 使辅助寄存器的值加/减一个常数（ADRK/SBRK 指令），该常数是指令字的低 8 位；

· 将 AR0 的内容与当前 AR 的内容进行比较，并把结果放入状态寄存器 ST1 的测试/控制位 TC（CMPR 指令）。结果经数据写总线 DWEB 传送到 TC。

ARAU 的用途可归纳为以下几点：

· 数据存储器地址寻址，这也是最常用的功能；

图 2-8　ARAU 结构

- 通过 CMPR 指令，使辅助寄存器支持条件分支、调用及返回；
- 用作暂存单元；
- 用作软件计数器，按需要对其进行加、减。

2.4.7 状态寄存器

C240x 系列 DSP 包含两个状态寄存器 ST0 和 ST1，含有各种状态和控制位，它们用于记录 DSP 运行状态和设置 DSP 的运行模式。记录的内容可被读出并保存到数据存储器，或从数据存储器读出加载出来，用以在子程序调用或进入中断时实现 CPU 各种状态的保存。

加载状态寄存器 LST 指令用于写 ST0 和 ST1，保存状态寄存器 SST 指令用于读 ST0 和 ST1。其中，INTM 位不受 LST 指令的影响。此外，寄存器中每一位均可由 SETC 和 CLRC 指令单独置位和清 0。

ST0 和 ST1 各个字段的定义如图 2-9 所示。

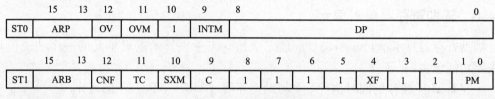

图 2-9　状态寄存器定义

具体字段的功能含义如下：

（1）ARB

辅助寄存器指针缓冲器，当 ARP 被加载到 ST0，除了使用 LST 指令外，原有的 ARP 值被复制到 ARB 中；当通过 LST ♯1 指令加载 ARB 时，把相同的值复制到 ARP。

（2）ARP

辅助寄存器指针，ARP 选择间接寻址时使用的当前 AR。当 ARP 被加载时，原有的 ARP 值被复制到 ARB 寄存器中；在间接寻址时，ARP 可由存储器相关指令改变，也可由 LARP、MAR 和 LST 指令改变；当执行 LST ♯1 时，ARP 也可加载与 ARB 相同的值。

例如，执行指令：

MAR ＊，AR1　　　　　；ARP←AR1

执行前：

ARP＝0　　　　　　　ARB＝7

执行后：

ARP＝1　　　　　　　ARB＝0

（3）OV

溢出标志位，该位锁存的值反映了 CALU 是否发生了溢出。发生溢出。OV＝1，直到复位、溢出时条件转移、无溢出时条件转移或 LST 指令执行时才被清 0。

（4）OVM

溢出方式位，该位决定如何管理 CALU 的溢出。SETC 和 CLRC 指令分别可将该位置1或清0，LST指令也可修改该位。OVM＝0，ACC结果正常溢出；OVM＝1，根据发生的溢出，把ACC置为最大正值或负值。

例如：

OVM＝1

正溢出：ACC＝7FFF FFFFh

负溢出：ACC＝8000 0000h

（5）CNF

片内DARAM配置位。CNF＝0，可配置双口RAM被映射到数据存储空间；CNF＝1，可配置双口RAM被映射到程序。该位可通过SETC、CLRC和LST指令修改，RS复位时该位清0。

（6）TC

测试/控制标志位。TC＝1，BIT或BITT指令测试位为1；利用NORM指令测试时，ACC的2个最高有效位"异或"为真；CMRP所测试的当前AR和AR0之间比较条件成立。

（7）INTM

中断模式位，该位用来允许或禁止所有可屏蔽中断。通过SETC和CLRC指令置1或清0。该位不影响不可屏蔽中断RS和NMI，LST指令不影响该位，发生中断及复位时置1。INTM＝0，允许全部没有被屏蔽的中断；INTM＝1，禁止全部没有被屏蔽的中断。

（8）DP

数据存储器页指针。当指令使用直接寻址方式时，这个9位的DP寄存器与指令寄存器的低7位一起形成一个完整的数据存储器16位地址。LST和LDP指令可修改该字段。

（9）SXM

符号扩展模式位。SXM＝1，数据通过定标移位器传送到累加器时产生符号扩展；SXM＝0，抑制符号扩展。该位不影响某些指令的基本操作，如ADDS指令不管SXM位的状态如何都抑制符号扩展。通过SECT、CLRC和LST指令对该位进行置1、清0和加载，复位时该位置1。

（10）C

进位位。C＝1，加法结果产生进位或减法结果未产生借位；C＝0，反之。移位16位的ADD指令只能使C位置1，SUB指令只能使C位清0，不会对C位产生其他影响；移1位、循环指令、SETC、CLRC和LST指令均影响该标志位；条件转移、调用和返回指令可根据C的状态执行；复位时该位置1。

（11）XF

引脚状态位。该位确定通用输出引脚XF的状态。通过SECT、CLRC和LST指令对该位进行置1、清0和加载，复位时该位置1。

（12）PM

乘积移位模式。该位确定PREG的值在送往CALU或数据存储器时如何移位。SPM和LST指令可以对该位加载，复位时该位清0。

PM＝00：乘法器32位乘积不经移位送到CALU或数据存储器；

PM＝01：送到CALU之前，PREG的输出左移1位（低位填0）；

PM＝10：送到CALU之前，PREG的输出左移4位（低位填0）；

PM＝11：PREG 输出进行符号扩展右移 6 位。

2.5 存储器与 I/O 空间

用一个不算十分贴切的比喻，类似普通 PC 机的内存和硬盘，DSP 也有自己的存储设备，统称为存储器。LF2407 系列 DSP 有三个独立的存储空间，分别是：

- 程序存储器（64K 字）；
- 数据存储器（64K 字）；
- I/O 空间（64K 字）。

TMSLF240x DSP 具有 16 位地址线，可分别访问这三个独立的地址空间。当然，DSP 的存储器除了片内存储器还可以扩展片外存储器。使用片外存储器时，需要将选通信号与外部存储器和 I/O 的使能引脚相连，这些引脚包含 PS、DS、IS。因此，简单说来，LF240x 系列的存储器基本分类如图 2-10 所示。

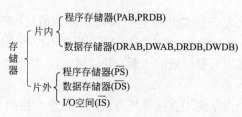

图 2-10　LF240x 系列的存储器基本分类

实际 DSP 型号的名称反映了片内存储器的类型，例如"LF"系列，表明片内有 Flash 存储器；"LC"系列，表明片内有 CMOS 工艺的存储器。有关 DSP 的命名规范，本书就不详细介绍了。

2.5.1　片内存储器

LF2407 系列片内存储器包含 2K 字 SARAM、544 字 DARAM、32K 字 Flash。这些存储器的特点和功能如下。

（1）双访问 RAM（DARAM）

这种存储器一个机器周期内可被访问 2 次，主相写数据到 DARAM，从相从 DARAM 读出数据，从而大大提高运行速度。544 字 DARAM 分为三块：B0（256 字）、B1（256 字）、B2（32 字）。B0、B1 和 B2 存储器空间主要用来保存数据，同时 B0 块也可以用来保存程序。B0 块配置为数据存储器还是程序存储器，要由状态寄存器 ST1 的 CNF 位来决定。

CNF＝1：B0 映射到程序存储器空间（FF00～FFFFH）；

CNF＝0：B0 映射到数据存储器空间（200～2FFH）。

（2）单访问 RAM（SARAM）

LF2407 片内有 2K 字的单访问 RAM（SARAM），这种存储器在一个机器周期内只能被访问 1 次。例如，如果要将累加器的值保存，且装载一个新值到累加器，在 SARAM 中，完成这个任务需要两个时钟周期，而在 DARAM 中只需要一个时钟周期。通过配置

SCSR2 寄存器的 PON 位，可以将 SARAM 配置为数据存储器或者程序存储器。

（3）Flash 程序存储器

片内的 Flash 存储器映射到程序存储器空间，其实片外也可以包含 Flash 存储器，这时就需要利用 MP/MC 引脚决定是访问片内的 Flash 还是访问片外的 Flash。

MP/MC=0：0000～7FFFH　片内的程序存储器（Flash）；

MP/MC=1：0000～7FFFH　片外的程序存储器（仿真时）。

Flash 的特点包含：

- 运行在 3.3V 电压模式；
- 对 Flash 编程时需要在 VCCP 上有 5V（±5%）电压供电；
- Flash 有多个向量，用来保护它，防止被擦除；
- Flash 的编程是由 CPU 来实现的。

Flash 用 4 个寄存器来控制对 Flash 的操作。在任意时刻，用户可以访问 Flash 中的存储器阵列，也可以访问控制寄存器，但不能同时访问两者。Flash 用一个控制方式寄存器来选择两种访问模式。该寄存器映射在内部 I/O 空间的 FF0Fh 地址。这是一个不能读的特殊功能寄存器，它可在 Flash 的存储器阵列方式下使能 Flash，用来对 Flash 阵列编程。该寄存器使用 OUT 指令，可以将 Flash 模块置于寄存器访问模式。

例如：OUT dummy，0FF0Fh；选择寄存器访问方式使用 IN 指令，可将 Flash 模块置于存储器阵列访问模式。

例如：IN dummy，0FF0Fh；选择存储器阵列访问方式。

2.5.2　程序存储器

程序存储器是用来保存程序代码、数据表格和常量的，程序存储器空间寻址范围为 64K，包括了片内 Flash、DARAM、SARAM、片外 ROM。

正如在上一小节讨论的部分内容，决定程序存储器配置包含的两个因素，再详细讨论一下。

（1）CNF 位

CNF 位是状态寄存器 ST1 的第 12 位，决定 DARAM 中的 B0 块配置在数据存储器空间，还是配置在程序存储器空间。

CNF=0：256 字的 B0 块被映射到数据存储器空间；

CNF=1：256 字的 B0 块被映射到程序存储器空间。

复位时，CNF=0，B0 块被映射到数据存储器空间。

（2）MP/MC 引脚

该引脚决定是从片内 Flash 读取指令，还是从外部程序存储器读取指令。

MP/MC=0：微控制器方式，此时访问的是片内程序存储器（片内 Flash）0000～7FFFh 空间；

MP/MC=1：微处理器方式，此时访问的是片外程序存储器的 0000～7FFFh 空间。

需要提醒的是，无论 MP/MC 引脚为何值，LF240xDSP 都是从程序存储器空间的 0000h 单元开始执行程序。

程序存储器的空间分配如图 2-11 所示。

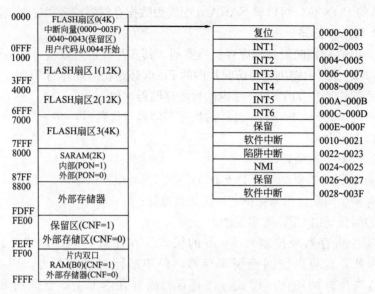

图 2-11　程序存储器的空间分配

其中，各地址段定义如下。

0000～7FFFh：片内 Flash；

8000～87FFh：片内 SARAM；

8800～FDEFh：片外程序存储器；

FE00～FEFFh：保留，外部扩展；

FF00～FFFFh：片内 DARAM。

2.5.3　数据存储器

数据存储器用于存放数据，中间结果，寻址范围高达 64K 字。前 32K 字（0000～7FFFh）空间的存储器是内部数据存储器空间，包括了 DARAM 和片内外设的映射寄存器；后 32K 字（8000～FFFFh）空间的存储器为外部数据存储器。

0000～7FFFh（32K 字）：片内数据存储器空间；

8000～FFFFh（32K 字）：外部数据存储器。

片内存储器的 3 个 DARAM 块：B0 块、B1 块和 B2 块。B0 块既可配置为数据存储器，也可配置为程序存储器。B1 块、B2 块只能配置为数据存储器。

内部数据存储器的空间分配如下。

0000～005Fh：专门用途（中断），存储器映射寄存器占用；

0060～007Fh：（B2）数据存储器；

0200～02FFh：（B0）CNF=0，B0 为数据空间；CNF=1，B0 为程序空间；

0300～03FFh：（B1）数据存储器；

0800～0FFFh：（SARAM）DON PON=10 时，SARAM 映射为数据存储器。

因此，统计数据存储器空间的容量为：544（DARAM）+2K 字（SARAM）=2592 字。

细心的读者或许发觉了，在上面的空间分配中，数据存储器的地址并不连续，这是由于部分地址为非法使用区，部分地址为保留地址，如图 2-12 所示。

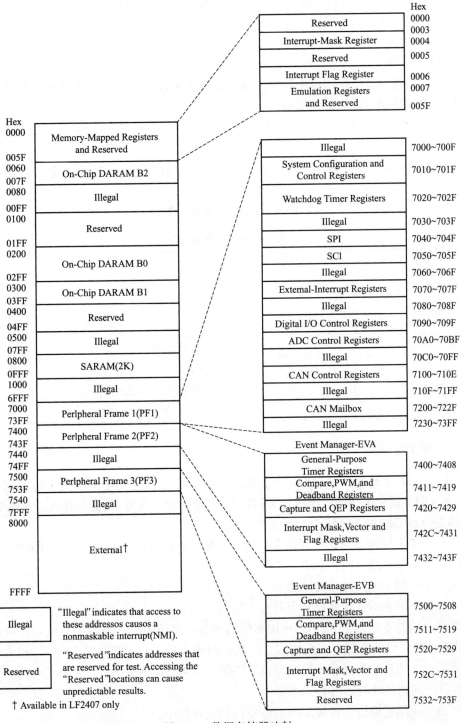

图 2-12 数据存储器映射

编程时要注意，访问下面的数据存储器的地址空间是非法的，并会对 NMI 置位。除了以下地址，任何对外设寄存器映射中的保留地址的访问也是非法的。

0080～00FFh   1000～700Fh

0500～07FFh   7030～703Fh

701F～71FFh（CAN 内部）　　　7230～73FFh（部分在 CAN 内部）

7440～74FFh　　　　　　　　　7540～75FFh

7060～706Fh　　　　　　　　　7600～77EFh

77F4～7FFFh　　　　　　　　　7080～708Fh

数据存储器中包括存储器映射寄存器，它们位于数据存储器的第 0 页（地址 0000～007Fh），应用中必须注意以下 2 点。

① 必须以零等待状态访问两个映射，寄存器中断屏蔽寄存器（IMR）和中断标志寄存器（IFR）。

② 测试/仿真保留区被测试和仿真系统用于特定信息发送。因此不能对测试/仿真地址进行操作。

如表 2-4 所示是对第 0 页数据地址映射的详细说明。

表 2-4　0 页数据地址映射

地址	名称	描述
0000～0003h	—	保留
0004h	IMR	中断屏蔽寄存器
0005h	—	保留
0006h	IFR	中断标志寄存器
0023～0027h	—	保留
002B～002Fh	—	保留用作测试和仿真
0060～007Fh	B2	双口 RAM(DARAM B2)

2.5.4　I/O 空间

I/O 空间的寻址范围为 64K 字，访问的控制信号为 IS。所有 64K 的 I/O 空间均可以用 IN 和 OUT 指令来访问。当执行 IN 或 OUT 指令时，信号 IS 变为有效，因此 IS 可作为外部 I/O 设备的片选信号。

访问外部 I/O 端口与访问程序存储器、数据存储器复用相同的地址总线和数据总线，但访问的选通信号线不同，其中：

- 程序空间 64K，选通信号为 PS；
- 数据空间 64K，选通信号为 DS。

数据总线的宽度为 16 位，若使用 8 位的外设，可使用高 8 位数据总线，也可使用低 8 位数据总线，以适应特定应用的需要。当访问片内的 I/O 空间时，信号 IS 和 STRB 变成无效，外部地址和数据总线仅仅当访问外部 I/O 地址时有效。

I/O 空间地址映射如图 2-13 所示。

下面是使用汇编语言直接访问 I/O 空间的实际例子。

IN DAT2，0xAFEEh；从端口地址为 AFEEh 的外设读数据并存入 DAT2 寄存器

OUT DAT2，0xCFEFh；输出数据存储器 DAT2 的内容到端口地址为 CFEFh 的外设

细心的读者会发现，在图 2-13 中，地址 FFFFh 有一个等待状态发生器寄存器。它的功能是，当 CPU 访问速度较慢的外部存储器或外设时，CPU 需要产生等待状态。等待状

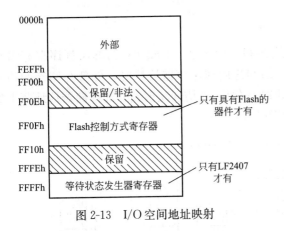

图 2-13 I/O 空间地址映射

态以机器周期为单位，CPU 通过 READY 引脚可产生任意数目的等待状态以延长访问时间，可使快速的 CPU 访问慢速的外部存储器或外设。

若 CPU 所访问的外设没有准备好，则外设应保持 READY 引脚为低，此时 LF240x 等待一个 CLKOUT 周期，并再次检查 READY 脚。若 READY 信号没有被使用，LF240x 可以产生任意数目的等待状态。但是，当 LF240x 全速运行时，它不能对第一个周期做出快速响应来产生一个基于 READY 的等待状态。为立即得到等待状态，应先使用片内等待状态发生器，然后用 READY 信号产生其余的等待状态。

等待状态发生器可编程为指定的片外空间（数据、程序或 I/O）产生第一个等待状态，而与 READY 信号的状态无关。为了控制等待状态发生器，就必须对映射到 I/O 空间的等待状态控制寄存器（WSGR，地址为 FFFFh）访问。

等待状态控制寄存器个数据位的格式如下：

D15~D11：保留，读出的值为 0。

D10~D9：BVIS，总线可视模式。提供了一种跟踪内部总线活动的方式。当运行片内的程序或数据存储器时，位 10 和位 9 允许各种总线的可视模式。

00：总线可视模式关（降低功耗和噪声）；

01：总线可视模式开（降低功耗和噪声）；

10：数据到地址总线输出到外部地址总线数据到数据总线输出到外部数据总线；

11：程序到地址总线输出到外部地址总线程序到数据总线输出到外部数据总线。

D8~D6：ISWS，I/O 空间等待状态位。这三位决定了片外 I/O 空间等待状态（0~7）的数目。复位时，这三位置为 111，为片外 I/O 空间的读写设定了 7 个等待状态。

D5~D3：DSWS，数据空间等待状态位。这三位决定了片外数据空间等待状态（0~7）的数目。复位时，这三位置为 111，为片外数据空间的读写设定了 7 个等待状态。

D2~D0：PSWS，程序空间等待状态位。这三位决定了片外程序空间等待状态（0~7）的数目。复位时，这三位置为 111，为片外程序空间的读写设定了 7 个等待状态。

总之，不管 READY 信号的状态如何，等待状态发生器都将向给定的空间（数据、程序或 I/O）插入 0~7 个等待状态，等待状态的数目由软件来确定。然后 READY 信号可以变为低电平，产生附加的等待状态。

如果 m 是一个特定的读写操作的所要求的时钟周期（CLKOUT）的数目，w 是附加的等待状态数目，那么操作将会花费 $(m+w)$ 个周期。复位时，WSGR 各位均置 1，且默认每个外部空间（数据、程序或 I/O）均产生 7 个等待状态。

下面是访问等待状态发生器的寄存器的例子。

IN   DAT2, 0xFFFFh   ；从等待状态发生器读取数据到 DAT2 寄存器

OUT DAT2, 0xFFFFh   ；将 DAT2 寄存器的数据写入等待状态发生器，使用等待状态发生器

2.5.5 外部存储器接口

本小节简单介绍一下外部存储器的连接和访问方法。LF240x/240xA 程序存储器有 64K 空间的寻址空间，当 LF240x/240xA 访问片内程序存储器块时，外部存储器的访问信号 PS 和 STRB 被设置为无效。仅当 LF240x/240xA 访问映射到外部存储器地址范围的位置时，外部数据和地址总线才有效，如图 2-14 所示。

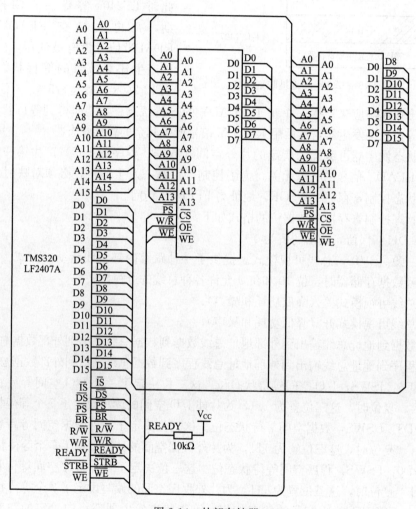

图 2-14　外部存储器

图 2-14 中用两个 8 位宽的 SRAM 存储器级联来实现所需的 16 位字宽，该接口同样适用于 EPROM，只需将写有效（WE）信号去掉。存储器的访问时间是与 DSP 相匹配的，因此接口是一个零等待状态的读/写周期。如用慢速存储器，则片内等待状态发生器将向访问周期插入一个等待状态，若需要不止一个等待状态，则需要用 READY 信号。

程序存储器空间选择 PS 信号可以直接连接到外部存储器芯片的片选引脚 CE，以便对外部程序存储器访问时选择程序存储器。若多片存储器与程序空间接口，那么由 PS 和适当的地址位来组成译码电路来进行存储器块的片选。

2.6　寻址方式

上一小节在介绍存储器时，很多地方都涉及了地址，C24x系列DSP提供了3种寻址方式：立即寻址、直接寻址、间接寻址。

（1）立即寻址

CPU要寻找的操作数就在指令中，包含短立即数和长立即数。

短立即数为8位、9位、13位；长立即数为16位；访问标志为♯。

例如：RPT ♯60，表示将紧跟RPT指令后的那条指令执行60+1次。

（2）直接寻址

CPU要寻找的操作数地址在指令中。直接寻址时，128字为一页的数据块来对数据存储器进行寻址。全部64K的数据存储器分为512个数据页，其标号为0~511。当前页由状态寄存器ST0中的9位数据页指针（DP）值来确定。因此，当使用直接寻址指令时，用户必须事先指定数据页，并在访问数据存储器的指令中指定偏移量，偏移量为7位，即以下2步：①采用LDP指令设置DP，设置数据页指针；②在指令中指明偏移量。

图2-15显示了这些块是如何被寻址的。

DP值	偏移量	数据存储器页
0000 0000 0	000 0000	0页： 0000~007Fh
⋮	⋮	
0000 0000 0	111 1111	
0000 0000 1	000 0000	1页： 0080~00FFh
⋮	⋮	
0000 0000 1	111 1111	
0000 0001 0	000 0000	2页： 0100~017Fh
⋮	⋮	
0000 0001 0	111 1111	
⋮	⋮	⋮
1111 1111 1	000 0000	511页： FF80~FFFFh
⋮	⋮	
1111 1111 1	111 1111	

图2-15　数据块

例如：

LDP　♯5

ADD　9h，10

第一条指令表示将第5页数据块地址赋值给DP，DP←5（0280~02FFh）；第二条指令表示偏移量为 9，因此最终操作地址为 0280h＋9h＝0289h，最后 ACC 中的值为 ACC←ACC＋(0289h)×2^{10}。其中，(0289h) 表示地址 0289h 位置放的数值。

（3）间接寻址

间接寻址方式是指 CPU 要寻找的操作数地址在当前辅助寄存器（AR0～AR7）中，谁是当前辅助寄存器由 ARP 决定。间接寻址选项如表 2-5 所示。

表 2-5　间接寻址选项

操作数	选项	说明
＊	不增不减	用 AR 内容作为数据存储器地址，但 AR 内容不变
＊＋	增加 1	用 AR 内容作为数据存储器地址，然后 AR 内容＋1
＊－	减少 1	用 AR 内容作为数据存储器地址，然后 AR 内容－1
＊0＋	增加变址量	AR0 装入索引值，AR 装入数据存储器地址，然后 AR 内容加上索引值
＊0－	减少变址量	AR0 装入索引值，AR 装入数据存储器地址，然后 AR 内容减去索引值
＊BR0＋	按逆向进位增加变址量	AR0 装入索引值，AR 装入数据存储器地址，然后 AR 内容加上索引值，加过程在 FFT 的码位倒序中完成
＊BR0－	按逆向进位减少变址量	AR0 装入索引值，AR 装入数据存储器地址，然后 AR 内容减去索引值，加过程在 FFT 的码位倒序中完成

例如，指令：

LAR AR3，♯302h	; AR3←302h
MAR ＊，AR3	; ARP←AR3
ADD ＊＋，8，AR4	; ACC←ACC＋(302H)＊2^8
	; AR3←AR3＋1
	; ARP←AR4

设初始时（302h）＝2h，ACC＝2h 则，

	执行前	执行后
ARP	3	4
AR3	302	303
(302h)	2h	2h
ACC	2h	202h

一般来说，常用的涉及寻址方式的指令包含：ADD、ADDC、AND、LACC、LACL、SACH、SACL、LAR、MAR、B、BACC、BANZ、BCND、CALA、CALL、CC、RET、CLRC、LDP、LST、SETC、SST、IN、OUT、SPLK。

2.7　系统配置寄存器

系统配置寄存器是用来对 DSP 片内的功能模块进行用户配置，根据具体用途来进行模块定制。

2.7.1　系统控制和状态寄存器 1（SCSR1）

SCSR1 映射到数据存储器空间的 7018h，各位定义如下。

D15：保留。

D14：CLKSRC，为 CLKOUT 引脚输出时钟源的选择位。

0：CLKOUT 引脚输出 CPU 时钟；

1：CLKOUT 引脚输出 WDCLK 时钟。

D13、D12：LPM1、LPM0，低功耗模式选择，指明在执行 IDLE 指令后进入哪一种低功耗模式。

00：进入 IDLE1（LPM0）模式；

01：进入 IDLE2（LPM1）模式；

1x：进入 HALT（LPM2）模式。

D11～D9：CLK PS2、CLK PS1、CLK PS0，（PLL）时钟预定标选择位，选择输入时钟频率 f_{in} 的倍频系数，如表 2-6 所示。

表 2-6　倍频系数

CLK PS2	CLK PS1	CLK PS0	系统时钟频率
0	0	0	$4f_{in}$
0	0	1	$2f_{in}$
0	1	0	$1.33f_{in}$
0	1	1	f_{in}
1	0	0	$0.8f_{in}$
1	0	1	$0.66f_{in}$
1	1	0	$0.57f_{in}$
1	1	1	$0.5f_{in}$

D8：保留。

D7：ADC CLKEN，ADC 模块时钟使能控制位。

0：禁止 ADC 模块时钟（节能）；

1：使能 ADC 模块时钟，且正常运行。

D6：SCICLKEN，SCI 模块时钟使能控制位。

0：禁止 SCI 模块时钟（节能）；

1：使能 SCI 模块时钟，且正常运行。

D5：SPICLKEN，，SPI 模块时钟使能控制位。

0：禁止 SPI 模块时钟（节能）；

1：使能 SPI 模块时钟，且正常运行。

D4：CANCLKEN，CAN 模块时钟使能控制位。

0：禁止 CAN 模块时钟（节能）；

1：使能 CAN 模块时钟，且正常运行。

D3：EVBCLKEN，EVB 模块时钟使能控制位。

0：禁止 EVB 模块时钟（节能）；

1：使能 EVB 模块时钟，且正常运行。

D2：EVACLKEN，EVA 模块时钟使能控制位。

0：禁止 EVA 模块时钟（节能）；

1：使能 EVA 模块时钟，且正常运行。

D1：保留。

D0：ILLADR，无效地址检测位。检测到无效地址时，该位置 1。置 1 后需软件来清 0，复位时该位为 0。

2.7.2 系统控制和状态寄存器 2（SCSR2）

SCSR2 映射到数据存储器空间的 7019h，各位定义如下。

D15～D7：保留。

D6：I/P QUAL，时钟输入限定。它限定输入到 LF240x 的 CAP1～CAP6、XINT1、XINT2、ADCSOC、PDPINTA/PDPINTB 引脚上的最小脉冲宽度。脉冲宽度只有达到这个宽度之后，内部的输入状态才会改变。这些引脚作 I/O 使用，则不使用输入时钟限定电路。

0：锁存脉冲至少需要 5 个时钟周期；

1：锁存脉冲至少需要 11 个时钟周期。

D5：WD 保护位，该位可用来禁止 WD 工作。该位只能清除，复位后＝1。通过向该位写 1 对其清 0。

0：保护 WD，防止 WD 被软件禁止；

1：复位时的默认值，禁止 WD 工作。

D4：XMIF HI-Z。该位控制外部存储器接口信号（XMIF）。

0：所有 XMIF 信号为正常驱动模式（非高阻态）；

1：所有 XMIF 信号处于高阻态。

需要特别说明的是，该位仅对 LF2407/LF2407A 型号有效，对其他型号为保留位。

D3：使能位。这位反映了 BOOTEN 引脚在复位时的状态。

0：使能引导 ROM。地址 0000～00FFh 被片内引导 ROM 块占用。禁止用 Flash 存储器；

1：禁止引导 ROM。LF2407 片内 Flash 程序存储器映射地址范围为 0000～7FFFh。

D2：MP/MC（微处理器/微控制器选择）。

0：DSP 设置为微控制器方式，片内 FLASH 映射到程序存储器空间，地址为 0000～7FFFh；

1：DSP 设置为微处理器方式，程序空间 0000～7FFFh 被映射到片外程序存储器空间。

D1、D0：SARAM 的程序/数据空间选择。

00：地址空间不被映射，该空间被分配到外部存储器；

01：SARAM 被映射到片内程序空间；

10：SARAM 被映射到片内数据空间；

11：SARAM 被映射到片内程序空间，又被映射到片内数据空间。

2.7.3 器件标识号寄存器（DINR）

DINR 寄存器映射到数据存储器空间 701Ch，各位定义如下。

D15～D4：DIN15～DIN4。为 DSP 的器件标识号（DIN）。

D3~D0：DIN3~DIN0。为所用 DSP 的器件的版本，给定值。

不同型号的 DSP 所对应的 DIN15~DIN0 的值如表 2-7 所示。

表 2-7　不同器件 DIN 值

器件	版本	DIN15~DIN0
LF2407	1.0~1.5	0510h
LF2407	1.6	0511h
LF2407A	1.0	0520h
LC2406A	1.0	0700h
LC2402A	1.0	0610h

2.8　中断

中断是学习任何一种微控制芯片都十分重要的内容，DSP 也毫不例外。DSP 的中断功能由一系列与中断相关的模块组成，包含：

- 中断优先级和中断向量表；
- 外设中断扩展控制器（PIE）；
- 中断向量表；
- 中断响应的流程；
- 中断响应的时间；
- CPU 中断寄存器；
- 外设中断寄存器；
- 复位与无效地址检测；
- 外部中断控制寄存器。

首先介绍一下 LF2407 系列 DSP 的中断特点。

- 两级中断：内核中断和外设中断；
- 两种类型中断：不可屏蔽中断（RS、NMI），可屏蔽中断（外部中断以及其他外设中断等）；
- 中断管理：外设管理和 CPU 管理；
- 中断响应/确认硬件和中断服务软件均有两级级联。

2.8.1　中断优先级和中断向量表

有关 LF2407 中断的优先级可以分为两种情况。其中，内核中断包含：复位中断（RS）、不可屏蔽中断（NMI）、INT1~INT6，优先级顺序固定；外部中断包含：外部引脚事件，SPI，SCI，ADC，CAN 连接 INT1、INT5、INT6，事件管理器连接 INT2、INT3、INT4，优先级顺序可编程。

LF2407 型 DSP 具有 3 个不可屏蔽中断和 6 个级别的可屏蔽中断（INT1~INT6）。对多个外设的中断需求采用了中断扩展设计来满足。在每级可屏蔽中断（INT1~INT6）中又有多个中断源，有唯一的中断入口地址向量。如表2-8～表2-15所示显示了中断源的优先级和中断入口地址向量表。

表2-8 不可屏蔽中断源的优先级和中断入口地址向量表

中断优先级	中断名称	外设中断向量	描述	外围中断源模块
1	Reset	0000h	复位引脚和WD溢出	RS、看门狗
2	保留	0026h	用于仿真	CPU
3	NMI	0004h	软件中断	不可屏蔽中断

表2-9 可屏蔽中断源的优先级和中断入口地址向量表 INT1（级别1）

中断优先级	中断名称	外设中断向量	描述	外围中断源模块
4	PDPINTA	0020h	功率驱动保护中断	EVA
5	PDPINTB	0019h	功率驱动保护中断	EVB
6	ADCINT	0004h	高优先级ADC中断	ADC
7	XINT1	0001h	高优先级外中断	外部中断逻辑
8	XINT2	0011h	高优先级外中断	外部中断逻辑
9	SPINT	0005h	高优先级SPI中断	SPI
10	RXINT	0006h	高优先级SCI接收中断	SCI
11	TXINT	0007h	高优先级SCI发送中断	SCI
12	CANMBINT	0040h	高优先级CAN邮箱中断	CAN

表2-10 INT2（级别2）

中断优先级	中断名称	外设中断向量	描述	外围中断源模块
13	CANMBINT	0041h	高优先级CAN错误中断	CAN
14	CMP1INT	0021h	比较器1中断	EVA
15	CMP2INT	0022h	比较器2中断	EVA
16	CMP3INT	0023h	比较器3中断	EVA
17	T1PINT	0027h	定时器1周期溢中断	EVA
18	T1CINT	0028h	定时器1比较溢中断	EVA
19	T1UFINT	0029h	定时器1下溢中断	EVA
20	T1OFINT	0029h	定时器1上溢中断	EVA
21	CMP4INT	0024h	比较器4中断	EVB
22	CMP5INT	0025h	比较器5中断	EVB
23	CMP6INT	0026h	比较器6中断	EVB
24	T3PINT	002Fh	定时器3周期溢中断	EVB
25	T3CINT	0030h	定时器3比较溢中断	EVB
26	T3UFINT	0031h	定时器3下溢中断	EVB
27	T1OFINT	0032h	定时器3上溢中断	EVB

表 2-11　INT3（级别 3）

中断优先级	中断名称	外设中断向量	描述	外围中断源模块
28	T2PINT	002Bh	定时器 2 周期溢中断	EVA
29	T2CINT	002Ch	定时器 2 比较溢中断	EVA
30	T2UFINT	002Dh	定时器 2 下溢中断	EVA
31	T2OFINT	002Eh	定时器 2 上溢中断	EVA
32	T4PINT	0039h	定时器 4 周期溢中	EVB
33	T4CINT	003Ah	定时器 4 比较溢中断	EVB

表 2-12　INT4（级别 4）

中断优先级	中断名称	外设中断向量	描述	外围中断源模块
34	T4UFINT	003Bh	定时器 4 下溢中断	EVB
35	T4OFINT	003Ch	定时器 4 上溢中断	EVB
36	CAP1INT	0033h	比较器 1 中断	EVA
37	CAP2INT	0034h	比较器 2 中断	EVA
38	CAP3INT	0035h	比较器 3 中断	EVA
39	CAP4INT	0036h	比较器 4 中断	EVB
40	CAP5INT	0037h	比较器 5 中断	EVB
41	CAP6INT	0038h	比较器 6 中断	EVB

表 2-13　INT5（级别 5）

中断优先级	中断名称	外设中断向量	描述	外围中断源模块
42	SPINT	0005h	低优先级 SPI 中断	SPI
43	RXINT	0006h	低优先级 SCI 接收中断	SCI
44	TXINT	0007h	低优先级 SCI 发送中断	SCI
45	CANMBINT	0040h	低优先级 CAN 邮箱中断	CAN
46	CANERINT	0040h	低优先级 CAN 错误中断	CAN

表 2-14　INT6（级别 6）

中断优先级	中断名称	外设中断向量	描述	外围中断源模块
47	ADCINT	0004h	低优先级 ADC 中断	ADC
48	XINT1	0001h	低优先级外中断	外部中断逻辑
49	XINT2	0011h	低优先级外中断	外部中断逻辑

表 2-15　其他中断

中断优先级	中断名称	外设中断向量	描述	外围中断源模块
NA	TRAP	NA	分析中断	CPU
NA	假中断	0000h	假中断向量	CPU
NA	XINT2	0011h	低优先级外中断	CPU
NA	INT8~16	NA	软件中断	CPU
NA	INT20~31	NA	软件中断	CPU

2.8.2 外设中断扩展控制器

LF240x CPU 内核提供给用户 6 级可屏蔽中断 INT1~INT6。其中每 1 级别中断又包含多个外设中断请求。所以 DSP 采用一个外设中断扩展（PIE）控制器专门来管理来自各种外设或外部引脚的数十个中断请求，如图 2-16 所示。

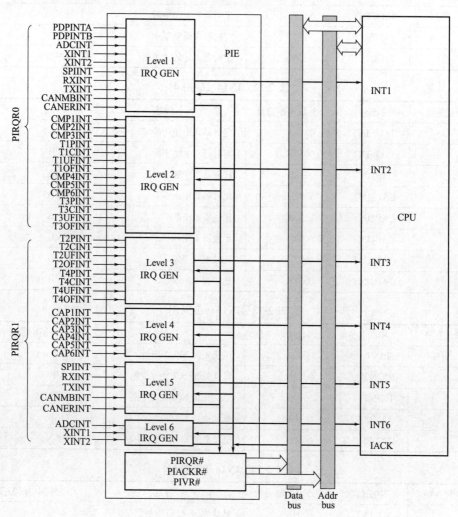

图 2-16 中断扩展

由图 2-16 可见，通过扩展，LF2407 形成了一个两级中断结构，采用这种层次结构的特点和作用是：

· 由于需要的外设中断个数很多，因此采用两级中断结构可以扩展可响应的中断个数；

· 中断请求与应答的硬件逻辑和中断服务程序软件都有两级层次的中断；

· 在低层次中断处理中，从几个外设来的外设中断请求（PIRQ）在中断控制器处进行或运算，产生一个 INTn(n＝1~6)的高层次中断请求；

· 在高层次中断，从 INTn 中断请求产生一个到 CPU 的中断请求；

· 如果一个引起中断的外设事件发生且相应的中断使能位被置1，则会产生一个外设到中断控制器的中断请求；

• 如果一个外设既可产生高级的中断请求，又可产生低级中断请求（如 SCI、SPI、ADC 等），对应的中断优先级位的值也被送到 PIE 来进行判断；

• 中断请求（PIRQ）标志位一直保持到中断应答自动清除或用软件将其清除。其中 PIRQ0 负责优先级别 1～2，PIRQ1 负责优先级别 3～6；

• 在高层次中断中，或逻辑运算的多个外设中断请求 INTn 产生一个到 CPU 的中断请求，它是 2 个 CPU 时钟脉冲宽的低电平脉冲；

• 当多个外设同时发出中断请求时，CPU 总是响应优先级高的中断请求；

• 外设中断请求标志位是在 CPU 响应中断时自动清除，即在高层次中断时清 0，而不是在低层次中断时清 0。

2.8.3　中断向量表

当 CPU 接收到中断请求时，为了区分不同外设引起的中断事件，需要经 PIE 译码，来判定究竟是哪个中断请求需要被响应。某个外设的中断请求有效时，都会产生唯一的外设中断向量，该向量被装载到外设中断向量寄存器（PIVR）中。CPU 应答外设中断请求时，从 PIVR 中读取相应的中断向量，并产生一个转到该中断服务子程序（GISR）入口的向量。

LF240x 有两个中断向量表：CPU 向量表和外设向量表。

① CPU 向量表用来得到响应中断请求的一级通用中断服务子程序（GISR）；

② 外设向量表用来获取响应某外设事件的特定中断服务子程序（SISR）。

在一级通用中断服务子程序 GISR 中可读出 PIVR 中的值，保护现场后，用 PIVR 中的值来产生一个转到 SISR 的向量。

例如，可屏蔽中断 XINT1（高级模式级别为 INT1，优先级为 7）产生一个中断请求，CPU 对其响应。这时，0001h（XINT1 的外设中断向量）被装载到 PIVR 中，CPU 获取被装载到 PIVR 中的值之后，用这个值来判断是哪一个外设引起的中断，接着转移到相应的 SISR。将 PIVR 中的值装载入累加器时需先左移，再加上一个固定的偏移量，然后程序转到累加器指定的地址入口，这个地址将指向 SISR，从而执行 XINT1 的中断服务子程序。相关程序执行有几个要点需要说明。

（1）假中断向量

如果一个中断被响应，但却没有获得相应的外设的中断请求，那么就使用假中断。假中断向量特性可以保证中断系统的完整性，从而使中断系统一直可靠安全地运行，而不会进入无法预料的中断死循环中。以下两种情况会产生假中断。

① CPU 执行一个软件中断指令 INTR，使用参数 1～6，用于请求服务 6 个可屏蔽中断（INT1～INT6）之一。

② 当外设发出中断请求，但是其 INTn 标志位却在 CPU 应答请求之前已经被清 0。

在上述两种情况下，并没有外设中断请求送到中断控制器，因此，中断控制器不知道将哪个外设中断向量装入到 PIVR，此时向 PIVR 中装入假中断向量 0000h，从而避免程序进入中断死循环中。

（2）软件层次

中断服务子程序分为两级：通用中断服务子程序（GISR）和特定中断服务子程序

（SISR）。在 GISR 中保存必要的上下文，从外设中断向量寄存器（PIVR）中读取外设中断向量，这个向量用来产生转移到 SISR 的地址入口。程序一旦进入特定中断服务子程序后，所有的可屏蔽中断都被屏蔽。外设中断扩展（PIE）不包括复位和 NMI 这样的不可屏蔽中断。

（3）不可屏蔽中断

LF240x 型 DSP 无 NMI 引脚，因此在访问无效的地址时，不可屏蔽中断（NMI）就会发出请求。当 NMI 被响应后，程序将转到不可屏蔽中断向量入口地址 0024h 处。

2.8.4　全局中断使能

状态寄存器 ST0 中有一个全局中断使能位 INTM，在初始化程序和主程序中，常常需要使用该位对 DSP 的全局中断进行打开和关闭设置。特别是初始化过程中，需要关全局中断，而在主程序开始执行时，需要开全局中断。关全局中断和开全局中断的汇编语言指令如下。

SETC INTM　　　；把 INTM 位置 1，关全局中断

CLRC INTM　　　；把 INTM 位清 0，开全局中断

执行完中断服务子程序后，一定要打开全局中断。因为进入中断服务程序时，系统自动关中断。所以从中断返回时需要重新打开全局中断。在此过程中不允许中断嵌套。

2.8.5　中断响应过程

以下介绍外设中断请求的响应过程。

• 某一外设发出中断请求；

• 假如该外设的中断请求标志位（IF）为 1，且该外设的中断使能位（IE）为 1，则产生一个到 PIE 控制器的中断请求；如果中断没有被使能，则中断请求标志位（IF）为 1 的状态保持到被软件清 0；

• 如果不存在相同优先级（INTn）的中断请求，那么 PIRQ 会使 PIE 控制器产生一个到 CPU 的中断请求（INTn），该请求为 2 个 CPU 时钟宽度的低电平脉冲；

• CPU 的中断请求设定 CPU 的中断标志寄存器（IFR），如果 CPU 中断已被使能，中断屏蔽寄存器（IMR）CPU 会中止当前的任务，将 INTM 置 1，以屏蔽所有可屏蔽的中断，保存上下文，并且开始为高优先级的中断（INTn）执行通用中断服务子程序（GISR）。CPU 自动产生一个中断应答，并向与被响应的高优先级中断的相应程序地址总线（PAB）送一个中断向量值。例如，如果 INT2 被响应了，它的中断向量 0004h 被装入 PAB；

• 外设中断扩展（PIE）控制器会对 PAB 的值进行译码，并产生一个外设响应应答，清除与被应答的 CPU 中断相关的 PIRQ 位。外设中断扩展控制器将相应的中断向量（或假中断向量）载入外设中断向量寄存器（PIVR）。当 GISR 已经完成了现场保护，就可读入 PIVR 值，并使用中断向量，使程序转入到特定中断服务子程序（SISR）的入口处去执行。

总结起来，中断响应过程如下，如图 2-17 所示。

① 硬件响应流程　外设中断事件→外设中断标志置位→外设中断请求→置位 INTX →CPU 中断申请→CPU 中断标志置位→CPU 确认中断→清除外设和 CPU 中断请求→加

载外设中断矢量→响应中断。

② 软件响应流程 取 INTX 矢量地址进入通用中断服务程序 GISR→现场保护→读外设中断矢量寄存器 PIVR→确认非伪中断→进入专用中断服务例程 SISR→清除外设中断符号位和 INTM 位→中断响应→恢复现场→中断退出。

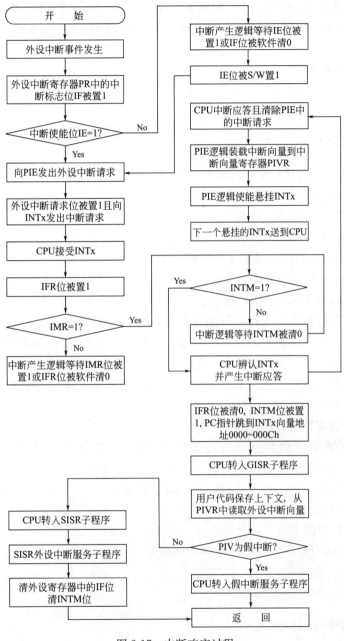

图 2-17 中断响应过程

2.8.6 中断响应延迟处理

导致中断响应延时的因素包括：外设同步接口时间、CPU 响应时间、ISR 转移时间。具体如下。

（1）外设同步接口时间

指 PIE 识别出外设发来的中断请求，经优先级判断、转换后将中断请求发送至 CPU 的时间。

（2）CPU 响应时间

指 CPU 识别出已经被使能的中断请求、响应中断、清除流水线，并且开始捕获来自 CPU 中断向量的第一条指令所花费的时间。最小的 CPU 的响应时间是 4 个 CPU 指令周期。

（3）ISR 转移时间

指为了转移 ISR 中特定部分而必须执行一些转移所花费的时间。该时间长短根据用户所实现的 ISR 的不同而有所变化。

2.8.7　中断寄存器

CPU 中断寄存器包括：中断标志寄存器（IFR）、中断屏蔽寄存器（IMR）。

（1）中断标志寄存器（IFR）

IFR 映射到数据存储器空间为 0006h，各数据位意义如下。

D15～D6：保留位。

D5～D0：分别为 INT6～INT1 的中断标志位。

0：无 INTn(n＝1～6)的中断挂起；

1：有 INTn(n＝1～6)的中断挂起。

中断标志寄存器包含了所有可屏蔽中断 INT6～INT1 的标志位。当一个外设发出可屏蔽中断请求时，中断标志寄存器的相应标志位被置 1。如果该外设对应中断屏蔽寄存器中的中断使能位也为 1，则该中断请求被送到 CPU，此时该中断正被挂起或等待响应。读取 IFR 可以识别挂起的中断，向相应的 IFR 位写 1 将清除已挂起的中断。CPU 响应中断或复位都能将 IFR 标志清除。

（2）中断屏蔽寄存器（IMR）

IMR 映射在数据存储器空间中的地址为 0004h，IMR 中包含所有可屏蔽中断级（INT1～INT6）的屏蔽位，读 IMR 可以识别出已屏蔽或使能的中断级，而向 IMR 中写，则可屏蔽中断或使能中断。为了使能中断，应设置相应的 IMR 位为 1，而屏蔽中断时只需将相应的 IMR 位设为 0。各位意义如下。

D15～D6：保留位。

D5～D0：分别为 INT6～INT1 中断的屏蔽位。

0：中断 INTn 被屏蔽；

1：中断 INTn 被使能。

2.8.8　外设中断寄存器

外设中断寄存器包括：外设中断向量寄存器（PIVR）、外设中断请求寄存器 0/1/2（PIRQR0/1/2）、外设中断应答寄存器 0/1/2（PIACKR0/1/2）。

外设中断请求寄存器和外设中断应答寄存器都属于外设中断扩展模块，用来向 CPU 产生 INT1～INT6 中断请求的内部寄存器。这些寄存器用于测试目的，非用户应用目的，编程时可忽略，用户只能读取。

（1）外设中断向量寄存器（PIVR）

外设中断向量寄存器（PIVR）映射在数据存储器空间中的地址为701Eh，该寄存器的16位V15～V0，为最近一次被应答的外设中断的地址向量。

（2）外设中断请求寄存器0（PIRQR0）

外设中断请求寄存器0（PIRQR0）映射在数据存储器空间中的地址为7010h，寄存器的格式如下。

D15～D0：外设请求标志位IRQ0.15～IRQ0.0。

0：无相应外设的中断请求；

1：相应外设的中断请求被挂起。

该寄存器写入1会发出一个中断请求到DSP核，写入0无影响。该寄存器16个位所对应的外设如表2-16所示。

表2-16　PIRQR0

位的位置	中断	中断描述	中断优先级
IRQ0.0	PDPINTA	功率驱动保护引脚中断	INT1
IRQ0.1	ADCINT	高优先级模式的ADC中断	INT1
IRQ0.2	XINT1	高优先级模式的外部引脚1中断	INT1
IRQ0.3	XINT2	高优先级模式的外部引脚2中断	INT1
IRQ0.4	SPINT	高优先级模式的SPI中断	INT1
IRQ0.5	RXINT	高优先级模式的SCI接收中断	INT1
IRQ0.6	TXINT	高优先级模式的SCI发送中断	INT1
IRQ0.7	CANMBINT	高优先级模式的CAN邮箱中断	INT1
IRQ0.8	CANERINT	高优先级模式的CAN错误中断	INT1
IRQ0.9	CMP1INT	Compare1中断	INT2
IRQ0.10	CMP2INT	Compare2中断	INT2
IRQ0.11	CMP3INT	Compare3中断	INT2
IRQ0.12	T1PINT	Timer1周期中断	INT2
IRQ0.13	T1CINT	Timer1比较中断	INT2
IRQ0.14	T1UFINT	Timer1下溢中断	INT2
IRQ0.15	T1OFINT	Timer1上溢中断	INT2

（3）外设中断请求寄存器1（PIRQR1）

外设中断请求寄存器1（PIRQR1）映射在数据存储器空间中的地址为7011h，该寄存器的格式如下。

D15：保留位，读出为0，写入无影响。

D14～D0：外设请求标志位IRQ1.14～IRQ1.0。

0：无相应外设的中断请求；

1：相应外设的中断请求被挂起。

该寄存器写入1发出一个中断请求到DSP核，写入0无影响。该寄存器有用的15个位所对应的外设如表2-17所示。

表 2-17　PIRQR1

位的位置	中断	中断描述	中断优先级
IRQ1.0	T2PINT	定时器 Timer2 周期中断	INT3
IRQ1.1	T2CINT	定时器 Timer2 比较中断	INT3
IRQ1.2	T2UFINT	定时器 Timer2 下溢中断	INT3
IRQ1.3	T2OFINT	定时器 Timer2 上溢中断	INT3
IRQ1.4	CAP1INT	捕获器 Capture 1 中断	INT4
IRQ1.5	CAP2INT	捕获器 Capture 2 中断	INT4
IRQ1.6	CAP3INT	捕获器 Capture 3 中断	INT4
IRQ1.7	SPIINT	低优先级模式的 SPI 中断	INT5
IRQ1.8	RXINT	低优先级模式的 SCI 接收中断	INT5
IRQ1.9	TXINT	低优先级模式的 SCI 发送中断	INT5
IRQ1.10	CANMBINT	低优先级模式的 CAN 邮箱中断	INT5
IRQ1.11	CANERINT	低优先级模式的 CAN 邮箱中断	INT5
IRQ1.12	ADCINT	低优先级模式的 ADC 中断	INT6
IRQ1.13	XINT1	低优先级模式的外部引脚 1 中断	INT6
IRQ1.14	XINT2	低优先级模式的外部引脚 2 中断	INT6

（4）外设中断请求寄存器 2（PIRQR2）

外设中断请求寄存器 2（PIRQR2）映射在数据存储器空间中的地址为 7012h，寄存器的格式如下。

D15：保留位。

D14～D0：外设请求标志位 IRQ2.14～IRQ2.0。

0：无相应外设的中断请求；

1：相应外设的中断请求被挂起。

该寄存器写 1 会发出一个中断请求到 DSP 核，写 0 则无影响。该寄存器有用的 15 个位所对应的外设如表 2-18 所示。

表 2-18　PIRQR2

位的位置	中断	中断描述	中断优先级
IRQ2.0	PDPINTB	功率驱动保护引脚中断	INT1
IRQ2.1	CMP4INT	比较器 Compare4 中断	INT2
IRQ2.2	CMP5INT	比较器 Compare5 中断	INT2
IRQ2.3	CMP6INT	比较器 Compare6 中断	INT2
IRQ2.4	T3PINT	定时器 Timer3 周期中断	INT2
IRQ2.5	T3CINT	定时器 Timer3 比较中断	INT2
IRQ2.6	T3UFINT	定时器 Timer3 下溢中断	INT2
IRQ2.7	T3OFINT	定时器 Timer3 上溢中断	INT2
IRQ2.8	T4PINT	定时器 Timer4 周期中断	INT3
IRQ2.9	T4CINT	定时器 Timer4 比较中断	INT3
IRQ2.10	T4UFINT	定时器 Timer4 下溢中断	INT3

位的位置	中断	中断描述	中断优先级
IRQ2.11	T4OFINT	定时器 Timer4 上溢中断	INT3
IRQ2.12	ADCINT	低优先级模式的 ADC 中断	INT6
IRQ2.13	XINT1	低优先级模式的外部引脚 1 中断	INT6
IRQ2.14	XINT2	低优先级模式的外部引脚 2 中断	INT6

（5）外设中断应答寄存器 0（PIACKR0）

外设中断应答寄存器 0（PIACKR0）映射在数据存储器空间中的地址为 7014h，寄存器的格式如下。

D15～D0：外设中断应答位 IAK0.15～IAK0.0。

1：引起相应外设的中断应答被插入，将相应外设中断请求位清 0。

用户通过向寄存器写 1 来插入中断应答，而非更新 PIVR 寄存器的内容，该寄存器的读取结果通常为 0。该寄存器 16 个位所对应的中断如表 2-19 所示。

表 2-19　PIACKR0

位的位置	中断	中断描述	中断优先级
IAK0.0	PDPINTA	功率驱动保护引脚中断	INT1
IAK0.1	ADCINT	高优先级模式的 ADC 中断	INT1
IAK0.2	XINT1	高优先级模式的外部引脚 1 中断	INT1
IAK0.3	XINT2	高优先级模式的外部引脚 2 中断	INT1
IAK0.4	SPINT	高优先级模式的 SPI 中断	INT1
IAK0.5	RXINT	高优先级模式的 SCI 接收中断	INT1
IAK0.6	TXINT	高优先级模式的 SCI 发送中断	INT1
IAK0.7	CANMBINT	高优先级模式的 CAN 邮箱中断	INT1
IAK0.8	CANERINT	高优先级模式的 CAN 错误中断	INT1
IAK0.9	CMP1INT	Compare1 中断	INT2
IAK0.10	CMP2INT	Compare2 中断	INT2
IAK0.11	CMP3INT	Compare3 中断	INT2
IAK0.12	T1PINT	Timer1 周期中断	INT2
IAK0.13	T1CINT	Timer1 比较中断	INT2
IAK0.14	T1UFINT	Timer1 下溢中断	INT2
IAK0.15	T1OFINT	Timer1 上溢中断	INT2

（6）外设中断应答寄存器 1（PIACKR1）

外设中断应答寄存器 1（PIACKR1）的映射地址 7015h，格式如下。

D15：保留位。

D14～D0：外设中断应答位 IAK1.14～IAK1.0，作用同 PIACKP0 一样。具体定义如表 2-20 所示。

表 2-20   PIACKR1

位的位置	中断	中断描述	中断优先级
IAK1.0	T2PINT	定时器 Timer2 周期中断	INT3
IAK1.1	T2CINT	定时器 Timer2 比较中断	INT3
IAK1.2	T2UFINT	定时器 Timer2 下溢中断	INT3
IAK1.3	T2OFINT	定时器 Timer2 上溢中断	INT3
IAK1.4	CAP1INT	捕获器 Capture 1 中断	INT4
IAK1.5	CAP2INT	捕获器 Capture 2 中断	INT4
IAK1.6	CAP3INT	捕获器 Capture 3 中断	INT4
IAK1.7	SPIINT	低优先级模式的 SPI 中断	INT5
IAK1.8	RXINT	低优先级模式的 SCI 接收中断	INT5
IAK1.9	TXINT	低优先级模式的 SCI 发送中断	INT5
IAK1.10	CANMBINT	低优先级模式的 CAN 邮箱中断	INT5
IAK1.11	CANERINT	低优先级模式的 CAN 错误中断	INT5
IAK1.12	ADCINT	低优先级模式的 ADC 中断	INT6
IAK1.13	XINT1	低优先级模式的外部引脚 1 中断	INT6
IAK1.14	XINT2	低优先级模式的外部引脚 2 中断	INT6

（7）外设中断应答寄存器 2（PIACKR2）

外设中断应答寄存器 2(PIACKR2)的映射地址 7016h，该寄存器的格式如下。

D15：保留位。

D14～D0：外设中断应答位 IAK2.14～IAK2.0，作用同 PIACKP0 一样。具体定义如表 2-21 所示。

表 2-21   PIACKR2

位的位置	中断	中断描述	中断优先级
IAK2.0	PDPINTB	功率驱动保护引脚中断	INT1
IAK2.1	CMP4INT	比较器 Compare4 中断	INT2
IAK2.2	CMP5INT	比较器 Compare5 中断	INT2
IAK2.3	CMP6INT	比较器 Compare6 中断	INT2
IAK2.4	T3PINT	定时器 Timer3 周期中断	INT2
IAK2.5	T3CINT	定时器 Timer3 比较中断	INT2
IAK2.6	T3UFINT	定时器 Timer3 下溢中断	INT2
IAK2.7	T3OFINT	定时器 Timer3 上溢中断	INT2
IAK2.8	T4PINT	定时器 Timer4 周期中断	INT3
IAK2.9	T4CINT	定时器 Timer4 比较中断	INT3
IAK2.10	T4UFINT	定时器 Timer4 下溢中断	INT3
IAK2.11	T4OFINT	定时器 Timer4 上溢中断	INT3
IAK2.12	ADCINT	低优先级模式的 ADC 中断	INT6
IAK2.13	XINT1	低优先级模式的外部引脚 1 中断	INT6
IAK2.14	XINT2	低优先级模式的外部引脚 2 中断	INT6

2.8.9　复位与无效地址检测

（1）复位

LF2407 型 DSP 器件有两个复位信号来源：外部复位引脚的电平变化引起的复位；看门狗定时器溢出引起的复位。

复位时，复位引脚被设置为输出方式，且信号为低，向外部电路表明 LF240x 器件正在自己复位。

（2）无效地址检测

无效地址是指那些不可执行的地址，如外设存储器映射中的保留寄存器。LF240x 型 DSP 一旦检测到有对无效地址的访问，就将系统控制和状态寄存器 1（SCSR1）中的无效地址标志位（ILLADR）置 1，从而产生一个不可屏蔽中断（NMI）。无论何时检测到对无效地址的访问，都会产生插入一个无效地址条件，无效地址标志位（ILLADR）在无效地址条件发生之后被置 1，并一直保持，直到软件将其清除。无效地址产生的原因是不正确的数据页面初始化。

2.8.10　外部中断控制寄存器

DSP 有两个外部中断控制寄存器 XINT1CR 和 XINT2CR，用来控制和监视 XINT1 和 XINT2 两个引脚的状态。在 LF240x 中，XINT1 和 XINT2 引脚必须被拉为低电平至少 6 个（或 12 个）CLKOUT 周期才能被 CPU 内核识别。

（1）外部中断 1 控制寄存器 XINT1CR

该寄存器映射到数据存储器空间的 7070h，格式如下。

D15：XINT1 标志位。在 XINT1 引脚上是否检测到一个所选择的中断跳变，无论中断是否使能，该位都可被置 1。

0：没有检测到跳变；

1：检测到跳变。

D14～D3：保留位。

D2：XINT1 极性。该读/写位用于设置是在 XINT1 引脚信号的上升沿还是下降沿产生中断。

0：在下降沿产生中断；

1：在上升沿产生中断。

D1：XINT1 优先级。该读/写位决定哪一个中断优先级被请求。

0：高优先级；

1：低优先级。

D0：XINT1 使能位。该读/写位可使能或屏蔽外部中断 XINT1。

0：屏蔽中断；

1：使能中断。

（2）外部中断 2 控制寄存器 XINT2CR

该寄存器映射到数据存储器空间的 7071h，格式如下。

D15：XINT2 中断请求标志位。该位表示在 XINT2 引脚上是否检测到一个中断请求跳变，无论该中断是否使能，该位都可以被置 1。当 XINT2 的中断请求被应答时，该位被自动清 0。

0：没有检测到跳变；

1：检测到跳变。

软件向该位写 1(写 0 无效)或器件复位时，该位也被清 0。

D14～D13：保留位。

D2：XINT2 极性。该位设置决定 XINT2 引脚信号的上升沿还是下降沿产生中断。

0：在下降沿产生中断；

1：在上升沿产生中断。

D1：XINT2 的中断优先级。

0：高优先级；

1：低优先级。

D0：XINT2 的中断使能位。

0：屏蔽该中断；

1：使能该中断。

2.9　程序控制

程序控制执行是指一个或多个指令块的次序调动。通常程序是顺序执行的，但是有时候程序必须转移到非顺序的地址并在新地址开始顺序执行指令。

因此，TMS320LF240x 设计了 3 种程序控制方式：

- 转移；
- 调用；
- 返回。

2.9.1　程序地址的产生

程序流要求处理器在执行当前指令的同时产生下一个程序地址，可以是顺序的，也可以是非顺序的。LF240x 器件程序地址产生逻辑使用下列硬件。

① 程序计数器(PC)　16 位 PC 取址时对内部或外部程序存储器进行寻址。

② 程序地址寄存器(PAR)　驱动程序地址总线（PAB），是 16 位总线，同时为读/写程序提供地址。

③ 堆栈　程序地址产生逻辑包括一个 16 位宽，最多可保存 8 个返回地址的硬件堆栈，也可用于暂存数据。

④ 微堆栈(MSTACK)　有时程序地址产生逻辑使用这个 16 位宽、1 级深的堆栈保存一返回地址。

⑤ 重复计数器(RPTC)　16 位的 RPTC 与重复指令 RPT 一起，用来确定 RPT 后面的一条指令重复执行的次数。

（1）程序计数器（PC）

程序地址产生逻辑利用 16 位的 PC 寻址内部和外部程序存储器。PC 含有要执行的下一条指令的地址。经程序地址总线（PAB）从程序存储器中取出该地址中的指令，并将其装入指令寄存器。指令寄存器装入后，PC 内容为下一地址。LF240x 可以采用多种方法装载 PC，从而适应顺序和非顺序的程序流。

① 顺序执行　如果当前指令只有一个字，则 PC 装入 PC+1；如果当前指令有两个字，则 PC 装入 PC+2。

② 转移　PC 装入直接跟在转移指令之后的长立即数值。

③ 子程序调用和返回　对调用而言，下一指令的地址从 PC 中压入堆栈，然后直接跟随在调用指令后的长立即数被装载如 PC；对于返回指令，把返回地址弹入 PC 中，从而返回到调用处的代码。

④ 软件和硬件中断　PC 装入对应的中断向量单元地址。在此单元中存放一条转移指令，该指令把相应的中断服务子程序地址装入 PC。

⑤ 计算转移　累加器低 16 位内容装入 PC。利用 BACC 或者 CALA 指令可以实现计算转移操作。

（2）堆栈

LF240x 具有 16 位宽度、8 级深度的硬件堆栈。在调用子程序或发生中断时，程序地址产生逻辑利用该堆栈保存返回地址。当指令使 CPU 进入子程序或中断使其进入中断服务程序时，返回地址自动装入堆栈的栈顶，该操作不需附加周期。当子程序或中断服务程序完成时，则返回地址从栈顶送到程序计数器。当 8 级堆栈不用于保存地址时，在子程序或中断服务程序内，堆栈可用于保存上下文数据或其他存储用途。

用户可使用两组指令访问堆栈。

① PUSH（压入）和 POP（弹出）　PUSH 指令把累加器的低半部分 copy 到栈顶；POP 指令将栈顶的数据 copy 到累加器低半部分。

② PSHD 和 POPD　当子程序或中断嵌套超过 8 级时，可利用这些指令在数据存储区构建堆栈。PSHD 将数据存储器中的值压入栈顶；POPD 将栈顶的值弹到数据存储器。

每当一个数压入栈顶，堆栈中每级的内容都下移一级，栈底内容则丢失。因此，如果没有弹出而又连续压入多于 8 次，或压入的次数比弹出的次数多于 8 次时，就会丢失数据（堆栈溢出），如表 2-22 所示。

表 2-22　PUSH 操作

数据	执行前	执行后
累加器或数据存储单元	8h	8h
堆栈操作结果 （16 位×8 堆栈）	1h	8h
	2h	1h
	4h	2h
	8h	4h
	123h	8h
	1234h	123h
	5678h	1234h
	FF00h	5678h

弹出操作与压入操作相反，把堆栈中每一级的值都 copy 到较高的一级，连续 7 次弹

出后的任何弹出操作产生的值都是初始栈底的值，如表 2-23 所示。

表 2-23　POP 操作

数据		执行前	执行后
累加器或数据存储单元		8h	1h
堆栈操作结果 （16 位×8 堆栈）		1h	2h
		2h	4h
		4h	8h
		8h	123h
		123h	1234h
		1234h	5678h
		5678h	FF00h
		FF00h	FF00h

（3）微堆栈（MSTACK）

程序地址产生逻辑在执行某些指令前利用 16 位宽、1 级深的 MSTACK 保存返回地址。这些指令利用程序地址产生逻辑提供双操作数指令中的第 2 个地址，它们是 BLDD、BLPD、MAC、MACD、TBLR 和 TBLW。

重复执行时，利用 PC 使第一个操作数地址增 1，并使用辅助寄存器算术单元产生第二个操作数地址。

使用时，返回地址被压入 MSTACK；重复指令执行完后，MSTACK 的值被弹出并送至程序地址产生逻辑。

MSTACK 不可用于存储指令（不同于 STACK）。

2.9.2　流水线操作

指令流水线操作是指执行指令时发生的一系列总操作。由于 LF2407 系列 DSP 有 4 条流水线，因此 LF240x 流水线具有 4 个独立阶段：取指令、指令译码、取操作数和执行指令。这 4 个独立阶段在任意给定周期里，可能有 1～4 条不同的指令处于激活状态，如图 2-18 所示。

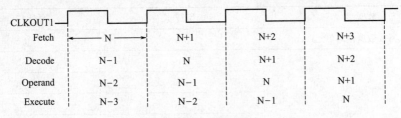

图 2-18　流水线

对用户来说，流水线基本上是不可见的，因此不用关心，但下列情况除外。

① 紧跟在修改全局存储器分配寄存器（GBEG）后的单字、单周期指令使用先前的全局映射数据存储器。

② NORM 指令修改辅助寄存器指针（ABP），而且在流水线的执行阶段使用当前辅助寄存器。如果后面的两个指令字改变当前辅助寄存器或 ARP 的值，那么这些操作是在

流水线的译码阶段进行的，使得 NORM 指令使用了错误的辅助寄存器，并使后续指令使用错误的 ARP 值。

2.9.3 无条件转移、调用和返回

（1）无条件转移

无条件转移包含两条指令，指令 B（转移）和 BACC（转移到 ACC 指定的存储单元）。无条件转移总是被执行，PC 装入指定的程序地址并且程序从该地址处开始执行。装入的地址来自于指令的第 2 个字或累加器的低 16 位。在转移指令到达流水线的执行阶段时，下 2 条指令已被取回，且从流水线中清除不被执行，而从转移至的地址处继续执行。

（2）无条件调用

无条件调用包含两条指令，指令 CALL 和 CALA（调用 ACC 指定的存储单元处的子程序）。无条件调用必定要执行，将指定的程序存储器的地址加载到 PC，并从该地址开始执行。装入的地址来自于指令的第 2 个字或累加器的低 16 位。加载 PC 之前将返回地址保存到堆栈里。子程序执行后，返回指令将返回地址从堆栈加载到 PC，程序从调用指令后面的指令开始执行。

（3）无条件返回

无条件返回包含 1 条指令，即指令 RET，必定要执行。将栈顶的值加载到 PC，并从该地址继续执行程序。在返回指令到达流水线的执行阶段时，下两条指令已被取回，且从流水线中清除不被执行，PC 从堆栈中取出返回地址，程序继续执行。

2.9.4 有条件转移、调用和返回

有条件转移、调用和返回条件指令操作数中可以有多个条件。必须满足多个条件，指令才可执行。合法条件组合应满足下面 2 条规则。

① 最多可选 2 个条件，其中每个条件必须来自不同的类；2 个条件不能来自同一类。

② 最多可选 3 个条件，其中每个条件必须来自不同的类；不能有 2 个条件来自同一类。

条件指令必须能测试状态位的最近值，直到流水线的第 4 个阶段，前一条指令已被执行后的一个周期，才认为条件是稳定的。流水线控制在条件稳定之前，停止对条件指令后面任何指令的译码。

（1）条件转移

条件转移指令：BCND（条件转移）和 BANZ（若当前辅助寄存器的内容不为 0，则转移）。转移指令可把程序控制转移到程序存储器中的任何地址。条件转移指令仅在用户指定的一个或多个条件满足时才执行。如果满足所有条件，将转移指令的第 2 个字加载到 PC，并从此地址继续执行程序。进行条件测试时，条件转移指令后的 2 个指令字已进入流水线。如果条件都满足，则清除这 2 个字，从转移到的地址处继续执行；否则，执行这 2 条指令。

（2）条件调用

条件调用（CC）指令仅在满足规定的一个或多个条件满足时才被执行。如果满足所有条件，将调用指令的第 2 个字加载到 PC，包含了子程序的起始地址。转移到子程序之

前，处理器把调用指令后的指令地址存入堆栈。函数必须以返回指令作为结束，返回指令从堆栈取回返回地址，使处理器重新执行原来的程序。进行条件测试时，条件调用指令后的 2 个指令字已进入流水线。如果条件都满足，则清除这 2 个字，从调用子程序的起点继续执行；否则，执行这 2 条指令。

（3）条件返回

条件返回指令为 RETC。返回同调用和中断一起使用。调用和中断把返回地址保存到堆栈中，然后将程序切换到新的程序存储器地址。被调用的子程序或中断服务程序以返回指令结束，该指令将原地址从栈顶弹到程序计数器 PC。条件返回指令（RETC）仅当用户指定的一个或多个条件满足时才执行。该指令可以使子程序或中断服务程序的返回有多种路径，取决于处理的数据；还可避免子程序或中断服务程序结束处有条件转移或绕过返回指令。

RETC 和 RET 都是单字指令，由于潜在的 PC 不连续性，RETC 同 BCND 和 CC 的耗费时间相同。进行条件测试时，条件返回指令后的 2 个指令字已进入流水线。如果条件都满足，则清除这 2 个字，继续执行调用子程序；否则，执行这 2 条指令而不返回。

归纳起来，涉及条件控制的指令如表 2-24 所示。

表 2-24　条件控制指令

操作符	条　件	描　述
EQ	ACC=0	累加器等于 0
NEQ	ACC≠0	累加器不等于 0
LT	ACC<0	累加器小于 0
LEQ	ACC≤0	累加器小于或等于 0
GT	ACC>0	累加器大于 0
GEQ	ACC≥0	累加器大于或等于 0
C	C=1	运载位置 1
NC	C=0	运载位清 0
OV	OV=1	累加器溢出检测
NOV	OV=0	累加器溢出不检测
BIO	$\overline{\text{BIO}}$ low	$\overline{\text{BIO}}$ 引脚为低电平
TC	TC=1	测试控制标志置 1
NTC	TC=0	测试控制标志清 0

2.9.5　重复指令

LF240x 的重复指令（RPT）允许将单条指令执行 N+1 次，N 为 RPT 的操作数。执行 RPT 是，将 N 加载到重复计数器（RPTC），然后被重复的指令每执行一次，RPTC 减 1，直到其为 0。当从数据存储单元读出计数值时，RPTC 可用作 16 位计数器；若计数值为常数，则为 8 位计数器。该功能对 NORM、MACD 和 SUBC 等指令都很有用。指令重复时，程序存储器地址和数据总线空闲，可于数据存储器地址和数据总线并行读取第 2 个操作数，使 MACD 和 BLPD 等在单周期内完成。

2.10 看门狗（Watch Dog， 简称 WD）

看门狗（WD）定时器模块作用是监视软件和硬件操作，用来监视 DSP 的运行状况。看门狗使用的基本方法是：用 WD 定时器对输入脉冲计数，通过关键字喂送方式，使 WD 定时器清零，当软件进入一个不正确的循环或者 CPU 出现暂时性异常时，WD 定时器溢出以产生一个系统复位，从而使 DSP 进入一个已知的起始位置重新运转。

看门狗（WD）定时器模块的所有寄存器都是 8 位长，该模块与 CPU 的 16 位外设总线的低 8 位相连。包含：

- WD 计数器寄存器 WDCNTR；
- WD 复位关键字寄存器 WDKEY；
- WD 定时器控制寄存器 WDCR。

WD 计数器（WDCNTR）是一个 8 位递增计数器，它的计数源由预定标器的输出来提供。WDCNTR 是一个只读寄存器（地址 7023h），复位后为 0，写寄存器无效。WD 模块框图如图 2-19 所示。

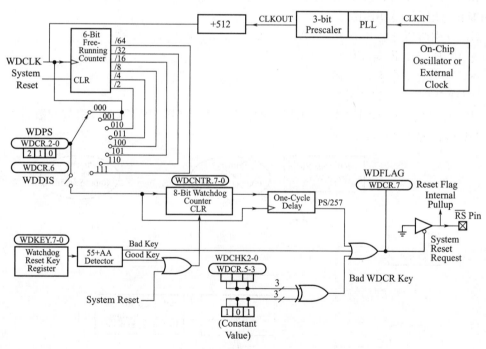

图 2-19 看门狗模块框图

看门狗的具体工作原理如下。

（1）当系统工作正常时

通过给复位关键字寄存器 WDKEY（地址 7025h）写入一个正确的复位关键字（先写入 55h，紧接着再写入 AAh）去清除 WD 计数器 WDCNTR（写入其他任何值都不能清除WDCNTR），使它从头开始计数而不会产生溢出及复位操作。

（2）当系统工作不正常时

不能给 WDKEY 写入一个正确的复位关键字使 WD 计数器清除，则 WD 计数器将计满溢出，并在一个看门狗定时器的时钟 WDCLK 的时钟周期或者是 WDCLK 除以预定标因子后发生复位操作，使系统返回到起始状态重新工作。

2.11 TMS320x240x 的片上外设

本章题目取名为"数字控制利器"，看完上面的章节，读者可能要问，其他 DSP 也有存储器、中断等内容啊，为什么偏偏要说 C240x 系列是数字控制的利器呢？这个问题将通过本小节内容来解答，通过阐述 C240x 系列的外设来说明这个问题。C240x 外设基本可以分为三类：通用 I/O 模块（GPIO）、ADC、事件管理器（EV）。正是由于 C240x 系列 DSP 在片内整合了这么多丰富的资源，使得这款 DSP 非常适宜应用在数控领域。这也是 C2000 系列 DSP 明显区别与 C5000 和 C6000 系列 DSP 的地方。

2.11.1 通用 I/O 模块（GPIO）

LF2407 系列 DSP 有 41 个通用、双向的数字 I/O（GPIO）引脚，其中大多数都是基本功能和通用 I/O 复用引脚。

GPIO 引脚所分为 6 个端口（A、B、C、D、E、F），其中：

- A、B、C、E 端口有 8 个 I/O 引脚；
- F 端口有 7 个 I/O 引脚；
- D 端口有 1 个 I/O 引脚。

需要注意的是，不同的器件，GPIO 的数目和每个端口的数字 I/O 引脚的数目可能不同。GPIO 的原理如图 2-20 所示。

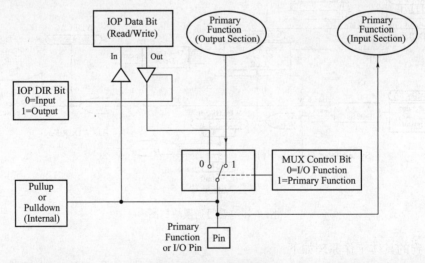

图 2-20　GPIO 原理图

GPIO 的引脚功能可以通过 9 个 16 位控制寄存器设置。其中，复用功能选择由 3 个控制寄存器 MCRA、MCRB、MCRC 决定；I/O 行为控制由 6 个数据和方向控制寄存器 PADATDIR、PBDATDIR、PCDATDIR、PDDATDIR、PEDATDIR、PFDATDIR 决定。

GPIO 复用控制寄存器具体配置和对应引脚功能如表 2-25～2-27 所示。

表 2-25　MCRA 配置

位	名称.位	引脚功能选择	
		特殊功能（MXRA.n=1）	通用 I/O 功能（MXRA.n=0）
0	MCRA.0	SCITXD	IOPA0
1	MCRA.1	SCIRXD	IOPA1
2	MCRA.2	XINT1	IOPA2
3	MCRA.3	CAP1/QEP1	IOPA3
4	MCRA.4	CAP2/QEP2	IOPA4
5	MCRA.5	CAP3	IOPA5
6	MCRA.6	PWM1	IOPA6
7	MCRA.7	PWM2	IOPA7
8	MCRA.8	PWM3	IOPB0
9	MCRA.9	PWM4	IOPB1
10	MCRA.10	PWM5	IOPB2
11	MCRA.11	PWM6	IOPB3
12	MCRA.12	T1PWM/T1CMP	IOPB4
13	MCRA.13	T2PWM/T2CMP	IOPB5
14	MCRA.14	TDIRA	IOPB6
15	MCRA.15	TCLKINA	IOPB7

表 2-26　MCRB 配置

位	名称.位	引脚功能选择	
		特殊功能（MXRB.n=1）	通用 I/O 功能（MXRB.n=0）
0	MCRB.0	W/R	IOPC0
1	MCRB.1	BIO	IOPC1
2	MCRB.2	SPISIMO	IOPC2
3	MCRB.3	SPISOMI	IOPC3
4	MCRB.4	SPICLK	IOPC4
5	MCRB.5	SPISTE	IOPC5
6	MCRB.6	CANTX	IOPC6
7	MCRB.7	CANRX	IOPC7
8	MCRB.8	XINT2/ADCSOC	IOPD0
9	MCRB.9	EMU0	保留位
10	MCRB.10	EMU1	保留位
11	MCRB.11	TCK	保留位
12	MCRB.12	TDI	保留位
13	MCRB.13	TDO	保留位
14	MCRB.14	TMS	保留位
15	MCRB.15	TMS2	保留位

表 2-27　MCRC 配置

位	名称．位	引脚功能选择	
		特殊功能（MXRC.n＝1）	通用 I/O 功能（MXRC.n＝0）
0	MCRC.0	CLKOUT	IOPE0
1	MCRC.1	PWM7	IOPE1
2	MCRC.2	PWM8	IOPE2
3	MCRC.3	PWM9	IOPE3
4	MCRC.4	PWM10	IOPE4
5	MCRC.5	PWM11	IOPE5
6	MCRC.6	PWM12	IOPE6
7	MCRC.7	CAP4/QEP3	IOPE7
8	MCRC.8	CAP5/QEP4	IOPF0
9	MCRC.9	CAP6	IOPF1
10	MCRC.10	T3PWM/T3CMP	IOPF2
11	MCRC.11	T4PWM/T4CMP	IOPF3
12	MCRC.12	TDIRB	IOPF4
13	MCRC.13	TCLKINB	IOPF5
14	MCRC.14	保留位	IOPF6
15	MCRC.15	保留位	保留位

2.11.2　事件管理器（EV）

事件管理器（EV）是 C240x 系列 DSP 专为电机控制而设计的专用模块，它属于一个比较复杂的片内外设。TMS320LF2407 包含有两个事件管理器，分别为事件管理器 A（EVA）和事件管理器 B（EVB），可实习的主要功能包含有：

- 两个 16 位通用可编程定时器 GP time1、GP time2（General Purpose Timer）；
- 3 个全比较单元；
- 脉宽调制 PWM 电路（Pulse Width Modulation）；
- 3 个捕获单元 CAP（Capture）；
- 正交编码（QEP）电路（Quadrature Encoder Pulse）；
- 中断逻辑分三组（INT2、INT3、INT4），每组分配一个中断。每组中断皆有多个中断源。

表 2-28 给出了事件管理器的模块名称。

表 2-28　事件管理器

事件管理器模块	事件管理器 A		事件管理器 B	
	模块	信号	模块	信号
通用定时器	GP 定时器 1	T1PWM/T1CMP	GP 定时器 3	T3PWM/T3CMP
	GP 定时器 2	T2WM/T2MP	GP 定时器 4	T4PWM/T4CMP
比较单元	比较器 1	PWM1/2	比较器 4	PWM7/8
	比较器 2	PWM3/4	比较器 5	PWM9/10
	比较器 3	PWM5/6	比较器 6	PWM11/12

事件管理器模块	事件管理器 A		事件管理器 B	
	模块	信号	模块	信号
捕获单元	捕获单元 1	CAP1	捕获单元 4	CAP4
	捕获单元 2	CAP2	捕获单元 5	CAP5
	捕获单元 3	CAP3	捕获单元 6	CAP6
正交编码脉冲电路 QEP	QEP1	QEP1	QEP3	QEP3
	QEP2	QEP2	QEP4	QEP4
外部输入	计数方向	TDIRA	计数方向	TDIRB
	外部时钟	TCLKINA	外部时钟	TCLKINB

如果用框图表示，则如图 2-21 所示。

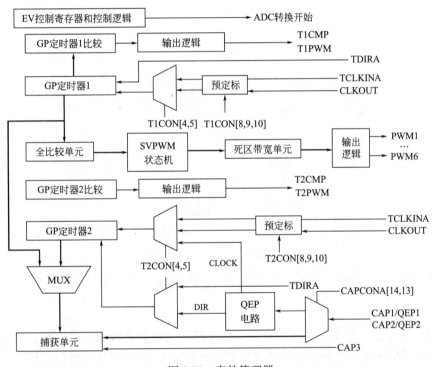

图 2-21 事件管理器

以下分别介绍各个事件模块。

（1）通用定时器（GPT）

① 结构 事件管理器 EVA 和 EVB 内部有两个通用定时器（GPT），EVA 中为通用定时器 1（GPT1）和通用定时器 2（GPT2）；EVB 中为通用定时器 3（GPT3）和通用定时器 4（GP4）。DSP 采用 16 位的全局通用定时控制寄存器 GPTCONA 和 GPTCONB 来规定这 4 个通用定时器在不同定时器事件中所采取的操作，同时记录它们的计数方向。每个通用定时器包括以下部件：

• 1 个 16 位可读/写的定时器计数器 TxCNT（x＝1、2、3、4），该寄存器存储了计数器的当前值，并根据计数方向增加或减少；

· 1 个 16 位可读/写的定时器比较寄存器 TxCMPR（x＝1、2、3、4），该寄存器带有影子寄存器，有时也称具有双缓冲结构；

· 1 个 16 位可读/写的定时器周期寄存器 TxPR（x＝1、2、3、4），该寄存器带有影子寄存器，有时也称具有双缓冲结构；

· 1 个 16 位可读/写的定时器控制寄存器 TxCON（x＝1、2、3、4），该寄存器主要对各自定时器进行控制；

· 1 个通用定时器比较输出引脚 TxCMP，或写为 TxPWM（x＝1、2、3、4）；

· 可编程的预定标器，通过设置用于对内部或外部时钟进行分频计数；

· 控制和中断逻辑，用于 4 个可屏蔽中断，包含下溢中断、上溢中断、比较中断和周期中断。

通用定时器功能如图 2-22 所示。

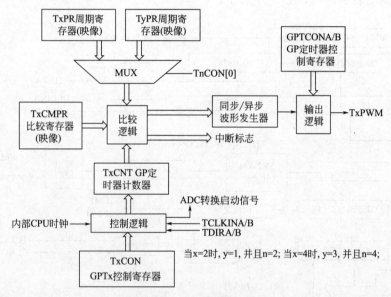

图 2-22　通用定时器功能

② 相关寄存器

a. 通用定时器寄存器。事件管理器中的寄存器均映射在数据存储区域。其中，EVA中通用定时器相关的 9 个寄存器分别映射在 7400h～7408h 的地址范围中，EVB 中通用定时器的 9 个寄存器分别映射在 7500h～7508h 的地址范围中。具体定义如表 2-29 所示。

表 2-29　通用定时器寄存器

名称	地址	功能描述
T1CNT	7401h	定时器 1 计数寄存器
T1CMPR	7402h	定时器 1 比较寄存器
T1PR	7403h	定时器 1 周期寄存器
T2CNT	7405h	定时器 2 计数寄存器
T2CMPR	7406h	定时器 2 比较寄存器
T2PR	7407h	定时器 2 周期寄存器
T3CNT	7501h	定时器 3 计数寄存器

名称	地址	功能描述
T3CMPR	7502h	定时器 3 比较寄存器
T3PR	7503h	定时器 3 周期寄存器
T4CNT	7505h	定时器 4 计数寄存器
T4CMPR	7506h	定时器 4 比较寄存器
T4PR	7507h	定时器 4 周期寄存器
T1CON	7404h	定时器 1 控制寄存器
T2CON	7408h	定时器 2 控制寄存器
T3CON	7504h	定时器 3 控制寄存器
T4CON	7508h	定时器 4 控制寄存器

b. 全局通用定时器控制寄存器。全局通用定时器控制寄存器包含 A、B 两个,GPT-CONA 和 GPTCONB,映射地址为 7400h、7500h。

GPTCONA 定义 EVA 中通用定时器 1 和通用定时器 2 针对不同定时事件所采取的操作以及它们的计数方向,GPTCONB 规定 EVB 中通用定时器 3 和通用定时器 4 针对不同定时事件所采取的操作以及它们的计数方向。两个控制寄存器的数据位结构和内容基本相同。各数据位的定义如下。

D15:保留位。

D14:T2STAT/T4STAT:通用定时器 2/4 的计数状态,只读。

0:递减计数;

1:递增计数。

D13:T1STAT/T3STAT:通用定时器 1/3 的计数状态,只读。

0:递减计数;

1:递增计数。

D12D11:保留位。

D10D9:T2TOADC/T4TOADC,用于设置通用定时器 2/4 启动模数转换事件。

00:不启动模数转换;　　01:下溢中断标志启动;

10:周期中断标志启动;　　11:比较中断标志启动。

D8D7:T1TOADC/T3TOADC,用于设置通用定时器 1/3 启动模数转换事件。

00:不启动模数转换;　　01:下溢中断标志启动;

10:周期中断标志启动;　　11:比较中断标志启动。

D6:TCOMPOE:比较输出允许。

0:禁止所有通用定时器比较输出(比较输出都置成高阻态);

1:使能所有通用定时器比较输出。

D5D4:保留位。

D3D2:T2PIN/T4PIN,设置通用定时器 2/4 比较输出的极性。

00:强制为低电平;　　01:低电平有效;

10:高电平有效;　　11:强制为高电平。

D1D0:T1PIN/T3PIN,设置通用定时器 1/3 比较输出的极性。

00：强制为低电平； 01：低电平有效；

10：高电平有效； 11：强制为高电平。

c. 通用定时器控制寄存器。通用定时器控制寄存器有 4 个，TxCON（x＝1、2、3、4）。每个通用定时器的操作模式由控制寄存器 TxCON 定义。EVA 中的两个通用定时器 1 和 2 由控制寄存器 T1CON 和 T2CON 定义；EVB 中的通用定时器 3 和通用定时器 4 由控制寄存器 T3CON 和 T4CON 定义。具体各数据位定义如下。

D15D14：Free Soft，仿真控制位。

00：仿真悬挂时立即停止；

01：仿真悬挂时在当前定时器周期结束后停止；

1x：操作不受仿真悬挂的影响。

D13：保留位。

D12D11：TMODE，计数模式选择。

00：停止/保持； 01：连续增/减计数模式；

10：连续增计数模式； 11：定向增/减计数模式。

D10～D8：TPS，输入时钟预定标系数。x＝CPU 时钟频率。

000：$x/1$； 001：$x/2$； 010：$x/4$；

011：$x/8$； 100：$x/16$； 101：$x/32$；

110：$x/64$； 111：$x/128$。

D7：T2SWT1/T4SWT1，通用定时器 2（EVA）或定时器 4（EVB）使能选择位。

0：使用自己的寄存器使能位；

1：使用 T1CON 或 T3CON（EVB）中的定时器使能位或禁止相应操作。忽略自己的定时器使能位。

D6：TENABLE，定时器使能位。

0：禁止定时器操作，即定时器保持原状态且复位预定标器；

1：使能定时器操作。

D5D4：TCLKS，时钟源选择。

00：内部时钟； 01：外部时钟；

10：保留；

11：由正交编码脉冲电路提供定时器 2 和定时器 4 的时钟。在定时器 1 和定时器 3 中为保留位。

D3D2：TCLD，定时器比较寄存器的重装载条件位。

00：当计数值为 0 时； 01：当计数值为 0 或等于周期寄存器值时；

10：立即重装载； 11：保留。

D1：TECMPR，定时器比较使能位。

0：禁止定时器比较操作；

1：使能定时器比较操作。

D0：SELT1PR/SELT3PR，周期寄存器选择，在定时器 2 和定时器 4 中有效，在定时器 1 和定时器 3 中为保留位。

0：使用自身的周期寄存器；

1：使用 SELT1PR（EVA）或 SELT3PR（EVB）作为周期寄存器，而忽略自身的周期寄存器。

d. 通用定时器计数器。每个通用定时器都有一个计数器，TxCNT（x=1，2，3，4），其映射地址为 T1CNT（7401h）、T2CNT（7405h）、T3CNT（7501h）、T4CNT（7505h）。计数器的初值可以是 0000～FFFFh 中的任意值。通用定时器中的计数器用来设置开始计数时的初值，当进行计数时存放当前计数值。计数器可进行增 1 或减 1 计数，由控制寄存器 TxCON 的 D12D11 确定其计数模式。

e. 比较寄存器 TxCMPR（x=1、2、3、4）。每个通用定时器都有一个比较寄存器，其映射地址分别为 T1CMPR（7402h）、T2CMPR（7406h）、T3CMPR（7502h）、T4CMPR（7506h）。

通用定时器中的比较寄存器 TxCMPR 存放着与计数器 TxCNT 进行比较的值。如果控制寄存器 TxCON 中的 D1 位设置为 1，即允许进行比较操作，则当计数器的值计到与比较寄存器值相等时产生比较匹配，从而将有如下事件发生。

• EVA/EVB 中断标志寄存器中相应的比较中断标志位在匹配后的一个 CPU 时钟周期后被置位；

• 在匹配后的一个 CPU 时钟周期后，根据全局通用定时器控制器 CPTCONA/B 中的 D3D2 或 D1D0 位的配置，相应地比较输出 TxPWM 引脚将发生跳变；

• 当全局通用定时器控制器 CPTCONA/B 的 D10D9 或 D8D7 位设置为由周期中断标志启动模数转换 ADC 时，模数转换被启动；

• 如果比较中断被屏蔽，则产生另外一个外设中断请求。

f. 周期寄存器 TxPR（x=1、2、3、4）。每个通用定时器都对应一个周期寄存器，其映射地址分别为 T1PR（7403h）、T2PR（7407h）、T3PR（7503h）、T4PR（7507h）。

周期寄存器的值决定了定时器的周期，根据计数器所处的计数模式的不同，当定时器的计数值与周期寄存器的值相等时产生周期匹配，此时通用定时器停止操作并保持当前计数值，然后根据计数器的计数方式执行复位操作或递减计数。

③ 通用定时器中的仿真挂起和中断　通用定时器在模块 EVA 和 EVB 的中断标志寄存器为 EVAIFRA、EVAIFRB、EVBIFRA、EVBIFRB，同时包含 16 个中断标志。每个通用定时器可在以下 4 种事件产生中断：

a. 上溢。定时器计数器的值达到 FFFFh 时，产生上溢事件中断。此时标志寄存器中的 TxOFINF 位（x=1、2、3、4）置 1。

b. 下溢。定时器计数器的值达到 0000h 时，产生下溢事件中断。此时标志寄存器中的 TxUFINF 位（x=1、2、3、4）置 1。

c. 比较匹配。当通用定时计数器的值与比较寄存器的值相等时，产生定时器比较匹配事件中断。此时标志寄存器中的 TxCINT 位（x=1、2、3、4）置 1。

d. 周期匹配。当通用定时计数器的值与周期寄存器的值相等时，产生定时器周期匹配事件中断。此时标志寄存器中的 TxPINT 位（x=1、2、3、4）置 1。

④ 通用定时器的工作模式　通用定时器有 4 种工作模式：停止/保持模式、连续增计数模式、定向增/减计数模式、连续增/减计数模式。

a. 停止/保持模式。在此模式下，通用定时器停止操作并保持当前状态，定时器的计数器、比较输出和预定标计数器也都保持不变。

b. 连续增计数模式。在此模式下，通用定时器在定标的输入时钟的上升沿从初始值开始进行加 1 计数操作,直到计数器的值与周期寄存器的值相等为止。此后,在下一个输入时钟的上升沿,通用定时器复位为 0 并开始另一个计数周期,如图 2-23 所示。

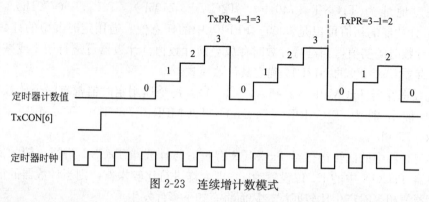

图 2-23 连续增计数模式

c. 定向增/减计数模式。在此模式下,通用定时器在定标的输入时钟的上升沿开始计数,计数的方向由输入引脚 TDIRA/B 确定:引脚为高时,进行增计数操作,增计数与连续增计数模式完全相同;引脚为低时,进行减计数操作,从初值(0000～FFFFh 中的任意值)开始减计数直到计数值为 0,此时如果 TDIRA/B 引脚仍保持为低,定时器的计数器将重新装入周期寄存器的值,开始新的减计数。读 GPTCONA/B 寄存器中的 D14 和 D13 位,可以监测定时器的计数方向。

周期下溢和上溢中断的产生与连续增计数模式相同,定向增/减计数模式的初始化编程与连续增计数模式方法相同。仅 TxCON 寄存器的 TMODE 为 1,如图 2-24 所示。

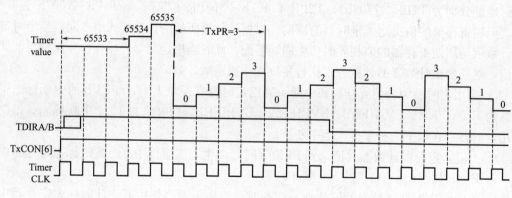

图 2-24 定向增/减计数模式

d. 连续增/减计数模式。此模式与定向增减计数模式基本相同。区别在于:计数方向不受 TDIRA/B 的状态影响,而是在计数值达到周期寄存器的值时或 FFFFh(初值大于周期寄存器的值)时,才从增计数变为减计数;在计数值为 0 时,从减计数变为增计数。除了第一个周期外,定时器周期都是 2TxPR 个定标输入时钟周期。如果定时器初始值为 0,那么第一个计数周期的时间就与其他的周期一样,如图 2-25 所示。

(2) 事件管理器中断

① 中断分组　事件管理器的中断事件分为 3 个组 A、B、C。每一个组都有各自不同的中断标志、中断使能寄存器和一些外设事件中断请求。

每个 EV 中断组都有一个中断标志寄存器和相应的中断屏蔽寄存器,如果 EVAIMRx

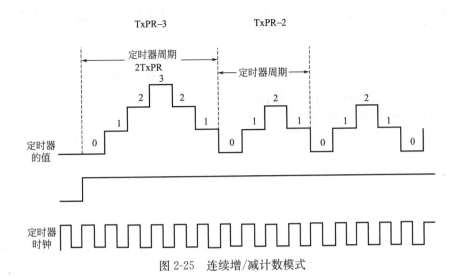

TxPR-3　　　　　　　TxPR-2

图 2-25　连续增/减计数模式

（x＝A、B、C）相应位是 0，则 EVAIFRx 中的标志位被屏蔽（即不产生中断请求信号）。每组包含的中断源如下。

a. A组（INT2级中断）：定时器 1/3 周期中断、定时器 1/3 比较中断、定时器 1/3 下溢中断、定时器 1/3 上溢中断、比较单元 1 中断、比较单元 2 中断、比较单元 3 中断、比较单元 4 中断、比较单元 5 中断、比较单元 6 中断。

b. B组（INT3级中断）：定时器 2/4 周期中断、定时器 2/4 比较中断、定时器 2/4 下溢中断、定时器 2/4 上溢中断。

c. C组（INT4级中断）：捕获单元 1 中断、捕获单元 2 中断、捕获单元 3 中断、捕获单元 4 中断、捕获单元 5 中断、捕获单元 6 中断。

② 功率驱动保护中断　LF2407A 有两个中断引脚 PDPINTA（EVA）和 PDPINTB（EVB）。当这两个引脚上的任何一个发生由高向低的电平跳变时，将产生一个外部中断，同时自动禁止相应的 PWM 输出。

③ 中断使能及中断向量　当事件管理器模块中产生一个中断事件，则其中一个事件管理器中断标志寄存器的相应标志位就被置为 1。如果标志位局部未被屏蔽（EVAIMRx 中的相应位置 1），外设中断扩展控制器（PIE）就产生一个外设中断请求。

④ 中断处理　当事件管理器中断请求接受后，必须将外设中断向量寄存器（PIVR）读入累加器并左移一位或几位，然后将偏移地址（中断子向量入口表的开始地址）加至累加器。在使用 BACC 指令来跳转到相应的中断地址，另有一条指令从表中转移到相应的中断源的中断服务子程序。

⑤ 事件管理器中断标志寄存器　每个定时器有 4 种中断：上溢、下溢、比较、周期。上溢中断是指定时器计数器（TxCNT）的值达到 FFFFh 时所引发的中断。下溢中断是指定时器计数器（TxCNT）的值达到 0000h 时所引发的中断。比较中断是指定时器计数器（TxCNT）的值与比较值相等时所引发的中断。周期中断是指定时器计数器（TxCNT）的值与周期值相等时所引发的中断。

（3）通用定时器的输入和输出信号

通用定时器包含 3 种输入和输出信号：时钟输入、方向输入、比较输出。

当通用定时器工作在连续增/减计数模式时，产生对称波形；当通用定时器工作在连续增计数模式时，产生非对称波形。

比较模式主要用于 PWM。如果比较值大于或等于周期值，则在整个周期 PWM 输出为无效状态，直到比较值小于周期值并发生比较匹配时，PWM 输出才发生跳变。

同一模块的通用定时器可以实现同步，即 EVA 模块中定时器 2 和 1 可以同步；EVB 模块中定时器 4 和 3 可以实现同步。具体方法如下：

• 设置 T1CON（EVA 模块）或 T3CON（EVB 模块）寄存器中的 TENABLE 位为 1，且置 T2CON（EVA）中的 T2SWT1 或 T4CON（EVB）寄存器中的 T4SWT1 位为 1，此时将同时启动本模块中的两个计数器；

• 在启动同步操作前，可将本模块的两个计数器初始化为不同的初始值；

• 设置 T2CON/T4CON 寄存器中的 SELT1PR/SELT3PR 位为 1，可使通用定时器 1/3 的周期寄存器也作为通用定时器 2/4 的周期寄存器（同时忽略 2/4 自身的周期寄存器）。

（4）比较单元和脉宽调制电路 PWM

事件管理器（EVA）模块中有 3 个全比较单元 1、2、3，对应于 3 个 16 位的全比较寄存器 CMPR1、CMPR2 和 CMPR3；在事件管理器模块（EVB）中也有 3 个全比较单元 4、5、6，对应于 3 个 16 位的全比较寄存器 CMPR4、CMPR5 和 CMPR6。每个比较单元都有两组相关的 PWM 输出，每组包含 6 个 PWM 引脚。比较单元的时基由通用定时器提供。

① 全比较单元　比较单元中的 16 位比较寄存器（CMPR1～CMPR6）各带一个可读/写的影子寄存器，它们用于存放与通用定时器 1/3 相比较的值。比较控制寄存器 COM-CONA/B 控制全比较单元的操作；比较方式控制寄存器 TCTRA/B 控制 12 个 PWM 输出引脚的输出方式。

② PWM 电路　通用定时器通过周期匹配可以保证 PWM 波形的周期不变；而通用定时器比较匹配可以产生不同的 PWM 脉宽，因此，可以通过修改通用定时器周期寄存器的值来得到不同的调制频率。根据已得到的脉宽变化规律在每个周期内修改通用定时器比较寄存器的值，以得到不同的脉宽。通过设置死区控制寄存器可选择死区时间。

a. 可编程的死区单元。死区单元主要用于控制每个比较单元相关的 2 路 PWM 输出不在同一时间内发生，从而保证了所控制的一对正向和负向设备在任何情况下不同时导通。死区单元的操作方式由死区控制寄存器 DBTCONA/B 来控制。DBTCONA 和 DBT-CONB 各位的定义完全相同。

b. 比较单元和 PWM 电路中的 PWM 波形产生。比较单元的输出逻辑电路决定了比较发生匹配时，输出引脚 PWM1～PWM12 上的输出极性和方式。通过设置 ACTRA/B 寄存器中的相应位可使输出方式为低有效/高有效、强制低/强制高。

c. 产生 PWM 的寄存器设置。比较单元和相关电路的不同 PWM 波形的产生需对相同的时间管理寄存器进行配置，产生 PWM 输出的设置步骤如下：

• 设置和装载 ACTRx 寄存器；

• 如果使能死区，则设置和装载 DBTCONx 寄存器；

• 设置和装载 T1PR 或 T3PR 寄存器，即规定 PWM 波形的周期；

• 初始化 CMPRX 寄存器；

- 设置和装载 COMCONx 寄存器；
- 设置和装载 T1CON 或 T3CON 寄存器，来启动比较操作；
- 更新 CMPRx 寄存器的值，使输出的 PWM 波形的占空比发生变化。

d. 非对称 PWM 波形的产生。边沿触发或非对称 PWM 信号的特性由 PWM 周期中心非对称的调制脉冲决定，如图 2-26 所示，每个脉冲的宽度只能从脉冲的一边开始变化。

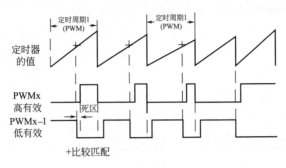

图 2-26 非对称 PWM

e. 对称 PWM 波形的产生。对称 PWM 信号的特性由 PWM 周期中心对称的调制脉冲决定。对称 PWM 信号比非对称 PWM 信号的优势在于它在一个周期内有两个无效区段（每个 PWM 周期的开始和结束处）。如图 2-27 所示。

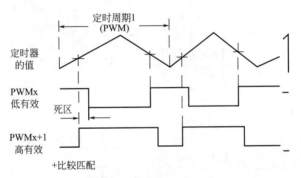

图 2-27 对称 PWM

2.11.3 捕获单元

捕获单元用于捕获引脚上电平的变化并记录它发生的时刻。每个事件管理器有 3 个捕获单元。每个捕获单元有一个与之对应的捕获输入引脚。其中 EVA 模块与它相关的捕获单元引脚分别是 CAP1、CAP2 和 CAP3，它们可以选择通用定时器 1 或 2 作为它们的时基，且 CAP1 和 CAP2 一定要选择相同的定时器作为它们的时基。EVB 模块与它们相关的捕获单元引脚分别是 CAP4、CAP5 和 CAP6，它们可以选择通用定时器 3 或 4 作为它们的时基，且 CAP4 和 CAP5 一定要选择相同的定时器作为它们的时基。

捕获单元包括以下特性：
- 1 个 16 位的捕获控制寄存器 CPACONx；
- 1 个 16 位的捕获 FIFO 状态寄存器 CAPFIFOx；
- 可选择通用定时器 1/2（对 EVA）或者 3/4（对 EVA）作为时基；
- 6 个 16 位 2 级深的 FIFO 栈（CAPxFIFO），每个捕获单元一个；

• 3 个施密特触发器输入引脚（EVA，CAP1/2/3；EVB，CAP4/5/6），每个捕获单元对应一个输入引脚（所有的输入和内部 CPU 时钟同步，为了电平使跳变被捕获，输入必须在当前电平保持两个 CPU 时钟周期，输入引脚 CAP1/2 和 CAP4/5 也可用作正交编码脉冲电路的正交编码脉冲输入）；

• 用户可定义的跳变检测的方式（上升沿、下降沿、或者上升下降沿）；

• 6 个可屏蔽的中断标志位，每个捕获单元对应一个。

在捕获单元使能后，输入引脚上的指定跳变将所选通用定时器的计数值装入到相应的 FIFO 栈。同时，捕获单元对应的中断标志位将被置位，如果该中断标志没有被屏蔽，则将产生一个中断请求信号。

捕获单元的结构如图 2-28 所示。

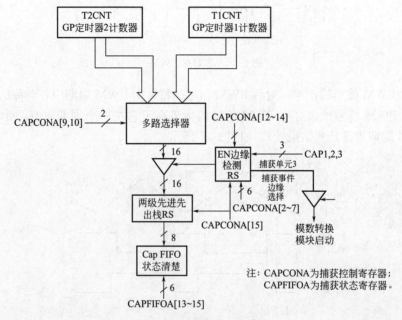

图 2-28　捕获单元的结构

有关捕获单元的操作，有以下注意事项。

（1）捕获单元时基的选择

对于 EVA 模块，捕获单元 CAP3 有自己的独立的时基选择位，而 CAP1、CAP2 有相同的时基选择位，即可以同时使用两个通用定时器，CAP1 和 CAP2 共用一个，而 CAP3 独立使用一个。EVB 模块与之类似，CAP6 有独立的时基选择位。

（2）捕获单元的寄存器设置

捕获单元的操作由 4 个 16 位的寄存器 CAPCONA/B 和 CAPFIFOA/B 控制。由于使用了通用定时器 1～4 作为捕获单元时基，因此也用到了寄存器 TxCON。此外，寄存器 CAPCONA/B 也可以用于正交编码脉冲电路的检测。为了使捕获单元能正常工作，需要对寄存器进行设置。

• 初始化捕获 CAPFIFO，并将相应的状态位清 0；

• 设置通用定时器的一种操作模式；

• 如有必要，则应设置相关通用定时器的比较寄存器或者周期寄存器；

• 设置相应的捕获控制寄存器 CAPCON。

捕获控制寄存器 A(CAPCONA)各数据位的定义具体如下。

D15：CAPRES，捕获复位，读操作该位结果总为 0。

D14D13：CAPQEPN，捕获单元 1 和 2 的控制位。

00：禁止捕获单元 1 和 2，它们的 FIFO 栈保持原内容；

01：使能捕获单元 1 和 2；

1x：保留。

D12：CAP3EN，捕获单元 3 控制位。

0：禁止捕获单元 3，它的 FIFO 栈保持原内容；

1：使能捕获单元 3。

D11：保留位。

D10：CAP3TSEL，捕获单元 3 的通用定时器选择位。

0：选择通用定时器 2；

1：选择通用定时器 1。

D9：CAP12TSEL，捕获单元 1 和 2 的通用定时器选择位。

0：选择通用定时器 2；

1：选择通用定时器 1。

D8：CAP3TOADC，捕获单元 3 事件启动模数转换。

0：无操作；

1：当 CAP3INT 标志位时，启动模数转换。

D7D6：CAP1EDGE，捕获单元 1 的边沿检测控制位。

00：无检测；   01：检测上升沿；

10：检测下降沿；   11：检测两个边沿。

D5D4：CAP2EDGE，捕获单元 2 的边沿检测控制位。

00：无检测；   01：检测上升沿；

10：检测下降沿；   11：检测两个边沿。

D3D2：CAP3EDGE，捕获单元 3 的边沿检测控制位。

00：无检测；   01：检测上升沿；

10：检测下降沿；   11：检测两个边沿。

D1D0：保留位。

捕获 FIFO 状态寄存器 A（CAPFIFOA）各数据位具体定义如下。

D15：CAPRES，捕获复位，读该位总为 0。

D14D13：CAPQEPN，捕获单元 1 和 2 的控制位。

00：禁止捕获单元 1 和 2，它们的 FIFO 栈保持原内容；

01：使能捕获单元 1 和 2；

1x：保留。

D12：CAP3EN，捕获单元 3 控制位。

0：禁止捕获单元 3，它的 FIFO 栈保持原内容；

1：使能捕获单元 3。

D11：保留位。

D10：CAP3TSEL，捕获单元 3 的通用定时器选择位。

0：选择通用定时器 2；

1：选择通用定时器 1。

D9：CAP12TSEL，捕获单元 1 和 2 的通用定时器选择位。

0：选择通用定时器 2；

1：选择通用定时器 1。

D8：CAP3TOADC，捕获单元 3 事件启动模数转换。

0：无操作；

1：当 CAP3INT 标志位时，启动模数转换。

D7D6：CAP1EDGE，捕获单元 1 的边沿检测控制位。

00：无检测；　　　　　　　　　　01：检测上升沿；

10：检测下降沿；　　　　　　　　11：检测两个边沿。

D5D4：CAP2EDGE，捕获单元 2 的边沿检测控制位。

00：无检测；　　　　　　　　　　01：检测上升沿；

10：检测下降沿；　　　　　　　　11：检测两个边沿。

D3D2：CAP3EDGE，捕获单元 3 的边沿检测控制位。

00：无检测；　　　　　　　　　　01：检测上升沿；

10：检测下降沿；　　　　　　　　11：检测两个边沿。

D1D0：保留位。

此外 CAPCONB 和 CAPFIFOB 寄存器与 A 寄存器定义类似，本书就不再重复了。

（3）捕获单元 FIFO 栈

每个捕获单元都具有一个专用的 2 级 FIFO 栈，EVA 模块顶层栈包括 CAP1FIFO、CAP2FIFO 和 CAP3FIFO；EVB 模块顶层栈包括 CAP4FIFO、CAP5FIFO 和 CAP6FIFO。EVA 模块底层栈包括 CAP1FBOT、CAP2FBOT 和 CAP3FBOT，EVB 模块底层栈包括 CAP4FBOT、CAP5FBOT 和 CAP6FBOT。捕获单元 FIFO 栈可以装入两个值，第三个值装入时，会将第一个值挤出堆栈。

当进行捕获时，捕获栈 FIFO 中至少有一个捕获到的计数值时，则相应的中断标志被置位。如果该中断没有被屏蔽，则会产生一个外设中断请求信号。如果使用了捕获中断，则可以从中断服务程序中读取捕获到的计数值。如果没有使用中断，则也可以通过查询中断标志位和 FIFO 栈的状态位来确定是否发生了捕获事件。若已发生了捕获事件，则可从相应捕获单元的 FIFO 栈中读取捕获的计数值。

2.11.4 正交编码脉冲（QEP）电路

在许多运动控制系统中，需要正反两个方向的运动，为了对位置、速度进行控制，必须检测出当前运动的方向、位置、速度等。正交编码脉冲是两个频率变化且正交的（即相位相差 90°）脉冲。它可由电机轴上的光电编码器产生。通过两组脉冲的相位（上升沿的前后顺序）可以判断出运动的方向，通过记录脉冲的个数可以确定具体的位置，通过记录确定周期的脉冲个数可以计算出运动的速度。

每个事件管理器模块都有一个正交脉冲电路。该电路被使能后，可以在编码和记数引脚 CAP1/QEP1 和 CAP2/QEP2（EVA 模块）或 CAP4/QEP3 和 CAP5/QEP4（EVB 模块）上输入正交编码脉冲。

通用定时器 2（或通用定时器 4）可单独作为正交编码脉冲电路的时基，作为正交编码脉冲电路的时基时，通用定时器的计数模式必须设置成定向增/减计数模式，时钟源必须选择正交编码脉冲电路，并以正交编码脉冲电路作为时钟源。

每个事件管理器模块中的正交编码脉冲电路的方向检测逻辑决定了两个序列中的哪一个是先导序列。接着它就产生方向信号作为通用定时器 2 或 4 的计数方向输入。如果 CAP1/QEP1（对于 EVB 模块为 CAP4/QEP3）输入是先导序列，则通用定时器进行增计数；如果 CAP2/QEP2（对于 EVB 模块为 CAP5/QEP4）输入是先导序列，则通用计数器进行减计数。两列正交输入脉冲两个边沿都被正交编码脉冲电路计数，因此，产生的时钟频率是每个输入序列的 4 倍，并把这个时钟作为通用定时器 2 或 4 的输入时钟，如图 2-29 所示。

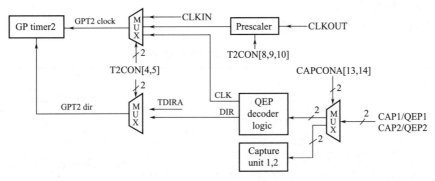

图 2-29　正交编码 QEP

通用定时器 2 或 4 总是从计数器中的当前值开始计数，因此可以在使能正交编码脉冲电路前将所需的值装载到所选通用定时器的计数器中。当正交编码脉冲电路的时钟作为通用定时器的时钟源时，选定的通用定时器将忽略输入引脚 TDIRA/B 和 TCLKINA/B（定时器方向和时钟）。

正交编码脉冲电路启动设置如下（以 EVA 模块为例，EVB 模块将定时器 2 改为定时器 4）。

● 将所需的值装载到通用定时器 2 的计数器、周期和比较寄存器中；

● 设置 T2CON 寄存器，将通用定时器 2 设置成定向增/减计数模式，以正交编码脉冲电路作为时钟源并使能通用定时器 2；

● 设置 CAPCONB 寄存器以使能正交编码脉冲电路。

2.11.5　模数转换模块（ADC）

LF2407DSP 具有 16 路的模数转换（ADC）模块，能达到 375ns 以内的转换速度，可以直接用于电机或运动控制场合。TMS320LF240X 的模数转换模块 ADC 具有以下特性。

① 带有内部采样-保持电路 10bit ADC 模块；

② 375ns 的转换时间；

③ 16 个模拟输入通道，每 8 个通过一个 8 选 1 的模拟多路转换开关；

④ 对 16 路模拟量进行"自动排序"；

⑤ 两个独立的 8 状态排序器（SEQ1 和 SEQ2），可以独立工作在双排序器模式，或级联为 16 状态排序器模式（SEQ）；

⑥ 在给定的排序模式下，4 个排序控制器决定通道的转换顺序；

⑦ 16 个存放结果的寄存器（RESULT0～RESULT15）；

⑧ 有多个启动 ADC 转换的触发源，如下：

- 软件立即启动；
- EVA 事件管理器启动；
- EVB 事件管理器启动；
- ADC 的 SOC 引脚启动。

⑨ EVA 和 EVB 可分别独立地触发 SEQ1 和 SEQ2（仅用于双排序器模式）；

⑩ 有单独的预定标的采样/保持时间。

（1）ADC 相关寄存器

ADC 相关寄存器如表 2-30 所示。

表 2-30　ADC 相关寄存器

地址	寄存器	名称
70A0h	ADCCTRL1	ADC 控制寄存器 1
70A1h	ADCCTRL2	ADC 控制寄存器 2
70A2h	MAXCONV	最大转换通道寄存器
70A3h	CHSELSEQ1	通道选择排序控制寄存器 1
70A4h	CHSELSEQ2	通道选择排序控制寄存器 2
70A5h	CHSELSEQ3	通道选择排序控制寄存器 3
70A6h	CHSELSEQ4	通道选择排序控制寄存器 4
70A7h	AUTO_SEQ_SR	自动排序状态寄存器
70A8h～70B7h	RESULT0～RESULT15	转换结果寄存器 0～15
70B8h	CALIBRATION	校准寄存器

（2）自动排序器原理

模数转换模块 ADC 的排序器包括两个独立的 8 状态的排序器（SEQ1 和 SEQ2），这两个排序器可被级联成一个 16 状态的排序器（SEQ）。所谓"状态"，是表示排序器可以执行的自动转换数目。ADC 模块能对一序列转换自动排序。转换结束后，结果依次保存在 RESULT0～RESULT15 中。用户也可对同一通道进行多次采样，即"过采样"，得到的采样结果比传统的单采样结果分辨率高，如图 2-30 所示。

一般情况下，规定排序器的状态如下。

- 排序器 SEQ1：CONV00～CON07；
- 排序器 SEQ2：CONV08～CON15；
- 级联排序器 SEQ：CONV00～CON15。

它们的转换触发特性如下。

- SEQ1：软件、EVA、外部引脚，其仲裁优先级高于 SEQ2；
- SEQ2：软件、EVB，其仲裁优先级低于 SEQ1；
- SEQ：软件、EVA、EVB、外部引脚，无仲裁优先级。

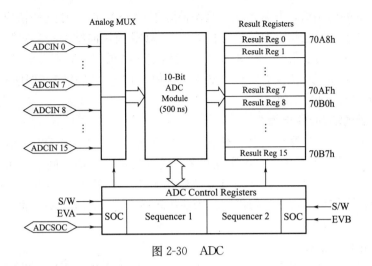

图 2-30 ADC

（3）不中断的自动排序的模式

此模式下，SEQ1/SEQ2 在一次排序过程中，可对任意通道的 8 个转换进行自动排序。转换结果被保存到 8 个结果寄存器（SEQ1 为 RESULT0~RESULT7，SEQ2 为 RE-SULT8~RESULT15）。

在一个排序中的转换个数受寄存器 MAXCONV 中的一个 3 位域或 4 位域控制。它的值在自动排序转换开始时被自动装载到自动排序寄存器（AUTO _ SEQ _ SR）的排序计数器状态域（SEQCNTR3~SEQCNTR0）。MAXCONV 中的 3 位域有一个在 0~7 范围的值，当排序器从状态 CONV00 开始依次进行。SEQCNTRn 位从装载值开始向下计数直到 SEQCNTRn 为 0。一次自动排序中完成的转换数为 MAXCONVn＋1，其流程如图 2-31 所示。

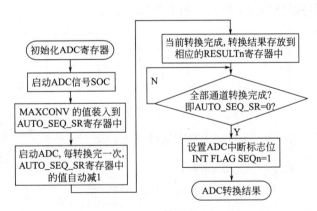

图 2-31 连续排序流程

一旦转换启动（SOC）触发器信号被排序器收到后，立刻开始转换，SOC 触发器载入在 SEQCNTRn 位。在 CHSEISEQn 寄存器指定的通道已预先决定的顺序进行转换。每个转换结束后，SEQCNTRn 位自动减少 1。当 SEQCNTRn 达到 0 时，将根据 ADCTRL1 寄存器的连续运行（CONTRUN）位的状态，发生以下事情。

① 如果 CONTRUN 位置 1，转换排序自动再次启动（SEQCNTRn 重载

MAXCONV1 中的初始值，并且 SEQ1 状态被置于 CONV00）。在这种情况下，必须确保在下一次转换排序开始之前读取结果寄存器。在 ADC 模块向结果寄存器写入数据而用户却想从结果寄存器中读取数时，ADC 的仲裁逻辑确保结果寄存器不会崩溃。

② 如果 CONTRUN 位没有置位，则排序会停留在过去的状态（例如 CONV06），并且 SEQCNTRn 继续保持 0 值。

（4）排序器的启动/停止模式

除了不中断的自动排序模式外，任何一个排序器（SEQ1、SEQ2 或 SEQ）都可工作在启动/停止模式，在该方式下，可实现和多个转换启动触发器时间上同步。但是排序器完成第一个转换序列之后，可以在没有复位到初始状态 CONV00 情况下，被重触发。因此当一个转换排序结束后，排序器停留在当前的转换状态。ADCTRL1 寄存器的连续运行位必须设置为 0（禁止）。

（5）输入触发器描述

每一个排序器都有一组能被使能或禁止的触发源。SEQ1、SEQ2 和 SEQ 的有效输入触发源如表 2-31 所示。

表 2-31 触发源

SEQ1（排序器 1）	SEQ2（排序器 2）	级联的 SEQ
软件触发器（软件 SOC） 事件管理器 A（EVASOC） 外部 SOC 引脚（ADCSOC）	软件触发器（软件 SOC） 事件管理器 B（EVBSOC）	软件触发器（软件 SOC） 事件管理器 A（EVASOC） 事件管理器 B（EVBSOC） 外部 SOC 引脚（ADCSOC）

（6）ADC 时钟预定标

TMS320LF240x 的 ADC 的采样/保持（S/H）模块可以调节，以适应输入信号阻抗的变化，这可以通过改变 ADCTR1 寄存器 ACQPS3～ACQPS0 位和 CPS 位来实现，模数转换（ADC）过程可以分为两个时段，如图 2-32 所示。

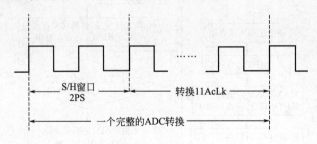

注：PS为一个预定标的CPU时钟

图 2-32　ADC 时钟

（7）校准模式

在校准的方式下，ADCINn 引脚没有接到 A/D 转换器，且不能对排序器进行操作。接到 A/D 转换器输入端的信号由位 BRG ENA（桥使能）和位 HI/LO（VREFHI/VREFLO 选择）。这两位将 VREFHI、VREFLO 或者它们的中间值送到 A/D 转换器的输入端，然后 ADC 模块完成一次转换。校准模式可以计算 ADC 模块的零、中点和最大值的偏置误差，该误差值的二进制补码被保存在 CALIBRATION 寄存器（二进制补码操作只适用于误差值为负的情况）。在这基础上，ADC 硬件自动将偏移误差量加到转换值上。

（8）自测试模式

自测试模式用来检测 ADC 引脚的短路/开路。

（9）ADC 模块的寄存器

ADC 控制寄存器有两个，即 ADCTRL1 和 ADCTRL2。其各数据位定义如下。

① ADCTRL1，映射地址为 70A0h。

D15：保留位。

D14：RESET，ADC 模块软件复位。这位会对整个 ADC 模块产生一个主动复位。所有寄存器位和排序器状态机都复位到初始状态。

0：无影响；

1：复位整个 ADC 模块（然后由 ADC 逻辑置回 0）。

D13D12：SOFT 位和 FREE 位。

00：仿真时，ADC 模块立即停止；

10：仿真挂起时，ADC 模块完成当前转换后停止。

x1：自由运行，不管有否仿真挂起，继续操作。

D11~D8：ACQPS3~ACQPS0，采样时间窗口预定标位 3~0。这几位定义了应用于 ADC 转换的采样部分的时钟预定标系数。

D7：CPS，转换时钟预定标位，这位定义了 ADC 逻辑时钟的预定标。

0：CPU 时钟 1 分频；

1：CPU 时钟 2 分频。

D6：CONTRUN，连续运行。

0：启动/停止模式；

1：连续转换模式。

D5：INTPRI，中断请求优先级。

0：高优先级；

1：低优先级。

D4：SEQCASC，级联排序器操作。

0：双排序器工作模式，SEQ1 和 SEQ2 作为两个 8 状态排序器；

1：级联模式，SEQ1 和 SEQ2 级联起来作为 16 状态排序器。

D3：CALENA，偏差校准使能。

0：禁止核准模式；

1：使能核准模式。

如果 STEST ENA＝1，则该位不应该设置为 1。

D2：BRG ENA，参考电压选择位。在校准模式下，与 HI/LO 一起，BRGENA 位允许一个参考电压被转换。

0：满值参考电压（VREFH1 或 VREFLO）被应用到 ADC 输入；

1：参考的中点（｜VREFH1-VREFLO｜/2）电压被应用到 ADC 输入。

D1：HI/LO，参考电压高/低端点选择。

当自检测模式使能（STESTENA＝1）时，HI/LO 定义被连接的测试电压；在校准模式下，HI/LO 定义参考信号源的极性。

0：用 VREFLO 作为 ADC 输入的预先电压值；

1：用 VREFHI 作为 ADC 输入的预先电压值。

D0：STEST ENA，自测试模式使能位。自测试模式使能时，ADC 输入脚在内部与参考电压（VREFHI 或 VREFLO）连接在一起，但不能与校准模式同时使用。

0：禁止自测试模式；

1：使能自测试模式。

② ADCTRL2，映射地址为 70A1h。

D15：EVBSOCSEQ，EVB 的 SOC 信号使能为级联排序器，这位仅仅在级联方式下有效。

0：无动作；

1：允许级联的排序器 SEQ 由事件管理器 B（EVB）的信号来启动。

D14：RSTSEQ1/STRTCAL，复位排序器 1/启动校准方式，对应有 2 种情况。

a. 情况 1，ADCTRL1 的位 3＝0 时，即禁止校准。

0：无动作；

1：立即复位排序器到状态 CONV00。

此时写 1 到该位将立刻复位排序器到一个初始预触发状态，退出当前工作中的转换序列。

b. 情况 2，ADCTRL1 的位 3＝1 时，校准使能，写 1 到该位将开始转换器校准。

0：无动作；

1：立即启动校准过程。

D13：SOCSEQ1，SEQ1 的转换启动（SOC）触发器信号，这位可以由下列触发源设置。

• S/W：由软件向该位写 1；

• EVA：事件管理器 A；

• EVB：事件管理器 B（仅在级联模式）；

• EXT：外部引脚（即 ADCSOC 引脚）。

0：清除一个挂起的 SOC 触发器信号；

1：软件触发器信号从当前停止的位置启动 SEQ1。

D12：SEQ1 BSY，SEQ1 忙标志。

当 ADC 自动转换进行中，该位被设置为 1，当转换序列完成后被清 0。

0：SEQ1 处于空闲状态；

1：SEQ1 处于忙状态，一个转换序列正在进行排序结束的检查。

D11D10：INTENASEQ1，SEQ1 的中断方式使能控制。

D9：INTFLAGSEQ1，ADC 模块的 SEQ1 的中断标志。

0：无中断事件发生；

1：1 个中断事件已经发生。

D8：EVASOC SEQ1，用于 SEQ1 的事件管理器 A 的 SOC 屏蔽位。

0：SEQ1 不能被 EVA 的触发器信号启动；

1：允许 SEQ1/SEQ 被 EVA 的触发器信号启动。

D7：EXT SOC SEQ1，外部信号对 SEQ1 的转换启功标志。

0：无动作；

1：1个来自 ADCSOC 引脚的信号以启动 ADC 自动转换排序。

D6：RST SEQ2，复位排序器 2。

0：无动作；

1：立即复位排序器到状态 CONV08，退出当前的转换序列。

D5：SOC SEQ2，SEQ2 的转换启动（SOC）触发器信号。这位可以由下列触发器信号源置1。

• S/W：以软件向该位写1；

• EVB：事件管理器 B。

0：清除一个挂起的 SOC 触发器信号；

1：软件触发器信号从当前停止的位置启动 SEQ2。

D4：SEQ2BSY，SEQ2 忙状态位。

当 ADC 自动转换进行中，该位被设置为1，当转换序列完成后被清0。

0：SEQ2 处于空闲状态；

1：SEQ2 处于忙状态，一个转换序列正在进行。

D3D2：INT ENA SEQ2，SEQ2 的中断方式使能控制。

D1：INT FLAG SEQ2，SEQ2 的中断标志。

0：无中断事件发生；

1：1个中断事件已经发生。

D0：EVB SOC SEQ2，用于 SEQ2 的事件管理器 B 的 SOC 屏蔽位。

0：SEQ2 不能被 EVB 的触发器信号启动；

1：允许 SEQ2 被 EVB 的触发器信号启动。

此外，ADC 模块还涉及到的寄存器包含：

• 最大转换通道寄存器（MAXCONV），映射地址为 70A2h；

• ADC 自动排序状态寄存器（AUTO ＿ SEQ ＿ SR）的映射地址为 70A7h；

• ADC 输入通道选择排序控制寄存器 CHSELSEQ1、CHSELSEQ2、CHSELSEQ3 和 CHSELSEQ4，映射地址为 70A3～70A6h；

• ADC 转换结果缓冲寄存器 RESULT0～RESULT15，映射地址为 7108～7117h。

限于篇幅的原因，这些寄存器就不详细介绍了，读者可以参考 TI 公司的技术手册。

2.11.6 SCI 串行通信接口模块

C240x DSP 的 SCI（Serial Communication Interface）串行通信接口模块是一个标准的异步串行口（UART），可以和 RS232/485 设备接口，支持半双工或全双工操作，可以通过波特率选择寄存器设置波特率。数据格式可选择：一个起始位、1～8 位数据位、可选择的奇/偶/无校验位、一个或两个停止位。SCI 涉及的寄存器包含：

• SCI 通信控制寄存器 SCICCR；

• SCI 控制寄存器 1（SCICTL1）；

• 波特率选择寄存器 SCIHBAUD、SCILBAUD；

• SCI 控制寄存器 2（SCICTL2）；

• SCI 接收状态寄存器 SCIRXST；

• SCI 接收数据缓冲寄存器 SCIRXBUF；

- SCI 发送数据缓冲寄存器 SCITXBUF；
- SCI 优先级控制寄存器 SCIPRI。

2.11.7　SPI 串行外设接口模块

SPI 是一种串行总线的外设接口，它只需 3 根引脚线（发送、接收与时钟）就可以与外部设备相连。SPI 为同步通信接口，两台通信设备在同一个时钟下工作。

采用 SPI 接口的电路越来越多，如 A/D、D/A、移位寄存器、显示驱动器、日历时钟、I/O、E2PROM、语音电路等，传输速度高达几十 Mbps。SPI 工作相关的寄存器包含：

- SPI 配置控制寄存器 SPICCR；
- SPI 控制寄存器 SPICTL；
- SPI 状态寄存器 SPISTS；
- SPI 波特率寄存器 SPIBRR；
- SPI 接收缓冲寄存器 SPIRXBUF；
- SPI 发送缓冲寄存器 SPITXBUF；
- SPI 串行数据寄存器 SPIDAT；
- SPI 优先级控制寄存器 SPIPRI。

SPI 采用主/从机通信方式，如图 2-33 所示。

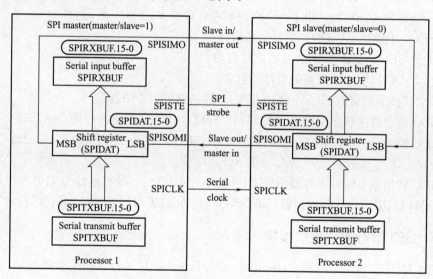

图 2-33　SPI 主/从通信方式

2.11.8　CAN 控制器模块

CAN（控制器局域网 Controller Area Network）总线最初是德国 BOSH 公司为实现汽车内部测量与执行部件之间的数据通信而设计的现场总线（Field Bus），它是一种多主机局部网络系统。它支持分布式控制和实时控制串行通信网络，带有 CAN 网卡的 PC 主机及其带有片内 CAN 控制器的硬件模块可以很方便地连接到同一 CAN 总线上。

LF2407 的 CAN 模块是一个完全的 CAN 控制器，全面兼容 CAN2.0B 协议。它的特点是：

• CAN 模块是一个 16 位的外设，对它的访问分成控制/状态寄存器的访问和邮箱的 RAM 访问；

• 有 6 个邮箱（MBOX0～MBOX5），其长度为 0～8 个字节。它们是 48 位×16 位的 RAM 区，CPU 或 CAN 可按 16 位读或写。每个邮箱为 8 位×16 位的 RAM，邮箱 0、1 只用作接收，邮箱 4、5 只用作发送，而邮箱 2、3 可用作接收或发送；

• 对邮箱 0、1 和 2、3 有局域接收屏蔽寄存器；

• 可编程的位定时器，中断配置可编程；

• 可编程的 CAN 总线唤醒功能，自动恢复远程请求；

• 当发送时出错或仲裁时丢失数据，CAN 控制器有自动重发送功能；

• 总线错误诊断功能；

• 具有自测试模式和网络模式。

C240x 的 CAN 模块如图 2-34 所示。

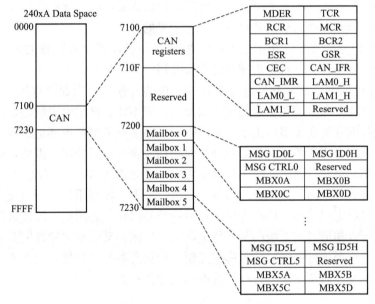

图 2-34　C240x 的 CAN 模块

CAN 模块工作涉及的寄存器包含：

• 邮箱方向/使能寄存器 MEER；

• 发送控制寄存器 TCR；

• 接收控制寄存器 RCR；

• 主控制寄存器 MCR；

• 位配置寄存器 BCR1、BCR2；

• 错误状态寄存器 ESR；

• 全局状态寄存器 GSR；

• CAN 错误计数寄存器 CEC；

• 邮箱标识符寄存器 MSID；

• 邮箱控制域寄存器 MSCTRLn；

- 接收屏蔽寄存器 LAM；
- CAN 中断标志寄存器 CAN _ IFR；
- CAN 中断屏蔽寄存器 CAN _ IMR。

2.12　要点与思考

① C2000 系列 DSP 是 TI 系列 DSP 中最基础的，但同时又是很有特色的一个系列。其特色在于 C2000 系列 DSP 自身就包含丰富的片上外设，非常适合逆变器、马达、机器人、数控机床、电力等应用领域。这也是 C2000 系列区别于 C5000 和 C6000 系列最显著的地方。

② 本章 2.2～2.9 节介绍了 CPU 结构、存储器、中断等内容。这些内容可以被统称为 DSP 的片上内部资源。其中，存储器和中断这两部分内容是 DSP 学习的重点，本书以 LF2407 型 DSP 为例也进行了详细讨论。当然，如果是面对不同型号的 DSP，则内容肯定会有一些区别，但原则性的东西还是很有参考意义的。

③ 本章 2.10～2.11 节介绍的是 C2000 的片上外设，其中最重要的内容是事件管理器。这个功能模块尤其在进行电机控制时非常有用。

④ 使用所有 DSP 资源，都是通过操作其对应的寄存器，因此寄存器学习非常重要。有读者要说，寄存器太多，各个位的定义太复杂，记不住。这里要说的是，记不住才是正常的。因为这些内容实在太多，由于篇幅的限制，很多参考书都不能把所有寄存器详细介绍完整，而只能在介绍资源时，简单地介绍对应相关寄存器的使用。因此，作者强烈建议读者在实际使用某个寄存器时，除了阅读参考书，还要参考 TI 公司原始的、最详细的手册。笔者以为读者可以简单地把寄存器分为 2 类：一类是控制用的，即通过设置这些寄存器的某些位，可以完成使能、启动等操作；另一类是保存状态用的，即通过读取这些寄存器的某些位，可以知道当前系统的某些特定状态。具体到某个指定硬件资源的使用也是这样，就是要搞懂这个硬件资源对应了哪些控制类和状态类的寄存器，接下来才是如何设置控制类寄存器以及如何从状态类寄存器读取感兴趣的标志。

DSP

适合便携终端的低功耗产品
—— TMS320C54x系列

本章要点

◆ C54x存储器结构

◆ C54x中断资源

◆ C54x片上外设

3.1 TMS320 C54x 系列 CPU 简介

本章首先引用一段来自 TI 公司的简介：C5000 平台是 TI 公司提供的业界功耗最低的广泛 16 位 DSP 产品系列，其性能高达 300MHz（600MIP）。这些产品针对强大且经济高效的嵌入式信号处理解决方案进行了优化，其中包括音频、语音、通信、医疗、安保和工业应用中的便携式器件。其待机功率低至 0.15mW，工作功率低于 0.15mW/MHz，是业界功耗最低的 16 位 DSP。即使在执行 75％双 MAC 和 25％ADD 这样的大活动量操作（无空闲周期）时，包含存储器在内的核心工作功率也仍然低于 0.15mW/MHz。C5000的性能高达 300MHz，它能给便携式器件带来复杂的数字信号处理功能，从而支持一流的创新。

目前市面上的 C5000 系列 DSP 又包含 2 个主要的子系列，分别是 C54x 和 C55x 系列。其中具体的型号包含 C549、C5402、C5409、C5410、C5416、C5502、C5509、C5510、C5515、C5515 等。

以 C54x 为例，其结构图如图 3-1 所示。

该型 DSP 具有以下特点。

（1）运算速度快

根据不同型号，其指令周期可以为 25/20/15/12.5/10ns，其运算能力可以为 40/50/66/80/100MIPS。

（2）优化的 CPU 结构

C54x 型 DSP 内部包含 1 个 40bit 的算术逻辑单元、2 个 40bit 的累加器、2 个 40bit 的加法器，1 个 17×17 的乘法器和 1 个 40bit 的桶形移位器。同时包含 4 类内部总线和 2

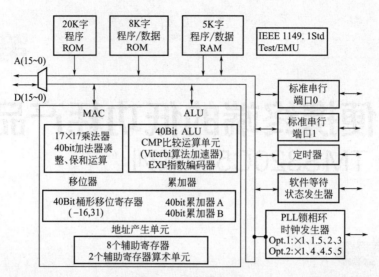

图 3-1 C54x 结构图

个地址产生器。此外，C54x 内部还集成了 Viterbi（维特比）加速器，用于提高维特比编译码的速度。

（3）低功耗方式

C54x 型 DSP 的工作电压为 3.3V 或者 2.7V，可以采用三种低功耗方式（IDLE1、IDLE2 和 IDLE3）以节省 DSP 的功耗。因此 TMS320C54x 特别适合于无线移动设备或者手持设备。例如，采用 TMS320C54x 实现 IS54/136 VSELP 语音编码仅需 31.1mW，实现 GSM 语音编码器仅需 5.6mW。

（4）智能外设

C54x 型 DSP 包含标准的串行口和时分复用（TDM）串行口，除此之外，TMS320C54x 还提供了自动缓冲串行口 BSP（Buffered Serial Port）和与外部处理器通信的 HPI（Host Port Interface）接口。BSP 可提供 2K 字数据缓冲的读写能力，从而降低处理器的额外开销，当指令周期为 20ns 时，BSP 的最大数据吞吐量为 50Mbit/s。在 IDLE 方式下，BSP 也可以全速工作。其他包含外部标准的 CPU 可以通过 HPI 与 C54x 直接接口。

表 3-1 给出了 TMS320C54x 系列部分 DSP 芯片包含资源的比较。

表 3-1　TMS320C54x 资源配置

TMS320C54x	指令周期/ns	工作电压/V	片内 RAM/字	片内 ROM/字	串行口	BSP	HPI
C541	20/25	5/3.3/3.0	5K	28K	2个标准口		
C542	20/25	5/3.3/3.0	10K	2K	1个 TDM 口	1	1
C543	20/25	3.3/3.0	10K	2K	1个 TDM 口	1	
C545	20/25	3.3/3.0	6K	48K	1个标准口		1
C546	20/25	3.3/3.0	6K	48K	1个标准口	1	
C548	15/20/25	3.3/3.0	32K	2K	1个 TDM 口	2	1
LC/VC549	10/12.5/15	3.3/2.5	32K	16K	1个 TDM 口	2	1
VC5402	10	3.3/1.8	16K	4K	—	2	1

C55x 内核是在 C54x 基础上开发出来的，并可以兼容 C54x 的源代码。C55x 的内核电压降到了 1V，功耗降到 0.05mW/MIPS，是 C54x 的 1/6。C55x 的运行时钟可以达到 200MHz，是 C54x 的两倍，再加上 C55x 在 C54x 结构上做了相当大的扩展，程序执行时可以大量采用并行处理，这样使得 C55x 的实际运算能力可以达到 300MIPS 以上。

虽然 C55x 和 C54x 都属于 TI 的 C5000 系列的产品，很多书上往往仅以"C54x 与 C55x 在软件上完全兼容"来一笔带过，但这种说法并不准确。C55x 和 C54x 指令是兼容的，但存储器配置、指令流水线、片上外设、堆栈管理和中断是不同的。不过通过对这些不同点进行修改和处理，确实可以较快地实现系统移植。

由于 C54x 系列更为基础，因此本章内容以 C54x 为模型描述。C54x 和第 2 章介绍的 C2000 属于不同的系列，但就知识点结构而言基本还是一致的，都包含 CPU 内部结构、存储器、中断系统、外设等，其中有不少内容都是相通的。限于篇幅的原因，本章的内容较第 2 章会简略一些，但知识点基本都会包含。

3.2 总线结构

在介绍其他内容之前，仍然首先介绍 C54x 硬件结构各部分联系的总线。C54x 包括 8 条 16bit 的总线，它们的具体功能如下。

（1）1 条程序总线（PB）
传送取自程序存储器的指令代码和立即操作数。

（2）3 条数据总线（CB、DB、EB）
该总线用于连接 DSP 内部各单元（如 CPU、数据地址生成电路、程序地址生成电路、在片外设、数据存储器）。其中，CB 和 DB 传送数据存储器读取的操作数，EB 传送写到存储器的数据。

这里采用 2 条数据线（CB、DB）读数的原因是因为 C54x 有两个辅助寄存器算术运算单元 ARAU0 和 ARAU1，在每个时钟周期内可以产生两个数据存储器的地址。同时，PB 能够将存放在程序空间中的操作数传送到乘法器和加法器，以便执行乘法/累加操作。此种功能，连同双操作数的特性，就可以支持在一个周期内执行 3 操作数指令。

（3）4 条地址总线（PAB、CAB、DAB、EAB）
用来提供执行指令所需的地址。

C54x 还有一条双向总线，用于寻址在片外围电路。这条总线通过 CPU 接口中的总线交换器连到 DB 和 EB。利用这个总线进行读/写操作，需要 2 个或 2 个以上的周期。

有关 C54x 读/写操作占用总线的情况如表 3-2 所示。

表 3-2 总线占用情况

读/写方式	地址总线				程序总线	数据总线		
	PAB	CAB	DAB	EAB	PB	CB	DB	EB
程序读	√				√			
程序写	√							√
单数据读			√				√	

读/写方式	地址总线				程序总线	数据总线		
	PAB	CAB	DAB	EAB	PB	CB	DB	EB
双数据读		√	√			√	√	
32位长数据读		√(hw)	√(lw)			√(hw)	√(lw)	
单数据写				√				√
数据读/数据写			√	√			√	√
双数据读/系数读	√	√	√		√	√	√	
外设读			√				√	
外设写				√				√

C54x 总线的结构与访问示意图如图 3-2 所示。

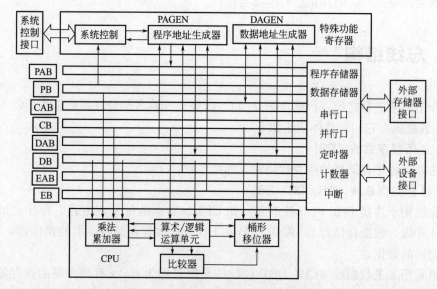

图 3-2 C54x 总线结构与访问示意图

3.3 CPU 内核

C54x 系列 DSP 的 CPU 内核包括以下一些主要部件：
- 40bit 的算术逻辑运算单元 ALU；
- 2 个 40bit 的累加器 A 和 B；
- 支持-16～31bit 移位范围的桶形移位寄存器；
- 能完成乘法/加法运算的乘法累加器 MAC；
- 16bit 暂存寄存器 T；
- 16bit 转移寄存器 TRN；
- 比较、选择、存储单元 CSSU；
- 指数译码器；

• CPU 状态和控制寄存器。

C54x 的 CPU 内核结构如图 3-3 所示。

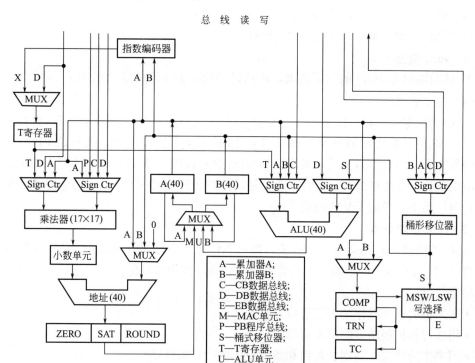

图 3-3　C54x 的 CPU 内核结构

3.3.1　算术逻辑运算单元 ALU

C54x 包含 40bit 的算术逻辑运算单元 ALU。ALU 执行算术和逻辑操作功能，C54x 的大多数算术逻辑运算指令都是单周期指令，其运算结果通常自动送入目的累加器 A 或 B；但在执行存储器到存储器的算术逻辑运算指令时（如 ADDM、ANDM、ORM 和 XORM），其运算结果则存入指令指定的目的存储器。

（1）ALU 输入

ALU 有 X 和 Y 两个输入端，其中 X 输入端的数据可以为以下 2 个数据源中的一个：

• 移位器的输出（32 位或 16 位数据存储器操作数或者经过移位后累加器的值）；

• 来自数据总线（DB）的数据存储器操作数。

ALU 的 Y 输入端的数据可以是以下 3 个数据源中的任何一个：

• 累加器（A）或（B）的数据；

• 来自数据总线（CB）的数据存储器操作数；

• T 寄存器的数据。

（2）预处理

当 16bit 数据存储器操作数通过数据总线 DB 或 CB 输入时，ALU 会采用以下两种方式对操作数进行预处理。

① 当数据存储器的 16 位操作数在低 16 位时，则根据 SXM 的值分两种情况处理：

当 SXM＝0 时，高 24 位（39～16 位）用 0 填充；

当 SXM＝1 时，高 24 位（39～16 位）扩展为符号位。

② 当数据存储器的 16 位操作数在高 16 位时，则根据 SXM 的值也分两种情况处理：

当 SXM＝0 时，39～32 位和 15～0 位用 0 填充；

当 SXM＝1 时，39～32 位扩展为符号位，15～0 位置 0。

（3）ALU 输出

ALU 的输出为 40bit 的运算结果，该结果一般被送至累加器 A 或 B。

（4）ALU 溢出

ALU 利用饱和逻辑可以进行溢出处理。当发生溢出且状态寄存器 ST1 的 OVM＝1 时，则将 32bit 正向溢出的最大正数 007FFFFFFFh 或负向溢出的最大负数 FF80000000h 加载到累加器。当发生溢出后，对应的溢出标志位（OVA 或 OVB）被置 1，直到复位或执行溢出条件指令才被清 0。需要注意的是，用户可以直接采用 SAT 指令对累加器进行饱和处理，而不必考虑 OVM 的值。

（5）ALU 进位处理

ALU 的进位位 C 与运算结果有关，该标志位位于 ST0 寄存器的 11 位。进位位 C 受大多数 ALU 操作指令的影响，包括算术操作、循环操作和移位操作。进位位 C 包含以下基本功能：

- 用来指明指令操作是否有进位发生；
- 用来进行扩展精度的算术运算；
- 用来作为分支、调用、返回和条件操作的执行条件。

（6）双 16 位运算

用户可以通过设置位状态寄存器 ST1 的 C16 状态位，就可以让 ALU 在单个周期内进行特殊的双 16 位算术运算，即进行两次 16bit 加法或两次 16bit 减法。

（7）其他控制位

除上文提到的 SXM、OVM、C、C16、OVA、OVB 控制位外，ALU 还有两个控制位。

- TC：测试/控制标志，位于 ST0 的 12 位；
- ZA/ZB：累加器结果为 0 标志位。

3.3.2 累加器

C54x 芯片拥有两个独立的 40bit 的累加器 A 和 B，可以作为 ALU 或 MAC 的目标寄存器，用于存放运算结果；同时也可以作为 ALU 或 MAC 的一个数据输入来源。累加器 A 和 B 都可以配置成乘法器/加法器或 ALU 的目标寄存器。此外，在执行 MIN 和 MAX 指令或者并行指令 LD、MAC 都要用到它们，其中一个累加器加载数据，另一个累加器完成运算。

累加器的格式定义如下：

	39 ··· 32	31 ··· 16	15 ··· 0
累加器A	AG	AH	AL
	保护位	高阶位	低阶位
累加器B	BG	BH	BL
	保护位	高阶位	低阶位

其中，保护位用作计算时的数据位余量，以防止如自相关之类的迭代运算时发生溢出。AG、BG、AH、BH、AL、BL 都是映射到存储器的寄存器。在保存和恢复数据时，可采用 PSHM 或 POPM 指令将它们压入堆栈或从堆栈中弹出。用户可以通过其他指令，寻址第 0 页的数据存储器（存储器映像寄存器），并访问累加器的这些寄存器。

累加器 A 和 B 结构和作用基本一致，差别仅在于累加器 A 的 31～16 位可以作为乘法器的一个数据输入源。

在进行累加器存储操作时，有时需要先将累加器内容移位，再将高 16 位存入存储器。包含两种情况。

- 右移存储：AG（BG）右移 AH（BH），AH（BH）存入存储器；
- 左移存储：AL（BL）左移 AH（BH），AH（BH）存入存储器，低位添零。

这里需要强调的是，首先，移位操作是在保存累加器内容的过程中同时完成的；其次，移位操作是在移位寄存器中完成的，而累加器的内容是保持不变。

3.3.3 桶形移位寄存器

TMS320C54x 包含一个 40bit 桶形移位寄存器，其功能主要用于累加器或数据区操作数的标定。所谓标定，是指它能将输入的数据进行 0～16 位的右移和 0～31 位的左移。具体移动的位数由 ST1 中的 ASM 或被指定的暂存器 T 决定。

桶形位移寄存器结构如图 3-4 所示。

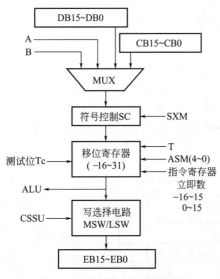

图 3-4　桶形位移寄存器结构

桶形移位寄存器包含 4 个主要的部分。

- 多路选择器 MUX：用于选择输入数据源；
- 符号控制 SC：用于对输入数据进行符号位扩展；
- 移位寄存器：用于对输入的数据进行定标和移位；
- 写选择电路：用于选择最高有效字和最低有效字。

上文提到的桶形移位寄存器的输入数据是通过多路选择器 MUX 来选择的，具体有以下几种情况：

- 来自 DB 数据总线的 16bit 输入数据；
- 来自 DB 和 CB 扩展数据总线的 32bit 输入数据；
- 来自累加器 A 或 B 的 40bit 输入数据。

桶形移位寄存器的输出则包含以下两种情况：

- 输出至 ALU 的一个输入端；
- 经 MSW/LSW 写选择电路输出至 EB 总线。

桶形移位寄存器定标的主要功能具体体现在以下几个方面：

- 在进行 ALU 运算之前，对输入的数据进行数据定标；
- 对累加器进行算术或逻辑移位；
- 对累加器进行归一化处理；
- 在累加器的内容保存到数据存储器之前，对存储数据进行定标。

关于定标是什么意思，下面再多谈两句，就如本章开始提到的，DSP 参与运算的都是 16 位整数。但是实际运算的情况中，肯定不可避免地要用到小数运算。那么，如何采用整数来计算小数呢？这种情况下，程序员需要指定小数点处于 16 位整数中的哪个位置（Q0～Q15），也就是小数用整数表示的一种格式，这就是定标。

3.3.4 乘法-加法累加单元（MAC）

所谓乘法-加法累加是指在一个流水线周期内完成 1 次乘法运算和 1 次加法运算。这种类型的运算在信号处理，如数字滤波（FIR 和 IIR 滤波）以及自相关等运算中非常常见。使用乘法-加法累加运算指令可以大大提高系统的运算速度。

C54x 的乘法-加法累加单元 MAC 是由多个部分共同构成的，包含乘法器、加法器、符号控制、小数控制、零检测器、舍入器、饱和逻辑、暂存器，其结构如图 3-5 所示。

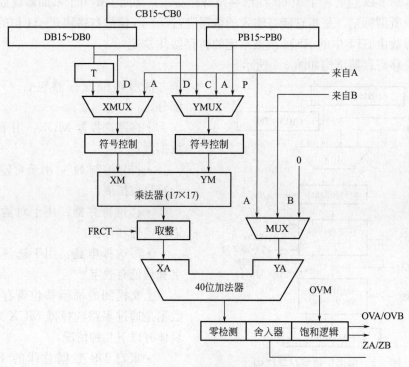

图 3-5　乘法-加法累加单元结构

（1）乘法器的输入

MAC 单元包含一个 17bit×17bit 的硬件乘法器，可用于完成有符号数和无符号数的乘法运算。该乘法器有两个输入端 XM 和 YM，其可选择的输入数据情况如下。

① XM 端输入数据选择包含以下 3 项。

- 来自数据总线 DB 的数据存储器操作数；
- 来自暂存器 T 的操作数；

- 来自累加器 A 的 16～32bit 操作数。

② YM 端输入数据选择包含以下 4 项。

- 来自数据总线 DB 的数据存储器操作数；
- 来自数据总线 CB 的数据存储器操作数；
- 来自程序总线 PB 的程序存储器操作数；
- 来自累加器 A 的 32～16 位操作数。

（2）乘法器的输出

乘法器的输出经过小数控制电路后送到加法器的 XA 输入端。

（3）乘法器的操作

MAC 单元的乘法器能进行有符号数之间、无符号数之间以及有符号数与无符号数之间的乘法运算。根据操作数的不同情况，乘法运算需进行以下处理。

- 两个有符号数相乘，需要在进行乘法运算之前，先对两个 16 位乘数进行符号位扩展，形成 17bit 有符号数后再进行相乘。扩展的具体方法是，在每个乘数的最高位前增加一个符号位，符号位的值由乘数的最高位决定，正数为 0，负数为 1。

- 两个无符号数相乘，只需在两个 16bit 乘数的最高位前面添加 0，扩展为 17 位乘数后再进行乘运算。

- 有符号数与无符号数相乘，则有符号数在最高位前添加 1 个符号位，其值由最高位决定，而无符号数在最高位前面添加 0，再由两个操作数相乘。

由于乘法器在进行两个 16 位二进制补码相乘时会产生两个符号位，为提高运算精度，C54x 在状态寄存器 ST1 中设置了小数方式的控制位 FRCT。当 FRCT＝1 时，乘法运算结果会左移一位，以消去多余的符号位，同时相应的定标值加 1。

3.3.5　比较、选择和存储单元 CSSU

在数据通信、模式识别等领域，经常要用到 Viterbi（维特比）算法。Viterbi 算法包括加法、比较和选择三部分操作。其中，加法运算由 ALU 完成，比较选择就由 CSSU 完成。C54x DSP 的 CPU 的比较、选择和存储单元 CSSU 就是专门为 Viterbi 算法设计的进行加法/比较/选择（ACS）运算的硬件单元。其结构如图 3-6 所示。

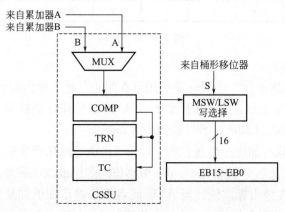

图 3-6　CSSU 结构

CSSU 单元主要完成累加器的高阶位与低阶位之间最大值的比较，即选择累加器中较大值的 16bit 字，并存储在数据存储器中。

CSSU 具体的工作过程分以下 4 步。

① 比较电路 COMP 将累加器 A 或 B 的高阶位与低阶位进行比较。

② 比较结果分别送入 TRN 和 TC 中，同时记录比较结果以便程序调试。

③ 比较结果输出至写选择电路，选择较大的数据。

④ 将选择的数据通过总线 EB 保存到指定的存储单元。

例如，CMPS 指令就可以对累加器的高阶位和低阶位进行比较。

3.3.6 指数编码器

指数编码器是一个用于支持指数运算指令的专用硬件功能块，该编码器可以在单周期内执行 EXP 指令，求得累加器中数的指数值，并以 2 的补码形式（-8~31）存放到寄存器 T 中。指数编码器的结构如图 3-7 所示。

而最终得到的累加器中数据的指数值 = 冗余符号位-8。

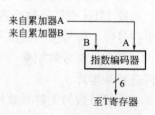

图 3-7　指数编码器结构

3.3.7 CPU 寄存器

C54x 型 DSP 的 CPU 内核有三个重要的状态和控制寄存器：状态寄存器 0（ST0）、状态寄存器 1（ST1）、处理器工作方式状态寄存器（PMST）。

其中，ST0 和 ST1 设置的内容主要包含各种工作条件和工作方式的状态；PMST 包含存储器的设置状态和其他控制信息。

由于这些寄存器都是采用的存储器映像寄存器方式，因此它们的内容都可以快速地存放到数据存储器，或者由数据存储器对它们加载，也可用子程序或中断服务程序来保存和恢复寄存器的状态。

（1）状态寄存器 0（ST0）

ST0 主要反映处理器的寻址要求和计算机的运行状态。其结构如图 3-8 所示。

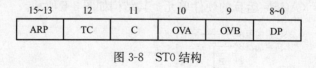

15~13	12	11	10	9	8~0
ARP	TC	C	OVA	OVB	DP

图 3-8　ST0 结构

其各部分定义如下。

ARP：辅助寄存器指针。这 3bit 字段用于在间接寻址单操作数时选择辅助寄存器。

TC：测试/控制标志位。TC 用于保存 ALU 测试位操作的结果。TC 位的值受 BIT、BITF、BITT、CMPM、CMPS、SFTC 指令的影响。

C：进位位。当执行加法产生进位时，C 置 1；执行减法产生借位时，C 清 0。否则，加法后 C 被复位，减法后 C 被置位。16bit 带移位的加法或减法除外。

OVA：累加器 A 溢出标志位。当 ALU 或者乘法器后面的加法器发生溢出且运算结果在累加器 A 中时，OVA 位置 1。一旦发生溢出，OVA 一直保持置位状态，直到复位或者利用软件清 0。软件指令包含 AOV、ANOV、BC [D]、CC [D]、RC [D]、XC 等。

OVB：累加器 B 溢出标志位。当 ALU 或者乘法器后面的加法器发生溢出且运算结果在累加器 B 中时，OVB 位置 1。一旦发生溢出，OVB 一直保持置位状态，直到复位或者利用软件清 0。软件指令包含 AOV、ANOV、BC [D]、CC [D]、RC [D]、XC 等。

DP：数据存储器页指针。该 9bit 字段值与指令字中的低 7bit 值组合起来，形成一个 16bit 的直接寻址存储器的地址，用于完成对数据存储器的一个操作数寻址。

（2）状态寄存器 1（ST1）

ST1 主要用于反映 DSP 的寻址要求、计算初始状态的设置、I/O、中断控制等。ST1 结构如图 3-9 所示。

15	14	13	12	11	10	9	8	7	6	5	4~0
BRAF	CPL	XF	HM	INTM	0	OVM	SXM	C16	FRCT	CMPT	ASM

图 3-9　ST1 结构

其各部分定义如下。

BRAF：块重复操作标志位。用于指示当前是否在执行块重复操作。

BRAF=0：当前未进行重复块操作；

BRAF=1：当前正在进行块重复操作。

CPL：直接寻址编辑方式标志位。用来设置直接寻址选用的指针方式。

CPL=0：采用数据页指针 DP 的直接寻址；

CPL=1：采用堆栈指针 SP 的直接寻址。

XF：外部 XF 引脚状态控制位。用来控制 XF 通用外部输出引脚的状态。

执行指令 SSBX，XF=1；

执行指令 RSBX，XF=0。

HM：保持方式位。用于当 DSP 响应 HOLD 信号时，设置 CPU 是否继续执行内部操作。

HM=0：CPU 从内部程序存储器取指，继续执行内部操作。

HM=1：CPU 停止内部操作。

INTM：中断方式控制位。用于屏蔽或开放所有可屏蔽中断。

INTN=0：使能全部可屏蔽中断；

INTN=1：除能所有可屏蔽中断。

0：保留位，总是读为 0。

SXM：符号位扩展方式控制位。用于确定数据在运算之前是否需要进行符号位扩展。

SXM=0：数据进入 ALU 之前禁止符号位扩展；

SXM=1：数据进入 ALU 之前需要进行符号位扩展。

C16：双 16bit/双精度算术运算方式控制位。用来决定 ALU 的算术运算方式。

C16=0：ALU 工作在双精度算术运算方式；

C16=1：ALU 工作在双 16 位算术运算方式。

FRCT：小数方式位。当 FRCT=1 时，乘法器的输出将左移 1 位，以消去多余的符号位。

CMPT：间接寻址辅助寄存器修正方式控制位。用来决定 ARP 是否进行修正。

CMPT=0：进行间接寻址单操作数时，不修正 ARP；

CMPT=1：进行间接寻址单操作数时，修正 ARP。

ASM：累加器移位方式控制位。为部分具有移位操作的指令设定一个从−16～15bit范围内的移位值。

（3）工作方式状态寄存器（PMST）

PMST 主要用于设定和控制处理器的工作方式和存储器的配置，并反映处理器的工作状态。其结构如图 3-10 所示。

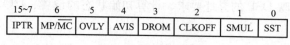

15~7	6	5	4	3	2	1	0
IPTR	MP/MC	OVLY	AVIS	DROM	CLKOFF	SMUL	SST

图 3-10 PMST 结构

其各部分具体定义如下。

IPTR：中断向量指针，用于指示保存中断向量的 128 字程序存储器的位置。

MP/MC：微处理器/微计算机工作方式位，用于设置是否允许使用片内程序存储器 ROM。

MP/MC＝0：允许使用片内 ROM；

MP/MC＝1：不能使用片内 ROM。

OVLY：RAM 重复占位位，用于决定是否将片内双寻址数据 RAM 映射到程序空间。

OVLY＝0：只能在数据空间寻址在片 RAM；

OVLY＝1：片内 RAM 可以映射到程序空间和数据空间，但数据页 0 不能映射。

AVIS：地址可见位，用于设置是否可以从器件地址引脚线看到内部程序空间地址线。

AVIS＝0：外部地址线不随内部程序地址一起变化；

AVIS＝1：内部程序存储空间地址线出现在 C54x 的引脚上。

DROM：数据 ROM 位，用于设置片内 ROM 是否可以映射到数据存储空间；

DROM＝0：片内 ROM 不能映射到数据空间；

DROM＝1：片内 ROM 的一部分可以映射到数据空间。

CLKOFF：时钟输出关断位，用于决定时钟输出引脚 CLKOUT 是否有信号输出。

CLKOFF＝1：CLKOUT 输出被除能。

SMUL：乘法饱和方式位，用于决定乘法结果是否需要进行饱和处理。

SMUL＝1：在使用 MAC 或 MAS 指令进行累加前，对乘法结果做饱和处理。

SST：存储饱和位，用于决定累加器中的数据在存储到存储器之前，是否需要饱和处理。

SST＝1：对存储前的累加器值进行饱和处理。

3.4 存储器

C54x 的存储空间一般可达到 192K 16bit 字。C54x 的存储空间和 C2000 一样，也分为 3 个相互独立可选择的存储空间：64K 程序空间、64K 数据空间、64K I/O 空间。

C54x 型 DSP 片内都有包含随机存储器（RAM）和只读存储器（ROM）。其中，RAM 有两种类型：单寻址 RAM（SARAM）和双寻址 RAM（DARAM）。而片内 ROM 主要用于存放固化程序和系数表，因此一般用于构成程序存储空间。当然，ROM 也可以部分地映射在数据存储空间。

　　三种不同存储空间的功能分别是：程序存储空间主要用来存放要执行的指令和指令执行中所需要的系数表，如数学用表等；数据存储空间主要用来存放执行指令所需要的数据；I/O存储空间主要用来提供与外部存储器映射的接口，可以作为外部数据存储空间使用。

　　利用并行工艺特性和片上RAM双向访问的性能，C54x可以在一个机器周期内执行4条并行并行存储器操作，包含1次取指令、2次读操作数、1次写操作数。

　　与片外扩展存储器的特点相比，片内存储器具有不需插入等待状态、成本和功耗低等优点。当然，片外存储器可以做到更大的存储空间，这是片内存储器无法比拟的。

　　部分C54x型DSP的具体存储器容量如表3-3所示。

表3-3　C54x存储器容量

DSP存储器	C541	C542	C543	C545	C546	C548	C549	C5402	C5410	C5416	C5420
ROM	28K	2K	2K	48K	48K	2K	16K	4K	16K	16K	0
程序	20K	2K	2K	32K	32K	2K	16K	4K	16K	16K	0
程序/数据	8K	0	0	16K	16K	0	0	4K	0	0	0
DARAM	5K	10K	10K	6K	6K	8K	8K	16K	8K	64K	32K
SARAM	0	0	0	0	0	24K	24K	0	56K	64K	168K

3.4.1　存储器结构

　　C54x型DSP的程序存储器和数据存储器，无论是内部还是外部的，都分别统一编址。内部RAM可以映射到数据存储空间，也可映射到程序存储空间。ROM可以映射到程序存储空间，也可以部分地映射到数据存储空间。

　　在C54x中，片内存储器的形式有DARAM、SARAM和ROM三种，C54x通过3个状态位来设置"使能"和"除能"程序和数据空间中的片内存储器。

　　① MP/MC位　若MP/MC=0，则片内ROM安排到程序空间；若MP/MC=1，则片内ROM不安排到程序空间。

　　② OVLY位　若OVLY=1，则片内RAM安排到程序和数据空间；若OVLY=0，则片内RAM只安排到数据存储空间。

　　③ DROM位　当DROM=1，则部分片内RAM安排到数据空间；当DROM=0，则片内RAM不安排到数据空间。

　　DROM的用法与MP/MC的用法无关。

　　上述3个状态位在工作方式状态寄存器（PMST）中已经有了讨论。

　　如图3-11所示以C5402为例给出了数据和程序存储区图，并说明了与MP/MC、OVLY及DROM 3个状态位的关系。C54x其他型号的存储区可参阅相关芯片手册。

　　处理器复位时，复位和中断向量都被映射到程序空间的FF80h地址。复位后，这些向量可以被重新映射到程序空间中任何一个128字页的开头。这就很容易将中断向量表从引导ROM中移出来，然后再根据存储器分配图进行安排。

　　C54x型DSP的片内ROM容量大小不一，有28K字、48K字、2K字等情况。大容量的片内ROM可以用于写入用户的程序代码，然而并不是所有ROM空间都可以供用户

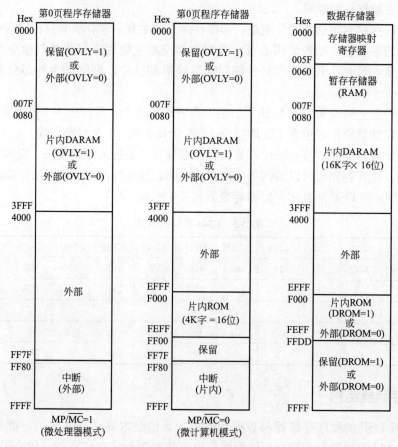

图 3-11 C5402 存储区图

使用，片内 ROM 的高 2K 字中的内容是由 TI 公司定义的，这 2K 程序空间（F800h～FFFFh）包含如下内容：

- 自举加载程序，可以从串口、外部存储器、I/O 接口或者主机接口自举加载；
- 256 字 A 律压扩表；
- 256 字 μ 律压扩表；
- 256 字正弦函数值查找表；
- 中断向量表。

3.4.2 程序存储器

C54x DSP 的外部程序存储器可寻址 64K 字的存储空间。C54x 片内的存储单元，包含 ROM、DARAM、SARAM，这些区域都可以通过软件配置到程序空间。当存储单元映像到程序空间时，处理器就能自动地对它们所处的地址范围寻址。如果程序地址生成器（PAGEN）发出的地址处在片内存储器地址范围以外，处理器就能自动地对外部寻址。

（1）程序存储空间的配置

程序存储器空间的配置有以下几种方法。

① MP/MC 控制位用来决定程序存储空间是否使用内部存储器。

MP/MC＝0：微计算机模式。

4000H～EFFFH 程序存储空间定义为外部存储器；

F000H～FEFFH 程序存储空间定义为内部 ROM；

FF00H～FFFFH 程序存储空间定义为内部存储器。

MP/MC＝1：微处理器模式。

4000H～FFFFH 程序存储空间定义为外部存储器。

② OVLY 控制位用来决定程序存储空间是否使用内部 RAM。

OVLY＝0，程序存储空间不使用内部 RAM。

0000H～3FFFH 全部定义为外部程序存储空间，此时内部 RAM 只用作数据存储器。

OVLY＝1，程序存储空间使用内部 RAM。内部 RAM 同时被映射到程序存储空间和数据存储空间。

0000H～007FH 保留；

0080H～3FFFH 定义为内部 DARAM。

（2）分页扩展技术

C54x 采用分页扩展的方法使可寻址程序空间达到 1～8M 字。这个功能的实现依靠：

- 20 或 23 条地址线；
- 扩展程序计数器 XPC；
- 6 条访问外部程序空间的指令。

当 OVLY＝0 时，内部 RAM 不允许被映射到程序空间，C548、C549、C5402、C5410 和 C5420 的程序存储空间被组织为 128 页，C5402 的程序存储空间为 16 页，而 C5420 的程序存储空间为 4 页，每页长度为 64K 字长。如图 3-12 所示为扩展为 128 页时的程序存储器页，每页 64K。

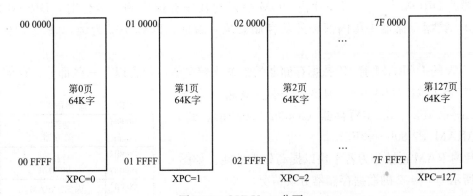

图 3-12　OVLY＝0 分页

当 OVLY＝1 时，片内 RAM 允许被映射到程序空间。此时程序存储器的每一页都由两部分组成：一部分为 32K 字的公共块；另一部分为 32K 字的专用块。公共块可由所有页共享，专用块只能按指定的页号寻址，如图 3-13 所示。

当 MP/MC＝0 时，片内 ROM 只能允许安排在第 0 页的程序空间，而不能映射到其他页。为了实现程序存储器分页的软件切换，必须使用 XPC 寄存器。XPC 寄存器用于指示选定页，复位后，XPC 初始化值为 0，有 6 条专用的影响 XPC 值的指令。

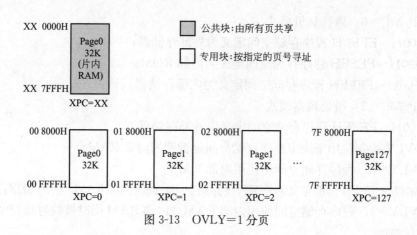

图 3-13　OVLY=1 分页

- FB：远转移；
- FBACC：远转移到累加器 A 或 B 指定的位置；
- FCALA：远调用累加器 A 或 B 指定的位置的程序；
- FCALL：远调用；
- FRET：远返回；
- FRETE：带有被使能的中断的远返回。

其他的指令都不能修改 XPC 寄存器，因此只能在当前页中做内部访问。

3.4.3　数据存储器

C54x 的数据存储空间也是由内部和外部存储器构成，共有 64K 字。片内 DARAM 都被配置为数据存储空间；对于某些 C54x DSP，用户可以通过设置 PMST 寄存器的 DROM 位，将部分片内 ROM 映射到数据存储空间，复位时，DROM 位将被清 0。数据存储器采用内部和外部存储器统一编址。以 C5402 为例，编址如图 3-14 所示。

C54x 的 DARAM 前 1K 数据存储器的配置比较重要，包含以下一些部分：存储器映像 CPU 寄存器（0000h~001Fh）、外围电路寄存器（0020h~005Fh）、32 字暂存器（0060h~007Fh）、896 字 DARAM（0080h~03FFh）。

片内 RAM 也被分为若干块以提高处理性能。如图 3-15 所示为 C5402 的数据存储器分块情况。

分块以后，用户可以在同一个周期内从同一块 DARAM 中取出两个操作数，并将数据写入到另一块 DARAM 中。

在 C54x 的数据存储空间中，前 80H 个单元（数据页 0）包含 CPU 寄存器、片内外设寄存器和暂存器，这些寄存器全部映射到数据存储空间，称作存储器映像寄存器 MMR。表 3-4 给出了特殊功能寄存器。

地址	数据存储空间
0000H 005FH	存储器映像 寄存器
0060H 007FH	暂存器 SPRAM
0080H 3FFFH	内部DARAM （16K字）
4000H EFFFH	外部存储器
F000H FEFFH	DROM=1　内部ROM DROM=0 外部存储器
FF00H FFFFH	DROM=1　保留 DROM=0 外部存储器

图 3-14　C5402 数据存储器编址

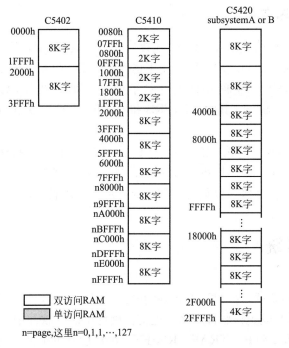

n=page,这里n=0,1,1,…,127

图 3-15 C5402 的数据存储器分块

表 3-4 特殊功能寄存器

地址	符号	寄存器名称	地址	符号	寄存器名称
00H	IMR	中断屏蔽寄存器	10H	AR0	辅助寄存器 0
01H	IFR	中断标志寄存器	11H	AR1	辅助寄存器 1
02H		保留(用于测试)	12H	AR2	辅助寄存器 2
03H		保留(用于测试)	13H	AR3	辅助寄存器 3
04H		保留(用于测试)	14H	AR4	辅助寄存器 4
05H		保留(用于测试)	15H	AR5	辅助寄存器 5
06H	ST0	状态寄存器 0	16H	AR6	辅助寄存器 6
07H	ST1	状态寄存器 1	17H	AR7	辅助寄存器 7
08H	AL	累加器 A 低字(15~0 位)	18H	SP	堆栈指针
09H	AH	累加器 A 高字(31~16 位)	19H	BK	循环缓冲区长度寄存器
0AH	AG	累加器 A 保护位(39~32 位)	1AH	BRC	块重复计数器
0BH	BL	累加器 B 低字(15~0 位)	1BH	RSA	块重复起始地址寄存器
0CH	BH	累加器 B 高字(31~16 位)	1CH	REA	块重复结束地址寄存器
0DH	BG	累加器 B 保护位(39~32 位)	1DH	PMST	处理器模式状态寄存器
0EH	T	暂存寄存器	1EH	XPC	程序计数器扩展寄存器
0FH	TRN	状态转移寄存器	1FH		保留

寻址 MMR,不需要插入等待周期,但寻址外围电路寄存器,对外围电路的控制和存放数据需要 2 个机器周期。

3.4.4 I/O 存储器空间

除了程序和数据存储空间外，C54x 还提供了一个具有 64K 字的 I/O 空间。I/O 空间主要用于对片外设备的访问，用户可以使用输入指令 PORTR 和输出指令 PORTW 对 I/O 空间进行寻址。在对 I/O 空间访问时，除了使用数据总线和地址总线外，还要用到 IOTRB、IS 和 I/W 控制线，其中：IOTRB 和 IS 用于选通 I/O 空间；I/W 用于控制访问方向。

为了使用更多的通用 I/O，用户还可以对用于主机通信的并行接口和串行接口进行配置，使其可以用作通用 I/O。此外，用户还可以进一步扩展外部 I/O，外部 I/O 必须使用缓冲或锁存电路，配合外部 I/O 读写控制构成外部 I/O 的控制电路。

3.5 中断系统

中断的内容在第 2 章介绍 C2000 系列的时候已经有相关介绍。C54x 系列 DSP 的中断与之类似，C54x DSP 既支持软件中断，也支持硬件中断。软件中断是指由程序指令引起的中断，这类指令有 INTR、TRAP、RESET。硬件中断可由外部硬件引发，或由片内外设内部引发。无论软件中断还是硬件中断都可分为可屏蔽中断和不可屏蔽中断。C54x 处理中断还是按以下三个标准步骤。

① 接收中断请求。
② 响应中断。
③ 执行中断服务程序。

3.5.1 中断寄存器

C54x 有关中断的控制还是通过操作寄存器进行。C54x 中断系统设置两个中断寄存器，分别为中断标志寄存器 IFR 和中断屏蔽寄存器 IMR。

中断标志寄存器 IFR 是一个存储器映像寄存器，当一个中断产生时，IFR 中的相应的中断标志位被置 1，直到 CPU 响应该中断为止。以下 4 种情况发生后，DSP 都会将中断标志清 0。

① 复位。
② 中断得到处理。
③ 将 1 写到 IFR 中的相应位，则对应未处理完的中断被清除。
④ 利用适当的中断号执行 INTR 指令，相应的中断标志位清 0。

以 C5402 为例，中断标志寄存器 IFR 的结构如图 3-16 所示。

15 14	13	12	11	10	9	8	7	6	5	4	3	2	1	0
Resvd	DMAC5	DMAC4	BXINT1 或 DMAC3	BRINT1 或 DMAC2	HPINT	INT3	TINT1 或 DMAC1	DMAC0	BXINT0	BRINT0	TINT0	INT2	INT1	INT0

图 3-16　IFR 寄存器

中断屏蔽寄存器 IMR 也是一个存储器映像寄存器，主要用于控制中断源的屏蔽和开放。状态寄存器 ST1 中的 INTM 位为 0 时，全局中断被允许。此时，如果 IMR 中的某位置 1 时，则开放对应的中断。由于 RS 和 NMI 都不包含在 IMR 中，因此 IMR 对这两个中断不能进行屏蔽。以 C5402 为例，中断标志寄存器 IMR 的结构如图 3-17 所示。

15	14	13	12	11	10	9	8	7	6	5	4	3	2	1	0
Resvd		DMAC5	DMAC4	BXINT1 或 DMAC3	BRINT1 或 DMAC2	HPINT	INT3	TINT1 或 DMAC1	DMAC0	BXINT0	BRINT0	TINT0	INT2	INT1	INT0

图 3-17　IMR 寄存器

3.5.2　中断控制

（1）中断请求

如上文所述，中断请求包含 2 种基本类型，可以由硬件器件或软件指令请求。产生一个中断请求时，不管该中断是否被 DSP 应答，IFR 寄存器中相应的中断标志位都会被置位。当相应的中断响应后，该标志位自动被清除。

以 C5402 为例，其中断源如表 3-5 所示。

表 3-5　中断源

中断号	中断名称	中断地址	功能	优先级
0	RS/SINTR	00H	复位（硬件/软件）	1
1	NMI/SINTR	04H	不可屏蔽	2
2	SINT17	08H	软件中断♯17	—
3	SINT18	0CH	软件中断♯18	—
4	SINT19	10H	软件中断♯19	—
5	SINT20	14H	软件中断♯20	—
6	SINT21	18H	软件中断♯21	—
7	SINT22	1CH	软件中断♯22	—
8	SINT23	20H	软件中断♯23	—
9	SINT24	24H	软件中断♯24	—
10	SINT25	28H	软件中断♯25	—
11	SINT26	2CH	软件中断♯26	—
12	SINT27	30H	软件中断♯27	—
13	SINT28	34H	软件中断♯28	—
14	SIN29	38H	软件中断♯29	—
15	SIN30	3CH	软件中断♯30	—
16	INT0/SINT0	40H	外部中断 0	3
17	INT1/SINT1	44H	外部中断 1	4
18	INT2/SINT2	48H	外部中断 2	5
19	TINT/SINT3	4CH	内部定时中断	6

中断号	中断名称	中断地址	功能	优先级
20	RNT0/SINT4	50H	串口 0 接收中断	7
21	XINT0/SINT5	54H	串口 0 发送中断	8
22	RINT1/SINT6	58H	串口 1 接收中断	9
23	XINT1/SINT7	5CH	串口 1 发送中断	10
24	INT3/SINT8	60H	外部中断 3	11
25	HPINT/SINT9	64H	HPI 中断	12
26	BRINT1/SINT10	68H	缓冲串口接收	13
27	BXINT1/SINT11	6CH	缓冲串口发送	14
28～31		70～7FH	保留	

① 硬件中断请求　硬件中断又分为外部硬件中断和内部硬件中断两种。外部硬件中断由外部中断口的信号发出请求，而内部硬件中断由片内外设的信号发出中断请求。常见的硬件中断如下。

a. 外部中断：INT3～INT0、RS、NMI。

b. 片内中断：BRINT0、BXINT0、BRINT1、BXINT1、TINT0、TINT1、DMAC4、DMAC5、HPINT。

② 软件中断请求　软件中断是由程序指令产生的中断请求，主要有 3 条指令。

a. INTR 指令：允许执行可屏蔽中断，包括用户定义的中断（从 SINT0 到 SINT30）。

b. TRAP 指令：与 INTR 指令基本相同，但不影响状态寄存器中断方式（INTM）位。

c. RESET 指令：可在程序的任何时候产生，使处理器返回一个预定状态。

（2）中断响应

硬件或软件发出了中断请求后，CPU 必须决定是否应答该中断请求。对于软件中断和非屏蔽中断，CPU 将立即响应，并进入相应的中断服务程序。对于硬件可屏蔽中断，必须满足以下 3 种条件后，CPU 才能响应中断。

① 当前中断优先级最高。

② INTM 位清 0。

③ IMR 对应屏蔽位为 1。

当上述条件满足后，CPU 可以响应中断，并终止当前正进行的操作，指令计数器 PC 自动转向相应的中断向量地址，取出中断服务程序地址，并发出硬件中断响应信号 IACK，从而清除相应的中断标志位。

（3）中断处理

CPU 响应中断后，按照以下步骤进行中断处理。

① 保护现场，将程序计数器 PC 值压入堆栈。

② 将中断向量的地址加载到 PC。

③ 从中断向量所指定的地址开始取指。

④ 执行分支转移，进入中断服务程序。

⑤ 执行中断服务程序直到出现返回指令。

⑥ 从堆栈中弹出返回地址，加载到 PC 中。

⑦ 继续执行主程序。

除了以上步骤，可屏蔽中断和不可屏蔽中断在处理上还需要完成一些其他工作。

① 可屏蔽中断操作过程。

• 设置 IFR 寄存器的相应标志位；

• 测试中断响应条件；

• 当中断响应后，清除相应的标志位，屏蔽其他可屏蔽中断；

② 非屏蔽中断操作过程。

• CPU 立刻响应该中断，产生中断响应信号；

• 如果中断是由 RS、NMI 或 INTR 指令请求的，则 INTM 位被置 1；

• 若 INTR 指令已经请求了一个可屏蔽中断，则相应的标志位被清零；

中断处理流程的示意如图 3-18 所示。

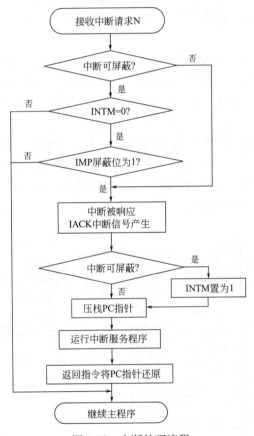

图 3-18　中断处理流程

（4）中断向量地址

在 C54x DSP 中，要执行的中断服务程序由中断向量地址指定。中断向量地址是由 PMST 寄存器中的 IPTR（中断向量指针 9 位）和左移 2 位后的中断向量序号（中断向量序号为 0～31，左移 2 位后变成 7 位）所组成。

例如，如果 INT0 的中断向量号为 16（10h），左移 2 位后变成 40h，若 IPTR＝0001h，那么中断向量地址为 00C0h，中断向量地址产生过程如图 3-19 所示。

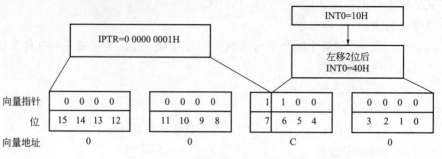

图 3-19　中断向量地址产生过程

（5）外部中断触发

外部硬件中断触发方式有两种，分别是电平触发和边沿触发。

① 电平触发方式是指外部的硬件由电平状态改变产生中断，即电平达到一定值，产生中断。采用电平触发时，在中断服务程序返回之前，外部中断请求输入必须无效，否则，CPU 会反复中断。

② 边沿触发方式是指以脉冲下降沿方式输入的外部请求产生的中断。在这种方式下，外部中断申请触发器能锁存外部中断输入线上的负跳变。即使 CPU 不能及时响应中断，中断申请标志也不丢失。下降沿脉冲宽度至少保持 3 个时钟周期才能被 CPU 采集到。

（6）外部中断扩展

由于 C54x 系列的外部中断引脚只有 4 个，为了扩展外部中断源的个数，可采用"或"、"与"逻辑的方法，将多个中断源连接到外部中断引脚上，同时将各个中断源与 I/O 口连接。当产生中断时，CPU 读 I/O 口，判别是哪个中断源申请中断。图 3-20 以 C5402 为例给出了外部中断扩展的范例。

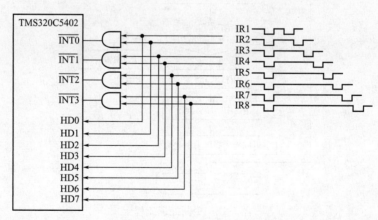

图 3-20　C5402 外部中断扩展

图 3-20 中有 8 个中断源，分别为 IR1、IR2…IR8，各中断源均采用边沿触发方式，每两中断源为一组，相"与"后分别与四个外部中断 INT0、INT1、INT2 和 INT3 连接。8 个中断源分别与主机口 HPI 相连，以便 C5402 查询。中断的优先级顺序为 IR1＞IR2＞IR3＞IR4＞IR5＞IR6＞IR7＞IR8。

3.6 片内外设

C54x 系列 DSP 的片内外设比起 C2000 系列而言就要少很多，一般的 C54x 型 DSP 具有通用 I/O 引脚、定时器、时钟发生器、主机接口（HPI）、串行口等几种外设，下面做简单介绍。

3.6.1 通用 I/O 引脚

C54x 型 DSP 提供了两个可由软件控制的通用 I/O 引脚：分支转移控制输入引脚（BIO）和外部标志输出引脚（XF）。

（1）分支转移控制输入引脚（BIO）

BIO 一般用于监测外设的状态，当遇到时间要求很高的循环且不能受到干扰时，使用 BIO 来代替中断功能非常有用。根据 BIO 输入的状态，DSP 可以有条件地执行一个分支转移。BIO 的指令中，用户可以使用条件执行指令（XC）在流水线译码阶段对 BIO 的状态进行采样，而其他指令均在流水线的读阶段对 BIO 进行采样。

（2）外部标志输出引脚（XF）

XF 引脚由软件控制，可以用来为外设提供信号。当设置 ST1 寄存器的 XF 位为 1 时，XF 引脚变为高电平，而当清除 XF 位时，该引脚变为低电平。设置状态寄存器位（SSBX）和复位状态寄存器位（RSBX）指令可以分别用来设置和清除 XF。复位时，XF 变为高电平。

3.6.2 定时器

C54x 片内包含可编程的定时器，定时器包含三个寄存器，分别为定时器寄存器（TIM）、定时器周期寄存器（PRD）和定时器控制寄存器（TCR）。其结构如图 3-21 所示。

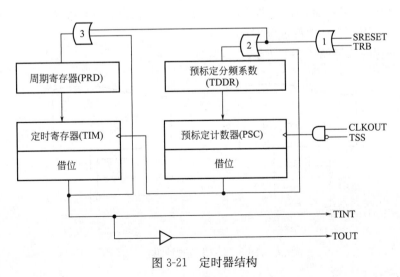

图 3-21 定时器结构

（1）TIM

定时器寄存器，在数据存储寄存器中的地址为 0024H，它是一个减 1 计数器，用于加载周期寄存器（PRD）的值并随计数而减少。

（2）PRD

定时器周期寄存器，地址为 0025H，用于存放重载到定时器寄存定的时间常数。

（3）TCR

定时器控制寄存器，地址为 0026H，存储定时器的控制及状态位。

定时器周期的计算公式为：定时周期＝CLKOUT×(TDDR+1)×(PRD+1)。

定时器是一个在片减数计数器，用于周期性地产生 CPU 中断。定时器被预定标器驱动，后者每个 CPU 时钟周期减 1。每当计数器减至 0 时，产生一个定时器中断，同时在下一周期计数器被定时周期的值重新装载。定时器的最高分辨率为处理器的 CPU 时钟速度。

定时器可用于产生外设电路所需的采样时钟信号。一种方法是使用 TOUT 信号为外设提供时钟；另一种方法是利用中断，周期地读一个寄存器。初始化定时器一般步骤如下。

① 将 TCR 中的 TSS 位置 1，停止定时器。

② 加载 PRD。

③ 重新加载 TCR 初始化 TDDR，重新启动定时器。通过设置 TSS 位为 0 并设置 TRB 位为 1 以重载定时器周期值，使能定时器。

3.6.3 时钟发生器

C54x 部有一个时钟发生器，可为 C54x 供时钟，时钟发生器包括一个内部振荡器和一个锁相环（PLL）。C54x 型 DSP 有两种配置 PLL 的方法，部分器件具有硬件可配置的 PLL 电路，而其他器件可以通过软件可编程的方式配置 PLL 电路。

时钟发生器的时钟源有两种选择。

① 使用外部时钟源的时钟信号，将外部时钟信号直接加到 DSP 芯片的 X2/CLKIN 引脚，而 X1 引脚悬空。

② 利用 DSP 芯片内部的振荡器构成时钟电路，在芯片的 X1 和 X2/CLKIN 引脚之间接入一个晶体，用于启动内部振荡器。

不同时钟源的选择如图 3-22 所示。

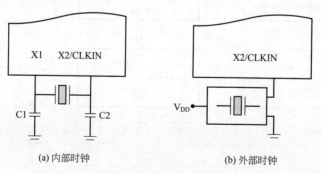

图 3-22 参考时钟源

锁相环 PLL 的硬件和软件配置具体方法如下。

（1）硬件配置 PLL

锁相环 PLL 可以通过硬件配置，设定芯片的 3 个时钟模式引脚 CLKMD1～CLKMD3 的电平，通过不同的电平设置，选择片内振荡时钟与外部参考时钟的倍频。具体如表 3-6 所示。

表 3-6　硬件配置 PLL

引脚状态			时钟方式	
CLKMD1	CLKMD2	CLKMD3	方案 1	方案 2
0	0	0	用外部时钟源,3PLL	用外部时钟源,5PLL
1	1	0	用外部时钟源,2PLL	用外部时钟源,4PLL
1	0	0	用内部时钟源,3PLL	用内部时钟源,5PLL
0	1	0	用外部时钟源,1.5PLL	用外部时钟源,4.5PLL
0	0	1	用外部时钟源,频率除以 2	用外部时钟源,频率除以 2
1	1	1	用内部时钟源,频率除以 2	用内部时钟源,频率除以 2
1	0	1	用外部时钟源,PLL	用外部时钟源,PLL
0	1	1	停止方式	停止方式

（2）软件配置 PLL

PLL 也可以通过软件编程，通过对 16bit 的时钟模式寄存器 CLKMD 进行控制，PLL 可以配置为如下两种时钟模式。

① 倍频模式（PLL）　输入时钟乘以 0.25～15 共 31 个系数中的 1 个。

② 分频模式（DIV）　输入时钟除以 2 或 4。

CLKMD 格式如图 3-23 所示。

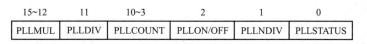

15～12	11	10～3	2	1	0
PLLMUL	PLLDIV	PLLCOUNT	PLLON/OFF	PLLNDIV	PLLSTATUS

图 3-23　CLKMD 格式

各数据位定义如表 3-7 所示。

表 3-7　CLKMD 定义

位	名称	功能说明
15～12	PLLMUL	PLL 倍频,与 PLLDIV 和 PLLNDIV 一起决定频率的倍数,见表 3-8
11	PLLDIV	PLL 分频,与 PLLMUL 和 PLLNDIV 一起决定频率的倍数,见表 3-8
10～3	PLLCOUNT	PLL 计数器,用于设定 PLL 开始为 CPU 提供时钟前所需的牵引时间,即输入时钟的周期数(16 个周期为增量),即每输入 16 个时钟周期 PLL 计数器减 1

位	名称	功能说明		
2	PLLIN/OFF	PLL 开关控制位。与 PLLNDIV 一起决定时钟发生器的 PLL 部分工作与否,PLLON/OFF 和 PLLNDIV 可强制 PLL 工作;当 PLLIN/OFF 为高电平时,PLL 正常工作,与 PLLNDIV 位的状态无关,即:		
		PLLIN/OFF	PLLNDIV	PLL 状态
		0	0	关
		0	1	开
		1	0	开
		1	1	开
1	PLLNDIV	PLL 时钟发生器的选择位,决定时钟发生器工作在锁相(PLL)模式还是分频(DIV)模式,并与 PLLMUL 和 PLLDIV 位决定频率的倍数;当 PLLNDIV=0,使用锁相模式;PLLNDIV=1,使用分频模式		
0	PLLSTATUS	PLL 状态位,指示时钟发生器的工作模式;PLLSTATUS=0,使用分频模式;PLLSTATUS=1,使用锁相模式		

具体的通过软件设置的分频和倍频如表 3-8 所示。

表 3-8 PLL 分频及倍频系数配置表

PLLNDIV	PLLDIV	PLLMUL	乘系数
0	x	0～14	0.5
0	x	15	0.25
1	0	0～14	PLLMUL+1
1	0	15	1
1	1	0 或偶数	PLLMUL/2+0.5
1	1	奇数	PLLMUL/4

3.6.4 主机接口（HPI）

C54x 包含一个 8 位并行口,称为主机接口（HPI）。HPI 主要用来实现 DSP 与主设备的通信。HPI 口作为主机的外围设备,提供 8 根外部数据线（HD0～HD7）与主机传递信息。当 C54x 与主机传送数据时,HPI 能自动地将外部接口连续传来的 8 位数组成 16 位数,并传送至 C54x。当主机使用 HPI 寄存器执行数据传输时,HPI 控制逻辑自动执行对 C54x 内部的双寻址 RAM 的访问,以完成数据处理。HPI 结构如图 3-24 所示。

HPI 具有两种工作模式。

① 共用访问模式(SAM) 主机和 C54x DSP 都能访问 HPI 存储器。主机具有访问优先权,C54x DSP 的访问则需要等待一个周期。

② 仅主机访问模式(HOM) HPI 只能由主机寻址,DSP 则处于复位或 IDLE2 空转状态;主机可以访问 HPI RAM,同时 DSP 处于最低功耗配置。

在 SAM 模式下,DSP 运行在 40MHZ 以下工作频率时,不要求插入等待状态。而当 HPI 运行在 HOM 方式下时,HPI 支持更快的主机访问速度,每 50ns 寻址一个字节,与 C54x DSP 的时钟速度无关。

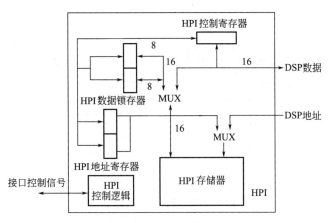

图 3-24   HPI 结构

3.6.5   串行口

(1) C54x 串行口简介

C54x 的串口分为 4 种：标准同步串口（SP）、带缓冲的串行接口（BSP）、时分复用（TDM）串行口、多通道缓冲串口（McBSP）。

不同的 C54x 具体芯片串口配置也不尽相同，如表 3-9 所示。

表 3-9   C54x 串口资源

芯片型号	C541	C542	C543	C545	C546	C548	C549	C5402	C5409	C5410	C5420
SP	2	0	0	1	1	0	0	0	0	0	0
BSP	0	1	1	1	1	2	2	0	0	0	0
McBSP	0	0	0	0	0	0	0	2	2	3	6
TMD	0	1	1	0	0	1	1	0	0	0	0

串行接口一般通过中断来实现与 CPU 的同步。串行接口可以用来与串行外部器件相连，如编码解码器、串行 A/D 或 D/A 以及其他串行设备。

(2) McBSP 结构与特点

在 4 类串行口中，重点讨论 McBSP，McBSP 具有以下特点：

• 完整的双工通信；

• 双倍的发送缓冲和三倍的接收缓冲数据存储器，允许处理连续的数据流；

• 独立的接收、发送帧和时钟信号；

• 可以直接与工业标准的编码器、模拟界面芯片（AICs），其他串行 A/D、D/A 器件通信连接；

• 具有外部移位时钟发生器及内部频率可编程移位时钟；

• 可以直接利用多种串行协议接口通信，例如 T1/E1、MVIP、H100、SCSA、IOM-2、AC97、IIS、SPI 等；

• 发送和接收通道数最多可以达到 128 路；

• 宽范围的数据格式选择，包括 8、12、16、20、24、32bit 字长；

• 利用 μ 律或 A 律的压缩扩展通信；

• 8bit 数据发送的高位、低位先发送可选；

• 帧同步和时钟信号的极性可编程；

• 可编程内部时钟和帧同步信号发生器。

McBSP 的结构如图 3-25 所示。

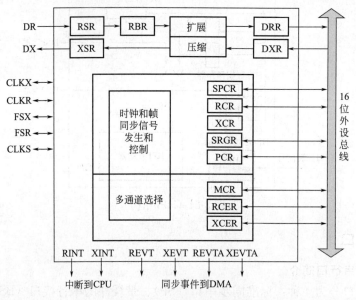

图 3-25　McBSP 结构原理图

（3）McBSP 寄存器

McBSP 串口包含 7 个引脚。DSP 核通过片内外设总线访问和控制 McBSP 的内部控制寄存器和数据接收/发送寄存器，有关寄存器如表 3-10 所示。

表 3-10　McBSP 寄存器

地址			子地址	名称缩写	寄存器名称
McBSP0	McBSP1	McBSP2			
—	—	—	—	RBR1、RBR2	接收移位寄存器1、2
—	—	—	—	RSR1、RSR2	接收缓冲寄存器1、2
—	—	—	—	XSR1、XSR2	发送移位寄存器1、2
0020H	0040H	0030H	—	DRR2x	数据接收寄存器2
0021H	0041H	0031H	—	DRR1x	数据接收寄存器1
0022H	0042H	0032H	—	DXR2x	数据发送寄存器2
0023H	0043H	0033H	—	DXR1x	数据发送寄存器1
0038H	0048H	0034H	—	SPSAx	子地址寄存器
0039H	0049H	0035H	0000H	SPCR1x	串口控制寄存器1
0039H	0049H	0035H	0001H	SPCB2x	串口控制寄存器2
0039H	0049H	0035H	0002H	RCR1x	接收控制寄存器1
0039H	0049H	0035H	0003H	RCR2x	接收控制寄存器2
0039H	0049H	0035H	0004H	XCR1x	发送控制寄存器1

地址			子地址	名称缩写	寄存器名称
McBSP0	McBSP1	McBSP2			
0039H	0049H	0035H	0005H	XCR2x	发送控制寄存器 2
0039H	0049H	0035H	0006H	SRGR1x	采样率发生寄存器 1
0039H	0049H	0035H	0007H	SRGR2x	采样率发生寄存器 2
0039H	0049H	0035H	0008H	MCR1x	多通道寄存器 1
0039H	0049H	0035H	0009H	MCR2x	多通道寄存器 2
0039H	0049H	0035H	000AH	RCERAx	接收通道使能寄存器 A
0039H	0049H	0035H	000BH	RCERBx	接收通道使能寄存器 B
0039H	0049H	0035H	000CH	XCERAx	发送通道使能寄存器 A
0039H	0049H	0035H	000DH	XCERBx	发送通道使能寄存器 B
0039H	0049H	0035H	000EH	PCRx	引脚控制寄存器

寄存器的子寻址的工作方式指的是多路复用技术，可以实现一组寄存器共享存储器中的一个单元，可以使用少量的寄存器映射存储器空间来访问 McBSP 的 20 多个寄存器。

McBSP 通过两个 16 比特串口控制寄存器 1 和 2(SPCR1、SPCR2)和管脚控制寄存器(PCR)进行配置，此外，McBSP 的状态信息和控制信息还包含在以下一些寄存器中：

- 串行接口接收控制寄存器 SPCR1、SPCR2；
- 引脚控制寄存器 PCR；
- 接收控制寄存器 RCR1、RCR2；
- 发送控制寄存器 XCR1、XCR2。

除 SPCR1、SPCR2 和 PCR 之外，McBSP 还配置了接收控制寄存器 RCR1、RCR2 和发送控制寄存器 XCR1、XCR2 来确定接收和发送操作的参数。

（4）McBSP 收发步骤

完成 McBSP 的收发工作需要 3 个阶段：串口的复位、串口的初始化、数据发送和接收。

① 串口的复位 串口复位有分以下两种复位。

a. 芯片复位。芯片复位将使整个串行口复位，包括接口发送器、接收器、采样率发生器的复位。

b. 寄存器复位。串行接口的发送器和接收器可以利用串行接口控制寄存器（SPCR1 和 SPCR2）中的 XRST 和 RRST 位分别独自复位。

② 串口的初始化 串口的初始化又分以下几个步骤。

a. 设定串行接口控制寄存器 SPCR1、SPCR2 中的 XRST＝RRST＝FRST＝0，如果刚刚复位完毕，不必进行这一步操作。

b. 编程配置特定的 McBSP 的寄存器。

c. 等待 2 个时钟周期，以保证适当的内部同步。

d. 按照写 DXR 的要求，给出数据。

e. 设置 XRST＝RRST＝1，以使能串行接口。

f. 如果要求内部帧同步信号，设置 FRST＝1。

g. 等待 2 个时钟周期后，激活接收器和发送器。

③ 数据发送和接收的操作

a. McBSP 接收操作包含三个缓冲。

接收数据→数据接收引脚 DR┌ 接收移位寄存器RSR1、RSR2。
├ 接收缓冲寄存器RBR1、RBR2。
└ 数据接收寄存器DRR1、DRR2。

b. McBSP 发送操作包含双缓冲。

CPU 或 DMA 将发送数据┌ 数据发送寄存器DXR1、DXR2中。
├ 发送移位寄存器XSR1、XSR2。
└ 从DX移出发送数据。

3.7 要点与思考

① C54x 和 C2000 系列最大的区别在于外设资源的不同，这使得 C54x 更适合做信号处理，而 C2000 更适合做控制。

② C54x 的 CPU 结构、存储器、中断等内容与 C2000 有不少相通之处，读者可以对照阅读。

③ 在学习 C54x 片上资源的时候，由于篇幅的限制，本书主要只描述了资源的种类和可以使用的范围，具体的使用方法读者需要参考其他的资料和实例。

高性能的代表
—— TMS320C6000系列

◀◀◀◀◀◀◀◀

本章要点

◆ C6000系列CPU结构

◆ CPU数据通路与控制

◆ 存储器

◆ 片内集成外设

4.1 TMS320C6000 系列简介

TMS320C6000 DSP 平台是 TI 公司提供的行业最高性能的定点和浮点 DSP，其运行速度可高达 1.2GHz。C6000 系列 DSP 是高性能音频、视频、影像和宽带基础设施应用的理想选择。

TI 公司提供的 C6000 系列产品中，包括 TMS320C62xx 和 TMS320C64xx 两个定点系列和 TMS320C67xx 浮点系列，两个系列相互兼容。同时，为了顺应目前市场多核 CPU 的潮流，TI 公司还推出了 C647x、C667x、C665x 等型号的多核 DSP。

C6000 系列 DSP 主要用于医学影像、测试和自动化、关键任务、高端图像和视频、通信基础设施、机器视觉等领域。

C6000 系列作为一款高性能 DSP，包含以下特点。

① CPU 主频高，可达 100MHz～1.2GHz，高主频带来的最显著结果就是高性能。

② C6000 采用了 VelociTI 甚长指令字（VLIW, Very LongInstruction Word）内核结构，可以单周期发出多条指令，因此可在指令级实现很高的并行效率。C6000 的内核结构又包含以下几个主要部分。

• 8 个独立的功能单元：6 个 ALU（32bit/40bit）、2 个乘法器（16×16）。其中浮点系列 DSP 的 ALU 和乘法器支持 IEEE 标准单精度和双精度浮点运算；

• 每周期可以执行 8 条 32bit 指令，最大峰值速度 4800MIPS@600M 主频；

• 包含 4 路 16bit 和 8 路 8bit 的乘法累加器；

• 采用专门存取结构，32 个或 64 个 32bit 通用寄存器。

③ 采用类似 RISC 的指令集，其特点包含：

• 32bit 寻址范围，支持字节寻址；

• 支持 40bit ALU 运算；

• 支持位操作；

• 支持 100％条件指令。

④ 片内采用大容量 SRAM，最大可达 1～2MB，其程序和数据缓存可包含：

• L1P Program Cache，32kB；

• L1D Data Cache，32kB。

⑤ 提供 16bit/32bit/64bit 高性能外部存储器接口（EMIF），可与 SDRAM、SBSRAM、SRAM 等同步/异步存储器连接的直接接口；同时还提供 DDR2 接口。

⑥ 内置高性能协处理器（C64x 系列），包含：

• Viterbi 编解码协处理器（VCP2），支持 694 路 7.95Kbps AMR；

• Turbo 码编解码协处理器（TCP2），支持 8 路 2Mbps 3GPP。

⑦ 根据不同芯片，片内提供多种片上集成外设，包含：

• 多通道 DMA/EDMA 控制器；

• 多通道缓冲串口（McBSP）；

• 多通道音频串口（McASP）；

• 主机口（HPI）；

• 32bit 扩展总线（xBUS）；

• 32bit/33MHz PCI 主/从模式接口；

• 32bit 通用计数器（Timer）；

• UTOPIA 接口；

• 通用输入/输出（GPIO）；

• I2C 总线主/从模式接口；

• 多种复位加载模式（Boot）；

• 串行 RapidIO。

⑧ 内置可编程 PLL 锁相时钟电路。

⑨ 支持 IEEE-1149.1（JTAG）边界扫描接口。

⑩ 支持双电压供电，其中内核采用 1.0V、1.2V、1.5V、1.8V，外设 I/O 采用 3.3V。

⑪ 采用 0.12～0.18μm、65nmCMOS 工艺。

⑫ 采用 BGA 球栅阵列封装。

4.2　CPU 结构

在简单介绍了 C6000 系列 DSP 的一些基本特点后，本小节又回到了学习每款 DSP 都绕不过去的内容，就是 CPU 的结构。那么 C6000 型 DSP 的 CPU 结构又有什么特点，它和其他型号 DSP 有什么区别呢？首先请看图 4-1。

图 4-1 中的阴影部分就是 CPU，CPU 内核又分为以下几个主要部分：

• 程序取指单元、指令分配单元、指令译码单元；

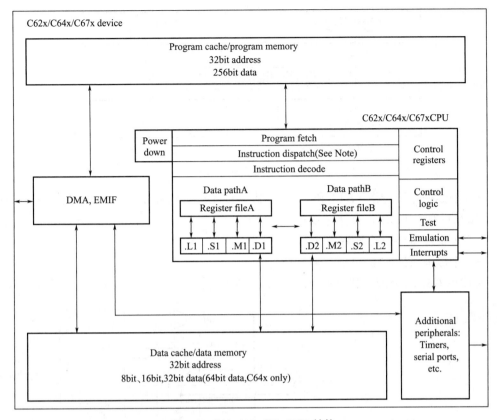

图 4-1 C62x/64x/67x DSP 结构

- 32 个 32bit 寄存器；
- 两个数据通路，每个数据通路包含 4 个功能单元；
- 执行逻辑，执行位移、乘法、加法和数据寻址等操作；
- 控制寄存器；
- 控制逻辑；
- 测试、仿真和逻辑控制。

在上述的这些资源中，2～7 条资源构成了 CPU 最主要的程序执行机构。

4.2.1 程序执行机构

如上节内容所述，CPU 的执行机构是 CPU 中最主要的部分，它以数据通路为纽带，连接了功能单元、存储器、寄存器等功能块，下面分别介绍这些内容。

（1）数据通路

C6000 系列 DSP 包含 2 个对称的可进行数据处理的数据通路（A 和 B），其拓扑结构如图 4-2 所示。

C62xx、C67xx 和 C64xx 的数据通道都类似上图，在数据通路连接的资源中，又包括：

- 2 个通用寄存器组（A 和 B）；
- 8 个功能单元（.L1、.L2、.S1、.S2、.M1、.M2、.D1 和 .D2）；
- 2 个数据读取通路（LD1 和 LD2），其中，C64xx 和 C67xx 每侧有 2 个 32bit 读取总线，C62xx 每侧只有 1 个 32bit 读取总线；

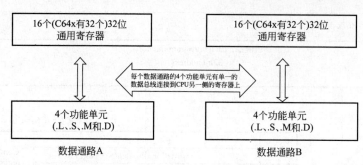

图 4-2　数据通路结构

•2 个数据存储通路（ST1 和 ST2），其中 C64xx 每侧有 2 个 32bit 存储总线，C62x/C67x 每侧只有 1 个 32bit 存储总线；

•2 个寄存器组交叉通路（1x 和 2x）；

•2 个数据寻址通路（DA1 和 DA2）。

具体以 C67xx 为例，其数据通路如图 4-3 所示。

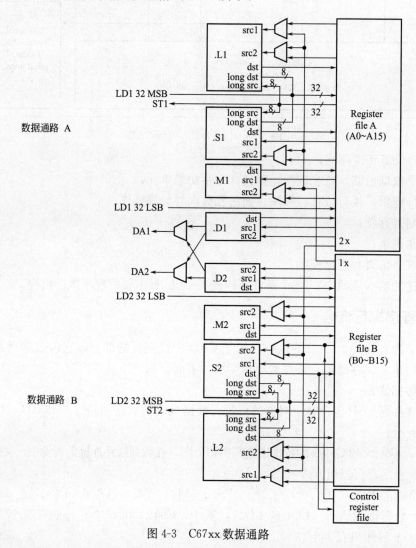

图 4-3　C67xx 数据通路

（2）功能单元

C6000 系列有 8 个功能单元，分为对称的 2 组，每组 4 个，被安排在两个不同的数据通路中，其基本定义相同。功能单元的主要任务是执行操作，具体的功能单元以及执行操作的类型如表 4-1 所示。

表 4-1 功能单元及执行操作的类型

功能单元	定点操作	浮点操作
. L 单元(. L1,. L2)	32bit/40bit 算术和比较操作 32bit 中最左边 1 或 0 的位数计数 32bit 和 40bit 归一化操作 32 位逻辑操作 字节移位 数据打包/解包 5bit 常数产生 双 16bit 算术运算 4 个 8bit 算术运算 双 16bit 极小/极大运算 4 个 8bit 极小/极大运算	算术操作 数据类型转换操作： DP(双精度)→SP(单精度)， INT(整型)→DP，INT→SP
. S 单元(. S1,. S2)	32bit 算术操作 32bit/40bit 移位和 32bit 位域操作 32bit 逻辑操作 转移 常数产生 寄存器与控制寄存器数据传递(仅 . S2) 字节移位 数据打包/解包 双 16bit 比较操作 4 个 8bit 比较操作 双 16bit 移位操作 双 16bit 带饱和的算术运算 4 个 8bit 带饱和的算术运算	比较倒数和倒数平方根操作 绝对值操作 SP→DP 数据类型转换
. M 单元(. M1,. M2)	16×16 乘法操作 16×32 乘法操作 4 个 8×8 乘法操作 双 16×16 乘法操作 双 16×16 带加/减运算的乘法操作 4 个 8×8 带加法运算的乘法操作 位扩展 位交互组合与解位交互组合 变量移位操作 旋转 Galois 域乘法	32×32 乘法操作 浮点乘法操作
. D 单元(. D1,. D2)	32bit 加、减、线性及循环寻址计算 带 5bit 常数偏移量的字读取与存储 带 15bit 常数偏移量的字读取与存储(仅 . D2) 带 5bit 常数偏移量的双字读取与存储 无边界调节的字读取与存储 5bit 常数产生 32bit 逻辑操作	带 5 位常数偏移量的双字读取

第 4 章 高性能的代表——TMS320C6000 系列

117

功能单元中的每个子功能单元都有各自的端口连接到通用寄存器进行读写，其中包含2个32bit读端口，1个32bit写端口。其他还需要注意的是：

- .L1、.L2、.S1和.S2另包含8bit读端口和写端口，支持40bit操作数的读写；
- 同一周期8个功能单元可并行使用；
- C64x的.M单元可以返回64bit结果，所以它还多了一个32bit写端口。

（3）通用寄存器

C6000有2个寄存器组A和B。每个寄存器组包含16个32bit的寄存器，分别是A0～A15，B0～B15。

通用寄存器的作用包含：

- 存放指令的源操作数和目的操作数。
- 用作间接寻址的地址指针，其中，用于循环寻址的寄存器为A4～A7和B4～B7；
- 用作条件寄存器，包含A1、A2、B0、B1、B2。其中，C64x中的A0寄存器也可以作条件寄存器。

通用寄存器组可以支持32bit和40bit定点数据。C67x和C64x同时支持64bit双精度数据，32bit数据可以存放在任意一个通用寄存器内，而40bit和64bit数据则需放在两个寄存器内。

（4）寄存器组交叉通路

C64系列的.D功能单元可以使用交叉通路，其结构如图4-4所示。

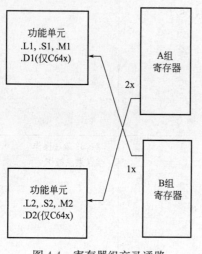
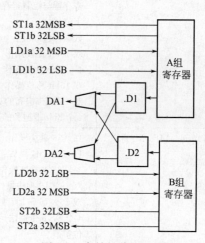

图4-4　寄存器组交叉通路　　　　　　图4-5　存储及读取通路

CPU中包含两个交叉通路1x和2x。其中1x允许A侧功能单元读取B组寄存器数据，2x允许B侧功能单元读取A组寄存器数据。每组仅有一个交叉通路。在同一周期内，从只能读取一次另一侧寄存器组操作数，或者可以同时进行使用2个交叉通路（1x和2x）的操作。需要注意的是，.S、.M、.D功能单元仅src2可以使用另一侧寄存器数据。

（5）数据存储器存储及读取通路

在C62xx的CPU中，有2个32bit通路，每侧各1个。通过这个通路，可以使用Load指令，把数据从存储器读取到寄存器。除此之外，C67xx和C64xx还有第2个32bit

读取通路 LD1a 和 LD2a。

C62xx/C67xx 有 2 个 32bit 写数据通路 ST1 和 ST2，可以通过 Store 指令分别将各组寄存器的数据存储到数据存储器。由于 C64xx 支持双字存储，因此还有第 2 个 32bit 存储通路 ST1a 和 ST2a。

存储及读取通路如图 4-5 所示。

（6）数据地址通路

图 4-5 中的 DA1 和 DA2 表示 2 个数据地址通路，允许寄存器产生的数据地址支持同侧寄存器到存储器的存取操作，也允许寄存器产生的数据地址支持另一侧寄存器到存储器的存取操作。

4.2.2　控制寄存器组

用户可以通过对控制寄存器进行设置从而控制 CPU 工作。需要注意的是，C6000 系列 DSP 只有功能单元 .S2 可以通过 MVC 指令访问控制寄存器，从而对控制寄存器进行读写操作。表 4-2 列出了 C6000 公用的控制寄存器。

表 4-2　C6000 公用的控制寄存器

寄存器缩写	控制寄存器名称	描　　述
AMR	寻址模式寄存器	指定是否使用线性或循环寻址，也包括循环寻址的尺寸
CSR	控制状态寄存器	包括全局中断使能位、高速缓冲存储器控制位和其他各种控制和状态位
IFR	中断标志寄存器	显示中断状态
ISR	中断设置寄存器	允许软件控制挂起的中断
ICR	中断清除寄存器	允许软件清除挂起的中断
IER	中断使能寄存器	允许使能/禁止个别中断
ISTP	中断服务表指针	指向中断服务表的开始
IRP	中断返回指针	保存从可屏蔽中断返回时的地址
NRP	不可屏蔽中断返回指针	保存从不可屏蔽中断返回时的地址
PCE1	程序计数器	保存包含在 E1 流水线阶段执行的取指包地址

TMS320C67xx 除上述控制寄存器外，为支持浮点运算，还另外配置了 3 个寄存器控制浮点运算。TMS320C64xx 另外配置了一个寄存器控制 Galois 生成多项式函数，称为 GFPGFR。

4.2.3　控制状态寄存器

表 4-2 中的 CSR 为控制状态寄存器，其结构如图 4-6 所示。

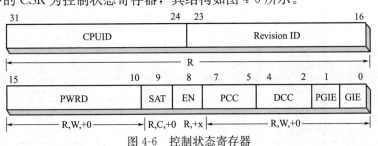

图 4-6　控制状态寄存器

CSR 寄存器具体字段的定义如表 4-3 所示。

表 4-3 CSR 寄存器定义

位置	宽度	字段名	功　能
31～24	8	CPU ID	CPU ID(识别号),定义哪个 CPU
23～16	8	REV ID	修订版号
15～10	6	PWRD	控制低功耗模式,该值读时总为零
9	1	SAT	饱和位,当功能单元执行一个饱和位时被设置,饱和位只能靠 MVC 指令清除和一个功能单元设置。当清除和设置在同一周期内同时发生时,由功能单元的设置优先于 MVC 指令的清除。饱和位在饱和发生后一个周期被设置
8	1	EN	端位:1＝小端位;0＝大端位
7～5	3	PCC	程序高速缓冲存储控制模式
4～2	3	DCC	数据高速缓冲存储控制模式
1	1	PGIE	前 GIE(全局中断使能),当一个中断发生时,保存 GIE
0	1	GIE	全局中断允许,允许(1)和禁止(0)除复位和不可屏蔽中断之外的所有中断。

其中的 PWRD、EN、PCC、DCC 只有部分 C6000 系列芯片才支持。

4.3 存储器

C6000 的片内存储器分为程序存储器和数据存储器,部分存储区域可以配置为高速缓存区（cache）,同时,C6000 也可以通过片外存储器接口（EMIF）使用片外存储器。部分 C6000 器件的存储器配置如表 4-4 所示。

表 4-4 部分 C6000 器件的存储器配置

器件	CPU	片内存储器结构	片内存储器总的容量/bit	片内程序存储器/bit	片内数据存储器/bit
C6201	6200	哈佛结构	1M	512K(map/cache)	512K(map)
C6701	6700	哈佛结构	1M	512K(map/cache)	512K(map)
C6202	6200	哈佛结构	3M	1M(map) 1M(map/cache)	1M(map)
C6203	6200	哈佛结构	7M	2M(map) 1M(map/cache)	4M(map)
C6211	6200	哈佛结构	576K	32K(cache)	32K(cache)
		统一结构		512K(unified)	
C6711	6700	哈佛结构	576K	32K(cache)	32K(cache)
		统一结构		512K(unified)	

如果把片内存储器视作 DSP 资源的一部分，那么 CPU 和 DMA 是存储器最主要的两个访问者，为此 C6000 设计了 DMC 和 PMC 来控制访问者与资源之间的通信，下面分别介绍。

4.3.1 程序存储器及其控制器

C6000 芯片访问程序存储器需要通过对应的控制器（Program Memory Control，PMC），这类控制器被称为程序存储器控制器，它的具体功能包含：

- 对来自 CPU 或者 DMA 的程序存储器访问请求进行处理；
- 对 CPU 通过 EMIF 提交的外部存储器访问请求进行处理；
- 当程序存储器设置为 cache 时进行维护。

C6000 程序存储器一般为 64Kb（部分型号 DSP 能达到 384Kb 或更高），能容纳 2K 个取指包，CPU 通过 PMC 和 256bit 的数据通道对程序存储器进行单周期访问，访问时可以一次读取一个取值包。

通过设置 CSR 寄存器的 PCC 字段，片内程序存储器可以工作在 4 种工作状态，如表 4-5 所示。

表 4-5　存储器工作状态

PCC	模式	描述
000	mapped	存储器映射
001	—	保留
010	cache enable	cache 使能
011	cache freeze	cache 冻结
100	cache bypass	cache 旁路
101~111	—	保留

以上工作模式的具体含义如下。

（1）存储器映射

存储器映射到 DSP 的地址中。这样，当 DSP 访问这段地址时将返回所在地址响应的取指包。用户可以通过不同方式来配置存储器具体的起始地址，包含 map0、map1。

（2）cache 使能

程序存储器作为高速缓存使用。在此模式下，最初对任何地址的访问都会认定为缓存缺失。此时，CPU 挂起，并在外部程序存储器就绪后，通过 EMIF 读取指令包并交给 CPU 并同时放入片内缓存。

（3）cache 冻结

此模式和 cache 模式的区别在于读取的指令包不存入片内缓存。

（4）cache 旁路

此模式下所有的命令都从外部程序存储器读取，缓存保持不变。

存储器映射根据不同型号芯片又略有不同。

C6201/C6202/C6701 有两种映射方式 map0 和 map1。map1：片内程序存储器位于 0 地址；map0：片外存储器位于 0 地址。

C6211 仅有一种映射方式，映射方式通过管脚设置。C6201/C6701：BOOT MODE [4：0]；C6202：扩展数据总线 XD[4：0]。

map0 和 map1 的映射如图 4-7 所示。

Starting address	Memory map 0 (Direct execution)	Block size (bytes)	Starting address	Memory map 1 (Boot mode)	Block size (bytes)
0000 0000h	External memory space CE0	16M	0000 0000h	Internal program RAM	64K/(256K on'C6202)
0100 0000h	External memory space CE1	4M	0001 0000h (0004 0000h on'C6202)	Reserved	4M~64K (4M~256K on'C6202)
0140 0000h	Internal program RAM	64K/(256K on'C6202)	0040 0000h	External memory space CE0	16M
0141 0000h (0144 0000h on'C6202)	Reserved	4M~64K (4M~256K on'C6202)	0140 0000h	External memory space CE1	4M
0180 0000h	Internal peripherals	8M	0180 0000h	Internal peripherals	8M
0200 0000h	External memory space CE2	16M	0200 0000h	External memory space CE2	16M
0300 0000h	External memory space CE3	16M	0300 0000h	External memory space CE3	16M
0400 0000h	Reserved	1G~64M	0400 0000h	Reserved	1G~64M
4000 0000h	Expansion bus (on'C6202)	1G	4000 0000h	Expansion bus (on'C6202)	1G
8000 0000h	Internal Data RAM	64K/(128K on'C6202)	8000 0000h	Internal data RAM	64K/(128K on'C6202)
8001 0000h 8002 0000h	Reserved	2G~64K (2G~128K on'C6202)	8001 0000h 8002 0000h	Reserved	2G~64K (2G~128K on'C6202)

图 4-7　map0 和 map1 的映射

4.3.2　数据存储器及其控制器

数据存储器控制器（Data Memory Control，DMC）是用于处理 CPU 和 DMA 对数据存储器的访问请求。具体功能如下：

- 处理 CPU 和 DMA 对数据存储器的访问请求；
- 处理 CPU 对 EMIF 的访问请求；
- 协助处理 CPU 通过外设总线范围片内的集成设备。

C6000 的数据存储器一般为 64K（部分能达到 512K），这 64K 又分为 2 个 32K 的块 block0 和 block1，其地址为 80000000~80007FFFh 和 80008000~8000FFFFh。每个块又分为 4 个 4K×16bit 的存储体（bank），如图 4-8 所示。

每个存储体都由独立的数据总线和 DMC 连接。以 C62x 为例，具体如图 4-9 所示。

图 4-9 中，CPU 通过两条数据总线 DA1 和 DA2 传递数据地址；数据存储则通过数据存储总线 ST1 和 ST2 传递；而数据的读取则是通过数据读取总线 LD1 和 LD2 进行。根据不同的数据存储地址位置，CPU 的请求被映射到片内数据存储器，或者被映射到外设空间，或者被映射到外部存储接口，这些都由 DMC 进行仲裁。

	Bank0		Bank1		Bank2		Bank3	
First address (Block 0)	80000000	80000001	80000002	80000003	80000004	80000005	80000006	80000007
	80000008	80000009	8000000A	8000000B	8000000C	8000000D	8000000E	8000000F
	⋮	⋮	⋮	⋮	⋮	⋮	⋮	⋮
	80007FF0	80007FF1	80007FF2	80007FF3	80007FF4	80007FF5	80007FF6	80007FF7
Last address (Block 0)	80007FF8	80007FF9	80007FFA	80007FFB	80007FFC	80007FFD	80007FFE	80007FFF
First address (Block 1)	80008000	80008001	80008002	80008003	80008004	80008005	80008006	80008007
	80008008	80008009	8000800A	8000800B	8000800C	8000800D	8000800E	8000800F
	⋮	⋮	⋮	⋮	⋮	⋮	⋮	⋮
	8000FFF0	8000FFF1	8000FFF2	8000FFF3	8000FFF4	8000FFF5	8000FFF6	8000FFF7
Last address (Block 1)	8000FFF8	8000FFF9	8000FFFA	8000FFFB	8000FFFC	8000FFFD	8000FFFE	8000FFFF

	Bank0		Bank1		Bank2		Bank3	
First address (Block 0)	80000000	80000001	80000002	80000003	80000004	80000005	80000006	80000007
Last address (Block 0)	80007FF0	80007FF1	80007FF2	80007FF3	80007FF4	80007FF5	80007FF6	80007FF7

	Bank4		Bank5		Bank6		Bank7	
First address (Block 0)	80000008	80000009	8000000A	8000000B	8000000C	8000000D	8000000E	8000000F
Last address (Block 0)	80007FF8	80007FF9	80007FFA	80007FFB	80007FFC	80007FFD	80007FFE	80007FFF

	Bank0		Bank1		Bank2		Bank3	
First address (Block 1)	80008000	80008001	80008002	80008003	80008004	80008005	80008006	80008007
Last address (Block 1)	8000FFF0	8000FFF1	8000FFF2	8000FFF3	8000FFF4	8000FFF5	8000FFF6	8000FFF7

	Bank4		Bank5		Bank6		Bank7	
First address (Block 1)	80008008	80008009	8000800A	8000800B	8000800C	8000800D	8000800E	8000800F
Last address (Block 1)	8000FFF8	8000FFF9	8000FFFA	8000FFFB	8000FFFC	8000FFFD	8000FFFE	8000FFFF

图 4-8　数据存储器划分

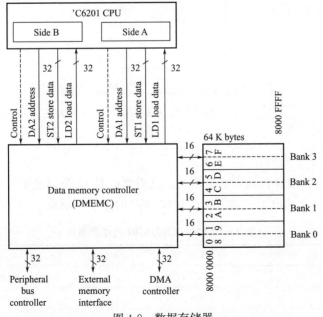

图 4-9　数据存储器

4.4 中断

在中断方面上，C6000 和 C5000、C2000 并无太多本质的不同，由于在第 2、第 3 章对中断已经有了描述。本小节中只对 C6000 的中断内容做简单介绍。

C6000 支持软件中断和硬件中断。软件中断由指令产生中断请求，硬件中断可以来自外设的硬件请求信号，如外部中断。总体而言，C6000 中断具有以下特点：

- 可达 32 个中断事件；
- 可同时处理 14 个中断源；
- 可进行中断事件选择；
- 包含 4/8/12 个外部中断信号；
- 包含 8 个控制寄存器。

4.4.1 中断类型和优先级

C6000 中断分为 3 大类：复位中断（Reset）、不可屏蔽中断（NMI）、可屏蔽中断（INT4～INT15）。这 3 类中断的优先级如图 4-10 所示。

优先级	中断名
最高	Reset
	NMI
	INT4
	INT5
	INT6
	INT7
	INT8
	INT9
	INT10
	INT11
	INT12
	INT13
	INT14
最低	INT15

图 4-10　中断优先级

4.4.2 中断源

不同型号的 DSP 其中断源可能有不同，这需要根据 TI 公司提供的具体技术资料最终确定，表 4-6、表 4-7 给出了 C6000 部分型号 DSP 的主要中断源。

表 4-6　C6201/6202/6701 的中断事件

中断选择号	中断缩写	描述
00000b	DSPINT	主机发向 DSP 的中断
00001b	TINT0	Timer 0 中断
00010b	TINT1	Timer 1 中断

中断选择号	中断缩写	描述
00011b	SD_INT	EMIF SDRAM 定时器中断
00100b	EXT_INT4	外部中断管脚 4
00101b	EXT_INT5	外部中断管脚 5
00110b	EXT_INT6	外部中断管脚 6
00111b	EXT_INT7	外部中断管脚 7
01000b	DMA_INT0	DMA 通道 0 中断
01001b	DMA_INT1	DMA 通道 1 中断
01010b	DMA_INT2	DMA 通道 2 中断
01011b	DMA_INT3	DMA 通道 3 中断
01100b	XINT0	McBSP 0 发送中断
01101b	RINT0	McBSP 0 接收中断
01110b	XINT1	McBSP 1 发送中断
01111b	RINT1	McBSP 1 接收中断
10000b		保留
10001b	XINT2	McBSP 2 发送中断
10010b	RINT2	McBSP 2 接收中断
Other		保留

表 4-7 C6211/6711 的中断事件

中断选择号	中断缩写	描述
00000b	DSPINT	主机发向 DSP 的中断
00001b	TINT0	Timer 0 中断
00010b	TINT1	Timer 1 中断
00011b	SDINT	EMIF SDRAM 定时器中断
00100b	EXT_INT4	外部中断管脚 4
00101b	EXT_INT5	外部中断管脚 5
00110b	EXT_INT6	外部中断管脚 6
00111b	EXT_INT7	外部中断管脚 7
01000b	EDMA_INT	EDMA 通道(0～15)中断
01001b	Reserved	保留
01010b	Reserved	保留
01011b	Reserved	保留
01100b	XINT0	McBSP 0 发送中断
01101b	RINT0	McBSP 0 接收中断
01110b	XINT1	McBSP 1 发送中断
01111b	RINT1	McBSP 1 接收中断
Other		保留

4.4.3 中断寄存器

C6000 对中断的控制也是通过中断控制寄存器完成的。以 C62x 和 C67x 为例，它们有 8 个中断控制寄存器，其具体功能如表 4-8 所示。

表 4-8 8 个中断控制寄存器的具体功能

控制寄存器	全称	功能
CSR	Control status register	对中断进行整体使能/禁止
IER	Interrupt enable register	中断使能
IFR	Interrupt flag register	中断状态标志
ISR	Interrupt set register	手工设置 IFR 中的中断状态标志
ICR	Interrupt clear register	手工清除 IFR 中的中断状态标志
ISTP	Interrupt service table pointer	中断向量表的起始地址
NRP	Nonmaskable interrupt return pointer	存放不可屏蔽中断的返回地址
IRP	Interrupt return pointer	存放可屏蔽中断的返回地址

不同 DSP 芯片中断寄存器的具体绝对地址有所不同，具体地址可以通过 TI 公司的资料找到。为了减少配置错误和方便移植，在编程时一般采用 CSL 函数对中断寄存器进行配置。

在 DSP 开发过程中，CSL 函数是非常有用的，它给 DSP 的编程带来很多方便。使用 CSL 函数可以使程序更容易理解和维护，同时可以有效避免在编程中的笔误。以下给出了一些采用 CSL 函数对中断寄存器进行配置的例子。

IRQ_globalEnable();   //对 CSR 中 GIE 标志位进行配置，标志位置 1；
IRQ_clear(IRQ_EVT_TINT0);   //对 IFR 寄存器进行操作，定时中断标志位清零；
IRQ_enable(IRQ_EVT_TINT0);   //对 IER 寄存器进行操作，使能定时中断；
IRQ_map(IRQ_EVT_TINT0, 12);   //对 MUX 寄存器进行配置，根据需要把中断号进行重新映射。

4.5 片内集成外设

同 C5000 一样，C6000 系列 DSP 的外设不算很丰富，以 C62xx 和 C67xx 为例，其外设主要如下。

① EMIF　可访问 4M/16M/32M 的 EPROM、SRAM、SDRAM、SBSRAM 等。
② DMA　包含 4 个通道 DMA，可进行后台操作。
③ BOOT　管脚设置引导方式，由 DMA 完成，实现对片外存储器 4M 空间引导。
④ SP　高速同步串行通信，用于 T1/E1/MVIP 接口。
⑤ Timer/Pwr Down　定时器与功耗模式设置。

外设资源如图 4-11 所示。

当然，其他外设还包含 McBSP、I²C、GPIO 等。以上外设资源有些在以前的章节里面已经有讨论，这里就不再重复。有些内容将放在后续的实例章节再做详细讨论。本小节

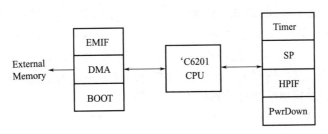

图 4-11　片内集成外设

只讨论部分资源。

4.5.1　外部存储器接口（EMIF）

DSP 访问片外存储器时必须通过外部存储器接口（EMIF）。C6000 系列 DSPs 的 EMIF 具有强大的接口能力，不仅具有很高的数据吞吐率，而且可以与目前几乎所有类型的存储器直接连接。这些存储器包括：

- 流水结构的同步突发静态 RAM（SBSRAM）；
- 同步动态 RAM（SDRAM）；
- 异步器件，包括 SRAM、ROM 和 FIFO 等；
- 外部共享存储空间的设备。

以 C64x 为例介绍 EMIF。C64x 具有两个独立的 EMIF：EMIFA 和 EMIFB。EMIFA 提供 64bit 宽度的外部总线数据接口，而 EMIFB 只提供 16bit 宽度的外总线数据接口，且仅限于 C6414/C6415/C6416 型号 DSP。C64x 增强了原有的 SBSRAM 接口，并提供了可编程的同步接口模式。图 4-12 给出了 C64x 的 EMIF 接口信号示意图。

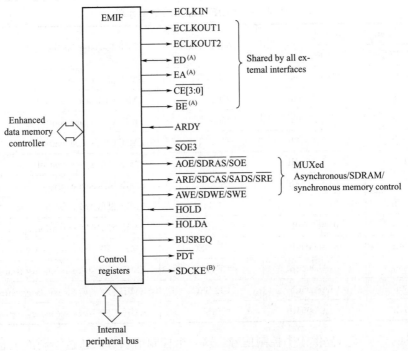

图 4-12　C64x 的 EMIF 接口信号示意图

虽然 C64x 提供 32bit 的地址寻址能力，但经过 EMIF 直接输出的地址信号只有 EA [21：3]。一般情况下 EA2 信号对应于逻辑地址 A2，但这并不意味着 C64 处理器只能进行 32bit 或者 64bit 寻址。实际上内部 32bit 地址的最低两位经过译码后由 BEx 输出，且能够控制字节访问。某些情况下，EA2 还可能对应最低位逻辑地址 A0，甚至对应逻辑地址 A11。更高位的逻辑地址经过译码后输出 EA[3：0]。

C64x 的 EMIFA 支持 8bit/16bit/32bit/64bit 的数据访问，EMIFB 支持 8bit/16bit 的数据访问，同样支持 little-endian 和 big-endian 模式。表 4-9 总结了 C64x 的寻址能力。

表 4-9　C64x 的寻址能力

存储器类型	存储器宽度	每个 CE 空间最大可寻址范围	EA[21:2]（EMIFA）EA[20:1]（EMIFB）输出的逻辑地址	含义
ASRAM	X8	1MB	A[19:0]	字节地址
	X16	2MB	A[20:1]	半字地址
	X32	4MB	A[21:2]	字地址
	X64	8MB	A[22:3]	双字地址
可编程同步存储器	X8	1MB	A[19:0]	字节地址
	X16	2MB	A[20:1]	半字地址
	X32	4MB	A[21:2]	字地址
	X64	8MB	A[22:3]	双字地址

EMIF 接口有一组存储器映射的寄存器，用于配置各个空间的存储器类型和设置读写时序等，如表 4-10 所示。

表 4-10　EMIF 存储器映射寄存器

Byte Address		Abbreviation	EMIF Register Name
EMIF/EMIFA	EMIFB		
01800000h	01A80000h	GBLCTL	EMIF global control
01800004h	01A80004h	CE1CTL	EMIF CE1 space control
01800008h	01A80008h	CE0CTL	EMIF CE0 space control
01800010h	01A80010h	CE2CTL	EMIF CE2 space control
01800014h	01A80014h	CE3CTL	EMIF CE3 space control
01800018h	01A80018h	SDCTL	EMIF SDRAM control
0180001Ch	01A8001Ch	SDTIM	EMIF SDRAM refresh control
01800020h	01A80020h	SDEXT	EMIF SDRAM extension
01800044h	01A80044h	CE1SEC	EMIF CE1 space secondary control
01800048h	01A80048h	CE0SEC	EMIF CE0 space secondary control
01800050h	01A80050h	CE2SEC	EMIF CE2 space secondary control
01800054h	01A80054h	CE3SEC	EMIF CE3 space secondary control

EMIF 的异步接口提供 4 个控制信号，这 4 个控制信号可以通过不同的组合实现与不同类型的异步器件的无缝接口。EMIF 的 CExCTL 寄存器负责设置异步读写操作的接口

时序，以满足对不同速度的异步器件的存取。如表 4-11 所示。

表 4-11　EMIF 异步接口

EMIF 异步接口信号	功能	EMIF 异步接口信号	功能
/AOE	输出允许，在整个读周期中有效	/ARE	读允许，在读周期中触发阶段保持有效
/AWE	写允许，在写周期中触发阶段保持有效	ARDY	Ready 信号，插入等待

EMIF 与 32bit 异步 SRAM 的接口如图 4-13 所示。

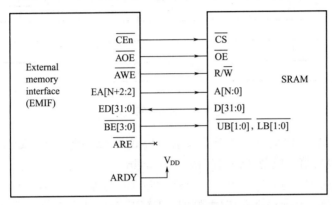

图 4-13　EMIF 与 32bit 异步 SRAM 的接口

EMIF 的异步接口的读/写周期由 3 个阶段构成：建立时间（Setup）、触发时间（Strobe）和保持时间（Hold）。各自定义如下。

① 建立时间（Setup）　从存储器访问周期开始到读/写选通信号有效之前。

② 触发时间（Strobe）　读/写选通信号从有效到无效。

③ 保持时间（Hold）　从读/写选通信号无效到访问周期结束。

EMIF 的读时序如图 4-14 所示。

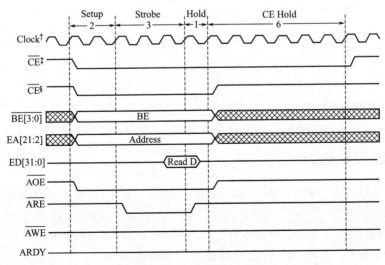

图 4-14　EMIF 读时序

EMIF 写时序如图 4-15 所示。

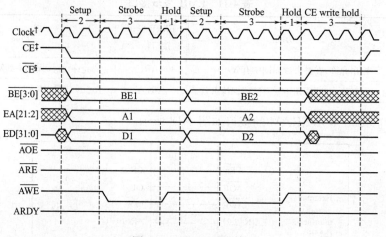

图 4-15   EMIF 写时序

对于异步接口的时序设计，关键是计算 CExCTL 寄存器中的 Setup、Strobe、Hold 这 3 个控制位的设置值，以及考虑时间裕量 tmargin。

由于 EMIF 同时支持 8bit/16bit ROM 接口，当从这些所谓的"窄存储空间"（narrow-width memory space）读取数据时，EMIF 会自动将多余的数据合成一个 32bit 值，送入片内总线。

包含以下 3 种情形。

① 忽略数据量和存储器的宽度，始终按 32bit 进行读操作。

② 输出的地址会自动进行移位调整，这保证了对窄存储器存取操作时能提供正确的地址。例如对 16bit ROM，地址自动左移一位，对 8bit 的 ROM，地址自动左移 2 位。移出的高位地址将被舍弃。如表 4-12 所示。

表 4-12   移位调整

Width	EA Line																			
	21	20	19	18	17	16	15	14	13	12	11	10	9	8	7	6	5	4	3	2
	Logical Byte Address																			
×32	21	20	19	18	17	16	15	14	13	12	11	10	9	8	7	6	5	4	3	2
×16	20	19	18	17	16	15	14	13	12	11	10	9	8	7	6	5	4	3	2	1
×8	19	18	17	16	15	14	13	12	11	10	9	8	7	6	5	4	3	2	1	0

③ EMIF 先读取较低地址的数据，将其排在 LSB，再读取下一个数据。

4.5.2   扩展总线 xBus

xBus 是由 HPI 发展而来一种总线，总线宽度为 32bit，数据、地址线复用。xBus 包含两种工作模式。

① I/O 口模式   支持与多种异步外设、异步/同步 FIFO 进行接口。

② 主机口模式   支持 PCI 桥以及外部主控处理器等接口，并提供灵活的总线仲裁机制

xBus 的结构如图 4-16 所示。

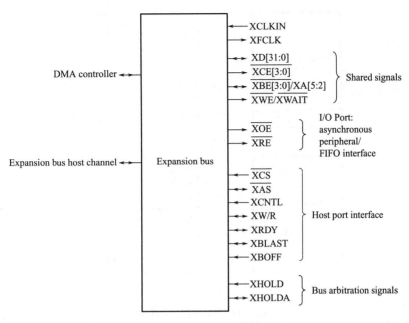

图 4-16　xBus 的结构

xBus 两种工作模式又可以继续细分，具体完成的任务如下。

（1）I/O 口模式

① 异步模式下完全类似于 EMIF 的异步读写。

② 同步模式下可以与同步 FIFO 实现无缝连接。

（2）主机口模式

主机口模式又分同步和异步两种模式。

① 同步主机口

a. 可用做主控机模式和从属机模式。

b. 做主控机时数据流方式与 DMA 传输类似。

c. 做从属机时与 C6000 的 HPI 相似。

② 异步主机口　只能作为从属机，操作类似于 C6201 的 HPI。

xBus 的寄存器包含三组，对应不同模式的访问。不同工作模式下涉及的寄存器包含：

① I/O 口模式控制　XCExCTL、XCEx 空间控制寄存器。

② 异步主机口访问　XBISA，扩展总线内部从地址寄存器；XBD，扩展总线数据寄存器。

③ 同步主机口访问　XBHC，扩展总线主机口控制寄存器；XBEA，扩展总线外部地址寄存器；XBIMA，扩展总线内部主地址寄存器。

xBus I/O 口模式下与 FIFO 的接口如图 4-17 所示。

xBus 主机口模式接口框图如图 4-18 所示。

xBus 主机口具体工作又因异步和同步模式有所不同。

异步模式工作方式为：

• 通过 XBISA 写主机地址；

• 向 XBD 写或从 XBD 读数据。

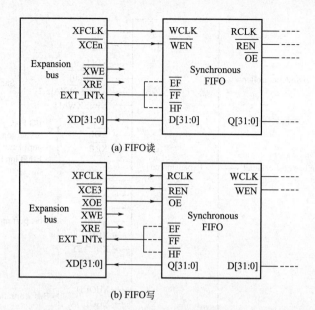

(a) FIFO读

(b) FIFO写

图 4-17　xBus FIFO 读写

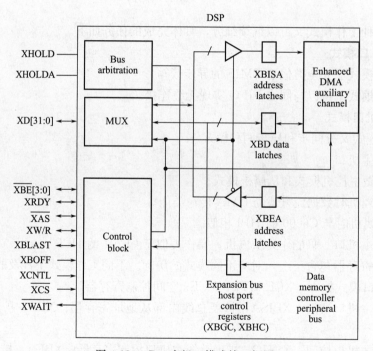

图 4-18　xBus 主机口模式接口框图

同步模式工作方式为：

- 写 XBEA，确定外部存储空间地址；
- 写 XBIMA，确定 DSP 存储空间地址；
- 设置 XBHC 中 XFRCNT 位，设定传输单元数；
- 向 XBHC 中写入对应值，启动扩展总线传输数据。

扩展总线的仲裁由 XARB 来进行，分内外两种仲裁，具体设置如表 4-13 所示。

表 4-13   XARB 设置

XARB Bit (Read Only)	XHOLD	XHOLDA
0(Indicates disabled internal bus arbiter)	Output	Input
1(Indicates enabled internal bus arbiter)	Input	Output

内部仲裁信号时序如图 4-19 所示。

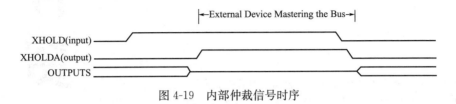

图 4-19   内部仲裁信号时序

外部仲裁信号时序如图 4-20 所示。

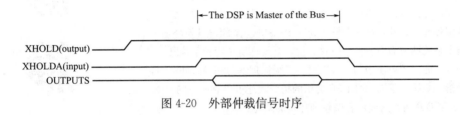

图 4-20   外部仲裁信号时序

4.6 要点与思考

① C6000 最突出的特点就是高性能的运算，因此应用领域较 C2000 和 C5000 而言更偏向信号处理。由于 C6000 硬件成本较高，因此如果采用 C6000 处理简单问题属于一种资源浪费。

② 理解为什么 C6000 属于高性能 DSP，可以从 CPU 结构和数据处理通路上去寻找答案。

③ 由于 C6000 多用于处理复杂问题，因此程序会比较大，这就可能涉及存储器的扩展。因此掌握 EMIF 就显得非常必要。在后续的章节中，还要通过实例来加强学习。

④ C6000 的片内外设和 C5000 一样，并不丰富，部分资源类似。因此学习时可以相互参考。

软件资源篇

　　第 2~4 章，本书主要介绍的是 TI 公司系列 DSP 的硬件资源。硬件资源的结构配置，决定了 DSP 的基本性能，也就是 DSP 能做什么。从第 5 章开始，要谈谈怎么做。硬件要正常工作，除了基本电路设计以外，更多涉及的是软件方面的问题。软件方面的内容也是相当丰富的，除了开发人员必须具备的基本编程知识以外，针对 DSP 开发，还主要包含 DSP 开发环境以及指令系统两方面内容。可以这么说，开发环境和指令系统既是一种直接面向用户使用的软件工具，又可以理解为一种软件资源，尤其是指令系统，不同型号 DSP 提供的指令集还可以有所不同。本书第 5、第 6 章将对这些内容做较为翔实的阐述。

DSP

开发好帮手
——CCS集成开发环境

5.1 CCS 概述

CCS 是一种运行在 Windows 操作系统下，针对 TMS320 系列 DSP 的集成开发环境。CCS 采用图形接口界面，提供有环境配置、源文件编辑、程序调试、跟踪和分析等工具。使用 CCS 一般采用如图 5-1 所示的开发周期。

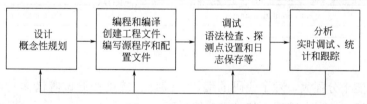

图 5-1　CCS 开发周期

CCS 包含两种工作模式。

① 软件仿真器模式　仿真时可以不连接具体 DSP 芯片，而是在 PC 机上直接模拟 DSP 的指令集和工作机制，软件仿真主要用于前期算法实现和调试。

② 硬件在线编程模式　硬件仿真主要用于实现连接到 DSP 芯片后，与硬件开发板相结合在线编程和调试应用程序。

CCS 的开发系统主要由以下组件构成。

① TMS320C54x 集成代码产生工具　代码产生工具用于对 C 语言、汇编语言或混合语言编程的 DSP 源程序进行编译汇编，并链接成 DSP 执行程序，包括汇编器、链接器、C/C++编译器和建库工具等。

② CCS 集成开发环境　CCS 集成开发环境是软件最主要的部分，集编辑、编译、链接、软件仿真、硬件调试和实时跟踪等多种功能于一体。

③ DSP/BIOS 实时内核插件及其应用程序接口 API　该组件主要整对实时信号处理应用而设计，具体又包括 DSP/BIOS 配置工具、实时分析工具等。

④ 实时数据交换的 RTDX 插件以及相应的程序接口 API　该组件主要用途是可对目标系统数据进行实时监视，同时实现 DSP 与其他应用程序的数据交换。

⑤ 第三方提供的各种应用模块插件　第三方软件提供者可创建 ActiveX 扩展插件，目前 CCS 已有若干第三方插件，可用于多种用途。

CCS 的构成及接口见图 5-2。

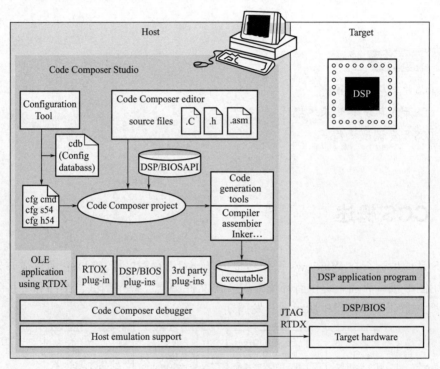

图 5-2　CCS 的构成及接口

CCS 的功能十分强大，除了代码的编辑、编译、链接和调试等诸多功能，CCS 还支持 C/C++和汇编的混合编程，其主要功能如下：

• 提供可视化代码编辑界面，支持直接编写 C、汇编、.cmd 文件等；

• 提供集成代码生成工具，包括汇编器、优化 C 编译器、链接器等，将代码的编辑、编译、链接和调试等诸多功能集成到一个软件环境中；

• 提供高性能编辑器显示功能，支持汇编文件的动态语法加亮显示，使用户很容易阅读代码，发现语法错误；

• 提供工程项目管理工具，支持对用户程序实行项目管理。在生成目标程序和程序库的过程中，建立不同程序的跟踪信息，可以通过跟踪信息对不同的程序进行分类管理；

• 提供基本调试工具，支持装入执行代码、查看寄存器、存储器、反汇编、变量窗口等功能，同时支持 C 源代码级调试；

• 提供断点工具，支持在调试程序的过程中，完成硬件断点、软件断点和条件断点的设置；

　•提供探测点工具，支持算法仿真、数据实时监视等；

　•提供分析工具，包括模拟器和仿真器分析，支持模拟和监视硬件的功能、评价代码执行的效率；

　•提供数据的图形显示工具，支持将运算结果图形显示，显示内容包括时域/频域波形、眼图、星座图、图像等，同时支持自动刷新；

　•提供 GEL 工具。利用 GEL 扩展语言，用户可以编写自己的控制面板/菜单，设置 GEL 菜单选项，方便直观地修改变量，配置参数等；

　•支持多 DSP CPU 的调试；

　•提供 RTDX 技术，支持在不中断目标系统运行的情况下，实现 DSP 与其他应用程序的数据交换；

　•提供 DSP/BIOS 工具，增强对代码的实时分析能力。

5.2　CCS 的安装与配置

CCS 的安装相当简单，无非就是 Step by Step 地进行，对于一般用户，选择标准安装即可。以 CCS3.3 为例，安装完成后，桌面上会出现 2 个执行程序快捷方式的图标，如图 5-3 所示。

图 5-3　CCS 程序图标

在完成安装后，着重讨论 Setup CCStudio 的配置功能。CCS 的配置功能主要用于定义 DSP 芯片和目标板类型。为了使 CCS 能工作在不同的硬件或仿真目标板上，必须为 CCS 系统配置相应的配置文件。

CCS 的系统配置有两种方法：利用系统提供的标准配置文件进行配置；按用户自己建立的配置文件来配置系统结构。

使用标准配置文件产生一个系统配置步骤如下。

① 双击桌面上的"Setup Code Composer Sutdio"图标，出现如图 5-4 所示系统配置对话框。

② 从"available factory board"中选择与系统匹配的标准设置。开发人员需要确定可用配置中是否存在与自己正在使用的 DSP 系统相匹配的配置，如果不存在，可以创建一个自定义的配置（参考在线帮助或者例程）。

③ 单击选定的配置，然后单击"ADD"按钮将选择的配置添加到"system configuration"中。这样选择的配置就出现在系统配置方框中"My System"图标下面。

如果配置需要包含多个目标板，则重复以上步骤直到为每一个目标板选择了一个配置。

④ 单击"Save & Quit"按钮保存配置，会弹出是否继续启动 CCS 的对话框。

⑤ 如果需要直接启动 CCS，则单击"Yes"按钮，启动配置好的 CCS 集成开发环境。

如果"Available factory board"中找不到想要使用的目标板，那么开发人员必须安装

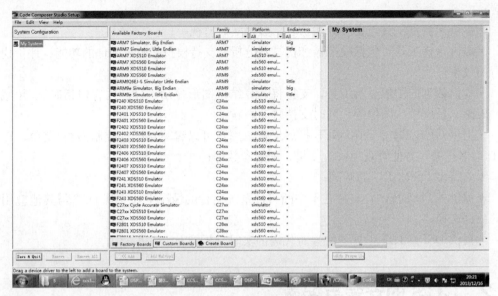

图 5-4　系统配置对话框

一个合适的设备驱动程序（可以使用第三方厂商提供的驱动程序或者 CCS 以前版本的驱动程序），这时开发人员需要进入安装/卸载设备驱动程序（选择"Help"—>"Contents"—>"Code ComposerStudio Setup"—>"How To Start"—>"Installing/Uninstalling Device Drivers"）继续完成配置。

另外一个需要注意的问题是，最常见的配置只需要包含一个软件仿真器或者是有单个 CPU 的单目标板。但是，当面临多个目标硬件情况时，可以按照下列方法创建更加复杂的配置。

首先将多个硬件仿真器连接到电脑，每个硬件仿真器都有自己的目标板。如果是连接多个目标板到一个单独的硬件仿真器，则需要采用特殊电路连接板上的扫描路径。在单独的板上建立多个 CPU，CPU 可以是同一类型也可以是不同类型（例如 DSP 和单片机）。尽管一个 CCS 配置环境可以对应一系列的目标板，但实际上，每个目标板要么是单个 CPU 仿真器，要么是单个硬件仿真扫描链，它们能连接到一个或者多个处理器的目标板。与目标板联系的设备驱动程序必须能够扫描连接上的所有 CPU。

更多配置方面的信息可以参考在线帮助（"Help"—>"Contents"—>"Code Composer Studio Setup"—>"How to start"—>"Configuring ccstudio for heterogeneous debugging"）。

5.3　CCS 文件类型

使用 CCS 软件所可能常碰到以下文件类型，用户需要熟悉。

- *.cmd：链接命令文件；
- *.obj：目标文件，由源文件编译或汇编后所生成；
- *.out：完成编译、汇编、链接后所形成的可执行文件，可在 CCS 监控下调试和执行；

- *.wks：工作空间文件，可用于记录工作环境的设置信息；
- *.cdb：CCS 的配置数据库文件，是使用 DSP/BIOS API 模块所必需的。

5.4 CCS 基本界面

5.4.1 主界面

CCS 的可视界面设计十分友好，允许用户对编辑窗口以外的其他所有窗口和工具条进行随意设置。双击桌面"CCStudio V3.3"图标，就可以进入 CCS 的主界面。

CCS 最通常的主界面如图 5-5 所示。

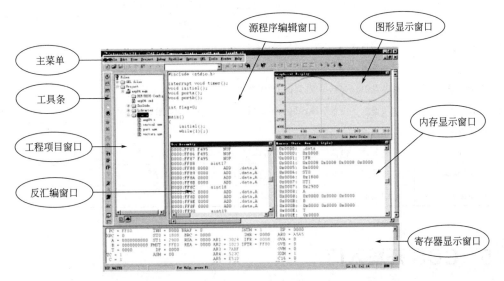

图 5-5　CCS 主界面

CCS 主界面由主菜单、工具条、工程项目窗口、源程序编辑窗口、反汇编窗口图形显示窗口、内存显示窗口和寄存器显示窗口等构成。各部分主要功能如下。

① 工程项目窗口　用来显示用户的程序或者工程项目的结构。用户可以从工程列表中选择所需编辑和调试的程序。

② 源程序编辑窗口　用户既可以在该窗口中编辑源程序，又可以设置断点、探测点调试程序。

③ 反汇编窗口　用于帮助用户查看汇编指令，查找错误。

④ 内存显示窗口　用于查看、编辑内存单元。

⑤ 寄存器显示窗口　用于查看、编辑 CPU 寄存器。

⑥ 图形显示窗口　可以根据用户需要，以图形的方式显示数据。

5.4.2 主菜单

主菜单包含有 11 个选项，如图 5-6 所示。

各选项功能如表 5-1 所示。

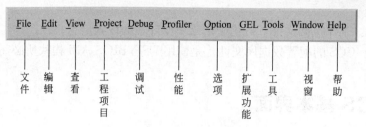

图 5-6　主菜单

表 5-1　主菜单功能表

菜单选项	菜单功能
File（文件）	文件管理,载入执行程序、符号及数据、文件输入/输出等
Edit（编辑）	文字及变量编辑。如剪贴、查找替换、内存变量和寄存器编辑等
View（查看）	工具条显示设置。包括内存、寄存器和图形显示等
Project（工程项目）	工程项目管理、工程项目编译和构建工程项目等
Debug（调试）	设置断点、探测点、完成单步执行、复位等
Profiler（性能）	性能菜单。包括设置时钟和性能断点等
Option（选项）	选项设置。设置字体、颜色、键盘属性、动画速度、内存映射等
GEL（扩展功能）	利用通用扩展语言扩展功能菜单
Tools（工具）	工具菜单。包括管脚连接、端口连接、命令窗口、链接配置等
Window（视窗）	窗口管理。包括窗口排列、窗口列表等
Help（帮助）	帮助菜单。为用户提供在线帮助信息

5.5　CCS 开发入门

5.5.1　创建工程

创建工程时 CCS 最基本的功能。CCS 可以创建一个或者多个工程（多个工程可以同时打开）。每个工程的名称必须不同。一个工程的信息保存在一个单独的工程文件中（*.pjt）。创建工程一般采用如下步骤。

① 单击菜单"Project"—>"New"。显示出工程创建向导窗口，如图 5-7 所示。

② 在"Project Name"一栏中，输入希望的工程名称。

③ 在"Location"一栏中，输入希望工程文件保存的路径。编译器生成目标文件，汇编程序也存储在同一位置。可以输入完整路径，也可以选择"Browse"指定存储路径。不同的工程建议存储在不同的路径下。

④ 在"Project Type"一栏中，从下拉列表中选择工程文件的类型。可以选择执行文件（.out），也可以选择库文件（.lib）。可执行文件表示工程生成一个可以执行文件。库文件表明生成了一个目标库文件。

⑤ 在"Target"一栏中，选择 CPU 目标板。

⑥ 单击"Finish"。一个工程文件就成功创建了。这个文件存储了工程所需的所有文

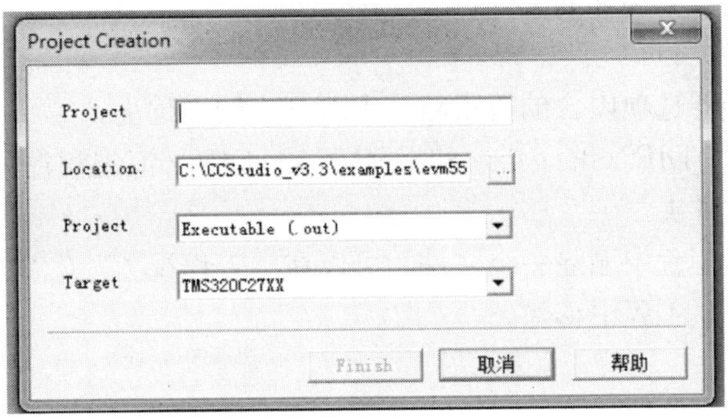

图 5-7　工程创建向导窗口

件以及设置。

5.5.2　项目文件操作

在创建了一个新的工程之后，可以编辑新文件，也可以在工程列表中加入源文件，目标库文件和连接命令文件。开发人员可以在工程中加入多个不同的文件和文件类型，如图 5-8 所示，在工程中加入文件的步骤如下。

① 选择"Project"→"Add Files to Project"，或者"工程视图"（"Project View"）中的工程名上点击右键，选择加入文件到工程。显示加入文件到工程的对话框。

图 5-8　添加文件到工程对话框

② 在文件选择对话框中，选择要加入的文件。如果文件不在当前目录中，改变文件路径。用户可以通过文件类型下拉选项，设置文件类型。一般而言，用户无需在工程中手动加入头文件或者库文件（*.h）。这些文件能够在编译过程中，扫描源文件的附件时自动加入。

③ 单击"Open"，选择的文件被加入工程中。

当一个文件加入当前工程后，工程会自动更新。

工程管理器会将源文件、include 文件、库文件和 DSP/BIOS 设置文件放入文件夹中。由 DSP/BIOS 生成的源文件放入 Generated Files 文件夹中。CCS IDE 在编译程序时会按照以下缺省路径搜索需要编译的文件：

· 源文件的文件夹；

· 编译器和连接器选项内含的搜索路径中所列出的文件夹；

· 可选 DSP_C_DIR（编译器）和 DSP_A_DIR（汇编程序）环境变量（从左到右）定义中列出的文件夹。

如果用户需要从工程中删除一个文件，可以在"工程视图"（"Project View"）中右击文件名，然后选择从工程中移除。

5.5.3 工程配置

工程配置（Configurations）定义了一系列工程层面的编译选项。在这个层面上设置的选项应用于工程中的每一个文件。

工程配置能够为每个不同的程序片断定义编译选项。例如，当 Debugging 你的代码时，你可以定义 Debug 配置。当编译已完成的程序时，可以定义 Release 配置。每个工程创建时都有两个默认设置：Debug 和 Release。还可以定义额外的配置。当一个工程刚创建或者一个工程刚打开时，工作区中的第一个配置（按首字母顺序）处于激活状态。

当编译工程时，软件工具生成的输出文件置于配置类别的子目录下。例如，如果在"My Project"目录下创建一个工程，对于 Debug 配置的输出文件放在"My Project Debug"中。类似地，对于 Release 配置的输出文件放在"My Project/Release"中。

（1）改变激活的工程配置

单击选择工程工具栏中的活动工程配置（Select Active Configuration），在下拉菜单中选择一个配置，如图 5-9 所示。

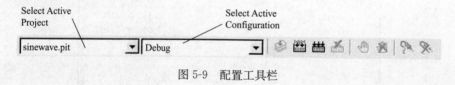

图 5-9 配置工具栏

（2）添加一个新的工程配置

① 选择"Project"→"Configurations"，或者在"工程视图"（"Project View"）窗口中，右击工程名称，选择配置。

② 在工程配置对话框中，单击加入。显示加入工程配置窗口，如图 5-10 所示。

③ 在"Add Project Configuration"对话框中，在创建配置一栏中指定新配置的名称，选择使用默认设置或者从已有的配置中拷贝设置，生成新配置。

④ 单击"OK"保存，退出加入工程配置对话框。

⑤ 单击"Close"退出工程配置对话框。

⑥ 使用"Project"菜单中的编译选项对话框，更改新配置。

5.5.4 工程从属关系

工程从属（Dependencies）设置能够将一个大工程分割成多个小工程，然后设置这些工程从属创建最终的工程，这样就让开发人员能够操作和编译更加复杂的工程。工程从属子工程通常首先编译，因为主工程依靠这些子工程。具体方法如下。

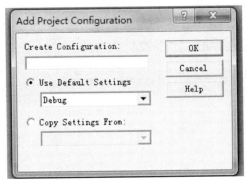

图 5-10　添加工程配置对话框

（1）创建工程从属（子工程）

创建一个工程从属关系或子工程有三种方法。

① 从工程视窗中拖拽　将子工程放入目标工程中的目标工程图标上或者从属工程图标（dependent projects icon）上。开发人员可在同一个工程视图窗口中拖拽，也可以在两个同时运行的 CCS 中的工程视图窗口之间进行拖拽。

② 从资源管理器中拖拽。具体步骤如下。

a. 打开 CCS 中的主工程。

b. 打开资源管理器。资源管理器和 CCS 必须同时打开。

c. 在 Windows 的资源管理器中，选择需要从属子工程的 .pjt 文件。

d. 将选中的 .pjt 文件拖到 CCS 的工程窗口中，这时 .pjt 文件之前将显示一个加号。

e. 以上步骤后从属工程被放入主工程中。

③ 使用上下文菜单(the context menu)　在工程视图中，在一个装载后的工程中，鼠标右键点击工程从属图标。选择从上下文中加入从属工程。在接下来弹出的对话框中，浏览选择另一个工程的 .pjt 文件。这个被选的 .pjt 文件将成为一个已经装载工程的子工程。如果被选择的 .pjt 文件还没有装载，将会自动装载。

（2）工程从属关系设置

每个子工程都有自己的配置。另外，主工程针对每个子工程都有设置。所有这些设置都可以在工程从属对话框中看到。打开这个对话框，可以从工程菜单中或者工程目录中选择工程从属关系。

（3）修改工程配置

在"Project Dependencies"对话框中，可以修改子工程设置。前面提到，这个对话框可以通过"Project"→"Project Dependencies"进行访问，如图 5-11 所示。

（4）子工程配置

各个子工程分别有构建配置。对于每个主工程配置，可以选择使用一个特定的配置编译每个子工程。使用工程（设置列下方）旁边的对话框，可以修改子工程配置。

5.5.5　编译和运行程序

在完成工程的创建和设置后，接下来的工作就是编译和运行程序，一般按照以下步骤进行操作。

① 如果需要重新编译，单击工具栏按钮 或选择"Project"→"Rebuild All"，CCS 开始重新编译、汇编和链接工程中的所有文件，有关此过程的信息显示在窗口底部的信息框中。

② 选择"File"→"Load Program"，选择刚编译过的程序（例如 hello World. out），单击"Open"后，CCS 把程序加载到目标系统 DSP 上。

③ 单击工具栏按钮 或选择"Debug"→"Run"。

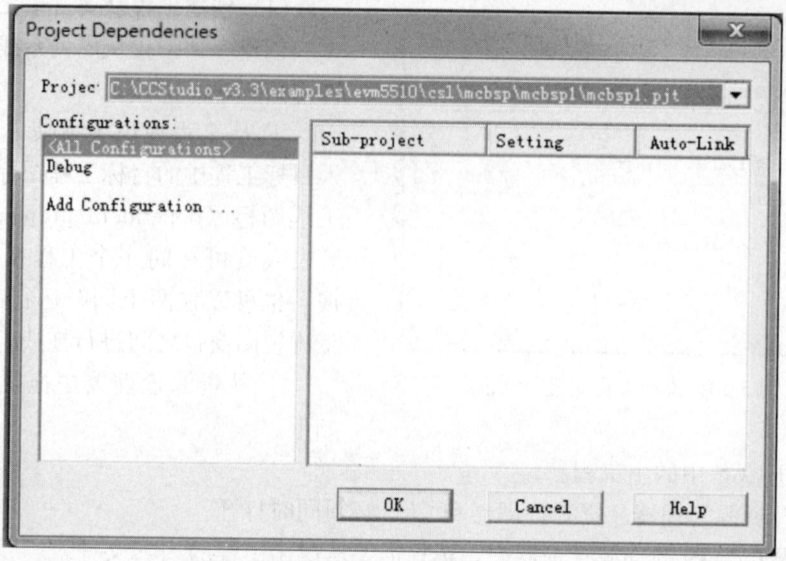

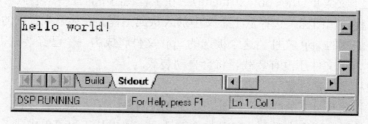

图 5-11 "Project Dependencies"对话框

用户可以在 Stdout 窗口查看运行结果，如图 5-12 所示。

图 5-12 Stdout 窗口

5.6 基础调试

严格意义上说，基础调试（Basic Debugging）仍然属于工程操作的一部分。但是由于这部分内容相对工程的创建与运行更为复杂，因此单独列一小节来阐述。

CCS 提供下列调试功能：

- 设置可选择步数的断点；
- 在断点处自动更新窗口；
- 查看变量；
- 观察和编辑存储器和寄存器；
- 观察调用堆栈；
- 对流向目标系统或从目标系统流出的数据采用探针工具观察，并收集存储器映象；
- 绘制选定对象的信号曲线；
- 估算执行统计数据；
- 观察反汇编指令和 C 指令。

5.6.1 调试设置

在进行正式调试之前，用户可以选择采用 CCS 安装后的缺省调试属性，也可以对调试属性进行配置。

配置调试属性对话框可以在路径"Option"->"Customize"->"Debug Properties"下的对话框中找到。它允许用户在调试中禁用某些缺省的行为在线帮助。若要了解其他选项，可以查看在线帮助。

调试属性中可以设置的内容如下。

（1）自动打开反汇编窗口

禁用这个选项将使得程序装载后反汇编窗口不再出现。缺省设置为打开。

（2）自动跳至 Main 函数

激活这个选项将使得在程序装载之后调试器自动跳至 Main 标号所在行。缺省设置为禁用。

（3）设置控制窗口打开时是否连接至目标器件

控制窗口是整个 CCS IDE 的交互接口。在运行 PDM 时可以打开多个控制窗口实例。用户遇到目标器件连接问题或不需要连接实际器件（例如写源代码时）时可以禁用此选项。缺省设置为禁用。

（4）移除连接时剩余调试状态

CCS IDE 与目标器件断开时，缺省设置会移除所有断点。如果在调试过程中有错误，在重新连接器件时，CCS 将会尝试再次移除所有断点。但是这种尝试将可能损坏某些目标器件。所以一般情况下建议禁用这个选项，以避免重连器件时再次移除断点。

（5）显示速度（Animation speed）

显示速度用于规定两个断点间的最小时间（秒为单位）。若从上次断点开始执行超过了此最小时间，程序执行将会重启。

在 CCS 集成系统中有几个组件在进行基础调试中是非常常见和重要的。图 5-13 给出一系列在 CCS 中调试时使用的图标。如果这些图标在工具栏中没有正常显示，用户可以选择"View"→"Debug Toolbars"→"ASM/Source Stepping"。在这个调试工具栏选项表中，可以看到许多调试工具的列表，并且可以将想要的调试工具设置为在主界面中可视。

5.6.2 运行与单步调试

运行与单步调试即 Running/Stepping。

（1）运行与停止

用户可以采用这些方法来运行程序。

① 主程序（Main） 可以通过选择"Debug"→"Go Main"来开始对主程序的调试。这个执行命令将会执行主程序函数。

② 运行（Run） 在程序执行停止后，用户可以通过点击 Run 按钮来继续运行程序。

③ 运行到光标处（Run to Cursor） 如果用户想将程序运行到一个指定的位置，可以先把光标移到指定位置处，然后按下这个按键。

④ 驱动（Animate） 用户可以通过这个命令将一直运行程序直到运行到断点处。在断

点处，执行停止并且将更新所有与任何试探点（Probe Point）没有联系的窗口。试探点（Probe Point）停止执行并更新所有图表及与之有关的窗口，然后继续运行程序。按下这个按键就可以驱动（Animate）执行程序，还可以在选项菜单中选择用户化来修改驱动（Animate）的速度。

⑤ 停止（Halt） 用户可以在任意时候按下停止按键来终止程序的执行。

（2）单步调试

单步调试只有在执行程序的时候源程序和汇编程序的单步调试才可以使用。两者的区别在于，源程序的单步调试是通过单步执行源程序编辑器中所显示的代码行，而汇编程序的单步调试是通过单步执行反汇编窗口中显示的指令行。

用户可以通过点击"View"→"Mixed Source/ASM"来切换源程序/汇编程序混合显示模式，可以同时查看源代码的汇编代码。执行一个单步调试命令，先在工具栏中选择合适单步调试图标。另一种方法是先选择"Debug"→"Assembly/Source Stepping"，然后选择合适的命令。

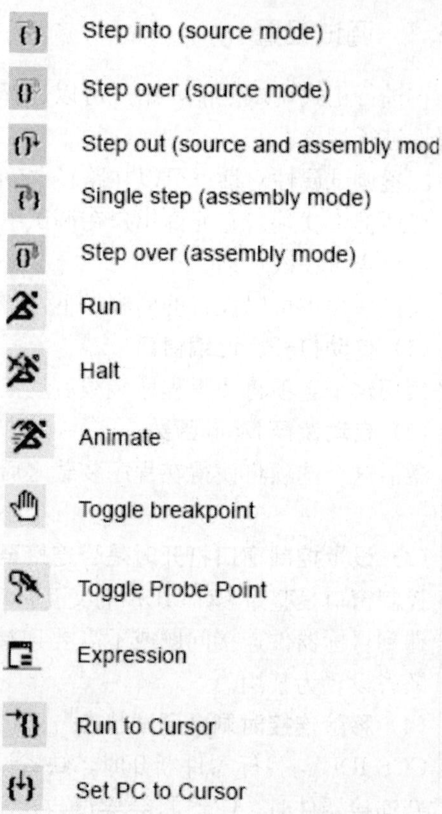

{}	Step into (source mode)
0	Step over (source mode)
{}	Step out (source and assembly mod
{}	Single step (assembly mode)
0	Step over (assembly mode)
☆	Run
☆	Halt
☆	Animate
✋	Toggle breakpoint
🐾	Toggle Probe Point
▤	Expression
⤵	Run to Cursor
{}	Set PC to Cursor

图 5-13　运行和调试所用到的一些工具栏图标

单步调试有三种结果。

① 单步调试或者只执行一个表达式，然后就终止程序执行。

② 跳过整个函数的执行，然后在函数返回时终止程序。

③ 跳出当前执行的子函数并返回到调用函数入口处。当返回到调用函数入口时，程序结束。

（3）使用 PDM 来进行多处理器广播命令

当用户使用并行调试管理器（PDM）时，所有的运行/单步调试命令都会广播到连接的所有目标处理器。而且如果设备驱动支持同步操作，这些调试命令还可以同时同步到每个处理器中。具体命令如下。

① Step into　使用锁定单步调试（Step into）可以用来单步调试所有还没准备好运行的处理器。

② Step over　使用跳过单步调试（Step over）可以用来跳过所有还没准备好运行的处理器。

③ Step out　如果所有处理器都在子程序中，可以使用跳出执行（Step out）来跳出执行的命令。

④ Halt　停止命令（Halt）可以同时终止所有运行的处理器程序。

⑤ Animate　驱动命令（Animate）可以用于驱动所有还没准备好运行的处理器。

⑥ Run free 使用自由运行（Run free）将禁用所有断点包括所有试探点。

5.6.3 断点

断点（Breakpoints）设置是调试工作中十分重要的组成部分。断点会暂停程序的执行。当程序停止时，用户可以检查程序的状态，检查或修改变量，检查调用堆栈等。

断点可以设置在编辑窗口中任意一行源代码中或者设置在反汇编窗口的任意一个反汇编指令上。在设置完一个断点后，可以使能断点也可以除能断点。

CCS会在源程序窗口中重新定位断点到一个有效代码行上并设置断点图标在该代码行的边缘空白处。如果代码的某一行不允许设置断点，系统将会以消息窗形式自动报错。

（1）软件断点

软件断点就是最常见的断点。用户可以在任意一个反汇编窗口或者含有C/C++源代码的文档窗口设置断点。只要断点设置的位置合法，对于断点的数量便没有限制。软件断点通过改变目标程序使之在需要的位置增加一条断点指令。

设置软件断点的方法如下。

① 在一个文档窗口或者反汇编窗口，移动指针到想要设置断点的那一行。

② 当你在文档窗口设置断点时，只需在选定行的前面的页边空白处双击即可。若是在反汇编窗口，则只需在选定行双击。

当在选定行的页边空白处的一个实心红点即为断点标志，它表示在所需要的位置已经设定了一个断点。

（2）硬件断点

硬件断点与软件断点不同之处在于，它们并不改变目标程序，而是利用芯片上硬件资源例如只读存储器或者存储进程中设置断点。用户可以在特定的存储器读、存储器写或者存储器读写中设置断点。存储器存取断点并不会在源程序或者存储器窗口中显示出来。用户可以使用的硬件断点的数量取决于所采用DSP的硬件资源。硬件断点也有计数的功能，它决定了在断点产生前，该处指令已经运行的次数。如果计数为1，则每次到该位置则产生断点。但是，在仿真目标上不能实现硬件断点。

设置硬件断点的方法如下。

① 选择"Debug"->"Breakpoints"。在选择断点这一栏后，便会出现"Break/Probe Points"对话框。

② 在"Breakpoint type"一栏，选择"H/W Break"作为指令获取断点，或者在特定位置选择"Break on<bus><Read｜Write｜R/W>"作为存储读取断点。

③ 在程序或存储器中想设置断点的某个位置。

④ 在计数这一栏，输入断点产生前，该处指令需要运行的次数。如果计数设为1，则每次到该位置便产生断点。

⑤ 单击添加按钮可以产生一个新的断点。这样便可创造一个新的断点并对其激活。

⑥ 单击"OK"。

5.6.4 探针点

探针点（Probe Points）的主要作用是将主机的一个文件中的数据作为输入转移到目标的缓冲器中以备算法使用，或者将目标的缓冲器中的输出数据转移到主机的一个文件中。

探针点和断点都会使目标停止并完成某些动作。然而，它们仍有不同的地方。

• 探针点使目标立即停止，再执行一个单一的行动后目标恢复执行。

• 断点会使 CPU 一直停止直到手动恢复执行，同时运行到断点时会使所有打开的窗口保持最新。

• 试探点允许文件自动输入和输出，断点则不允许。

探点点转移文件数据到目标缓冲器，将文件数据转移到目标缓冲器包含以下步骤。

① 选择 "File" -> "Load Program"。选择一个工程并载入。

② 在 "Project View" 中选择要调试的 C 文件。

③ 将光标移动到想要添加试探点的一行。

④ 单击 "Toggle Software Probe Point" 按钮。

⑤ 在菜单中选择 "File I/O"，然后用户可选择输入或输出文件，如图 5-14 所示。

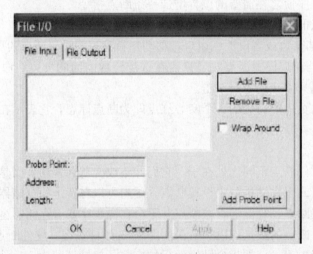

图 5-14　文件输入/输出对话框

⑥ 单击 "Add" 添加文件。

⑦ 回到 windows 文件夹中选择添加的数据文件并打开，便会出现对应的关于该数据文件的控制窗口。当用户运行这个程序时，在数据文件内部可以利用这个窗口来使程序启动、停止、重运行或者快进，如图 5-15 所示。

图 5-15　数据文件控制

⑧ 在 "File I/O" 中，可以设置文件操作地址和长度值，如图 5-16 所示。Address 表明把文件中的数据放到 DSP 的哪个地址了；Length 表明当试探点到来时，已经从数据文件中读取了多少个样本；Wrap Around 选项使得当到达文件的末尾时又开始从文件的开头读取数据，如此便可把数据文件当作一段连续的数据流。

⑨ 单击 "Add Probe Point" 以显示 "Break/Probe Points" 对话框中的 "Probe Points" 一栏。如图 5-17 所示。

⑩ 在 "Probe point list" 中，选择用户在前面创造的试探点。

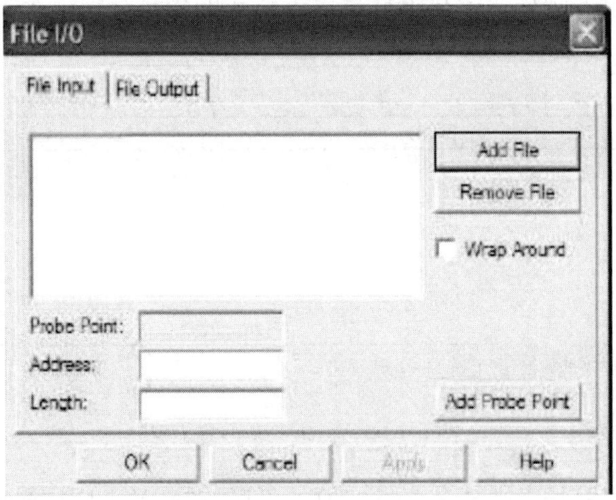

图 5-16　添加文件

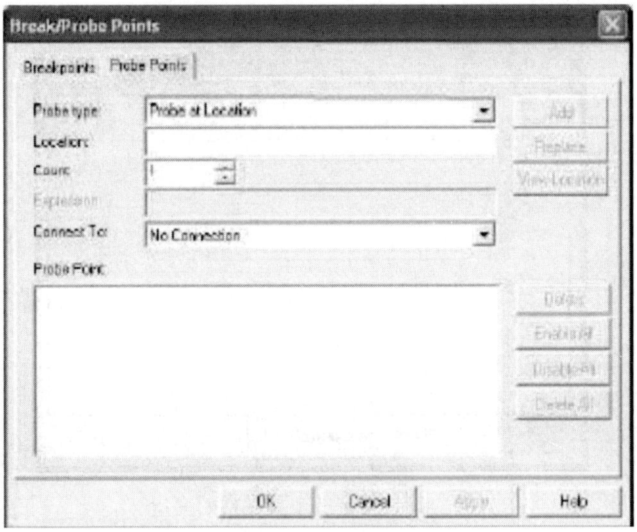

图 5-17　试探点标签

⑪ 在"Connect To field"中，选择一个数据文件。

⑫ 单击"OK"，那么文件输入/输出对话框便会显示该文件已经连接到一个试探点。

5.6.5　观察窗口

观察窗口（Watch Window）是调试工作时，最直观地对程序运行情况的观察。

（1）观察变量值

使用观察窗口查看变量的方法如下。

选择"View"→"Watch Window"，也可以单击观察工具栏上的观察窗口图标按钮。以上操作后，主界面下方会出现观察到窗口，窗口包含两个统计表：Watch Locals 和 Watch 1。

在 Watch Locals 统计表中，调试器自动显示当前正在执行函数的局部变量的名称、变量值、变量类型和基的选择（Radix option），如图 5-18 所示。在 Watch 1 统计表中，调试器显示局部变量、全局变量和用户指定表达式的名称、值、类型和基的选择（Radix option）。

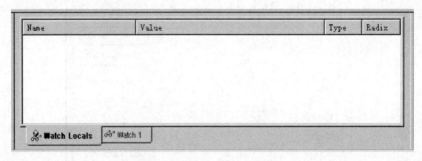

图 5-18　Watch Locals 统计表

如果具体需要跟踪程序中某个变量的值，可以选择 Watch 1 统计表，在"Name"列单击 Expression 图标并且输入需要观察的变量的名称。单击窗口的空白处变量值会立即显示出来，如图 5-19 所示。

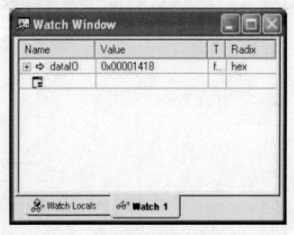

图 5-19　指定一个要观察的变量

（2）观察一个结构体中元素的值

结构体实际上也是一种变量，因此用户还可以通过观察窗口来观察一个结构体中元素的值。具体步骤和观察变量类似。

① 选择 Watch 1 统计表。

② 单击"Name"栏中表达式图表并且输入需要观察的结构体的名称。

③ 单击窗口的空白处用来保存所做的改动。

④ 单击结构体的"＋"标记，该目录会展开并列出结构体中所有的元素以及他们对应的值。如图 5-20 所示。

⑤ 双击结构体中任意一个元素的值，就可以对这个值进行编辑。

5.6.6　内存窗口

内存窗口（Memory Window）允许用户观察由指定地址开始的存储单元中的最原始的内容。显示的格式用户可以进行设置。同时，用户还可以编辑被选择的存储单元的内

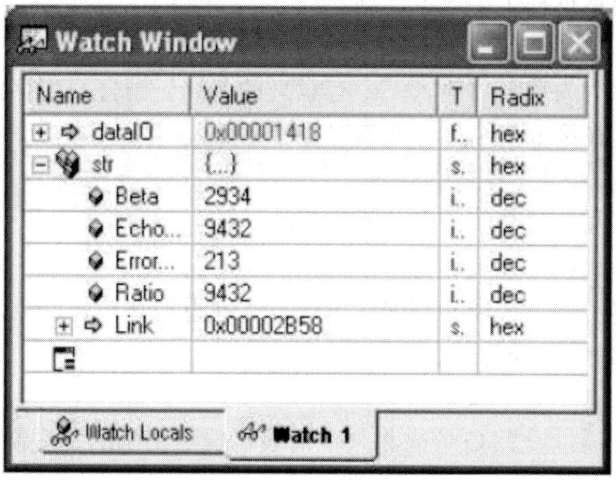

图 5-20　观察元素的值

容。如图 5-21 所示。

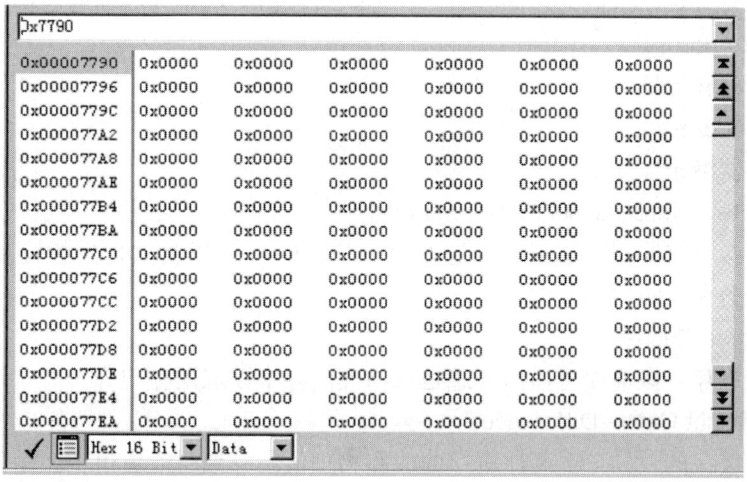

图 5-21　内存窗口

用户可在内存窗口选项对话框中对内存窗口进行不同的设置。如图 5-22 所示。

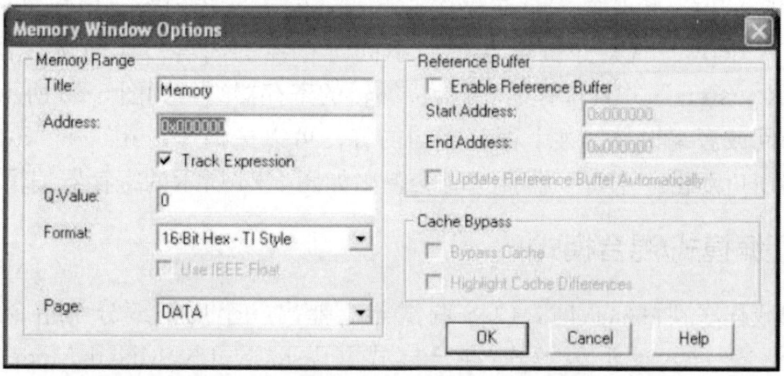

图 5-22　内存窗口选项

内存窗口设置对话框提供了以下选项。

（1）Title

标题，用户可以为内存窗口输入一个有意义的名字。当打开内存窗口时，这个名字会显示在标题栏上。这在区分多个内存窗口时非常有效。

（2）Address

地址，用于输入需要观察的内存单元的起始地址。

（3）Track Expression

跟踪表达式，单击这个选项会使内存窗口自动地重新评估，并且改变它基于与起始地址相关联的表达式的起始地址。

（4）Q-Value

Q值，用户可以通过设置Q值来将整数值表示成更精确的二进制值。

（5）Format

格式，内存窗口显示格式。

（6）Enable Reference Buffer

参考缓冲器有效，指定的内存区域保存一个暂存值，用于为后面的新值做比较。

（7）Start Address

参考缓冲器起始地址。

（8）End Address

参考缓冲器终止地址。

（9）Update Reference Buffer Automatically

自动更新参考缓冲器，如果选择这个复选框，CCS可以自动地用指定地址区域的当前内存内容覆盖参考缓冲器的内容。

（10）Bypass Cache

旁路高速缓存，该选项可使内存总是从物理内存中读取内存内容。

（11）Highlight Cache Differences

突出高速缓存的差异，当高速缓存的值和物理值不一致时，窗口中会用色彩来加强突出差异部分。

5.6.7 寄存器窗口

DSP寄存器的值也是开发人员在程序调试时非常关心的内容。用户可以在寄存器窗口（Register Window）观察并编辑选中的不同寄存器的内容。访问寄存器窗口，选择"View"→"Registers"并且选择需要观察/编辑的寄存器组，如图5-23所示。

如果要访问或者编辑具体某个寄存器的内容，可以选择"Edit"→"Edit Register"，或者在寄存器窗口双击一个寄存器，这时会弹出如图5-24所示的寄存器编辑对话框。

5.6.8 反汇编模式/混合模式

当用户加载程序到目标板时，CCS调试器会弹出一个反汇编分解指令窗口（disassembly window），进入反汇编模式/混合模式（Disassembly/Mixed Mode），如图5-25所示。

反汇编窗口显示反汇编的指令和符号信息供调试需要。

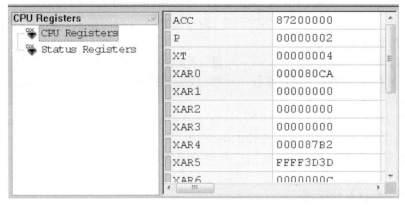

图 5-23 寄存器窗口

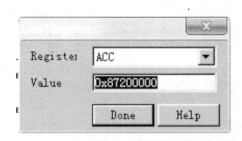

图 5-24 寄存器编辑对话框

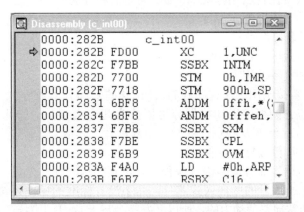

图 5-25 反汇编分解指令窗口

除了在分解窗口里查看分解的指令，CCS 还提供 C 程序和返汇编代码交叉显示方式查看。具体方法是，单击"View"->"Mixed Source/ASM"，根据用户需要的模式选择"Mixed Mode"或者"Source Mode"。

5.7 基础软件

CCS 提供了多种基础软件，用于提高编程效率。

（1）DSP/BIOS

DSP/BIOS 是专为 TMS320C5000、TMS320C2000 以及 TMS320C6000 DSP 平台设计

的可扩展的实时内核。DSP/BIOS 使用户可以高效地开发程序，同时减少了开发及维护配置操作系统及控制循环的需要。DSP/BIOS 通过标准 API 接口函数支持程序移植。

（2）芯片支持库（CSL）

芯片支持库（CSL）提供了 C 语言配置及控制片上外设的功能，这使得外设更易于使用，同时减少了开发时间。CSL 使程序可移植性、硬件标准化、兼容性都得到了提高。

CSL 有以下优点。

① 对外设编程提供标准协议。CSL 给每个片上的外设提供一个更高层次的程序接口。这些接口包括数据类型和宏定义给外设的寄存器配置，以及运行每个外设的各种功能函数。

② 基本资源管理。CSL 通过使用打开和关闭各种外设来实现基本资源管理。这对支持多通道的外设特别有帮助。

③ 对外设提供符号描述。

（3）板支持库（BSL）

如 TMS320C6000 提供的 DSK 板支持库，实际是一套 C 语言应用程序接口，可用于配置及控制所有板上的设备，使开发者可以在一个实时系统里获得算法函数。BSL 包括分离的模块，这些模块编译好并存放在一个库文件里，每个模块代表一个独立的 API 并且被一个 API 模块引用。BSL 的优点是使设备更易使用，设备间获得一定程度上的兼容性、可移植性、标准化以及硬件抽象等，缩短开发时间。

（4）DSP 库（DSPLIB）

DSP 库包括很多可经过汇编优化，通用目的的信号处理，以及图像/视频处理子程序，并可由 C 语言直接调用。这些程序专门用于计算性的增强型实时程序中，使用库函数，用户往往可以获得比自己用标准 ANSIC 编写的程序更快的速度。采用 DSPLIB 可以明显缩短应用程序的开发时间。

DSPLIB 包括以下特点。

① 经过优化的汇编代码子程序。

② C 语言和线性汇编源代码。

③ 提供可用 C 直接调用的子程序并与 TI 优化的 C 编译器兼容。

在 DSPLIB 中包含的程序以功能划分可以分为几大类型：适应滤波（Adaptive filtering）、相关性、FFT、滤波及卷积、数学、矩阵运算、其他。

（5）TMS320 DSP 算法标准组件

DSP 通常采用 C 语言或者汇编语言编程，并可直接访问硬件外设。由于性能或者实时性的需要，DSP 不像通用目的的嵌入式芯片，几乎没有标准的操作系统支持。这样，编写 DSP 算法的重用是非常耗费劳动力的，所以开发一个基于 DSP 的市场产品时间也很长。

TMS320 DSP 算法标准（称为 XDAIS）定义了一套 DSP 算法的要求，使系统集成者可以快速地组合系统以用于一个或多个这样的算法。

5.8 要点与思考

① CCS 是一种 DSP 的软件资源，也是一种工具。熟悉和掌握一种工具主要是靠不断的操作，而不是单纯地理解书本文字。

② CCS 的界面操作内容很多，其中非常重要的是工程调试涉及的一些操作。

③ CCS 的难点在于基础软件的应用、工程性能分析等内容。用户可以通过阅读更多参考资料来补充学习。本书后续章节也会有一些范例。

第6章

指挥工作靠软件
——指令和C语言程序设计

本章要点

◆ 寻址方式

◆ C2000、C5000、C6000常用指令集

◆ DSP的C语言开发

◆ C语言与汇编混合编程

6.1　概述

CCS 最大的作用，就是给用户提供一个友善的开发界面和环境。说到 DSP 的开发，就不得不提 DSP 的指令系统。

DSP 指令系统是操作 DSP 硬件资源的语言，也可以称为机器语言。指令是 DSP 软件和硬件的黏合剂。指令系统一般均包含算术运算型、逻辑运算型、数据传送型、判定和控制型、输入和输出型等指令。指令系统从某个程度上反映了一款 DSP 芯片的主要性能和资源。

之前的章节介绍了 TI 公司 3 大系列 DSP，实际上它们的指令系统又各有异同，下面分别介绍。

6.2　C2000 指令系统

针对 C2000 系列 DSP 的指令系统，分为寻址方式、指令集、伪指令三部分介绍。

6.2.1　C2000 寻址方式

上文已经提到过，C2000 系列的 C2xx DSP 具有三种基本的寻址方式：立即数寻址、直接寻址和间接寻址。C2000 系列的指令格式：指令助记符＋指令操作数。下面对上述三种寻址方式简单回顾一下。

（1）立即数寻址

立即数寻址最简单，操作数直接包含在指令中。立即数寻址的操作数有两种：①短立即数，短立即数寻址方式时，指令字为单字长；②长立即数，长立即数操作时，指令字为双字长。立即数寻址方式中的立即数必须要以"＃"符开头。例如：

RPT ＃99　　　　　；将紧接着 RPT 后的指令重复 100 次。

ADD ＃16384，2　；将 16384（4000h）左移 2 位后与累加器内容相加，结果保存在累加器中。

（2）直接寻址

直接寻址指令直接给出操作数所在地址，这时存储器地址被分成两部分：①指令字，包括数据存储器地址的低 7 位，即页内偏移量；②页面的指示则由存储器页指针 DP 给出，DP 包含数据存储器地址的高 9 位。两部分共同合成 16 位地址。例如：

LDP ＃18h

ADD　5h

（3）间接寻址

间接寻址除了给出当前操作数的地址外，还可对当前辅助寄存器 AR 进行修改，并指定下次的当前辅助寄存器。这样做的好处是节约了指令的执行周期，这对实时信号处理非常重要。间接寻址时数据存储器地址由辅助寄存器 ARn 间接给出，ARn＝AR（ARP），使用的辅助寄存器是当前辅助寄存器。如果 ARP＝2，则使用的地址寄存器就是 AR2，因为辅助寄存器 ARn 为 16 位，因此这种方式中，数据存储器的 16 位地址是由 ARn 全部给出的，即间接寻址方式可进行全部数据存储器范围的寻址。例如：

MAR*，AR1

ADD*＋，6，AR4

辅助寄存器指针 ARP 用于指定当前辅助寄存器 AR（ARP），而 ARP 的值则可直接通过修改状态寄存器 ST0 相应位来加载，但更为方便的是使用 MAR 指令或者 LARP 指令，这样 ARP 值可以由前一条指令指定。例如：

MAR*，AR0　　　　　；ARP＝0

LARP 1　　　　　　　；ARP＝1

ADD*BR0＋，13，AR2　；下一条指令的 ARP＝2

6.2.2　C2000 常用指令集

C2000 系列 DSP 的常用指令集如下。

（1）累加器、算术、逻辑指令

加载累加器指令：LACC、LACL、LACT、ZALR；

保存累加器值指令：SACL、SACH；

累加器加法指令：ADD、ADDC、ADDS、ADDT；

累加器减法指令：SUB、SUBB、SUBS、SUBT、SUBC；

移位指令：SFL、SFR、ROL、ROR；

逻辑运算指令：AND、OR、XOR、CMPL、NEG。

（2）辅助寄存器和数据页面指针指令

LAR、SAR、MAR、ADRK、SBRK、LDP。

（3）TREG、PREG、乘法指令

MPY、MPYU、MPYA、MPYS、MAC、MACD、PAC、APAC、SPAC、LT、LTA、LTD、LTS、LTP、LPHSPH、SPL、SP。

（4）分支、调用指令

分支指令：B、BACC、BANZ、BCND；

调用指令：CALL、CALA、CC、RET、RETC；

中断指令：INTR、NMI、TRAP。

（5）控制指令

位操作：BIT、BITT、CLRC、SETC；

系统控制：LST、SST；

堆栈操作：PUSH、POP、PSHD、POPD；

其他：RPT、IDLE、NOP。

（6）存储器和I/O操作指令

块操作指令：BLDD、BLPD、DMOV、TBLR、TBLW；

存储器赋值：SPLK；

I/O指令：IN、OUT。

6.2.3　C2000常用伪指令

① 段定义伪指令　.text、.data、.sect、.bss；

② 初始化常数伪指令　.space、.bes；

③ 安置段程序计数器　.align、.even；

④ 条件汇编伪指令　.if、.elseif、.else、.endif；

⑤ 循环汇编伪指令　.loop、.break、.endloop；

⑥ 宏汇编　.macro、.endm、.var；

⑦ 引用说明伪指令　.copy、.include、.mlib、.global、.def、.ref；

⑧ 其他伪指令　.end、.mmregs。

6.3　C5000指令系统

C5000的指令系统和C2000有所不同，主要体现在C5000有更多的寻址方式。

6.3.1　C5000寻址方式

（1）立即数寻址

立即数寻址和C2000一样，不再重复。例如：

LD ＃12H，A　　　　；把立即数12H装入累加器A；

RPT ＃99　　　　　；将紧跟在此条语句后的语句重复执行99＋1次。

（2）绝对地址寻址

绝对地址寻址指令中有一个固定的地址，它包括数据存储器地址（dmad）寻址、程序存储器地址（pmad）。例如：

MVKD SAMPLE，* AR5；把数据空间中 SPMPLE 标注的地址里的数复制到由 AR5 辅助寄存器指向的数据存储单元中。此例中的 SAMPLE 标注的地址就是一个 dmad 值。

（3）累加器寻址

该寻址方式是根据累加器内的地址去访问程序存储空间的一个单元，即采用累加器中的数作为地址 READA 和 WRITA 指令可以采用累加器寻址。

（4）直接寻址

直接寻址指令的低 7 位是一个数据页内的偏移地址，所在数据页由数据页指针 DP 或 SP 决定，该偏移地址加上 DP 和 SP 的值决定了在数据存储器中的实际地址。例如：DP=1,偏移量＝03H，则访问地址为 0080H＋03H＝0083H。

（5）间接寻址

间接寻址是指按照辅助寄存中的地址访问寄存器。间接寻址有两种主要方式：①单操作数寻址，从存储器中读或写一个单 16 位数据操作数；②双操作数寻址，在一条指令中访问两个数据存储器器单元。

（6）存储器映射寄存器寻址

C5000 只有 8 条指令能使用存储器映射寄存器的寻址，包含：

```
LDM    MMR，dst      ；将 MMR 内容装入累加器
MVDM   dmad，MMR     ；将数据存储单元内容装入 MMR
MVDM   MMR，dmad     ；将 MMR 的内容录入数据存储器单元
MVMM   MMRx，MMRy    ；MMRx，MMRy 只能是 AR0～AR7
POPM   MMR          ；将 SP 指定单元内容给 MMR，然后 SP=SP+1
PSHM   MMR          ；先将 SP=SP-1，然后将 MMR 内容给 SP 指定单元
STLM   src，MMR      ；将累加器的低 16 位给 MMR
STM    ♯1k，MMR      ；将一个立即数给 MMR
```

（7）堆栈寻址

C5000 只有 4 条堆栈方式访问堆栈的指令。

PUHD：把一个数据存储器的值压入堆栈；

PSHM：把一个存储器映射寄存器的值压入堆栈；

POPD：把一个数据存储的值弹出堆栈；

POPM：把一个存储器映射寄存器的值弹出堆栈。

6.3.2 C5000 常用指令集

C5000 的指令按功能分为 4 大类：算术运算指令、逻辑运算指令、程序控制指令、存储和装载指令。

（1）算术运算指令

加法指令：ADD；

减法指令：SUB；

乘法指令：MPY；

乘加指令：MAC；

乘减指令：MAS；

双数/双精度指令：DADD、DSUB；

特殊操作指令：ABDST、SQDST。

（2）逻辑运算指令

与指令：AND；

或指令：OR；

异或指令：XOR；

移位指令：ROL；

测试指令：BITF。

（3）程序控制指令

分支指令：B、BC；

调用指令：CALL；

返回指令：RET；

中断指令：INTR、TRAP；

重复指令：RPT；

堆栈操作指令：FRAME、POP；

其他程序控制指令：IDLE。

（4）存储和装载指令

存储指令：ST；

装载指令：LD；

条件存储指令：CMPS；

并行装载和存储指令：LD‖ST；

并行读取和乘法指令：LD‖MAC；

并行存储和乘法指令：ST‖MAC；

并行存储和加减指令：ST‖ADD、ST‖SUB；

其他存储和装载指令：MVDD、PORTW、READA。

6.3.3 C5000 常用伪指令

① 段定义伪指令

.bss：为未知初始化的变量预留空间；

.data：用于初始化数据的空间；

.sect：定义初始化的命名段；

.text：可执行代码段；

.usect：在一个未初始化的与命名段中为变量保留空间。

② 常数初始化伪指令 .bes、.space.byte、.int、.word、.float、.xfloat、.long、.xlong、.string、.pstring、.field。

③ 段程序计数器定位指令 .align。

④ 输出列表指令 .drlist、.drnolist。

⑤ 引用文件伪指令 .copy、.include、.def、.global、.ref、.mlib。

⑥ 条件编译指令 .if、.elseif、.else、.endif、.loop。

⑦ 符号定义伪指令 .arg、.eval。

⑧ 其他 .end、.mmregs、.version。

6.4 C6000 指令结构

C6000 和 C5000 的指令系统大同小异，由于 C6000 系列还分定点和浮点两种 DSP，两者的指令系统还有些区别。

6.4.1 C6000 系列的基本寻址方式

C6000 全部采用间接寻址，所有寄存器都可以做寻址的地址指针。A4～A7、B4～B78 个寄存器还可作为循环寻址的指针。寻址模式寄存器 AMR 用于控制地址修改方式，指定是采用线性方式还是循环方式。例如：用汇编程序设置循环方式寻址，步骤为：

```
MVK      .S1    0001h，A2
MVKLH    .S1    0003h，A2
MVC      .S2X   A2，AMR
```

上述汇编程序段将 A4 寄存器设置成循环寻址方式，用 BK0 定义块尺寸为 16 字节。

6.4.2 C6000 常用指令集

（1）有符号数加减运算

操作数为整型（32 位）或长整型（40 位）加减运算：ADD、SUB；

操作数为半字（16 位）加减运算：ADD2、SUB2。

无符号数加减运算：ADDU、SUBU；

带饱和的有符号数加减运算：SADD、SSUB；

与 16 位常数进行加法运算：ADDK。

（2）整数乘法指令

MPY、MPYU、MPYUS、MPYSU、MPYHL、MPYHLU、MPYHULS、MPYH-SLU、MPYLH、MPYLHU、MPYLUHS、MPYLSHU。

（3）逻辑及位域操作指令

① 逻辑运算指令　AND、OR、XOR、NEG。

② 移位指令　SHL（算术左移指令）；SHR（算术右移指令）；SHRU（逻辑右移、无符号扩展右移，最高位填 0）；SSHL（带饱和的算术左移指令）。

③ 程序转移类指令

B（.S）　Label：用标号 Label 表示目标地址；

B（.S2）　Src2：用寄存器表示目标地址；

B（.S2）　IRP：从可屏蔽中断寄存器读取目标地址；

B（.S2）　NRP：从不可屏蔽中断寄存器读取目标地址。

④ 浮点运算指令

单/双精度浮点加减运算指令：ADDDP、ADDSP、SUBSP、SUBDP；

数据类型转换指令：SPDP、DPINT、DPSP、INTDP、INTDPU、INTSP、INTSPU、SPINT、SPTRUNC；

浮点乘法及 32 位整数乘法指令：MPYSP、MPYDP、MPYI、MPYID；

特殊的浮点运算指令：ABSSP、ABSDP、RCPSP、RCPDP、RSQRSP、RSQRDP；

单/双精度浮点数的比较判决指令：CMPGTSP、CMPEQSP、CMPLTSP、CMPGT-DP、CMPEQDP、CMPLTDP；

双精度数据的读取/存储指令：LDDW、STDW。

6.5 详细指令集

上一节中，简单介绍了 TI 公司 3 个主要系列 DSP 的指令系统，本小节中，以 C54x型 DSP 为例，详细介绍其常用指令集以及句法，具体见表 6-1～表 6-26。其他型号 DSP的指令集可能大同小异，具体以 TI 公司提供的手册为准。这部分内容，可以供用户作为汇编语言编程时的查询依据。

（1）算术运算相关指令

① 加法指令

表 6-1　加法指令

句法	表达式	说明	字数	周期
ADD Smem,src	src＝src＋Smem	操作数加到累加器	1	1
ADD Smem,TS,src	src＝src＋Smem＜＜TS	操作数移位后加到累加器	1	1
ADD Smem,16,src[,dst]	dst＝src＋Smem＜＜16	操作数左移 16 位加到累加器	1	1
ADD Smem[,SHIFT],src[,dst]	dst＝src＋Smem＜＜SHIFT	操作数移位后加到累加器	2	2
ADD Xmem,SHFT,src	src＝src＋Xmem＜＜SHFT	操作数移位后加到累加器	1	1
ADD Xmem,Ymem,dst	dst＝Xmem＜＜16＋Ymem＜＜16	两个操作数分别左移 16bit 后加到累加器	1	1
ADD ♯1k[,SHFT],src[,dst]	dst＝src＋♯1k＜＜SHFT	长立即数移位后加到累加器	2	2
ADD ♯1k,16,src[,dst]	dst＝src＋♯1k＜＜16	长立即数左移 16bit 后加到累加器	2	2
ADD src,[,SHIFT][,dst]	dst＝dst＋src＜＜SHIFT	累加器移位后相加	1	1
ADD src,ASM[,dst]	dst＝dst＋src＜＜ASM	累加器按 ASM 移位后相加	1	1
ADDC Smem,src	src＝src＋Smem＋C	操作数带进位加到累加器	1	1
ADDM ♯1k,Smem	Smem＝Smem＋♯1k	长立即数加到存储器	2	2
ADDS Smem,src	src＝src＋uns(Smem)	符号位不扩展的加法	1	1

② 减法指令

表 6-2　减法指令

句法	表达式	说明	字数	周期
SUB Smem,src	src＝src－Smem	从累加器中减去操作数	1	1
SUB Smem,TS,src	src＝src－Smem＜＜TS	从累加器中减去移位后的操作数	1	1
SUB Smem,16,src[,dst]	dst＝src－Smem＜＜16	从累加器中减去左移 16bit 后的操作数	1	1

续表

句法	表达式	说明	字数	周期
SUB Smem[,SHIFT],src[,dst]	dst=src-Smem<<SHIFT	操作数移位后与累加器相减	2	2
SUB Xmem,SHFT,src	src=src-Xmem<<SHFT	操作数移位后与累加器相减	1	1
SUB Xmem,Ymem,dst	dst=Xmem<<16-Ymem<<16	两个操作数分别左移 16bit 后相减	1	1
SUB #1k[,SHFT],src[,dst]	dst=src-#1k<<SHFT	长立即数移位后与累加器相减	2	2
SUB #1k,16,src[,dst]	dst=src-#1k<<16	长立即数左移 16bit 后与累加器相减	2	2
SUB src[,SHIFT][,dst]	dst=dst-src<<SHIFT	源累加器移位后与目标累加器相减	1	1
SUB src,ASM[,dst]	dst=dst-src<<ASM	源累加器按 ASM 移位后与目标累加器相减	1	1
SUBB Smem,src	src=src-Smem-$\overline{C}$	从累加器中带借位减操作数	1	1

SUBC Smem,src	If(src-Smem<<15)≥0
	src=(src-Smem<<15)<<1+1
	Else
	src=src<<1
		有条件减法	1	1

SUBS Smem,src	src=src-uns(Smem)	符号位不扩展的减法	1	1

③ 乘法指令

表 6-3 乘法指令

句法	表达式	说明	字数	周期
MPY Smem,dst	dst=T*Smem	T 寄存器的值与操作数相乘	1	1
MPYR Smem,dst	dst=rnd(T*Smem)	T 寄存器的值与操作数相乘(带舍入)	1	1
MPY Xmem,Ymem,dst	dst=Xmem*Ymem,T=Xmem	两个操作数相乘	1	1
MPY Smem,#1k,dst	dst=Smem*#1k,T=Smem	长立即数与操作数相乘	2	2
MPY #1k,dst	dst=T*#1k	长立即数与 T 寄存器的值相乘	2	2
MPYA dst	dst=T*A(32~16)	T 寄存器的值与累加器 A 高位相乘	1	1
MPYA Smem	B=Smem*A(32~16),T=Smem	操作数与累加器 A 高位相乘	1	1
MPYU Smem,dst	dst=uns(T)*uns(Smem)	无符号数乘法	1	1
SQUR Smem,dst	dst=Smem*Smem,T=Smem	操作数的平方	1	1
SQUR A,dst	dst=A(32~16)*A(32~16)	累加器 A 高位的平方	1	1

④ 乘法累加/减指令

表 6-4 乘法累加/减指令

句法	表达式	说明	字数	周期
MAC Smem,src	src=src+T*Smem	操作数与 T 寄存器的值相乘后加到累加器	1	1
MAC Xmem,Ymem,src[,dst]	dst=src+Xmern*Ymem,T=Xmem	两个操作数相乘后加到累加器	1	1

句法	表达式	说明	字数	周期
MAC ♯lk,src[,dst]	dst=src+T*♯lk	长立即数与T寄存器值相乘后加到累加器	2	2
MAC Smem,♯lk,src[,dst]	dst=src+Smem*♯lk,T=Smem	长立即数与操作数相乘后加到累加器	2	2
MACR Smem,src	dst=rnd(src+T*Smem)	操作数与T寄存器的值相乘后加到累加器(带舍入)	1	1
MACR Xmem,Ymem,src[,dst]	dst=rnd(src+Xmem*Ymem),T=Xmem	两个操作数相乘后加到累加器(带舍入)	1	1
MACA Smem[,B]	B=B+Smem*A(32~16),T=Smem	操作数与累加器A高位相乘后加到累加器B	1	1
MACA T,src[,dst]	dst=src+T*A(32~16)	T寄存器的值与累加器A高位相乘	1	1
MACAR Smem[,B]	B=rnd(B+Smem*A(32~16)),T=Smem	T寄存器的值与累加器A高位相乘后加到累加B(带舍入)	1	1
MACAR T,src[,dst]	dst=rnd(src+T*A(32~16))	累加器A高位与T寄存器的值相乘后再与源累加器相加(带舍入)	1	1
MACD Smem,pmad,src	src=src+Smem*pmad,T=Smem,(Smem+1)=Smem	操作数与程序存储器值相乘后累加并延迟	2	3
MACP Smem,pmad,src	src=src+Smem*pmad,T=Smem	操作数与程序存储器值相乘后加到累加器	2	3
MACSU Xmem,Ymem,src	src=src+uns(Xmem)*Ymem,T=Xmem	元符号数与有符号数相乘后加到累加器	1	1
MAS Smem,src	src=src−T*Smem	从累加器中减去T寄存器的值与操作数的乘积	1	1
MASR Xmem,Ymem,src[,dst]	dst=rnd(src−Xmem*Ymem),T=Xmem	从累加器中减去两操作数的乘积(带舍入)	1	1
MAS Xmem,Ymem,src[,dst]	dst=src−Xmem*Ymem,T=Xmem	从源累加器中减去两操作数的乘积	1	1
MASR Smem,src	src=rnd(src−T*Smem)	从累加器中减去T寄存器的值与操作数的乘积(带舍入)	1	1
MASA Smem[,B]	B=B−Smem*A(32~16),T=Smem	从累加器B中减去操作数与累加器A高位的乘积	1	1
MASA T,src[,dst]	dst=src−T*A(32~16)	从源累加器中减去T寄存器的值与累加器A高位的乘积	1	1
MASAR T,src[,dst]	dst=rnd(src−T*A(32~16))	从源累加器中减去T寄存器的值与累加器A高位的乘积(带舍入)	1	1
SQURA Smem,src	src=src+Smem*Smem,T=Smem	操作数平方后再累加	1	1
SQURS Smem,src	src=src−Smem*Smem,T=Smem	从累加器中减去操作数的平方	1	1

⑤ 双精度(32位操作数)指令

表6-5 双精度（32位操作数）指令

句法	表达式	说明	字数	周期
DADD Lmem,src[,dst]	If C16=0 dst=Lmem+src If C16=1 dst(39~16)=Lmem(31~16)+src(31~16) dst(15~0)=Lmem(15~0)+src(15~0)	双精度/双16bit数加到累加器	1	1

续表

句法	表达式	说明	字数	周期
DADST Lmem,dst	If C16=0 dst=Lmem+(T<<16+T) If C16=1 dst(39~16)=Lmem(31~16)+T dst(15~0)=Lmem(15~0)−T	双精度/双16bit数与T寄存器的值相加/减	1	1
DRSUB Lmem,src	If C16=0 src=Lmem−src If C16=1 src(39~16)=Lmem(31~16)−src(31~16) src(15~0)=Lmem(15~0)−src(15~0)	双精度/双16bit数减去累加器值	1	1
DSADT Lmem,dst	If C16=0 dst=Lmem−(T<<16+T) If C16=1 dst(39~16)=Lmem(31~16)−T dst(15~0)=Lmem(15~0)+T	长操作数与T寄存器的值相加/减	1	1
DSUB Lmem,src	If C16=0 src=src−Lmem If C16=1 src(39~16)=src(31~16)−Lmem(31~16) src(15~0)=src(15~0)−Lmem(15~0)	从累加器中减去双精度/双16bit数	1	1
DSUBT Lmem,dst	If C16=0 dst=Lmem−(T<<16+T) If C16=1 dst(39~16)=Lmem(31~16)−T dst(15~0)=Lmem(15~0)−T	从长操作数中减去T寄存器值	1	1

⑥ 专用指令

表6-6 专用指令

句法	表达式	说明	字数	周期
ABDST Xmem,Ymem	B=B+|A(32~16)|,A=(Xmem−Ymem)<<16	X和Y绝对距离	1	1
ABS src[,dst]	dst=|src|	累加器取绝对值	1	1
CMPL src[,dst]	dst=$\overline{src}$	累加器取反	1	1
DELAY Smem	(Smem+1)=Smem	存储器单元延迟	1	1
EXP src	T=number of sign bits(src)−8	累加器的指数	1	1
FIRS Xmem,Ymem,pmad	B=B+A*pmad,A=(Xmem+Ymem)<<16	对称FIR滤波	2	3
LMS Xmem,Ymem	B=B+Xmem*Ymem,A=(A+Xmem<<16)+215	最小均方值	1	1
MAX dst	dst=max(A,B)	累加器(AB)最大值	1	1
MIN dst	dst=min(A,B)	累加器(AB)最小值	1	1
NEG src[,dst]	dst=−src	累加器变负	1	1
NORM src[,dst]	dst=src<<TS,dst=norm(src,TS)	归一化	1	1
POLY Smem	B=Smem<<16,A=rnd(A*T+B)	求多项式的值	1	1

句法	表达式	说明	字数	周期
RND src[,dst]	dst=src+215	累加器舍入运算	1	1
SAT src	saturate(src)	累加器饱和运算	1	1
SQDST Xmem,Ymem	B=B+A(32~16)* A(32~16) A=(Xmem－Ymem)<<16	距离的平方	1	1

（2）逻辑运算指令

① 与逻辑运算指令

表 6-7　与逻辑运算指令

句法	表达式	说明	字数	周期
AND Smem,src	src=src&Smem	操作数和累加器相与	1	1
AND ♯1k[,SHFT],src[,dst]	dst=src&♯1k<<SHFT	长立即数移位后和累加器相与	2	2
AND ♯1k,16,src[,dst]	dst=src&♯1k<<16	长立即数左移 16bit 后和累加器相与	2	2
AND src[,SHIFT][,dst]	dst=dst&src<<SHIFT	源累加器移位后和目的累加器相与	1	1
ANDM ♯1k,Smem	Smem=Smem&♯1k	操作数和长立即数相与	2	2

② 或逻辑运算指令

表 6-8　或逻辑运算指令

句法	表达式	说明	字数	周期
OR Smem	src=src|Smem	操作数和累加器相或	1	1
OR ♯1k[,SHFT],src[,dst]	dst=src|♯1k<<SHFT	长立即数移位后和累加器相或	2	2
OR ♯1k,16,src[,dst]	dst=src|♯1k<<16	长立即数左移 16bit 后和累加器相或	2	2
OR src[,SHIFT][,dst]	dst=dst|src<<SHIFT	源累加器移位后和目的累加器相或	1	1
ORM ♯1k,Smem	Smem=Smem|♯1k	操作数和长立即数相或	2	2

③ 异或逻辑运算指令

表 6-9　异或逻辑运算指令

句法	表达式	说明	字数	周期
XOR Smem,src	src=src∧Smem	操作数和累加器相异或	1	1
XOR ♯1k,[,SHFT],src[,dst]	dst=src∧♯1k<<SHFT	长立即数移位后和累加器相异或	2	2
XOR ♯1k,16,src[,dst]	dst=src∧♯1k<<16	长立即数左移 16bit 后和累加器相异或	2	2
XOR src[,SHIFT][,dst]	dst=dst∧src<<SHIFT	源累加器移位后和目的累加器相异或	1	1
XORM ♯1k,Smem	Smem=Smem∧♯1k	操作数和长立即数相异或	2	2

④ 移位指令

表 6-10　移位指令

句法	表达式	说明	字数	周期
ROL src	Rotate left with carry in	累加器经进位位循环左移	1	1
ROLTC src	Rotate left with TC in	累加器经 TC 位循环左移	1	1
ROR src	Rotate right with carry in	累加器经进位位循环右移	1	1
SFTA src,SHIFT[,dst]	dst=src<<SHIFT{arithmetic shift}	累加器算术移位	1	1
SFTC src	if src(31)=src(30)then src=src<<1	累加器条件移位	1	1
SFTL src,SHIFT[,dst]	dst=src<<SHIFT{logical shift}	累加器逻辑移位	1	1

⑤ 测试指令

表 6-11　测试指令

句法	表达式	说明	字数	周期
BIT Xmem,BITC	TC=Xmem(15~BITC)	测试指定位	1	1
BITF Smem,#1k	TC=(Smem&#1k)	测试由立即数规定的位域	2	2
BITT Smem	TC=Smem(15~T(3~O))	测试由 T 寄存器指定的位	1	1
CMPM Smem,#1k	TC=(Smem==#1k)	存储单元与长立即数比较	2	2
CMPR CC,ARx	Compare ARx with AR0	辅助寄存器 ARx 与 ARO 比较	1	1

(3) 程序控制指令

① 分支转换指令

表 6-12　分支转换指令

句法	表达式	说明	字数	周期
B[D] pmad	PC=pmad(15~0)	无条件分支转移	2	4/2
BACC[D] src	PC=src(15~0)	按累加器规定的地址转移	1	6/4
BANZ[D] pmad,Sind	if(Sind≠0) then PC=pmad(15~0)	辅助寄存器不为 0 就转移	2	4/2
BC[D] pmad,cond[,cond[,cond]]	if(cond(s)) then PC=pmad(15~0)	条件分支转移	2	5/3
FB[D] extpmad	PC=pmad(15~0), XPC=pmad(22~16)	无条件远程分支转移	2	4/2
FBACC[D] src	PC=src(15~0),XPC=src(22~16)	按累加器规定的地址远程分支转移	1	6/4

② 调用指令

表 6-13　调用指令

句法	表达式	说明	字数	周期
CALA[D]src	−SP=PC,PC=src(15~0)	按累加器规定的地址调用子程序	1	6/4
CALL[D] pmad	−SP=PC,PC=pmad(15~0)	无条件调用子程序	2	4/2

句法	表达式	说明	字数	周期
CC［D］pmad,cond［,cond［,cond］］	if(cond(s))then−SP＝PC,PC＝pmad(15〜0)	有条件调用子程序	2	5/3
FCALA［D］src	−SP＝PC,−SP＝XPC,PC＝src(15〜0),XPC＝src(22〜16)	按累加器规定的地址远程调用子程序	1	6/4
FCALL［D］extpmad	−SP＝PC,−SP＝XPC,PC＝pmad(15〜0),XPC＝pmad(22〜16)	无条件远程调用子程序	2	4/2

③ 中断指令

表6-14 中断指令

句法	表达式	说明	字数	周期
INTR K	−SP＝PC,PC＝IPTR(15〜7)＋K<<2,INTM＝1	不可屏蔽的软件中断,关闭其他可屏蔽中断	1	3
TRAP K	−SP＝PC,PC＝IPTR(15〜7)＋K<<2	不可屏蔽的软件中断,不影响INTM位	1	3

④ 返回指令

表6-15 返回指令

句法	表达式	说明	字数	周期
FRET［D］	XPC＝SP＋＋,PC＝SP＋＋	远程返回	1	6/4
FRETE［D］	XPC＝SP＋＋,PC＝SP＋＋,INTM＝0	开中断,从远程中断返回	1	6/4
RC［D］cond［,cond［,cond］］	if(cond(s)) then PC＝SP＋＋	条件返回	1	5/3
RET［D］	PC＝SP＋＋	返回	1	5/3
RETE［D］	PC＝SP＋＋,INTM＝0	开中断,从中断返回	1	5/3
RETF［D］	PC＝RTN,SP＋＋,INTM＝0	开中断,从中断快速返回	1	3/1

⑤ 重复指令

表6-16 重复指令

句法	表达式	说明	字数	周期
RPT Smem	Repeat single,RC＝Smem	重复执行下条指令(Smem)＋1次	1	1
RPT ♯K	Repeat single,RC＝♯K	重复执行下条指令 K＋1次	1	1
RPT ♯1k	Repeat single,RC＝♯1k	重复执行下条指令 1k＋1次	2	2
RPTB［D］pmad	Repeat block,RSA＝PC＋2[4♯],REA＝pmad−1	块重复指令	2	4/2
RPTZ dst,♯1k	Repeat single,RC＝♯1k,dst＝0	重复执行下条指令,累加器清0	2	2

⑥ 堆栈管理指令

表 6-17　堆栈管理指令

句法	表达式	说明	字数	周期
FRAME K	SP=SP+K,−128≤K≤127	堆栈指针偏移一个立即数值	1	1
POPD Smem	Smem=SP++	将数据从堆栈顶弹出至数据存储器	1	1
POPM MMR	MMR=SP++	将数据从堆栈顶弹出至 MMR	1	1
PSHD Smem	−SP=Smem	将数据压入堆栈	1	1
PSHM MMR	−SP=MMR	将 MMR 压入堆栈	1	1

⑦ 其他程序控制指令

表 6-18　其他程序控制指令

句法	表达式	说明	字数	周期
IDLE K	idle(K),1≤K≤3	保持空转状态,直到中断发生	1	4
MAR Smem	If CMPT=0,then modify ARx, ARP is unchanged If CMPT=1 and ARx≠AR0,then modify ARx, ARP=x If CMPT=1 and ARx=AR0,then modify AR(ARP), ARP is unchanged	修改辅助寄存器	1	1
NOP	no operation	空操作	1	1
RESET	software reset	软件复位	1	3
RSBX N,SBIT	STN(SBIT)=0	状态寄存器位复位	1	1
SSBX N,SBIT	STN(SBIT)=1	状态寄存器位置位	1	1
XC n,cond[,cond[,cond]]	If(cond(s)) then execute the next n instructions; n=1or2	有条件执行	1	1

（4）加载和存储指令

① 加载指令

表 6-19　加载指令

句法	表达式	说明	字数	周期
DLD Lmem,dst	dst=Lmem	双精度/双 16bit 长字加载到累加器	1	1
LD Smem,dst	dst=Smem	将操作数加载到累加器	1	1
LD Smem,TS,dst	dst=Smem<<TS	操作数按 TREG(5～0)移位后加载到累加器	1	1
LD Smem,16,dst	dst=Smem<<16	操作数左移 16bit 后加载累加器	1	1
LD Smem[,SHIFT],dst	dst=Smem<<SHIFT	操作数移位后加载到累加器	2	2
LD Xmem,SHFT,dst	dst=Xmem<<SHFT	操作数移位后加载到累加器	1	1
LD ♯K,dst	dst=♯K	短立即数加载到累加器	1	1
LD ♯1k[,SHFT],dst	dst=♯1k<<SHFT	长立即数移位后加载到累加器	2	2
LD ♯1k,16,dst	dst=♯1k<<16	长立即数左移 16 位后加载到累加器	2	2
LD src,ASM[,dst]	dst=src<<ASM	源累加器 ASM 移位后加载到目的累加器	1	1

句法	表达式	说明	字数	周期
LD src[,SHIFT][,dst]	dst＝src＜＜SHIFT	源累加器移位后加载到目的累加器	1	1
LD Smem,T	T＝Smem	操作数加载到 T 寄存器	1	1
LD Smem,DP	DP＝Smem(8～0)	9 位操作数加载到 DP	1	3
LD ♯k9,DP	DP＝♯k9	9 位立即数加载到 ARP	1	1
LD ♯k5,ASM	ASM＝♯k5	5 位立即数加载到 ASM	1	1
LD ♯k3,ARP	ARP＝♯k3	3 位立即数加载到 ARP	1	1
LD Smem,ASM	ASM＝Smem(4～0)	5 位操作数加载到 ASM	1	1
LDM MMR,dst	dst＝MMR	将 MMR 加载到累加器	1	1
LDR Smem,dst	dst(31～16)＝rnd(Smem)	操作数舍入加载到累加器高位	1	1
LDU Smem,dst	dst＝uns(Smem)	无符号操作数加载累加器	1	1
LTD Smem	T＝Smem,(Smem+1)＝Smem	操作数加载到 T 寄存器并延迟	1	1

② 存储指令

表 6-20　存储指令

句法	表达式	说明	字数	周期
DST src,Lmem	Lmem＝src	累加器值存到长字单元中	1	2
ST T,Smem	Smem＝T	存储 T 寄存器的值	1	1
ST TRN,Smem	Smem＝TRN	存储 TRN 寄存器的值	1	1
ST ♯1k,Smem	Smem＝♯1k	存储长立即数	2	2
STH src,Smem	Smem＝src(31～16)	存储累加器高位	1	1
STH src,ASM,Smem	Smem＝src(31～16)＜＜(ASM)	累加器高位按 ASM 移位后存储	1	1
STH src,SHFT,Xmem	Xmem＝src(31～16)＜＜(SHFT)	累加器高位移位后存储	1	1
STH src[,SHIFT],Smem	Smem＝src(31～16)＜＜(SHIFT)	累加器高位移位后存储	2	2
STL src,Smem	Smem＝src(15～0)	存储累加器低位	1	1
STL src,ASM,Smem	Smem＝src(15～0)＜＜ASM	累加器低位按 ASM 移位后存储	1	1
STL src,SHFT,Xmem	Xmem＝src(15～0)＜＜SHFT	累加器低位移位后存储	1	1
STL src[,SHIFT],Smem	Smem＝src(15～0)＜＜SHIFT	累加器低位移位后存储	2	2
STLM src,MMR	MMR＝src(15～0)	累加器低位存到 MMR	1	1
STM ♯lk,MMR	MMR＝♯lk	长立即数存到 MMR	2	2

③ 条件存储指令

表 6-21　条件存储指令

句法	表达式	说明	字数	周期
CMPS src,Smem	If src(31～16)＞src(15～0) then Smem＝src(31～16) If src(31～16)≤src(15～0) then Smem＝src(15～0)	比较选择并存储最大值	1	1

句法	表达式	说明	字数	周期
SACCD src,Xmem,cond	If(cond) Xmem=src<<(ASM—16)	有条件存储累加器值	1	1
SRCCD Xmem,cond	If(cond) Xmem=BRC	有条件存储块重复计数器	1	1
STRCD Xmem,cond	If(cond) Xmem=T	有条件存储 T 寄存器的值	1	1

④ 并行加载和存储指令

表 6-22　并行加载和存储指令

句法	表达式	说明	字数	周期
ST src,Ymem ‖ LD Xmem,dst	Ymem=src<<(ASM~16) ‖ dst=Xmem<<16	存储累加器并行加载累加器	1	1
ST src,Ymem ‖ LD Xmem,T	Ymem=src<<(ASM~16) ‖ T=Xmem	存储累加器并行加载 T 寄存器	1	1

⑤ 并行加载和乘法指令

表 6-23　并行加载和乘法指令

句法	表达式	说明	字数	周期
LD Xmem,dst ‖ MAC Ymem,dst_	dst=Xmem<<16 ‖ dst_=dst_+T* Ymem	加载累加器并行乘法累加运算	1	1
LD Xmem,dst ‖ MACR Ymem,dst_	dst=Xmem<<16 ‖ dst_=rnd(dst_+T* Ymem)	加载累加器并行乘法累加运算(带舍入)	1	1
LD Xmem,dst ‖ MAS Ymem,dst_	dst=Xmem<<16 ‖ dst_=dst__T* Ymem	加载累加器并行乘法减法运算	1	1
LD Xmem,dst ‖ MASR Ymem,dst_	dst=Xmem<<16 ‖ dst_=rnd(dst_T* Ymem)	加载累加器并行乘法减法运算(带舍入)	1	1

⑥ 并行存储和加/减法指令

表 6-24　并行存储和加/减法指令

句法	表达式	说明	字数	周期
ST src,Ymem ‖ ADD Xmem,dst	Ymem=src<<(ASM~16) ‖ dst=dst_+Xmem<<16	存储累加器值并行加法运算	1	1
ST src,Ymem ‖ SUB Xmem,dst	Ymem=src<<(ASM~16) ‖ dst=(Xmem<<16)−dst_	存储累加器值并行减法运算	1	1

⑦ 并行存储和乘法指令

表 6-25　并行存储和乘法指令

句法	表达式	说明	字数	周期
ST src,Ymem ‖ MAC Xmem,dst	Ymem=src<<(ASM~16) ‖ dst=dst+T* Xmem	存储累加器并行乘法累加运算	1	1
ST src,Ymem ‖ MACR Xmem,dst	Ymem=src<<(ASM~16) ‖ dst=rnd(dst+T* Xmem)	存储累加器并行乘法累加运算(带舍入)	1	1
ST src,Ymem ‖ MAS Xmem,dst	Ymem=src<<(ASM~16) ‖ dst=dst—T* Xmem	存储累加器并行乘法减法运算	1	1

句法	表达式	说明	字数	周期
ST src, Ymem ‖ MASR Xmem, dst	Ymem＝src＜＜(ASM～16) ‖ dst＝rnd(dst－T*Xmem)	存储累加器并行乘法减法运算(带舍入)	1	1
ST src, Ymem ‖ MPY Xmem, dst	Ymem＝src＜＜(ASM～16) ‖ dst＝T*Xmem	存储累加器并行乘法运算	1	1

⑧ 其他加载和存储指令

表 6-26　其他加载和存储指令

句法	表达式	说明	字数	周期
MVDD Xmem, Ymem	Ymem＝Xmem	数据存储器内部传送数据	1	1
MVDK Smem, dmad	dmad＝Smem	数据存储器内部指定地址传送数据	2	2
MVDM dmad, MMR	MMR＝dmad	数据存储器向 MMR 传送数据	2	2
MVDP Smem, pmad	pmad＝Smem	数据存储器向程序存储器传送数据	2	4
MVKD dmad, Smem	Smem＝dmad	数据存储器内部指定地址传送数据	2	2
MVMD MMR, dmad	dmad＝MMR	MMR 向指定地址传送数据	2	2
MVMM MMRx, MMRy	MMRy＝MMRx	MMRx 向 MMRy 传送数据	1	1
MVPD pmad, Smem	Smem＝pmad	程序存储器向数据存储器传送数据	2	3
PORTR PA, Smem	Smem＝PA	从 PA 口读入数据	2	2
PORTW Smem, PA	PA＝Smem	向 PA 口输出数据	2	2
READA Smem	Smem＝Pmem(A)	按累加器 A 寻址读程序存储器并存入数据存储器	1	5
WRITA Smem	Pmem(A)＝Smem	将数据按累加器 A 寻址写入程序存储器	1	5

6.6　DSP 的 C 语言开发

上面各章节中，使用的都是汇编语言，但实际 DSP 开发中，使用 C 语言编程，或者 C 语言与汇编语言混合编程，更为便捷和直观。

6.6.1　简介

在 TI 公司的 DSP 软件开发平台 CCS 中，提供了优化的 C 编译器，可对 C 语言编写的程序进行优化编译，以提高程序效率，目前在某些应用中 C 语言优化编译的结果可以达到手工编写的汇编语言效率的 90% 以上。事实上，程序员即使使用汇编语言编程，由于经验和熟练程度等原因，编写出程序的效率还比不上直接用 C 语言编写的程序。DSP 生产厂商和相关公司在不断对 C 优化编译器进行改进设计，相信日后 C 语言程序优化编译还会有进一步提高。

DSP 的 C 语言和 PC 主机上常用的 C 语言还是有一些区别，主要表现如下。

① DSP 的 C 语言是标准的 ANSIC，它不包括同外设联系的扩展部分，如屏幕绘图等。但在 CCS 中，为了方便调试，可以将数据通过 printf 命令虚拟输出到主机的屏幕上。

② DSP 的 C 语言的编译过程为，C 编译为 ASM，再由 ASM 编译为 OBJ。因此 C 和 ASM 的对应关系非常明确，非常便于人工优化。

③ DSP 的代码需要绝对定位，主机的 C 的代码有操作系统定位。

④ DSP 的 C 的效率较高，非常适合于嵌入系统。

DSP 的 C 语言程序设计内容相当丰富，不同型号 DSP 由于 CPU 结构、总线宽度等有所不同，涉及到的 C 编程还有细小区别，限于篇幅原因，本书以 C2000 型 DSP 为例，选择最常用的内容进行介绍。

6.6.2 DSP C 语言数据类型

DSP C 语言的数据类型和 PC 机上的数据类型大同小异，需要注意的是数据长度有不同。比较常见的数据类型如表 6-27 所示。

表 6-27 **DSP C 语言数据类型**

类型	长度/位	最小值	最大值
char	16	−32678	32678
short	16	−32678	32678
int	16	−32678	32678
long	32	−2147483648	2147483648
enum	16	−32678	32678
float	16	1.19E−38	3.40E+38
double	16	1.19E−38	3.40E+38
pointers	16	0	0xFFFF

如上表所示，在 16bit 的 DSP，如 TMS320C2x/C2xx/C5x 中，C 语言字节长度为 16 位，sizeof 操作符返回的对象长度是以 16 位为字节长度的字节数。

例如 sizeof(int)＝1。

6.6.3 寄存器变量

TMS320C2000 C 编译器在一个函数中最多可以使用两个寄存器变量。寄存器变量的声明必须在变量列表或函数的起始处进行。声明的格式为：

register type reg;

6.6.4 pragma 伪指令

pragma 伪指令用于通知编译器的预处理器如何处理函数。C2000 C 编译器支持的 pragma 伪指令包含 CODE_SECTION、DATA_SECTION、FUNC_EXT_CALLED。

（1）CODE_SECTION

该伪指令用于在程序空间为名称 section name 的段中为 symbol 分配空间，具体语法为：＃pragma CODE_SECTION（symbol，"section name"）;

（2）DATA_SECTION

该伪指令用于在数据空间为名称 section name 的段中为 symbol 分配空间。具体语法为：＃pragma DATA_SECTION（symbol，"section name"）;

（3）FUNC ＿ EXT ＿ CALLED

当用户使用-pm 选项时，CCS 编译器将使用程序级的优化，在这个优化层次中，编译器将删除所有未被 main 函数直接或间接调用的函数。

而用户程序里可能包含要被手工编写的汇编语言程序调用而没有被 main 函数调用的函数，这时就应该用 FUNC ＿ EXT ＿ CALLED 来通知编译器保留此函数和被此函数调用到的函数。该伪指令必须出现在对要保留的函数的任何声明或引用之前，其具体语法为：

＃pragma FUNC ＿ EXT ＿ CALLED（func）；

6.6.5　ASM 语句

ASM 语句主要用于实现一些 C 语言难以实现或实现起来比较麻烦的硬件控制功能。

ASM 语句在语法上就像是调用一个函数名为 ASM 的函数，函数参数是一个字符串，例如：ASM（"MVKD SAMPLE, *AR5"）；

CCS 编译器会直接将参数字符串编译为汇编语言程序，因此必须保证参数双引号之间的字符串是一个有效的汇编语言指令。

6.6.6　I/O 空间访问

I/O 空间操作是 DSP 的 C 语言对标准 C 的扩展，具体方式是利用关键字 ioport 来实现。该关键字的格式为：

ioport type porthexnum；

① ioport 指示这是定义个端口变量的关键字。

② type（类型）必须是 char、short、int 或对应的无符号类型。

③ porthexnum 为定义的端口变量，格式必须是"port"后面跟一个 16 进制数。例如"port000F"表示访问地址为 0Fh 的 I/O 空间的变量。

利用 ioport 关键字定义的 I/O 端变量可以像一般变量一样进行赋值操作，例如：

ioport unsigned port20；/* 访问 I/O 空间 20h 的变量* /

｛...

port20＝a；　　　　/* 将 a 写到端口 20h* /

...

b＝port20；　　　　/* 从端口 20h 读入 b* /

...｝

端口变量可以像其他变量一样在表达式中使用。

6.6.7　数据空间访问

访问 DSP 数据空间地址不需要对要访问的单元预先定义，利用指针直接访问就可以了。具体方法如下：

* （unsigned int* ）0x2000＝a；　　　/* 将 a 的值写入数据空间 2000h 地址 * /

b＝* （unsigned int* ）0x2000；　　/* 读出数据空间 2000h 地址的值再赋给 b* /

6.6.8　中断服务函数

标准中断处理是指中断发生的时候会暂停当前正在执行的程序，中断实时性可以得到保证 DSP 如果采用 C 语言编写中断服务函数，有两种方法。

① 用关键字 intterupt（中断）来实现。语法为：interrupt void isr（void）；

② 任何名为 c_intd 的函数（d 为 0 到 9 的数），都被假定为一个中断程序，例如：void c_int1（void）；

中断服务函数必须注意以下问题。

• 中断处理函数必须是 void 类型，而且不能有任何输入参数。

• 多个中断可以共用一个中断服务函数，除了 c_int0。c_int0 是 DSP 软件开发平台 CCS 提供的一个保留的复位中断处理函数，不会被调用，也不需要保护任何寄存器。

• 中断服务函数可以和一般函数一样访问全局变量、分配局部变量和调用其他函数等。

• 要利用中断向量定义将中断服务函数入口地址放在中断向量处以使中断服务函数可以被正确调用。

• 中断服务函数要尽量短小，避免中断丢失、中断嵌套等问题。

6.6.9　初始化系统

C 程序开始运行时，必须首先初始化 C 语言的运行环境，完成这一功能可以通过 c_int0 函数。

c_int0 函数主要功能是复位中断，CCS 编译器会将这个函数的入口地址放置在复位中断向量处，因此该函数可以在初始化时被调用。

c_int0 函数在初始化 C 运行环境时主要完成以下工作：

• 为堆栈产生 .stack 段，并初始化；

• 从 .cinit 段将初始化数据复制到 .bss 段中相应的变量；

• 调用 main 函数，开始运行 C 程序。

非常便利的是，用户在设计应用程序时可以不用考虑上述问题，直接从 main 函数开始设计就可以了，c_int0 函数由 CCS 自己编译完成。

6.7　DSP 汇编语言/C 语言混合编程

C 语言可读性、可移植性好，程序修改、升级方便，但是针对 DSP 编程，C 语言在某些硬件控制功能就不如汇编语言灵活，程序实时性不理想，部分核心程序可能仍然需要利用汇编语言来实现。针对这种情况 C 语言与汇编语言混合编程就是一种很好的解决思路。上文中提到的 ASM 语句就是一种混合编程方法。实际上利用两种语言进行混合编程主要包含四种方式：

• C 程序调用汇编函数；

• 内嵌汇编语句；

• C 程序访问汇编程序变量；

• 修改 C 编译器输出。

6.7.1　混合编程环境设置

在进行 C 语言和汇编语言混合编程时，首先要做的是对程序运行环境进行设置，以保证 C 程序运行环境不会被汇编程序破坏，否则将难以保证 C 程序的正常执行。

（1）存储器设置

CCS 编译器一般将存储器分为程序存储器和数据存储器两个区域。其中程序存储器包含可执行的代码和常量、变量初值。数据存储器包含外部变量、静态变量和系统堆栈。

① 存储器段的分配　存储器段的分配如表 6-28 所示。

a. 已初始化的段：包含数据和代码。包括 . text、. cinit、. switch 等。

b. 未初始化的段：为全局变量和静态变量保留空间。包括 . bss、. stack、. system 等。用户可以利用上文提到的 CODE _ SECTION 和 DATA _ SECTION 伪指令来创建另外的段。

表 6-28　段的存储分配和页的指定

段	存储器	页
. text	ROM/RAM	0
. cinit	ROM/RAM	0
. switch	ROM/RAM	0
. const	ROM/RAM	1
. bss	RAM	1
. stack	RAM	1
. system	RAM	1

② 堆栈　CCS 编译器使用两个寄存器管理系统堆栈。

a. AR1：堆栈指针（SP，stack pointer），指向当前堆栈顶。

b. AR2：帧指针（FP，frame　pointer），指向当前帧的起始点。每一个函数都会在堆栈顶部建立一个新的帧，用来保存局部的或临时的变量。

CCS 编译器不会检查堆栈溢出情况，因此编写 DSP 程序和配置 DSP 存储器资源要注意防止堆栈溢出的发生。

（2）寄存器规则

寄存器规则对 CCS 编译器如何使用寄存器，以及寄存器在函数调用的过程中如何进行保护进行了严格规定，如表 6-29 所示。寄存器保护方式可分为两种。

a. 调用保存（save on call），调用其他函数的函数负责保存这些寄存器的内容。

b. 入口保存（save on entry），被调用的函数负责保存这些寄存器的内容。

表 6-29　寄存器的使用和保护

寄存器	用途	调用时是否保护
AR0	帧指针	YES
AR1	堆栈指针	YES
AR2	局部变量指针	NO
AR3～AR5	表达式运算	NO
AR6，AR7	寄存器变量	YES
ACC	表达式运算/返回值	NO

（3）函数结构和调用规则

① 函数调用　一个函数（调用者函数）在调用其他函数（子函数）时执行以下步骤。

a. 调用者函数将调用函数的参数以倒序压入堆栈（最右边声明的参数第一个压入堆栈，最左边的参数最后一个压入堆栈）。即函数调用时，最左边的参数放在栈顶单元。

b. 调用子函数。

c. 调用者函数假定当子函数执行完成返回时，ARP 将被置为 1。

d. 完成调用后，调用者函数将参数弹出堆栈。

② 被调函数响应

a. 将返回地址从硬件堆栈中弹出，压入软件堆栈。

b. 将 FP 压入软件堆栈。

c. 分配局部帧。

d. 如果函数修改了 AR6 和 AR7，则将它们压入堆栈，其他的任何寄存器可以不用保存，任意修改。

e. 实现函数功能。

f. 如果函数返回标量数据，将它放入累加器。

g. 将 ARP 设定为 AR1。

h. 如果保护了 AR6、AR7，恢复这两个寄存器。

i. 删除局部帧。

j. 恢复 FP。

k. 从软件堆栈中弹出返回地址并压入硬件堆栈。

l. 返回。

③ 被调用函数有三种特殊情况

a. 返回的是一个结构体。当函数的返回值为一个结构时，调用者函数负责分配存储空间，并将存储空间地址作为最后一个输入参数传递给被调用函数。被调用函数将要返回的结构拷贝到这个参数所指向的内存空间。

b. 不将返回地址移到软件堆栈中。当被调用函数不再调用其他函数，或者确定调用深度不会超过 8 级，可以不用将返回地址移动到软件堆栈。

c. 不分配局部帧。如果函数没有输入参数，不使用局部变量，就不需要修改 AR0（FP），因此也不需要对其进行保护。

④ C 语言调用汇编函数

a. 所有的函数，无论是 C 函数还是汇编语言函数，都必须遵循寄存器规则。

b. 必须保存被函数修改的任何专用寄存器，包括 AR0（FP）、AR1（SP）、AR6、AR7。如果正常使用堆栈，则不必明确保存 SP。也就是说，用户可以自由地使用堆栈，弹出被压入的所有内容。用户可以自由使用所有其他的寄存器，而不必保留它们的内容。

c. 如果改变了任何一个寄存器位域状态的假定值，则必须确保恢复其假定值。尤其注意 ARP 应该被指定为 AR1。

d. 中断子程序必须保存所有使用的寄存器。

e. 在从汇编语言中调用 C 函数时，将参数倒序压入堆栈，函数调用后弹出堆栈。

f. 调用 C 函数时，只有专用的寄存器内容被保留，C 函数可以改变其他任何寄存器的内容。

g. 函数必须返回累加器中的值。

h. 汇编模块使用 .cinit 段只能用于全局变量的初始化。boot.c 中的启动子程序假定 .cinit 段完全是由初始化表组成。在 .cinit 段中放入其他的信息会破坏初始化表而导致无法预知的后果。

i. 编译器将在所有的 C 语言对象标识符的开头添加下划线 "＿"。在 C 语言中和汇编语言都要访问的对象必须在汇编语言中以下划线 "＿" 作为前缀。例如，C 语言中名为 x 的对象在汇编语言中为 ＿x。仅在汇编语言模块中使用的对象可以使用不加下划线的标识符，不会和 C 语言中的标识符发生冲突。

j. 在 C 中被访问的任何汇编语言对象或在 C 中被调用的任何汇编语言函数必须在汇编代码中使用 .global 伪指令声明。这将声明该符号是外部的，允许链接器解决对它的引用。

6.7.2 内嵌汇编语句

上文提到的 asm 语句可以 C 语言中嵌入汇编语句，具体使用中有几点注意事项。

① asm 语句使用户可以访问某些用 C 语句不方便访问的硬件特性。

② 使用 asm 语句的时候，编译器不会对嵌入代码进行检查和分析。

③ 在 asm 语句中使用跳转语句或标记符（LABEL）可能会产生无法预知的结果。

④ 在 asm 语句中不要改变 C 变量的值，但可以读取任何变量的当前值。

⑤ 不要使用 asm 语句嵌入汇编伪指令。

⑥ asm 语句可以用于在编译器的输出代码中嵌入注释，方法是用星号（*）作为汇编代码的开头，如：asm（"＊＊＊＊＊＊this file is modified in 2013"）；

⑦ 在 C 中被访问的任何汇编语言对象或者在 C 中被调用的任何汇编语言函数必须在汇编代码中使用 .global 伪指令声明。

6.7.3 C 语言访问汇编程序变量

在程序设计时，有时候需要在 C 程序中访问汇编语言定义的变量，通常有两种方式。

（1）访问 .bss 块中的变量

用户可以将需要访问的变量定义在 .bss 块中，然后用 .golbal 修饰要访问的变量。在汇编语言中以下横线 "＿" 为前缀声明要访问的变量。这时，在 C 语言中将变量声明为外部变量（extern），就可以进行正常访问。例如：

C 程序：

```
extern int var;              //external variable
var＝5;
```

汇编程序：

```
.bss ＿var，1              ;; define a variable
.global ＿var             ;; set as a external variable
```

（2）访问非 .bss 块中的变量

如需要访问非 .bss 块中的变量，最常用的方法是在汇编语言中定义一个表，然后在 C 语言中通过指针来访问。

在 C 程序中将这个对象定义为外部对象（extern），并且对象名称不带下横线 "＿"

前缀，就可以对其进行正常访问。例如：

C 程序：

extern double sinewave [ ]；

double f；

f＝sinewave [2]；

汇编程序：

. global _ sinewave

. sect   "sinewave _ tab"

_ sinewave：

. double   0. 0

. double   0. 015

double   0. 022

······

6.8 要点与思考

① 指令系统既是编程时必需的工具，又是一种软件资源。指令系统往往反映了一款 DSP 的硬件资源有哪些，即这款 DSP 能做些什么操作。

② TI 公司的 3 款主流 DSP 的指令系统有很多相通的地方，用户可以认真学习某一款 DSP 的指令系统，遇到不同型号的 DSP 再阅读手册，区分其不一样的地方。

③ C 语言与汇编语言混合编程是 DSP 程序设计里面最常用的方法。建议读者认真掌握。

应用实例篇

从本章起，开始介绍 DSP 开发应用的具体实例。实例是学习 DSP 技术最便捷最直观的方法，同时又是解决 DSP 开发中遇到的实际问题的最佳途径。实例的选取，一般按照最常用、最典型的原则进行。因此，如果开发人员遇到相应问题暂时没有头绪，一般情况下直接参考对照的实例就可以解决问题。市面上有不少 DSP 学习的参考书籍，介绍了很多有用的实例。如果读者可以综合阅读，那么一定是有所裨益的。本书的实例选取采用了通用性和特殊性相结合的原则，既列举了 DSP 学习最基本、最应该掌握的实例，又列举了 DSP 开发中很重要，但其他参考书中往往没有介绍，或者介绍得不够详细的实例。

实施工作靠硬件
——基本DSP硬件平台搭建

本章要点

◆ DSP最小系统

◆ DSP与Flash存储器的接口

◆ DSP与SDRAM存储器的接口

7.1 概述

硬件是 DSP 应用的载体，而硬件设计是 DSP 系统设计的基础，精良的硬件设计是充分展现 DSP 特性的可靠保证，也是 DSP 应用系统设计成败的关键环节。

DSP 系统一般使用在实时性要求较高的场合，硬件、软件与具体应用密切结合。这就要求硬件系统的设计量体裁衣，尽可能简单、小巧，数据传输高速而流畅。

TI 公司及其 OEM 商针对 DSP 的典型应用领域提供了解决方案，推出了许多具有多种接口的 DSP 芯片，使得 DSP 不仅具有强大的计算功能，而且具有一定的控制功能，从而使得 DSP 具备了计算器和控制器的双重能力。在推出这些芯片的同时，还给出了参考设计，这对 DSP 系统的硬件设计具有很好的参考价值。读者应该借鉴这些参考设计，从而为自己的设计打下良好的基础。

然而，TI 的解决方案和参考设计并不能解决具体应用中的所有问题，对参考设计的修正或对其功能的扩展是不可避免的。因此，掌握 DSP 的硬件设计是 DSP 应用技术的需要。

DSP 最小系统设计是 DSP 硬件设计的基础。因此，在 7.2 节中讨论 DSP 的最小系统所需的基本电路设计，包括电源电路设计、复位和时钟电路设计、JTAG 调试接口设计等。

在大多数 DSP 应用系统中，应用程序驻留在系统的掉电保持存储器中，如 EPROM、Flash 等，DSP 本身并没有这些存储器，因此需要扩展程序存储器。此外，为了提供程序的运行速度，通常将应用程序加载到片内 RAM 中执行，而 DSP 的片内存储器并不富裕，可能需要扩展外部的数据存储器，以便为应用程序的运行留出更多的片内 RAM。因此，存储器扩展也是 DSP 硬件设计的重要环节。在进行存储器扩展设计时，必须仔细了解 DSP 对存储器提供了哪些支持。

本章 7.3 节将介绍 DSP 与 Flash 存储器的接口，内容包括 C6x DSP 对 Flash 提供的硬件支持、EMIF 接口、引脚信号和控制寄存器。作为应用设计实例，给出 C6x 与 SST39VF160 Flash 的接口原理图。考虑到最终的应用程序还需要编程到 Flash 存储器，本节中还将讨论 Flash 的编程，并给出实例代码，包括 Flash 的芯片擦除、扇区擦除、块擦除和编程。

本章 7.4 节讨论 DSP 与 SDRAM 的接口，内容包括 C6x DSP 对 SDRAM 提供的硬件支持、EMIF 接口、引脚信号和控制寄存器，C6x 兼容的 SDRAM，并详细讨论 SDRAM 命令及其时序参数。最后，给出 C6173B 与 MT48LC4M32B2 SDRAM 的接口实例。

7.2 DSP 最小系统

DSP 最小系统是指没有外围的输入/输出，也不与外部系统通信的 DSP 系统。换句话说，DSP 最小系统就是使用最少的外围电路，能使 DSP 芯片工作的系统。DSP 最小系统的设计是 DSP 应用系统硬件设计的基础，也是最基本最重要的设计步骤。

显然，DSP 最小系统应包括电源电路、复位电路、时钟电路和仿真器接口电路。其结构框图如图 7-1 所示。

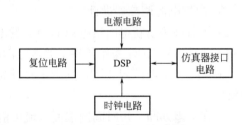

7.2.1 电源电路设计

随着电子技术的发展，DSP 的运行速度不断提高，现代的大多数 DSP 的内部运行时

图 7-1 DSP 最小系统结构框图

钟高达 1GHz，而外部设备的运行时钟都超过 200MHz。这些快速变化的时钟信号产生了大量的噪声和电磁辐射，从而降低了系统的性能，也引起了严重的电磁兼容问题。因此硬件平台的搭建要求健壮的、低噪声的电源系统，在制作工艺上减少高速信号之间的交叉以及适当的高、低频退耦技术。

在整个 DSP 应用系统的设计中，电源设计也许是最具有挑战性的任务之一。精良的电源设计是 DSP 应用系统可靠工作的必备条件。

（1）电源电路设计的总体考虑

在特定 DSP 器件的手册中，详细地给出了操作条件，但并没有考虑高速系统的动态特性，其原因在于 DSP 的动态特性极大地依赖于实际系统的设计和印刷电路板的工艺。严重的电源噪声将引起下列问题：

· 压降，不适当的退耦电容或电流陷落可能造成随机的逻辑失败。这种现象的捕获是非常困难的，甚至可能造成系统设计的失败；

· 不适当的电压调节可能造成可靠性问题，或系统的意外关机；

· 电源的不稳定性可能影响系统的时钟电路，特别是 PLL；

· 电磁辐射水平增加，给电磁兼容测试带来困难；

· 在视频、音频系统中，导致严重的伪差。

可以用 3 种基本的设计方法克服上述问题，即电源调节设计（线性调节或开关调节）、退耦技术和 PCB 板设计。对于设计者而言，最重要的步骤是确定使用线性调节器还是开关调节器，这需要对供电特性以及系统噪声对电源的影响有深入的理解。为便于选择电源的设计方案，表 7-1 列出了线性或 LDO 调节器（Linear or Low Drop Out Regulator）与开关调节器（Switching Regulator）之间的对比。

表 7-1 线性或 LDO 调节器与开关调节器的对比

线性或 LDO 调节器	开关调节器
低噪声，具有较高的电源抑制比	开关噪声，可能导致电磁干扰（EMI）问题
负载变化时，响应速度快，1μs	负载变化时，响应速度慢
效率较低，大约 56%，可能增加功耗，需要散热	高效率，大约 92%，提供低功耗供电
如果总的退耦电容超过最大限制，会有稳定性问题	退耦电容几乎对电源稳定性没有影响，但对 PCB 板要求严格
适用于视频、音频、PLL 等电路的供电	适用于 CPU 核以及 I/O 电源
低功耗	在电源输出时，需要外部的滤波部件，因而总的功率消耗较高

在需要多组电源的系统中，还要确定电源的供电顺序。在 TI 的 DSP 系列中，大多采用两组电源：内核电源和 I/O 电源。两组电源的相互依赖性很小，内核和 I/O 电压上升的次序仅影响启动时电流消耗。通常情况下，设计 DSP 系统电源的原则如下。

① 内核电源调节器设计

• 从器件手册获得内核电源的最大的电流消耗，大多数 TI DSP 都有电源特性图表，可用于估计特定 CPU 操作条件下的电流消耗。

• 选择一个电压调节器，其最小容量为内核电流的两倍，为动态电流条件留有适当的富裕度。

• 在上电期间，短时间内浪涌电流可能超过调节器的最大值，因此选择的调节器应该具有软启动能力（softstart capability）以阻止过热或过电流关断条件的发生。

• 确定是否需要散热器。

② I/O 电压调节器设计 I/O 电压调节器的设计与特定应用条件下的外部负载有关，而就 DSP 本身来说，I/O 电压调节器最保守的设计方法如下。

• DSP 输出信号的数量，所有的 GPIO 应该都被认为是输出。

• I/O 输出数量乘以手册中指定的源电流（source current），再加手册中指定的最大 I/O 电流消耗作为总的源电流；

• 总的源电流乘以 2 提供 100% 的富裕度。

• 由于传输线的影响，I/O 电流在切换期间可能出现波动，需要退耦吸收电容。

• 确定是否需要散热器。

尽管 TI DSP 不严格要求多组电源的供电顺序，但多组电源供电的时间有限制。因此设计适当的供电顺序可以防止内部的竞争。

③ 在电源设计中常见的问题

• 不适当的上电复位信号。复位信号的宽度必须大于器件手册中最小的复位脉冲宽度。

• 不适当的 JTAG 端口复位。如 TRST 必须是稳定的低电平，严重的噪声耦合到 TRST 将出现启动问题或总线竞争。

• 在复位期间，引导模式配置引脚没有驱动到适当的状态。可以参考器件手册，确保配置引脚使用适当的上拉或下拉电阻，以便复位期间这些引脚具有稳定的逻辑电平。

（2）C67x DSP 的电源电路设计

C6x 系列 DSP 都采用双电源供电方式，即内核和 I/O 采用不同的供电电压。如 TMS320C6713B 型 DSP 内核供电的电压 CV_{DD} 为 1.2V，而 I/O 供电的电压 DV_{DD} 为 3.3V。在电源电路的设计上使用了 MAX1951 芯片，如图 7-2 和图 7-3 所示。

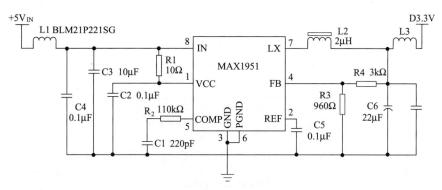

图 7-2 C6713B DV_{DD} 电路原理图

从图 7-2 和图 7-3 可以看出，内核电源 CV_{DD} 和 I/O 电源 DV_{DD} 的电路原理非常相似。由于 DV_{DD} 要求的输出电压是 3.3V，图 7-2 中 R3、R4 的阻值分别是 960Ω 和 3kΩ。而 CV_{DD} 要求的输出电压是 1.2V，图 7-3 中 R3、R4 的阻值分别是 3kΩ 和 1.5kΩ。

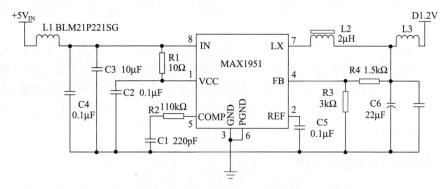

图 7-3 C6713B CV_{DD} 电路原理图

MAX1951 是一个高效的 DC/DC 开关调节芯片，输入电压 V_{IN} 的范围为 2.6~5.5V，输出电压 V_{OUT} 的范围为 0.8V ~ V_{IN}，输出电流可达 2A，总的输出误差小于 1%。MAX1951 以 1MHz 的固定频率工作在脉宽调制（Pulse Width Modulation，PWM）模式，效率高达 94%。内部的软启动（soft start）控制电路降低了雪崩电流（inrush current），短路电路和过载电路增强了设计的可靠性。广泛应用于 ASIC、DSP、FPGA 核和 I/O 电源，机顶盒、蜂窝基站、网络、电信等领域。

其主要特点有：

• 小巧的外形设计，0.385in²；

• 对于 1.5A 输出，配置 10μF 的输入和输出电容、2μH 的电感；

- 效率高达 94%，输出精度优于 1%；
- 输入范围宽，2.6～5.5V；
- 输出从 0.8V～V_{IN} 可调；
- 短路和热过载保护。

MAX1951 的引脚功能如表 7-2 所示。

表 7-2　MAX1951 的引脚功能

引脚	名称	功　　能
1	VCC	供电电压，与 GND 之间连接 0.1μF 的旁路电容，与 IN 之间接入 10Ω 的电阻
2	REF	参考，与 GND 之间接入 0.1μF 旁路电容
3	GND	地
4	FB	反馈输入，与地之间连接外部的分压电阻，使输出电压从 0.8～V_{IN}
5	COMP	调节补偿，与地之间连接 RC 网络，为了关断调节器，下拉 COMP 低于 0.17V。当 V_{IN} 小于 2.25V 时，COMP=GND
6	PGND	电源地，内部连接到 GND。电源地与信号地应设计在不同的层
7	LX	电感连接，在 LX 和调节输出之间连接电感
8	IN	电源电压，输入范围 2.6～5.5V，与地之间连接 10μF 的电容，与 VCC 之间连接 10Ω 电阻

值得注意的是，由于需要两套供电电源，CV_{DD} 和 DV_{DD}，所以要考虑二者的配合问题。在加电的过程中，应保证内核电源 CV_{DD} 先上电，或至少应与 I/O 电源 DV_{DD} 一起上电。关闭电源时，次序相反，先关 CV_{DD}，后关 DV_{DD}。然而，这个上电次序并不是严格要求的，如果 DV_{DD} 先上电，必须保证上电过程在 25ms 内完成，且必须保证在整个加电过程中 DV_{DD} 不能比 CV_{DD} 高过 2V。

考虑加电次序的原因在于，如果 CPU 内核先供电，而 I/O 没有供电或未达供电要求，对芯片不会产生任何伤害，最多 I/O 没有输入/输出能力而已。反之，I/O 先供电，而 CPU 内核后供电或未达到供电要求，那么芯片缓冲或驱动部分的三极管处于未知状态，这有可能损坏器件。在有安全保障的前提下，允许两个电源同时供电，但两个电源必须在 25ms 内达到供电要求的 95%。

7.2.2　复位和时钟电路设计

在系统上电时，DSP 需要一个 100～200ms 的复位脉冲。由于 DSP 的工作频率很高，运行时可能会被干扰，导致系统不稳定或程序意外跑飞而死机，所以需要复位电路具有监视功能（watchdog）。此外，有时还需要手动复位。Maxim 公司的 MAX823/4/5 芯片具备这些要求，且外围电路简单，能有效提高系统的可靠性和抗干扰能力，非常适合复位电路的设计。其原理如图 7-4 所示。

MAX823 芯片将复位脉冲输出、看门狗、手动复位功能集成在一起，不仅极大地提高了系统的可靠性，而且使复位电路的设计更加简明。MAX823 的特殊设计不受 VCC 暂态过程的影响。MAX823 有多种型号，不同型号具有不同复位阈值，因而具有很大的选择余地。例如，MAX823 _ L 的复位阈值为 4.63V，MAX _ M 的复位阈值为 4.38V，MAX823 _ T 的复位阈值为 3.08V，MAX823 _ S 的复位阈值为 2.93V。MAX823 的引脚功能如表 7-3 所示。

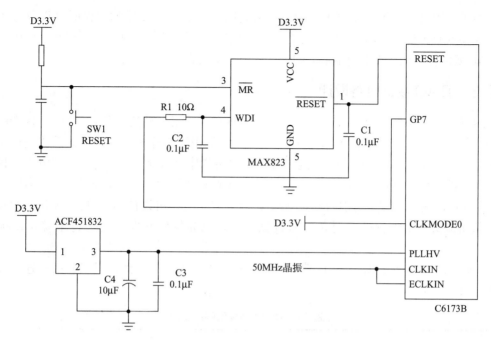

图 7-4   DSP 复位及时钟电路原理图

表 7-3   MAX823 的引脚功能

引脚	名称	功　　能
1	$\overline{\text{RESET}}$	复位输出,低电平有效,触发时,脉冲的低电平持续 200ms,当 VCC 低于复位阈值或$\overline{\text{MR}}$处于低电平时,$\overline{\text{RESET}}$仍然保持低电平。当出现下列情况之一时,$\overline{\text{RESET}}$持续输出 200ms 的低电平: • 上电时,VCC 上升并超过复位阈值 • 看门狗触发复位 • $\overline{\text{MR}}$从低电平变到高电平
2	GND	地
3	$\overline{\text{MR}}$	手动复位输入,低有效。在$\overline{\text{MR}}$上出现低电平将触发复位。只要$\overline{\text{MR}}$保持为低,$\overline{\text{RESET}}$维持低电平,在$\overline{\text{MR}}$变为高电平后,$\overline{\text{RESET}}$仍然持续 200ms。该引脚内部有一个 52kΩ 的上拉电阻,可以驱动 CMOS 逻辑,或通过开关短接到地。如果不使用,可直接连接到 VCC
4	WDI	看门狗输入,如果 WDI 当前状态(高或低)的持续时间大于看门狗的超时周期,内部的看门狗定时器将触发复位。任何时候,只要复位触发或 WDI 的状态改变,内部的看门狗定时器将被清 0。如果 WDI 不连接,或连接到三态缓冲的输出端,则看门狗功能被禁止
5	VCC	电源电压

在图 7-4 中,MAX823 的 WDI 引脚与 DSP 的 I/O 引脚 GP7 相连,DSP 正常工作时,不断在 GP7 上输出脉冲,从而使看门狗定时器清 0。如果死机,或程序跑飞,GP7 上就不会出现脉冲,因而也不会使看门狗定时器清 0。当看门狗定时器超时时,就会触发复位。

DSP C6173B 的时钟引脚为 CLKIN 和 ECLKIN 接受 50MHz 的有源时钟信号,晶振的输出引脚直接与 CLKIN 和 ECLKIN 相连。时钟源选择引脚 CLKMODE0 直接与电源相连，要求设置为 1。C6173B 具有 PLL 控制电路，用以产生 CPU 的工作时钟以及设备接口所需要的时钟信号。PLLHV 引脚为 PLL 控制电路提供 3.3V 电源，要求在该引脚上使用 EMI 滤波器，图 7-4 中使用了 ACF451832 电磁干扰滤波器。

7.2.3　JTAG 接口电路设计

JTAG（Joint Test Action Group，联合测试行为小组）是基于 IEEE1149.1 标准的一种边界扫描测试（Boundary Scan Test）接口，主要用于芯片内部测试及对系统进行仿真和测试。JTAG 技术是一种嵌入式测试技术，它在芯片内部设计了专门的测试电路。目前比较复杂的器件都支持 JTAG 协议，如 DSP、ARM、FPGA 等，TI 公司也为大多数产品都提供 JTAG 接口支持。利用 JTAG 接口以及开发工具，可以访问和测试 DSP 的所有资源，从而提供一个硬件的实时仿真和调试环境，也为软件开发人员进行系统调试提供方便。

DSP 的 JTAG 采用标准的 14 脚接口，与仿真器上的接口一致，可以直接相连。引脚功能如表 7-4 所示。

表 7-4　DSP JTAG 引脚的功能

引脚名称	I/O/Z	IPU/IPD	功能
TMS	I	IPU	JTAG 模式选择
TDO	O/Z	IPU	JTAG 数据输出
TDI	I	IPU	JTAG 数据输入
TCK	I	IPU	JTAG 时钟
TRST	I	IPD	JTAG 复位，
EMU5	I/O/Z	IPU	仿真引脚 5,保留,可以不连接或接地
EMU4	I/O/Z	IPU	仿真引脚 4,保留,可以不连接或接地
EMU3	I/O/Z	IPU	仿真引脚 3,保留,可以不连接或接地
EMU2	I/O/Z	IPU	仿真引脚 2,保留,可以不连接或接地
EMU1 EMU0	I/O/Z	IPU	仿真引脚[1：0],操作模式功能选择 00:边界扫描/功能模式 01:保留 10:保留 11:仿真/功能模式（默认）

在表 7-4 中，第二列为引脚的信号类型，I 表示输入，O 表示输出，Z 表示高阻态。第三列说明引脚内部是否有上拉或下拉电阻，IPU 表示上拉，IPD 表示下拉。EMU0 和 EMU1 两个信号必须通过上拉电阻与 VCC 相连，DSP 与仿真器的接口电路原理如图 7-5 所示。

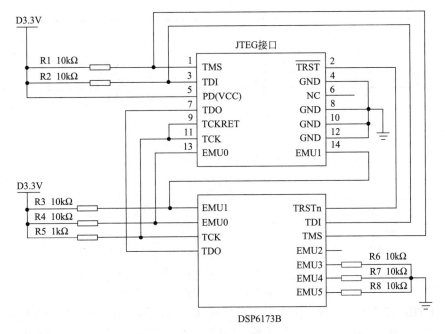

图 7-5 JTAG 接口电路原理

7.3 C6x DSP 与 Flash 存储器的接口

大多数 DSP 应用系统都需要具有掉电保持的外部存储器，用来存放执行代码和保存数据。Flash 的存储容量大，操作方便，是解决方案的最佳选择。本节将讨论 C6x DSP 与 Flash 的接口。

7.3.1 C6x EMIF 接口

EMIF（External Memory Interface）是 CPU 连接外部存储器的接口，可以接口同步动态 RAM（SDRAM）、同步突发式静态 RAM（SBSRAM）、静态 RAM（SRAM）、异步存储器 ROM/Flash。EMIF 也具有对 8/16/32 位宽度存储的访问能力。

C6x EMIF 接口包括接口引脚信号和控制寄存器，不同型号 DSP 的引脚信号略有差异，表 7-5 列出了 C621x/C671x 的 EMIF 接口引脚信号。

表 7-5 C621x/C671x 的 EMIF 接口引脚信号

引脚	信号类型	说　　明
CLKOUT1	O	时钟输出,运行在 CUP 时钟
CLKOUT2	O	时钟输出,运行在 1/2CPU 时钟
ECLKIN	I	EMIF 时钟输入,必须由 DSP 系统提供
ECLKOUT	O	EMIF 时钟输出,用于同步接口时序参考
ED[31：0]	I/O/Z	数据 I/O,连接外部存储器的数据总线
EA[21：2]	O/Z	外部地址输出,驱动字节地址的 21～2 位
$\overline{CE0}$	O/Z	外部片选,低有效,选择 CE0 空间
$\overline{CE1}$	O/Z	外部片选,低有效,选择 CE1 空间
$\overline{CE2}$	O/Z	外部片选,低有效,选择 CE2 空间

引脚	信号类型	说　明
$\overline{CE3}$	O/Z	外部片选,低有效,选择 CE3 空间
$\overline{BE}[3:0]$	O/Z	字节使能,低有效,字节选通,选择访问单字节和半字
ARDY	I	就绪,异步就绪输入,用于对低速器件插入等待状态
$\overline{AOE}$	O/Z	输出使能,低有效,使能异步存储器接口
$\overline{SDRAS}$	O/Z	低有效,选通 SDRAM 的行地址
$\overline{SSOE}$	O/Z	低有效,使能 SBSRAM 的输出缓冲区
$\overline{AWE}$	O/Z	写选通,低有效,选通异步存储器接口
$\overline{SDWE}$	O/Z	低有效,SDRAM 写使能
$\overline{SSWE}$	O/Z	低有效,SBSRAM 写使能
$\overline{ARE}$	O/Z	读选通,低有效,选通异步存储器接口
$\overline{SDCAS}$	O/Z	低有效,选通 SDRAM 的列地址
$\overline{SSADS}$	O/Z	低有效,选通 SBSRAM 的地址
$\overline{HOLD}$	I	低有效,外部总线保持(3 态)请求
$\overline{HOLDA}$	O	低有效,外部总线保持通知
BUSREQ	O	高有效,总线请求信号,请求刷新或内存访问

在表 7-5 中,信号类型的 I 表示输入,O 表示输出,Z 表示高阻态。

C6x EMIF 接口通过寄存器的设置实现与外部存储器的接口,EMIF 的存储器映射寄存器如表 7-6 所示,访问这些寄存器需要 EMIF 时钟。DSP 依据这些寄存器的配置访问外部存储器,因而在访问外部存储器期间不能改变这些寄存器的值。

表 7-6　EMIF 接口寄存器

地址(Hex)	名称	功能
0180 0000	GBLCTL	EMIF 全局控制寄存器
0180 0004	CECTL1	EMIF CE1 空间控制寄存器
0180 0008	CECTL0	EMIF CE0 空间控制寄存器
0180 0010	CECTL2	EMIF CE2 空间控制寄存器
0180 0014	CECTL3	EMIF CE3 空间控制寄存器
0180 0018	SDCTL	EMIF SDRAM 控制寄存器
0180 001C	SDTIM	EMIF SDRAM 刷新控制寄存器
0180 0020	SDEXT	EMIF SDRAM 扩展寄存器

对于异步存储器接口,主要涉及 GBLCTL 寄存器和 CECTL 寄存器。GBLCTL 寄存器是 CE0~CE3 接口的全局寄存器,可以查询相关的状态以及使能时钟信号,其位域格式如表 7-7 所示。CECTL0~CECTL3 寄存器分别对应 4 个 CE 空间,用来控制 CE 空间的操作时序,其域格式如表 7-8 所示。

表 7-7　C621x/C671x GBLCTL 寄存器的位域格式

位域	域名称	操作	默认值	功能
31~16	RVSD	R/W	0	保留,读为 0,写默认值
15~12	RVSD	R/W	0011B	保留,读为 0,写默认值
11	BUSREQ	R	0b	总线请求输出位,表示 EMIF 是否需要访问/刷新 0:BUSREQ 输出低电平,不需要访问/刷新 1:BUSREQ 输出高电平,需要访问/刷新
10	ARDY	R		ARDY 输入 0:ARDY 输入是低电平,外部器件没有就绪(忙) 1:ARDY 输入是高电平,外部器件就绪
9	HOLD	R	0	/HOLD 输入 0:/HOLD 输入是低电平,外部器件正在请求 EMIF 1:/HOLD 输入是高电平,没有外部请求

位域	域名称	操作	默认值	功能
8	HOLDA	R	0	/HOLDA 输出 0:/HOLDA 输出是低电平,外部器件拥有 EMIF 1:/HOLDA 输出时高电平,外部器件不拥有 EMIF
7	NOHOLD	R/W	0	外部 NOHOLD 使能 0:NO HOLD 除能,来自/HOLD 的请求尽可能早地用 HOLDA 通知 1:NO HOLD 使能,来自/HOLD 的请求被忽略
6	RSVD	R	1	保留,读总是 1,写默认值
5	EKEN	R/W	1	对 C6713、C6712、C6711C、ECLKOUT 使能 0:ECLKOUT 保持低电平 1:ECLKOUT 使能
4	CLK1EN	R/W	1	对 C6713、C6712、C6711C,该位必须为 0,对其他 DSP,CLKOUT1 使能 0:CLKOUT1 保持高 1:CLKOUT1 使能
3	CLK2EN	R/W	1	CLKOUT2 使能/除能 0:CLKOUT2 保持高电平 1:CLKOUT2 使能
2～0	RSVD	R/W	000B	保留,读为 0,写默认值

当修改 GBLCTL 寄存器时,保留位应该写入它们的默认值,写其他的值可能造成不适当的操作。EKEN 域(bit5)只用于 C6173、C6712C 和 C6711C 器件,对其他的 C621x/C671x 器件,该域保留,操作属性为 R/W,默认值为 1。CLK1EN 域(bit4)对 C6713、C6712、C6711C 器件为保留域,操作属性为 R/W,默认值为 0,写其他的值可能造成不适当的操作。

表 7-8 C621x/C671x/C64x CECTLn 寄存器的位域格式

位域	域名称	操作	默认值	功能
31～28	WRSETUP	R/W	1111B	设置地址 EA,芯片使能/CE 和字节使能/BE 先于写选通/AWE 下降的时钟周期数。对异步读访问,该域也设置/AOE 先于/ARE 下降的时间
27～22	WRSTRB	R/W	11111B	写选通信号宽度,其值代表/AWE 的时钟周期数
21～20	WRHLD	R/W	11B	写信号保持宽度。在写选通上升后,地址 EA 和字节选通/BE 保持的时钟周期数,对于异步读访问,该域也是/ARE 上升后,/AOE 的保持时间
19～16	RDSETUP	R/W	1111B	设置地址 EA,芯片使能/CE 和字节使能/BE 先于读选通/AWE 下降的时钟周期数。对异步读访问,该域也设置/AOE 先于/ARE 下降的时间
15～14	TA	R/W	11B	最小的 Turn-Around 时间。Turn-Around 时间控制读-写(同一 CE 空间或不同 CE 空间)之间的 ECLKOUT 周期数,或从不同的 CE 空间两个读之间的 ECLKOUT 周期数。只用于异步存储器类型
13～8	RDSTRB	R/W	111111B	读选通信号宽度,其值代表/ARE 的时钟周期数

位域	域名称	操作	默认值	功能
7~4	MTYPE	R/W	0010B	存储器接口类型： 0000：8 位异步接口 0001：16 位异步接口 0010：32 位异步接口 0011：32 位 SDRAM 0100：32 位 SBSRAM 0101~0111：保留 1000：8 位 SDRAM 1001：16 位 SDRAM 1010：8 位 SBSRAM 1011：16 位 SBSRAM 1101：64 位 SDRAM 1100~1111：保留
3	RSVD	R	0	保留，读为 0，写无效
2~0	RDHLD	R/W	011B	读信号保持宽度，在读选通上升后，地址 EA 和字节选通/BE 保持的时钟周期数，对于异步读访问，该域也是/ARE 上升后，/AOE 的保持时间

32 位和 64 位接口不适用于 C6712、C6712C、C6712D 以及 C6173、C6173B 的 PYP 封装，也不适用于 C64x 的 EMIFB 接口。

EMIF 接口的外部存储器地址映射空间如下。

- CE0：地址范围 0x8000 0000～0x8FFF FFFF。
- CE1：地址范围 0x9000 0000～0x9FFF FFFF。
- CE2：地址范围 0xA000 0000～0xAFFF FFFF。
- CE3：地址范围 0xB000 0000～0xBFFF FFFF。

C621x 和 C671x EMIF 支持 8 位、16 位和 32 位的内存宽度，包括大端和小端存储器的访问，但 C6712 只支持 8 位和 16 位的存储器宽度。对于小于 32 位宽度的存储器，EMIF 内部调整补齐，地址的最低位（LSB）总是输出在外部地址引脚 EA2，而不管器件的宽度。表 7-9 总结了 C621x 和 C671x 可寻址的内存范围。

表 7-9　C621x 和 C671x 可寻址的内存范围

存储器类型	宽度	最大寻址范围	地址输出	说明
ASRAM	8	1M	A[19:0]	字节地址
	16	2M	A[20:1]	半字地址
	32	4M	A[21:2]	字地址
SBSRAM	8	1M	A[19:0]	字节地址
	16	2M	A[20:1]	半字地址
	32	4M	A[21:2]	字地址
SDRAM	8	32M		字节地址
	16	64M	与使用的存储器有关	半字地址
	32	128M		字地址

以字访问小于32位宽度的外部存储器时，EMIF自动执行数据的打包（packing）和拆包（unpacking）。以32位方式写到8位存储器时，EMIF自动将数据拆分成字节，写到字节地址 N、N+1、N+2、N+3。同样的，以32位方式读16位存储器时，EMIF先从半字地址 N 读取16位数据，再从 N+1 读取16位数据，并打包成32位字，然后写到目的地址。字节排列与系统使用的大端或小端有关，排列要求如图7-6所示。

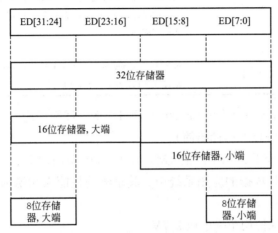

图 7-6 C6211/C6711 的字节排列

引脚信号 BE［3∶0］与系统使用的大端或小端无关，BE3 总是对应 ED［31∶24］，BE2 总是对应 ED［23∶16］，BE1 总是对应 ED［15∶8］，BE0 总是对应 ED［7∶0］。

7.3.2 EMIF 与 Flash 存储器接口

EMIF 异步接口可以配置存储器的访问时序，适合各种类型的存储器和外设类型，包括 SRAM、EPROM 和 Flash。本节主要讨论 EMIF 与 Flash 存储器的接口。

表 7-8 列出了 EMIF 异步接口支持的 8 位、16 位和 32 位配置，而 8 位 Flash 或 8 位/16 位可配置 Flash 是最常用、性价比最高的 Flash 存储器。因此在很多系统中都采用这种芯片作为程序存储器。

如果系统需要 32 位的 Flash 存储器，那么可以用 4 块 8 位或两块 16 位器件并行组成 32 位的接口。考虑到异步接口，需要在 Flash 芯片的 RY/BY 引脚和 EMIF 信号 ARDY 之间设计逻辑与门，以保证操作时多块芯片都处于就绪状态。

表 7-10 列出了 EMIF 异步接口控制信号与通用 Flash 存储器引脚的映射关系。

表 7-10 EMIF 异步接口引脚

EMIF 信号	Flash 引脚	功　能
$\overline{CEn}$	$\overline{CE}$	片选,在访问周期内保持低电平
$\overline{AOE}$	$\overline{OE}$	输出使能,在整个读访问期间保持低电平
$\overline{AWE}$	$\overline{WE}$	写使能,在写选通周期内保持低电平

EMIF 信号	Flash 引脚	功　能
$\overline{ARE}$	N/A	读使能,在读选通周期内保持低电平,虽然没有与 Flash 相连,仍然用来确定什么时候从 EMIF 读数据
ARDY	RY/$\overline{BY}$	就绪输入,用于在存储器时序中插入等待状态。硬件方法确定 Flash 存储器处于编程周期还是擦除周期。RY/$\overline{BY}$为高电平表示 Flash 准备好下一次操作,RY/$\overline{BY}$为电平低表示 Flash 忙,要么是在编程周期,要么是在擦除周期
N/A	$\overline{BYTE}$	对 8/16 位器件,确定使用字节模式还是双字模式。$\overline{BYTE}$为低选择字节模式,$\overline{BYTE}$为高选择双字模式

下面以 EMIF 与 SST39VF160 Flash 的接口为例,详细讨论。

（1）SST39VF160 Flash 存储器简介

SST39VF160 是 SST 公司生产的 1M×16 CMOS 多用途 Flash 存储器,广泛使用在需要更新程序、配置和数据的应用系统中。其卓越的性能大大增强了系统的性能和可靠性。其主要特征是:

- 读、编程和擦除使用单一电压 2.7V;
- 超强稳定性,寿命超过 10 万次,数据保持大于 100 年;
- 低功耗,操作电流 15mA,待机电流 $3\mu A$,自动低电模式电流 $3\mu A$;
- 小扇区擦除能力（512 个扇区）,每个扇区 2K 字;
- 块擦除能力（32 块）,每块 32K 字;
- 快速读访问时间,70~90ns;
- 地址数据锁存;
- 快速扇区擦除和字编程,扇区擦除时间 3ms,块擦除时间 7ms,芯片擦除时间 15ms,字编程时间 $7\mu s$,芯片重写时间 7s;
- 自动写时序,内部生成 Vpp;
- 写保护,Toggle 位,Data♯枚举;
- CMOS I/O 兼容;
- JEDEC 标准,EEPROM 输出引脚和命令集;
- 封装选择,48 脚 TSOP (12mm×20mm),6×8Ball TFBGA。

EMIF 与 SST39VF160 Flash 的接口原理如图 7-7 所示。

在图 7-7 中,EMIF 接口与 Flash 之间没有共同的时钟信号,这正是"异步"接口的含义。EMIF 使用内部的时钟协调信号的时序,Flash 只响应 EMIF 的信号而不管任何时钟。

（2）Flash 器件的操作

Flash 用命令启动存储器的操作,使用标准的微处理器写时序。当保持$\overline{CE}$、$\overline{WE}$为低时,可以将命令写到 Flash 存储器。地址总线在$\overline{CE}$或$\overline{WE}$的下降沿被锁存（如果$\overline{WE}$的下降沿在$\overline{CE}$的下降沿之后,则地址总线在$\overline{WE}$的下降沿被锁存;如果$\overline{CE}$的下降沿在$\overline{WE}$的下

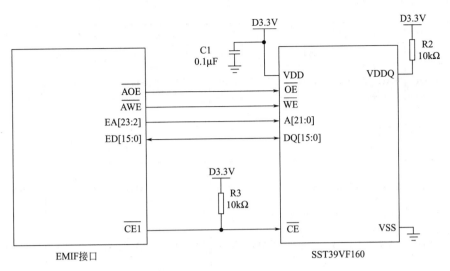

图 7-7　EMIF 与 SST39VF160 的接口原理图

降沿之后，则地址总线在$\overline{CE}$的下降沿被锁存）；而数据总线在$\overline{WE}$或$\overline{CE}$的上升沿被锁存（如果$\overline{WE}$的上升沿在 CE 的上升沿之前，则地址总线在$\overline{WE}$的上升沿被锁存；如果 CE 的上升沿在$\overline{WE}$的上升沿之前，则地址总线在$\overline{CE}$的上升沿被锁存）。SST39VF160 有自动低电模式，这种模式在数据的读操作之后自动将器件置于低电模式，使得读操作的电流从 15mA 减少到 $3\mu A$。任何时候，地址或控制信号的跳变都使器件退出自动低电模式，从而启动下一个读周期。

①复位操作　对 Flash 执行复位命令将激活只读模式，器件将保持这个模式，直到其他的有效命令序列进入命令寄存器。任何非法的命令序列而导致硬件复位后，默认进入读模式。其他的写操作（如编程，擦除）命令完成后，也自动返回到读模式。

②读操作　Flash 的读操作由$\overline{CE}$和$\overline{OE}$控制，$\overline{CE}$用于片选，当$\overline{CE}$为高电平时，器件没有选中，处于待机模式。$\overline{OE}$用于输出使能，门控 Flash 输出引脚上的数据。当$\overline{CE}$或$\overline{OE}$为高电平时，数据总线处于高阻态。

③编程操作　SST39VF160 是 16 位 Flash，编程操作是往 Flash 中逐字（16 位）写入数据。为了执行写数据操作，需要执行一系列的命令。表 7-11 列出了 Flash 存储器常用的 JEDEC 命令。

在表 7-11 中，RA 为读操作地址，RD 为读取的数据。命令序列中的地址使用 A［14：0］，忽略 A［19：15］。WA 为编程数据地址，对于扇区擦除，SA 使用 A［19：11］地址线，对于块擦除，BA 使用 A［19：15］地址线。

表 7-11　Flash 软件操作命令序列

命令	写周期 1		写周期 2		写周期 3		写周期 4		写周期 5		写周期 6	
	地址	数据	地址	数据	地址	数据	地址	数据	地址	数据	地址	数据
复位	—	F0H										
读	RA	RD										

193

命令	写周期 1		写周期 2		写周期 3		写周期 4		写周期 5		写周期 6	
	地址	数据	地址	数据	地址	数据	地址	数据	地址	数据	地址	数据
编程	5555H	AAH	2AAAH	55H	5555H	A0H	WA	Data				
扇区擦除	5555H	AAH	2AAAH	55H	5555H	80H	5555H	AAH	2AAAH	55H	SA	30H
块擦除	5555H	AAH	2AAAH	55H	5555H	80H	5555H	AAH	2AAAH	55H	SA	50H
芯片擦除	5555H	AAH	2AAAH	55H	5555H	80H	5555H	AAH	2AAAH	55H	5555H	10H

对于每个要写的数据，编程操作分 3 个步骤：a. 执行 3 个字节的写周期，如表 7-11 所示，第 1 个写周期往地址 5555H 写入数据 AAH，第 2 个写周期往地址 2AAAH 写入数据 55H，第 3 个写周期往地址 5555H 写入数据 A0H，这些命令序列作用是软件数据保护，防止意外写入数据；b. 在第 4 个周期执行实际数据的写入，即往地址 WA 写入数据 Data，编程操作期间，在$\overline{CE}$或$\overline{WE}$的下降沿（最后出现的下降沿）地址被锁存，在$\overline{CE}$或 $\overline{WE}$的上升沿（最先出现的上升沿）数据被锁存；c. 在$\overline{CE}$或$\overline{WE}$的第 4 个上升沿（最先出现的上升沿）之后，内部的编程操作被启动。编程操作一旦启动，任何其他的写操作命令被忽略，直到编程操作完成（大约 $10\mu s$）。在编程期间，可以通过读操作查询当前的状态。

④ 扇区/块擦除操作　扇区或块擦除操作执行逐个扇区的擦除或逐个块的擦除操作，SST39VF160 提供小扇区擦除和块擦除模式。扇区的大小为 2K 字，块的大小为 32K 字。执行表 7-11 的 6 字节命令序列启动扇区擦除操作，在最后一个写周期中，包含扇区擦除命令 30H 和欲擦除的扇区地址 SA。SA 用地址线 A［19：11］来确定，9 根地址线正好覆盖 512 个扇区。

同样，执行表 7-11 的 6 字节命令序列启动块擦除操作，在最后一个写周期中，包含块擦除命令 50H 和欲擦除的块地址 BA。BA 用地址线 A［19：15］来确定，5 根地址线正好覆盖 32 个块。

扇区地址 SA 或块地址 BA 在$\overline{WE}$脉冲的第 6 个下降沿被锁存，而命令（30H 或 50H）在$\overline{WE}$脉冲的第 6 个上升沿被锁存。在擦除期间，任何写操作命令被忽略，可以通过读操作查询当前的状态。

⑤ 芯片擦除　SST39VF160 提供芯片擦除功能，允许用户将全部的存储器位写成 1，这个功能用于器件全部内存的快速擦除。执行表 7-11 的 6 字节命令序列启动芯片擦除操作，在最后一个写周期中，包含芯片擦除命令 10H。这个操作过程在第 6 个$\overline{CE}$或$\overline{WE}$的上升沿（最先出现的上升沿）启动。在擦除期间，任何写操作命令被忽略，可以通过读操作查询当前的状态。

（3）Flash 的状态检查和数据保护

① 写操作状态检查 为了优化 Flash 写操作时序，SST39VF160 提供写（编程或擦除）操作完成状态检查功能。这个功能包含两个状态位 DQ7 和 DQ6，DQ7 为数据枚举（Data Polling）位，DQ6 为状态切换位（Toggle Bit）。在 $\overline{WE}$ 的上升沿启动内部的编程或擦除操作，同时也使能了写状态检查模式。实际的写操作是异步进行的，因此，可以在内部的写操作启动后，同时读取写操作的状态 DQ7 和 DQ6。

当 SST39VF160 处于内部的编程操作时，读 DQ7 将返回所写数据的补码，一旦编程操作完成，读 DQ7 将返回所写的真实数据。在擦除操作期间，DQ7＝0。一旦擦除操作完成，DQ7＝1。在编程操作时，只有在第 4 个 $\overline{CE}$ 或 $\overline{WE}$ 脉冲的上升沿之后，读取 DQ7 才是合法的。而对于擦除操作，只有在第 6 个 $\overline{CE}$ 或 $\overline{WE}$ 脉冲的上升沿之后，读取 DQ7 才是合法的。

在内部的编程/擦除操作期间，连续读取 DQ6，则 DQ6 在 1 和 0 之间切换（Toggle）。当内部的编程/擦除操作完成后，DQ6 将停止切换，而保持一个稳定的值（1 或 0）。当 DQ6 不再变化时，就可以进行下一次操作。在编程操作时，只有在第 4 个 $\overline{CE}$ 或 $\overline{WE}$ 脉冲的上升沿之后，读取 DQ6 才是合法的。而对于擦除操作，只有在第 6 个 $\overline{CE}$ 或 $\overline{WE}$ 脉冲的上升沿之后，读取 DQ6 才是合法的。

② 数据保护 为了防止 Flash 数据的意外修改，SST39VF160 提供了硬件和软件的数据保护保护机制。

a. 硬件数据保护。

• 噪声干扰保护：当 $\overline{CE}$ 或 $\overline{WE}$ 脉冲的宽度小于 5ns 时，不会启动 Flash 的写操作，从而有效抑制了噪声的干扰。

• VDD 波动保护：当 VDD 小于 1.5V 时，禁止写操作，从而防止电源波动的影响。

• 写禁止模式：$\overline{OE}$ 为低、$\overline{CE}$ 为高或 $\overline{WE}$ 为高时，禁止写操作，从而防止上电或断电时意外破坏数据。

b. 软件数据保护（Software Data Protection，SDP）。对所有数据的变更（编程和擦除）操作，SST39VF160 提供 JEDEC 审定的软件保护机制。对于编程操作，要求用 3 个字节序列启动编程操作，有效阻止意外写操作的发生。对于擦除操作，要求使用 6 字节命令序列。在 SDP 命令序列期间，非法命令被中止，器件进入读模式。

7.3.3 Flash 编程示例

程序 7-1 给出了 Flash 操作的基本 C 语言函数，包括芯片擦除函数、块擦除函数、扇区擦除函数和编程函数。这些函数在 SST39VF160 上调试通过，稍加修改也可以用于其他的 Flash 器件。

```
程序 7-1 Flash 的基本操作函数
＃include "stdio. h"        //标准 I/O 头文件
＃include "c6x. h"          //C6x 头文件
＃define WR _ ADDR _ CYCLE1              0x5555      //写周期 1 地址
＃define WR _ ADDR _ CYCLE2              0x2aaa      //写周期 2 地址
＃define WR _ ADDR _ CYCLE3              0x5555      //写周期 3 地址
```

```
#define WR_ADDR_CYCLE4              0x5555      //写周期4地址
#define WR_ADDR_CYCLE5              0x2aaa      //写周期5地址
#define WR_ADDR_CYCLE6              0x5555      //写周期6地址
#define WR_DATA_CYCLE1             0xaa         //写周期1数据
#define WR_DATA_CYCLE2             0x55         //写周期2数据
#define WR_DATA_CYCLE3_PRM         0xa0         //写周期3编程数据
#define WR_DATA_CYCLE3_ERS         0x80         //写周期3擦除数据
#define WR_DATA_CYCLE4             0xaa         //写周期4数据
#define WR_DATA_CYCLE5             0x55         //写周期5数据
#define WR_DATA_CYCLE6_SEC_ERS     0x30         //写周期6数据，扇区擦除
#define WR_DATA_CYCLE6_BLK_ERS     0x50         //写周期6数据，块擦除
#define WR_DATA_CYCLE6_CHP_ERS     0x10         //写周期6数据，芯片擦除
#define EMIF_CE1_BASE              0x90000000   //EMIF CE1 基地址
#define SECTOR_SIZE                0x800        //扇区大小
#define BLOCK_SIZE                 0x8000       //块大小
//============芯片擦除函数==============
void  chip_erase (void)
{
    int val;
    *(int*)(EMIF_CE1_BASE+WR_ADDR_CYCLE1<<2) =WR_DATA
_CYCLE1;
    *(int*)(EMIF_CE1_BASE+WR_ADDR_CYCLE2<<2) =WR_DATA
_CYCLE2;
    *(int*)(EMIF_CE1_BASE+WR_ADDR_CYCLE3<<2) =WR_DATA
_CYCLE3_ERS;
    *(int*)(EMIF_CE1_BASE+WR_ADDR_CYCLE4<<2) =WR_DATA
_CYCLE4;
    *(int*)(EMIF_CE1_BASE+WR_ADDR_CYCLE5<<2) =WR_DATA
_CYCLE5;
    *(int*)(EMIF_CE1_BASE+WR_ADDR_CYCLE6<<2) =WR_DATA
_CYCLE6_CHP_ERS;
while (1)
{   //检查擦除操作是否完成
val= *(int*)(EMIF_CE1_BASE+WR_ADDR_CYCLE6<<2);
if (val & 0x80)
break;
}
}
//============块擦除函数==============
参数：block------欲擦除的块号
```

```
void block _ erase (int block)
{   int val;
    int block _ addr＝block＊BLOCK _ SIZE;
    ＊ (int＊) (EMIF _ CE1 _ BASE＋WR _ ADDR _ CYCLE1＜＜2) ＝WR _
DATA _ CYCLE1;
    ＊ (int＊) (EMIF _ CE1 _ BASE＋WR _ ADDR _ CYCLE2＜＜2) ＝WR _
DATA _ CYCLE2;
    ＊ (int＊) (EMIF _ CE1 _ BASE＋WR _ ADDR _ CYCLE3＜＜2) ＝WR _
DATA _ CYCLE3 _ ERS;
    ＊ (int＊) (EMIF _ CE1 _ BASE＋WR _ ADDR _ CYCLE4＜＜2) ＝WR _
DATA _ CYCLE4;
    ＊ (int＊) (EMIF _ CE1 _ BASE＋WR _ ADDR _ CYCLE5＜＜2) ＝WR _
DATA _ CYCLE5;
    ＊ (int＊) (EMIF _ CE1 _ BASE＋block _ addr＜＜2) ＝WR _ DATA _ CYCLE6
_ BLK _ ERS;
    while (1)
        {//检查擦除操作是否完成
        val＝＊ (int＊) (EMIF _ CE1 _ BASE＋block _ addr＜＜2);
        if (val & 0x80)
        break;
        }
}
//============扇区擦除函数===============
void Sector _ erase (int sector)
{int val;
    int sector _ addr＝sector＊BLOCK _ SIZE;
    ＊ (int＊) (EMIF _ CE1 _ BASE＋WR _ ADDR _ CYCLE1＜＜2) ＝WR _
DATA _ CYCLE1;
    ＊ (int＊) (EMIF _ CE1 _ BASE＋WR _ ADDR _ CYCLE2＜＜2) ＝WR _
DATA _ CYCLE2;
    ＊ (int＊) (EMIF _ CE1 _ BASE＋WR _ ADDR _ CYCLE3＜＜2) ＝WR _
DATA _ CYCLE3 _ ERS;
    ＊ (int＊) (EMIF _ CE1 _ BASE＋WR _ ADDR _ CYCLE4＜＜2) ＝WR _
DATA _ CYCLE4;
    ＊ (int＊) (EMIF _ CE1 _ BASE＋WR _ ADDR _ CYCLE5＜＜2) ＝WR _
DATA _ CYCLE5;
    ＊ (int＊) (EMIF _ CE1 _ BASE＋sector _ addr＜＜2) ＝WR _ DATA _
CYCLE6 _ SEC _ ERS;
    while (1)
        {//检查擦除操作是否完成
        val＝＊ (int＊) (EMIF _ CE1 _ BASE＋sector _ addr＜＜2);
        if (val & 0x80)
        break;
```

```
     }
}
//=============编程函数===============
//参数：wr _ addr——欲写的地址
//       wr _ data——欲写的数据
void flash _ write (int ＊wr _ addr, int wr _ data)
{   int val;
    ＊(int＊) (EMIF _ CE1 _ BASE＋WR _ ADDR _ CYCLE1<<2) ＝WR _
DATA _ CYCLE1;
    ＊(int＊) (EMIF _ CE1 _ BASE＋WR _ ADDR _ CYCLE2<<2) ＝WR _
DATA _ CYCLE2;
    ＊(int＊) (EMIF _ CE1 _ BASE＋WR _ ADDR _ CYCLE3<<2) ＝WR _
DATA _ CYCLE3 _ PRM;
    ＊wr _ addr＝wr _ data;
    while (1)
    {     //检查写操作是否完成
            val＝＊wr _ addr;
            if ((val ＆0xffff) ＝＝wr _ data)
                    break;
    }
}
```

关于程序 7-1 的几点说明如下。

① 在程序 7-1 的开头，用宏定义了 Flash 操作的地址和命令，这些命令和地址在表 7-11 中列出。此外还定义了 SST39VF160 芯片的扇区尺寸和块的尺寸。

② 从图 7-7 可以看出，SST39VF160 接口在 EMIF 的 CE1 空间，Flash 存储器的基地址为 0x90000000。

③ 从图 7-7 可以看出，EMIF 接口的地址线 EA [23：2] 连接到 SST39VF160 的地址引脚 A [21：0]，因而从地址总线上输出的地址应该是实际地址左移两位的结果。例如写周期 1 的地址为 0x5555，亦即出现在 Flash A [21：0] 引脚上的地址应该是 0x5555。按图 7-7 的连接，只有在 EA [23：2] 上输出 0x15554 (0x5555×4) 才是正确的。因此程序 7-1 中，Flash 操作地址＝CE1 基地址＋(实际地址<<2)。

④ SST39VF160 将 1M×16 位的存储空间线性地划分为 32 个块，每块 32K 字。又细分为 512 个扇区，每个扇区 2K 字。在程序 7-1 的块擦除函数中，输入参数是欲擦除块的序号，实际擦除的地址＝块号×0x8000。而在扇区擦除函数中，输入参数是欲擦除的扇区序号，实际的擦除地址＝扇区号×0x800。

⑤ 擦除函数（芯片擦除、块擦除和扇区擦除）中，在命令提交之后，通过检查 DQ7 来判断操作是否完成。在内部的擦除操作启动后，DQ7＝0，一旦擦除操作完成，DQ7＝1。

⑥ 编程函数中，在命令序列提交后，读取数据。由于在编程期间，读回来的值是写入数据的补码。因此可通过检查读取的数据是否与写入的数据相同来判断操作是否完成。

7.4 C6x DSP 与 SDRAM 存储器的接口

SDRAM（Synchronous Dynamic RAM）是动态同步存储器，SDRAM 的出现使得读/写速度提高了一个数量级，从 60～70ns 提升到了 6～7ns。

尽管大多数 C6x DSP 具有片内存储器，但对于实际应用来讲，尚显不足，常常需要扩展外部的数据存储器。C6x DSP 的 EMIF 接口提供了最常用的工业标准 SDRAM 器件的无缝连接能力，包括 16MB×8、16MB×16、64MB×16 和 64MB×32 的器件。本节讨论 C6x DSP 与 SDRAM 的接口问题，最后给出 C6x DSP 与 MT48LC4M32B2TB SDRAM 的接口实例。

7.4.1 C6x 兼容的 SDRAM 类型

C620x/C670x 的 EMIF 无缝连接 16MB、2 区和 64MB、4 区的 SDRAM，为系统设计者提供高速度、高密度存储器的接口支持。表 7-12 列出了 EMIF 接口完全支持的 SDRAM 配置。

表 7-12 C620x/C670x 支持的兼容 SDRAM 配置

SDRAM 大小	区	宽度	深度	器件/CE	可寻址空间	接口	列地址	行地址	区选择	Pre-charge
16MBits	2	×8	1M	4	8MByte	SDRAM	A[8:0]	A[10:0]	BA0	A10
						EMIF	EA[10:2]	SDA10, EA[11:2]	EA13	SDA10
	2	×16	512K	2	4MByte	SDRAM	A[7:0]	A[10:0]	BA0	A10
						EMIF	EA[9:2]	SDA10, EA[11:2]	EA13	SDA10
64MBits	4	×16	1M	2	16MByte	SDRAM	A[7:0]	A[11:0]	BA[1:0]	A10
						EMIF	EA[9:2]	SDA10, EA[13:2]	EA[15:14]	SDA10
	4	×32	512K	1	8MByte	SDRAM	A[7:0]	A[10:0]	BA[1:0]	A10
						EMIF	EA[9:2]	SDA10, EA[11:2]	EA[14:13]	SDA10
128MBits	4	×32	1M	1	16MByte	SDRAM	A[7:0]	A[11:0]	BA[1:0]	A10
						EMIF	EA[9:2]	EA13, SDA10 EA[11:2]	EA[15:14]	SDA10

正如表 7-12 所示，C620x/C670x EMIF 支持的 SDRAM 有 8 个或 9 个列地址位，映射的存储空间等于或小于 16M 字节。由于 C620x/C670x EMIF 是 32 位宽度，必须将 4 个 8 位或 2 个 16 位器件并行使用以产生 32 位字。

表 7-12 总结了 EMIF 完全支持的 SDRAM 的页（page）特性，同时也列出了 EMIF 到 SDRAM 的引脚映射。SDRAM 使用地址 A[n:0]，这些引脚被映射到 EMIF 的 EA[n+2:2]，因为 EMIF 假定 SDRAM 的存储空间是 32 位宽度。

EMIF 支持 SDRAM 存储器类型的一个关键因素是 A10 总是 per-charge 引脚，为了支持这个功能，EMIF 的 SDRAM 接口在地址映射中用 SDA10 代替 EA12，以便支持必要的操作。在行地址激活期间，SDA10 在逻辑上等同于 EA12。对于其他的 SDRAM 操作，SDA10 用于 per-charge 引脚。

由于 C621x/C671x 具有更大的 CE 空间以及可编程的 SDRAM 页特性，C621x/C671x 的 EMIF 支持更广泛的 SDRAM 类型，几乎涵盖了所有 SDRAM 存储器的配置，包括表 7-12 所列的 C620x/C670x 支持的配置类型。表 7-13 列出了 C621x/C671x 的 EMIF 完全支持的 SDRAM 配置。

表 7-13　C621x/C671x EMIF 支持的 SDRAM 配置

SDRAM 大小	区	宽度	深度	最大器件/CE	可寻址空间	接口	列地址	行地址	区选择	Pre-charge
16MBits	2	×4	2M	8	16MByte	SDRAM	A[9：0]	A[10：0]	BA0	A10
						EMIF	EA[11：2]	EA[12：2]	EA13	EA12
	2	×8	1M	4	8MByte	SDRAM	A[8：0]	A[10：0]	BA0	A10
						EMIF	EA[10：2]	EA[12：2]	EA13	EA12
	2	×16	512K	2	4MByte	SDRAM	A[7：0]	A[10：0]	BA0	A10
						EMIF	EA[9：2]	EA[12：2]	EA13	EA12
64MB	4	×4	4M	8	64MByte	SDRAM	A[9：0]	A[11：0]	BA[1：0]	A10
						EMIF	EA[11：2]	EA[13：2]	EA[15：14]	EA12
	4	×8	2M	4	32MByte	SDRAM	A[8：0]	A[11：0]	BA[1：0]	A10
						EMIF	EA[10：2]	EA[13：2]	EA[15：14]	EA12
	4	×16	1M	2	16MByte	SDRAM	A[7：0]	A[11：0]	BA[1：0]	A10
						EMIF	EA[9：2]	EA[13：2]	EA[15：14]	EA12
	4	×32	512K	1	8MByte	SDRAM	A[7：0]	A[10：0]	BA[1：0]	A10
						EMIF	EA[9：2]	EA[12：2]	EA[14：13]	EA12
128MBits	4	×8	4M	4	64MByte	SDRAM	A[9：0]	A[11：0]	BA[1：0]	A10
						EMIF	EA[11：2]	EA[13：2]	EA[15：14]	EA12
	4	×16	2M	2	32MByte	SDRAM	A[8：0]	A[11：0]	BA[1：0]	A10
						EMIF	EA[10：2]	EA[13：2]	EA[15：14]	EA12
	4	×32	1M	1	16MByte	SDRAM	A[7：0]	A[11：0]	BA[1：0]	A10
						EMIF	EA[9：2]	EA[13：2]	EA[15：14]	EA12
256MBits	4	×8	8M	4	128MByte	SDRAM	A[9：0]	A[12：0]	BA[1：0]	A10
						EMIF	EA[11：2]	EA[14：2]	EA[16：15]	EA12
	4	×16	4M	2	64MByte	SDRAM	A[8：0]	A[12：0]	BA[1：0]	A10
						EMIF	EA[10：2]	EA[14：2]	EA[16：15]	EA12
	4	×32	2M	1	32MByte	SDRAM	A[8：0]	A[11：0]	BA[1：0]	A10
						EMIF	EA[10：2]	EA[13：2]	EA[15：14]	EA12
512MBits	4	×16	8M	2	128MByte	SDRAM	A[9：0]	A[12：0]	EA[1：0]	A10
						EMIF	EA[11：2]	EA[14：2]	EA[16：15]	EA12

C621x/C671x 支持下列配置的 SDRAM 的无缝接口：

- Pre-charge 位是 A10；
- 列地址线的根数是 8 位、9 或 10；
- 行地址线的根数是 11、12 或 13；
- 总区（bank）是 2 或 4。

表 7-13 总结了 C621x/C671x EMIF 完全支持的 SDRAM 的页特性，同时也列出了 EMIF 到 SDRAM 的引脚映射。SDRAM 使用地址 $A[n：0]$，这些引脚被映射到 EMIF 的 $EA[n+2：2]$，因为 C621x/C671x 的 EMIF 假定 SDRAM 的存储空间是 32 位。4 个 BE 信号作为外部地址的最低位。

支持 SDRAM 存储器类型的一个关键因素是 A10 总是 per-charge 引脚，由于 C621x/C671x 的 EMIF 不支持隐藏刷新，EA12 直接映射到 SDRAM 的 A10，C621x/C671x 的 EMIF 不使用 SDA10 信号（C620x/C670x 使用 SDA10）。C621x/C671x 也支持 8 位或 16 位宽度的 SDRAM 存储器空间。

7.4.2 C6x EMIF 与 SDRAM 接口特点及其接口信号

C6x 系列不同型号与 SDRAM 的接口略有差异，限于篇幅，本节只总结其接口特点。

（1）C620x/C670x 与 SDRAM 接口的特点

① 支持 32 位宽度的 SDRAM 接口。

② 16MByte CE 空间。

③ 操作在 1/2CPU 时钟速度，时钟由 CPU 内部生成。

④ 具有 3 个可配置 SDRAM 控制器的参数（TRC、TRCD 和 TRP，参见表 7-21）和其他静态参数。

⑤ 每个 CE 空间只支持一个 SDRAM 的打开页。

⑥ 支持 8 位或 9 位可编程的列地址线和 4 种 SDRAM 配置。

⑦ 不支持 SDRAM 的突发（burst）模式，执行突发块-块命令。

⑧ 对于 C6201/6701：

- SDCLK 用作 SDRAM 时钟；
- 含有 SDRAM 专用控制信号，允许任何同步存储器的组合。

⑨ 对于 C6202/C6203/C6204/C6205：

- CLKOUT2 用于 SDRAM 时钟；
- SDRAM 控制信号与 SBSRAM 复用，系统中只运行一种同步存储器。

（2）C621x/C671x 与 SDRAM 接口的特点

① 支持 32 位、16 位和 8 位宽度的 SDRAM 接口。

② 每个 CE 空间的寻址可达 128MByte。

③ 时钟速度独立于 CPU 速度，最大工作在 100MHz，对于 C6211/C6711/C6711B，CLKIN 必须由系统提供。对其他的 C621x/C671x 器件，EMIF 的时钟可由内部生成或由系统的 CLKIN 提供。如果 CLKIN 未作它用，CLKIN 可以完全独立于 CPU 时钟。

④ 具有柔性的可编程的 SDRAM 时序参数。

⑤ 支持 4 个打开的 SDRAM 页，这些页可以位于单个 CE 空间或不同的 CE 空间或二者的任意组合。

⑥ 可以编程 SDRAM 配置（列大小、行大小和区大小），几乎任何 SDRAM 配置都可使用。

⑦ 支持 4 个字的 SDRAM 突发（burst）模式。

⑧ ECLKOUT 必须用作同步存储器的时钟，并且是系统提供的 ECLKIN 的延迟时钟。

⑨ SDRAM 控制信号与 SBSRAM 和异步控制信号复用，支持任何类型的同步存储器的组合。

（3）C64x SDRAM 接口的特点

① 支持 64 位、32 位、16 位和 8 位宽度的 SDRAM。C64x 有两个 EMIF 接口 EMIFA 和 EMIFB，EMIFA 只支持 64 位和 32 位接口。

② 256MByte 的 CE 空间。

③ 柔性的时钟选择，允许 EMIF 时钟在 DSP 内部生成（1/4 或 1/6CPU 时钟），或由系统从 ECLKIN 提供。如果 ECLKIN 用作 EMIF 的时钟，则 ECLKIN 可以完全独立于 CPU 时钟。不管使用内时钟源还是使用外时钟源，EMIF 的时钟不得超过 133MHz。

④ 非常柔性的可编程 SDRAM 时序参数。

⑤ 支持 4 个打开的 SDRAM 页，这些页可以位于单个 CE 空间或不同的 CE 空间或二者的任意组合。

⑥ 支持 4 个字的 SDRAM 突发（burst）模式。

⑦ ECLKOUT1 必须用作同步存储器的时钟信号，并作为 ECLKIN 的镜像。

⑧ SDRAM 的控制信号与可编程同步或异步控制信号复用，支持任何类型的同步存储器的组合。

⑨ 通过 SDRAM 控制寄存器的 SLFRFR 位支持自刷新模式（只有 EMIFA 接口支持）。

（4）C6x EMIF 与 SDRAM 接口的信号

表 7-14 列出了 C62x/C67x 的 EMIF 接口与 SDRAM 的接口信号，表 7-15 列出了 C64x 的 EMIF 接口与 SDRAM 的接口信号。

表 7-14　C62x/67x SDRAM 接口信号

SDRAM 信号	C6201/C6701接口	其他 C620x/C670x 接口	C6712/2C/12D C6713/13B 接口	其他 C621x/C671x 接口	说明
DQ[X：0]	ED[31：0]	ED[31：0]	ED[15：0]	ED[31：0]	数据输入/输出信号
A[13：0]	EA[15：2]	EA[15：2]	EA[15：2]	EA[15：2]	地址信号
A10	SDA10	SDA10	EA12	EA12	SDRAM 的 pre-charge 引脚
$\overline{CS}$	$\overline{CE0}$/$\overline{CE2}$ /$\overline{CE3}$	$\overline{CE0}$/$\overline{CE2}$ /$\overline{CE3}$	$\overline{CE0}$/$\overline{CE1}$ /$\overline{CE2}$/$\overline{CE3}$	$\overline{CE0}$/$\overline{CE1}$ /$\overline{CE2}$/$\overline{CE3}$	片选信号
DQM[3：0]	$\overline{BE}$[3：0]	$\overline{BE}$[3：0]	$\overline{BE}$[1：0]	$\overline{BE}$[3：0]	字节使能,用于在读/写周期选择字节或半字
$\overline{RAS}$	$\overline{SDRAS}$	$\overline{SDRAS}$/ $\overline{SSOE}$	$\overline{SDRAS}$/$\overline{AOE}$ /$\overline{SSOE}$	$\overline{SDRAS}$/$\overline{AOE}$ /$\overline{SSOE}$	行地址选通信号

SDRAM信号	C6201/C6701接口	其他 C620x/C670x 接口	C6712/2C/12D C6713/13B 接口	其他 C621x/C671x 接口	说明
$\overline{CAS}$	$\overline{SDCAS}$	$\overline{SDCAS}/\overline{SSADS}$	$\overline{ARE/SDCAS}/\overline{SSADS}$	$\overline{ARE/SDCAS}/\overline{SSADS}$	列地址选通信号
$\overline{WE}$	$\overline{SDWE}$	$\overline{SDWE}/\overline{SSWE}$	$\overline{AWE/SDWE}/\overline{SSWE}$	$\overline{AWE/SDWE}/\overline{SSWE}$	写使能信号
CLK	SDCLK	CLKOUT2	ECLKOUT	ECLKOUT	SDRAM 接口时钟
CKE	3.3V	3.3V	3.3V	3.3V	时钟使能,高电平时时钟有效

表 7-14 的第 3 列适用于除 C6201/C6701 之外的所有 C620x/C670x DSP。第 4 列只适用于 C6713/13B 的 PYP 封装类型。第 5 列适用于除 C6712/12C/12D 和 C6713/13B 的 PYP 封装类型之外的所有 C621x/C671x DSP。

表 7-15　C64x SDRAM 接口信号

SDRAM 信号	EMIFA 接口		EMIFB 接口	说明
	C6416/15/14/12 DM642、C641xT	C6411 DM640/641	C641xT C6416/15/14	
DQ[X：0]	ED[63：0]	ED[31：0]	EBD[15：0]	数据输入/输出信号
A[13：0]	EA[16：3]	EA[16：3]	BEA[14：1]	地址信号
A10	AEA13	AEA13	BEA11	SDRAM 的 pre-charge 引脚
$\overline{CS}$	$\overline{ACE0}/\overline{ACE1}/\overline{ACE2}/\overline{ACE3}$	$\overline{ACE0}/\overline{ACE1}/\overline{ACE2}/\overline{ACE3}$	$\overline{BCE0}/\overline{BCE1}/\overline{BCE2}/\overline{BCE3}$	片选信号
DQM[3：0]	$\overline{ABE}[7：0]$	$\overline{ABE}[3：0]$	$\overline{BBE}[1：0]$	字节使能,用于在读/写周期选择字节或半字
$\overline{RAS}$	$\overline{AOE}/\overline{ASOE}/\overline{ASDRAS}$	$\overline{AOE}/\overline{ASOE}/\overline{ASDRAS}$	$\overline{BAOE}/\overline{BSOE}/\overline{BSDRAS}$	行地址选通信号
$\overline{CAS}$	$\overline{AARE}/\overline{ASDCAS}/\overline{ASADS}/\overline{ASRE}$	$\overline{AARE}/\overline{ASDCAS}/\overline{ASADS}/\overline{ASRE}$	$\overline{BARE}/\overline{BSDCAS}/\overline{BSADS}/\overline{BSRE}$	列地址选通信号
$\overline{WE}$	$\overline{AAWE}/\overline{ASDWE}/\overline{ASWE}$	$\overline{AAWE}/\overline{ASDWE}/\overline{ASWE}$	$\overline{BAWE}/\overline{BSDWE}/\overline{BSWE}$	写使能信号
CLK	AECLKOUT1	AECLKOUT1	BEECLKOUT1	SDRAM 接口时钟
CKE	ASDCKE	ASDCKE	3.3V	时钟使能,高电平时时钟有效

7.4.3　C6x EMIF 的 SDRAM 控制寄存器

C6x EMIF 接口的寄存器如表 7-6 所示,与 SDRAM 接口有关的寄存器有 GLBCTL、CEnCTL、SDCTL、SDTIM 和 SDEXT。GLBCTL 和 CECTLn 已经在 7.3.1 节中介绍,下面介绍 SDCTL、SDTIM 和 SDEXT。

（1）EMIF SDRAM 控制寄存器 SDCTL

如果在 CEnCTL 寄存器的 MTYPE 域指定了 SDRAM 存储器类型，则对所有配置 SDRAM 的 CE 空间，用 SDCTL 寄存器控制 SDRAM 的参数。由于 SDCTL 控制所有的 SDRAM 空间，为了保证兼容性，每个空间的 SDRAM 存储器应该具有相同的时序和页特性。

SDCTL 的位域格式如表 7-16 所示，其中的时间域段 TRCD、TRP 和 TRC 是基于 EMIF 时钟周期的。对于 C620x/C670x，由于 SDCLK 和 CLKOUT2 是 1/2CPU 频率，t_{cyc} 是 CPU 时钟的两倍。对于 C621x/C671x，t_{cyc} 等于 ECLKOUT 的周期。对于 C64x，t_{cyc} 等于 ECLKOUT1 的周期。

表 7-16　SDCTL 寄存器的位域格式

位域	域名称	操作	默认值	功能
31	RSVD	R/W	0	保留
30	SDBSZ	R/W	0	SDRAM 区大小（只对 C621x/C671x/C64x） 0：1 个区选择引脚（2 个区） 1：2 个区选择引脚（4 个区）
29～28	SDRSZ	R/W	0	SDRAM 行大小（只对 C621x/C671x/C64x）： 00：11 行地址引脚（2048 行/区） 01：12 行地址引脚（4096 行/区） 10：13 行地址引脚（8192 行/区） 11：保留
27～26	SDCSZ	R/W	0	SDRAM 列大小（只对 C621x/C671x/C64x）： 00：9 列地址引脚（512 个数据元/行） 01：8 列地址引脚（256 个数据元/行） 10：10 列地址引脚（1024 个数据元/行） 11：保留
26	SDWID	R/W	0	SDRAM 宽度选择（只对 C620x/C670x）： 0：存储页大小为 512 字（9 列地址引脚） 1：存储页大小为 256 字（8 列地址引脚）
25	RFEN	R/W	1	刷新使能： 0：SDRAM 刷新除能 1：SDRAM 刷新使能
24	INIT	R/W	0	强迫初始化所有的 SDRAM： 0，无影响； 1，在每个配置 SDRAM 的 CE 空间初始化 SDRAM
23～20	TRCD	R/W	0100B	指定 SDRAM 的 t_{RCD} 值，$T_RCD=[t_{RCD}/t_{cyc}]-1$
19～16	TRP	R/W	1000B	指定 SDRAM 的 t_{RP} 值，$TRP=[t_{RP}/t_{cyc}]-1$
15～12	TRC	R/W	1111B	指定 SDRAM 的 t_{RC} 值，$TRC=[t_{RC}/t_{cyc}]-1$
11～8	RSVD	R	0	保留
7～1	RSVD	R/W	0	保留
0	SLFRFR	R/W	0	启动自刷新（只对 C64x） 0：退出自刷新模式 1：启动自刷新模式

注：1. SDBSZ（位 30）、SDRSZ（位 29～28）、SDCSZ（位 27～26）只用于 C621x/C671x/C64x。对其他型号，位 30～位 26 保留。

2. 对于 C620x/C670x，SDWID（位 26）为 SDRAM 的宽度选择。

3. SLFRFR（位 0）只用于 C64x。

4. 对于 C64x，TRCD 指定 ACTV 命令和 READ 或 WRT 命令（CAS）之间的 ECLKOUT1 周期数。

（2）EMIF 的时间寄存器 SDTIM

SDTIM 按 EMIF 的时钟周期 t_{cyc} 控制 SDRAM 的刷新周期。对于 C620x/C670x，t_{cyc} 是 CPU 时钟的两倍；对于 C621x/C671x/C64x，t_{cyc} 等于 ECLKOUT。SDTIM 的位域格式如表 7-17 所示。当 SDTIM 的 COUNTER 字段的值递减到 0 时，会自动用 PERIOD 字段的值重新装载，并继续递减。

表 7-17 EMIF 时间寄存器的位域格式

位域	域名称	操作	默认值	功能
31～26	RSVD	R	0x0	保留
25～24	XRFR	R/W	0x0	当 COUNTER 递减到 0 时,控制执行 SDRAM 刷新的次数。该域只对 C621x/C671x/C64x 有效
23～12	COUNTER	R	0x40	刷新计数器的当前值
11～0	PERIOD	R/W	0x40 或 0x5DC	对于 C620x/C670x,以 CLKOUT2 为单位的刷新周期。默认值为 0x40 对于 C621x/C671x,以 ECLKOUT 为单位的刷新周期。默认值为 0x5DC 对于 C64x,以 ECLKOUT1 为单位的刷新周期。默认值为 0x5DC

SDTIM 的字段 XRFR 只用于 C621x/C671x/C64x，用来控制刷新计数器为 0 时的刷新次数。当 COUNTER 字段为 0 时，最多刷新 4 次。该域是非常有用的，因为对 C621x、C671x 和 C64x 不区分常规刷新和紧急刷新。一旦到达刷新周期，C621x/C671x/C64x 的 EMIF 立即中断任何访问，并执行所要求的刷新次数。

（3）C621x/C671x/C64x EMIF 的扩展寄存器 SDEXT

SDEXT 寄存器允许编程 SDRAM 的许多时序参数，这个特性使得 C621x/C671x/C64x 可与更多种类的 SDRAM 连接。此外，时序寄存器允许 EMIF 使用特定 SDRAM 的性能参数而不是使用一组默认的参数。通常默认参数不是最佳参数。

SDEXT 寄存器用于系统中的所有的 SDRAM 存储空间，因此必须使用相同时序特性的 SDRAM 芯片。或者，SDEXT 寄存器值应按兼顾系统中所有 SDRAM 芯片时序的参数设置，以便系统正常工作。

SDEXT 寄存器的位域格式如表 7-18 所示。

表 7-18 C621x/C671x/C64x EMIF 的扩展寄存器 SDEXT 的位域格式

位域	域名称	操作	默认值	功能
31～21	RSVD	R	0	保留
20	WR2RD	R/W	0	指定 WRITE 与 READ 命令之间的最小周期数 WR2RD＝WRITE 到 READ 之间的周期数－1
19～18	WR2DEAC	R/W	11B	指定 WRITE 与 DEAC/DCAB 命令之间的最小周期数 WR2DEAC＝WRITE 与 DEAC/DCAB 命令之间的周期数－1

位域	域名称	操作	默认值	功能
17	WR2WR	R/W	0	指定两个 WRITE 之间的最小周期数 WR2WR＝两个 WRITE 之间的周期数－1
16~15	R2WDQM	R/W	11B	指定 WRTIE 命令中断 READ 命令之前 BEx 信号必须保持为高电平的周期数 R2WDQM＝BEx 为高电平的周期数－1
14~12	RD2WR	R/W	111B	指定 READ 与 WRITE 命令之间的周期数 RD2WR＝READ 与 WRITE 命令之间的周期数－1
11~10	RD2DEAC	R/W	11B	指定 READ 与 DEAC/DCAB 命令之间的周期数 RD2DEAC＝READ 与 DEAC/DCAB 命令之间的周期数－1
9	RD2RD	R/W	0	指定同一 CE 空间两个 READ 命令之间的周期数 0:两个 READ 命令间隔 1 个 ECLKOUT 周期 1:两个 READ 命令间隔 2 个 ECLKOUT 周期
8~7	THZP	R/W	11B	指定 t_{HZP} 的值,THZP＝t_{HZP}－1 ECLKOUT 周期
6~5	TWR	R/W	11B	指定 t_{WR} 的值,TWR＝t_{WR}－1 ECLKOUT 周期
4	TRRD	R/W	1	指定 t_{RRD} 的值 0:t_{RRD}＝2 ECLKOUT 周期 1:t_{RRD}＝2 ECLKOUT 周期
3~1	TRAS	R/W	111B	指定 t_{RAS} 的值,TRAS＝t_{RAS}－1 ECLKOUT 周期
0	TCL	R/W	1	指定 CAS 延迟 0:CAS 延迟＝2 ECLKOUT 周期 1:CAS 延迟＝3 ECLKOUT 周期

7.4.4 EMIF 支持的 SDRAM 命令及其时序参数

C6x 的 EMIF 接口支持多种类型的 SDRAM,而不同型号的 SDRAM 的命令和时序参数略有差异。此外对于高速器件,制作工艺也会影响 SDRAM 的访问速度。如何合理地配置参数,使得 SDRAM 工作在最佳状态,就必须充分理解 SDRAM 的命令和时序参数。

（1）SDRAM 命令

表 7-19 列出了 EMIF 支持的 SDRAM 操作命令,表 7-20 列出了 SDRAM 命令对应的控制信号的真值表。

表 7-19　EMIF 支持的 SDRAM 操作命令

命令	功能
DCAB	关闭(Deactivate)所有的区(bank),也称为 precharge
DEAC	关闭单个区,用区选择地址指定要关闭的区,只有 C621x/C671x/C64x 支持
ACTV	激活所选定的区(bank),并选择某一行
READ	输入起始列地址,并开始读操作
WRT	输入起始列地址,并开始写
MRS	模式寄存器设置,配置 SDRAM 的模式寄存器
REFR	内部地址自动刷新周期
SLFREFR	自刷新模式,只有 C64x 支持

表 7-20　EMIF 支持的 SDRAM 命令真值表

SDRAM	CKE	$\overline{CS}$	$\overline{RAS}$	$\overline{CAS}$	$\overline{W}$	A[19:16]	A[15:11]	A10	A[9:0]
16 位 EMIF①	SDCKE⑦	$\overline{CE}$	$\overline{SDRAS}$	$\overline{SDCAS}$	$\overline{SDWE}$	EA[20:17]②	EA[16:12]	EA11	EA[10:1]
32 位 EMIF①	SDCKE⑦	$\overline{CE}$	$\overline{SDRAS}$	$\overline{SDCAS}$	$\overline{SDWE}$	EA[21:18]③	EA[17:13]	EA12④	EA[11:2]⑤
64 位 EMIF①	SDCKE⑦	$\overline{CE}$	$\overline{SDRAS}$	$\overline{SDCAS}$	$\overline{SDWE}$	EA[22:19]②	EA[18:14]	EA13	EA[12:3]⑥
ACTV	H	L	L	H	H	0001B Or 0000B③	Bank/Row	Row	Row
READ	H	L	H	L	H	X	Bank/Col	L	Col
WRT	H	L	H	L	L	X	Bank/Col	L	Col
MRS	H	L	L	L	L	L	L/Mode	Mode	Mode
DCAB	H	L	L	H	L	X	X	H	X
DEAC	H	L	L	H	L	X	Bank/X	L	X
REFR	H	L	L	L	H	X	X	X	X
SLFREFR	L	L	L	L	H	X	X	X	X

　　① 16 位 EMIF 包括 C64x EMIFB；32 位 EMIF 包括所有 C62x/C67x 的 32 位和 16 位 EMIF 接口；64 位 EMIF 包括 C64x 的 64 位和 32 位 EMIFA 接口。

　　② 对 64 位 DSP，在 ACTV 命令期间，该地址表示 non-PDP（0001B）或 PDT（0000B）访问。在所有其他命令访问期间，该地址保持以前的值。

　　③ 对 C62x/C67x DSP，高地址位被保留。

　　④ SDA10 用于 C620x/C670x，EA12 用于 C621x/C671x。

　　⑤ 为了保持信号名称与 C62x/C67x 32 位 EMIF 兼容，C6712/C6712C16 位 EMIF 接口的地址编号从 EA2 开始。

　　⑥ 为了保持信号名与 C64x 64 位 EMIFA 兼容，C64x 32 位 EMIFA 的地址编号从 EA3 开始。

　　⑦ 在 C62x/C67x 或 C64x EMIFB 上 SDCKE 不存在

　　在表 7-20 中，Bank 为区地址；Row 为行地址；Col 为列地址；L＝Low＝0B；H＝High＝1B；X＝以前的值；Mode 为模式选择。

（2）时序要求

　　SDRAM 有多个时序参数，C6x 的 EMIF 接口将其中影响访问速度的参数分离，以便使得时序参数的设置个性化。对 C6201B/C6202C/C6204/C6205/C6701，有三个参数可通过 EMIF 控制寄存器进行设置，其余的参数被假定是静态值，如表 7-21 所示。3 个可设置的参数可使 EMIF 对 SDRAM 的控制服从最小的时序要求。

表 7-21　C620x/C670x SDRAM 的时序参数

参数	说明	EMIF 值（时钟周期）
t_{RC}	REFR 命令到 ACTV、MRS 或下一个 FEFR 命令的时间	TRC＋1
t_{RCD}	ACTV 命令到 READ 或 WRT 命令的时间	TRCD＋1
t_{RP}	DCAB 命令到 ACTV、MRS 或 FEFR 命令的时间	TRP＋1
t_{RAS}	ACTV 命令到 DCAB 命令的时间	7
t_{nEP}	读数据与 DCAB 命令之间的重叠（Overlap）时间	2

与 C620x/C670x 相比，C621x/C671x/C64x 有更多的可配置参数，这些参数可通过 SDRAM 控制寄存器和 SDRAM 扩展寄存器配置，如表 7-22 所示。

表 7-22　C621x/C671x/C64x 时序参数

参数	说明	EMIF 值（时钟周期）
t_{RC}	REFR 命令到 ACTV、MRS 或下一个 FEFR 命令的时间	TRC+1
t_{RCD}	ACTV 命令到 READ 或 WRT 命令的时间	TRCD+1
t_{RP}	DCAB/DEAC 命令到 ACTV、MRS 或 FEFR 命令的时间	TRP+1
t_{CL}	SDRAM 的 CAS 延迟	TCL+2
t_{RAS}	ACTV 命令到 DCAB/DEAC 命令的时间	TRAS+1
t_{RRD}	ACTV 区 A 到 ACTV 区 B 之间的时间（同一 CE 空间）	TRRD+2
t_{WR}	写恢复时间，写数据到 DEAC/DCAB 的时间	TWR+1
t_{HZP}	DEAC/DCAB 到 DSRAM 输出的时间	THZP+1

在设置 EMIF 接口参数时，必须参考特定 SDRAM 的文档，以保证参数的合法性。对于普通 SDRAM，表 7-23 给出了参数的推荐值。

表 7-23　C621x/C671x/C64x 命令之间参数的推荐值

参数	EMIF 值（时钟周期）	CL=2 推荐值	CL=3 推荐值	说明
READ 到 READ	RD2RD+1	RD2RD=0	RD2RD=0	读命令之间的周期数
READ 到 DEAC	RD2DEAC+1	RD2DEAC=1	RD2DEAC=1	READ 命令与 DEAC/DCAB 之间的最小周期数
READ 到 WRITE	RD2WR+1	RD2WR=3	RD2WR=4	读命令到写命令的周期数，该值与 t_{CL} 有关。读到写命令之间应该是 CAS 延迟加 2 以便在写命令之前提供 1 个写准备周期
在写操作中断读操作之前 BEx 为高	R2WDQM+1	R2MDQM=1	R2WDQM=2	指定在写被允许中断读之前 BEx 输出高的周期数，该参数与读到写的参数有关
WRITE 到 WRITE	WR2WR+1	WR2WR=0	WR2WR=0	一个写中断另一个写的周期数，用于随机写
WRITE 到 DEAC	WR2DEAC+1	WR2DEAC=1	WR2DEAC=1	写命令到 DEAC/DCAB 之间的周期数
WRITE 到 READ	WR2RD+1	WR2RD=0	WR2RD=0	写命令到读命令之间的周期数

（3）SDRAM 命令详解

① DCAB/DEAC 命令　DCAB（Deactivation）命令用于关闭所有激活的存储器页。在硬件复位后，或对 SDRAM 初始化（EMIF SDRAM 控制寄存器 SDCTL 的 INIT 位等于 1）时，会执行 DCAB 命令，在 REFR 和 MRS 命令之前也要执行这个命令。对于

C620x/C670x，在页越界时也要执行 DCAB 命令。在执行 DCAB 命令期间，SDA10（对 C6201/C6202/C6203/C6204/C6205/C6211）、EA12（对 C621x/C671x）、EA13（对 C64x EMIFA）或 EA11（对 C64x EMIFB）信号被置高电平，以保证所有的 SDRAM 区（bank）被关闭。DCAB 命令的时序如图 7-8 所示。

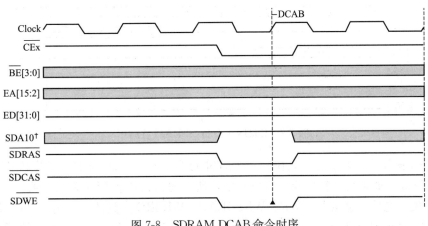

图 7-8　SDRAM DCAB 命令时序

图 7-8 中的 SDA10，对于 C621x/C671x，使用 EA12；对 C64x EMIFA，使用 EA13；对于 C64x EMIFB，使用 EA11。

对于 C621x/C671x/C64x 系列 DSP，还支持 DEAC 命令。因为这些系列的 DSP 具有在一个 CE 空间同时打开多个区的能力，可以用 DEAC 命令来关闭单个指定的区。

② ACTV 命令　ACTV（Activate）命令在读或写 SDRAM 的新行之前发出，ACTV 命令打开一个存储器页，在接下来的访问时，允许以最小的延迟读/写。当 EMIF 发出一个 ACTV 命令后，在读/写命令发出之前，经历 t_{RCD} 延迟，例如，$t_{RCD}=3$ 个 EMIF 时钟。与随机区域的读/写访问相比，读/写当前激活的 SDRAM 行（row）和区（bank）可以达到较高的通量，因为每次访问一个新页时，必须发出 ACTV 命令。

③ READ 命令　在读 SDRAM 时，ACTV 命令已经执行，欲读的区（bank）已经被激活。由于 EMIF 接口的参数的设置与 DSP 的型号有关，所以执行读命令的时序也随 DSP 的型号而异。对于 C621x/C671x，EMIF 接口可以设置为 2 个或 3 个周期的 CAS 延迟，突发（burst）长度是固定的 4 个字，3 个时钟周期的 CAS 延迟和 3 个字的读时序，如图 7-9 所示。

从图 7-9 可以看出，由于 3 个周期的 CAS 延迟，使得数据也延迟了 3 个时钟周期（相对于列地址）。图 7-9 所给出的示例假定只读 3 个字（没有更多的访问），由于突发长度是 4 个字，虽然 D4 被 SDRAM 驱动，但 C6000 忽略了这个数据，因为要求只读 3 个字。

如果没有新的访问，DEAC 命令就不会执行，直到页信息变成无效。如果追加一个刷新周期，则执行 DCAB 命令，bank 被关闭。如果需要访问相同 bank 的不同页，则在最后一列访问后，跟随一个 DEAC 命令。然后用 ACTV 命令打开正确的页。

④ WRT 命令　在写 SDRAM 时，ACTV 命令已经执行，欲写的区（bank）已经被激活。对于 C621x/C671x，所有 SDRAM 写的突发（burst）长度为 4，没有 CAS 延迟，

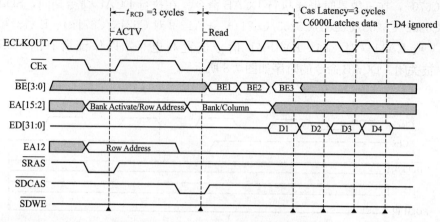

图 7-9　C621x/C671x SDRAM 读时序

因此数据的输出与列地址的建立在同一个时钟周期，如图 7-10 所示。字节和半字的写通过 DQM 控制，如果写的长度小于突发长度，所写的数据会被 BEx 输入屏蔽。

在写命令之后，会按照 TWR、WR2DEAC、WR2RD 参数插入空闲（idle）周期，以满足 SDRAM 的时序要求。如果没有新的访问，DEAC/DCAB 命令就不会执行，直到页信息变成无效。如果需要刷新，随着 DCAB 命令的执行，所有 bank 被关闭。如果需要跨页操作，DEAC 命令发生，关闭当前页，再用 ACTV 命令选择正确的页。

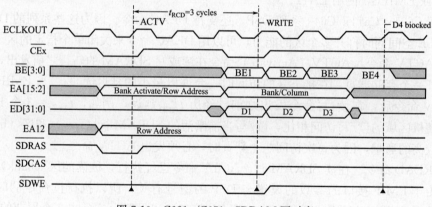

图 7-10　C621x/C671x SDRAM 写时序

⑤ MRS 命令　MRS 命令用于设置 SDRAM 的模式寄存器。模式寄存器位于外部 SDRAM 存储器中，控制相关的操作参数。当初始化 SDRAM 时，EMIF 接口设置这个寄存器，且必须在任何读/写访问之前设置。

实际上，正是 SDRAM 引入了模式寄存器，才使得 SDRAM 的访问效率大大提高。任何时候，如果 SDRAM 控制寄存器 SDCTL 的 INIT 域为 1，则 EMIF 自动执行 DCAB 命令，后跟 8 个刷新命令和一个 MRS 命令。如同 DCAB 和 REFR 命令一样，MRS 命令被送到所有配置 SDRAM 的 CE 空间。MRS 命令之后，INIT 位被清除以免产生多个 MRS 周期。在 MRS 命令周期，对于 C620x/C670x，EMIF 送值 0x0030 到 SDRAM 的模式寄存器；对于 C621x/C671x/C64x，EMIF 送值 0x0032 或 0x0022 到 SDRAM 的模式寄存器，其意义如表 7-24 所示。MRS 命令的操作时序如图 7-11 所示。

表 7-24 SDRAM 模式寄存器的值

模式寄存器位	13	12	11	10	9	8	7	6	5	4	3	2	1	0
模式寄存器域名称	Reserved				WB	OM		CAS Latency			S/I	Burst Length		
EMIF 引脚	EA15	EA14	EA13	EA12	EA11	EA10	EA9	EA8	EA7	EA6	EA5	EA4	EA3	EA2
C6201/2/3/4//C6701	0	0	0	0	0	0	0	0	1	1	0	0	0	0
C621x/C671x/C64x CASL＝3	0	0	0	0	0	0	0	0	1	1	0	0	0	1
C621x/C671x/C64x CASL＝2	0	0	0	0	0	0	0	0	1	0	0	0	1	0

在表 7-24 中，WB（Write Burst mode）为写突发模式，OM（Operating Mode）为操作模式，CASL（CAS Latency）为读延迟。S/I（Sequential/Interleaved）为突发类型（Burst Type），Burst Length 为突发操作长度。

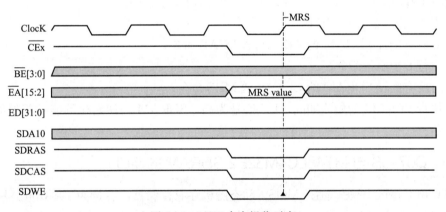

图 7-11　MRS 命令操作时序

图 7-11 中的 Clock 信号，对于 C6201/C6701，使用 SDCLK；对所有的 C620x/C670x（除 C6201/C6701 之外），使用 CLKOUT2；对 C621x/C671x，使用 ECLKOUT；对 C64x，使用 ECLKOUT1。

图 7-10 中的 $\overline{EA}$［15：2］信号，对 C64x EMIFA，使用 EA［16：3］；对于 C64x EMIFB，使用 EA［14：1］。

图 7-10 中的 SDA10 信号，对 C621x/C671x，使用 EA12；对 C64x EMIFA，使用 EA13；对 C64x EMIFB，使用 EA11。

⑥ REFE 命令　SDRAM 控制寄存器 SDCTL 的 RFEN 位选择 SDRAM 的刷新模式，RFEN＝0 表示禁止 EMIF 刷新，使用者必须保证刷新由外部器件实现。RFEN＝1 表示使能 EMIF 刷新。EMIF 使用 REFR 命令向所有配置 SDRAM 的 CE 空间发送刷新命令。在 REFR 命令之前，会自动插入一个 DCAB 命令，以保证所有 CE 空间的 SDRAM 处于关闭状态。刷新命令执行前后，页信息会变为无效，因此刷新周期后的第一次访问都会产生页丢失（page miss）信息，需要用 ACTV 命令重新激活。

⑦ SLFREFR 命令　SDRAM 控制寄存器 SDCTL 的 SLFRFR 位允许使用者强迫 EMIF 将 SDRAM 置于低电源模式（low-power mode），称为自刷新（Self Refresh）。在自刷新模式，SDRAM 维持数据并消耗最小的电量。

当置 SDCTL 寄存器的 SLFRFR 位为 1，同时设置 RFEN 为 0 时，自刷新模式启动，所有打开的 SDRAM 页被关闭。当 SLFRFR＝1 时，使用者应该保证没有 SDRAM 的访问。此外，在自刷新模式下，如果系统在别处没有使用 ECLKOUT1，则 SDRAM 的时钟也可以关断。

写 SLFRFR 位为 0，然后立即读回将退出 SLFRFR 模式。必须保证在执行写 SLFRF＝0，再读回 SLFRFR 之间没有任何其他的操作。

（4）SDRAM 初始化

在 DSP 复位后，任何 CE 空间都没有配置存储器，CPU 应该初始化连接外部存储器的所有 CE 空间，如果 CE 连接有 SDRAM，还需初始化 SDRAM 控制寄存器 SDCTL 和扩展寄存器 SDEXT。在初始化 SDCTL 和 SDEXT 时，暂时置 SDCTL 的 INIT 位为 0，初始化之后，再置 INIT 为 1，以启动 SDRAM 的初始化。如果系统中不存在 SDRAM，就不要将 INIT 置 1。

当 INIT 置 1 后，EMIF 执行下列步骤：

- 对所有配置 SDRAM 的 CE 空间送 DCAB 命令；
- 执行 8 个刷新命令；
- 对所有配置 SDRAM 的 CE 空间送 MRS 命令。

在执行 SDRAM 初始化期间，BE 信号为高，SDRAM 的初始化不能被其他的 EMIF 访问中断。

7.4.5　C6713B 与 MT48LC4M32B2 SDRAM 的接口

MT48LC4M32B2 是高速 CMOS、动态随机存取存储器，容量为 128Mbit。其内部被组织成具有同步接口（所有的信号被同步到时钟信号的上升沿）的 4 区（bank）SDRAM，每个区有 32Mbit，每个区又被组织成 4096 行（row）×256 列（column）×32 位（bit）。

其主要特性为：

- 完全同步，所有信号在系统时钟的正跳变锁存（registered）；
- 内部流水线操作，在每个时钟周期列地址可以改变；
- 隐藏行访问/precharge 的内部 bank；
- 可编程的突发（burst）长度，1、2、4、8 或整个页；
- 支持 1 个、2 个和 3 个时钟的 CAS 延迟；
- 自动 precharge，包括并发自动 precharge（concurrent auto precharge）和自动刷新模式；
- 自刷新模式；
- LVTTL 兼容输入和输出；
- ＋3.3V±0.3V 单电源供电。

MT48LC4M32B2 的关键时序参数如表 7-25 所示。其中的 Cl＝CAS（READ）latency。

表 7-25 　MT48LC4M32B2 的关键时序参数

速度等级	时钟频率	访问时间 Cl=3	建立时间	保持时间
—6	166MHz	5.5ns	1.5ns	1ns
—7	143MHz	5.5ns	2ns	1ns

EMIF 与 MT48LC4M32B2 的接口原理如图 7-12 所示。MT48LC4M32B2 的主要引脚功能见表 7-26。

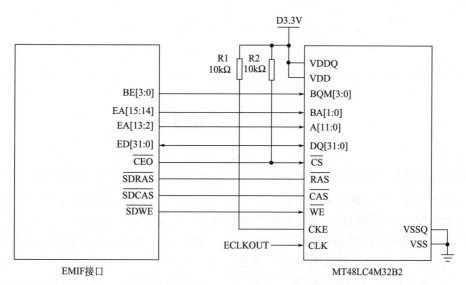

图 7-12 　EMIF 与 MT48LC4M32B2 SDRAM 的接口

表 7-26 　MT48LC4M32B2 SDRAM 的引脚功能

引脚	I/O 类型	功　　能
CLK	Input	时钟引脚,由系统时钟驱动,所有的 SDRAM 输入信号在 CLK 的正跳变沿被采样。CLK 也增加内部的 Burst 计数器和控制输出
CKE	Input	时钟使能,控制 CLK 信号。CKE=LOW 时,提供低电和 SELF REFRESH 操作(所有的 bank 空闲);在低电和自刷新模式期间,输入缓冲,包括 CLK 被除能。CKE 可以固定接高
$\overline{CS}$	Input	片选,低电有效,使能/除能命令译码器。片选为高时,除了 READ/WRT 已经执行的突发操作继续进行以及 DQM 保持其屏蔽能力外,所有的命令被屏蔽
$\overline{WE}$ $\overline{CAS}$ $\overline{RAS}$	Input	命令输入,$\overline{WE}$、$\overline{CAS}$ 和 $\overline{RAS}$ 定义输入的命令
DQM[3:0]	Input	输入/输出屏蔽,对于写操作,DQM 是输入屏蔽信号;对于读操作,DQM 是输出使能信号。在 WRT 周期,输入数据被屏蔽,在 READ 周期,输出缓冲区被置为高阻态(2 时钟延迟)。DQM0 对应 DQ[0:7],DQM1 对应 DQ[8:15],DQM2 对应 DQ[16:23],DQM3 对应 DQ[24:31]
BA[1:0]	Input	Bank 地址输入,BA0 和 BA1 定义 ACTV、READ、WRT 或 DCAB/DEAC 命令操作的 Bank

引脚	I/O 类型	功　能
A[11:0]	Input	地址输入,在 ACTV 命令周期 A[11:0](行地址)被采样,在 READ/WRT 命令周期,A[7:0]为列地址,指定要访问的存储器阵列地址。A10 定义自动 Precharge,并在 DCAB/DEAC 命令周期被采样,确定是否关闭所有的 Bank,或关闭 BA[1:0]指定的 Bank
DQ[31:0]	Input/Output	数据 I/O,数据总线
VDDQ		DQ 电源
VSSQ		DQ 地
VDD		电源:+3.3V±0.3V
VSS		地

7.5　要点与思考

　　任何应用系统都离不开硬件平台的支撑,搭建基于 DSP 的硬件平台是 DSP 应用开发的重要组成部分。为了建立硬件平台的组建的基本概念,本章首先讨论了 DSP 的最小系统,内容涵盖电源电路设计、复位和时钟电路设计、JTAG 接口设计等。

　　虽然最小系统设计是 DSP 应用系统硬件设计的基础,但没有存储器的最小系统只能是一个"玩偶",没有任何实际意义。为此,在 7.3 节和 7.4 节中分别介绍了 DSP 与 Flash 存储器和 DSP 与 SDRAM 存储器的接口。这两种存储器是 DSP 应用系统必不可少的外部存储器,Flash 用于程序存储器,而 SDRAM 用于数据存储器。

　　在讨论 DSP 与 Flash 的接口时,首先介绍了 C6x DSP 提供的硬件支持,包括 EMIF 接口、引脚信号和控制寄存器。考虑到最终的应用程序还需要编程到 Flash 存储器,在 7.3 节中还给出了 Flash 的编程实例代码,包括 Flash 的芯片擦除、扇区擦除、块擦除和编程。

　　在讨论 DSP 与 SDRAM 的接口时,除了介绍 C6x DSP 对 SDRAM 提供的硬件支持(EMIF 接口、引脚信号和控制寄存器)外,还介绍了 C6x 兼容的 SDRAM,因为并不是所有的 SDRAM 都能与 DSP 连接。为了使 SDRAM 工作在最佳的状态,接口参数的配置至关重要,因此,7.4 节还详细讨论了 SDRAM 命令及其时序参数。最后,给出了 C6173B 与 MT48LC4M32B2 SDRAM 的接口实例。

　　此外,读者在阅读本章内容时还可以注意思考下列问题。

　　① DSP 的最小系统由哪些部分组成,各部分的功能是什么?

　　② 在电源电路设计中主要考虑的因素有哪些?

　　③ DSP 与 Flash 连接时,使用异步接口还是同步接口? 在 C6x DSP 中如何配置?

　　④ 对 Flash 进行擦除、编程操作时,如何判断操作命令的完成?

　　⑤ 试比较 C620x/C670x 与 C621x/C671x EMIF 接口的异同。

　　⑥ SDRAM 的操作有哪些命令,各命令的功能是什么?

　　⑦ 简述 C6x EMIF 对 SDRAM 的初始化过程。

DSP

第8章

最常见DSP硬件资源配置与应用

 本章要点

◆ 芯片支持库简介

◆ 定时器和中断应用程序设计

◆ DMA和McBSP应用程序设计

8.1 概述

自20世纪80年代TI推出DSP芯片以来，数字信号处理技术得到了飞速发展。在DSP芯片与数字信号处理技术的相互推动下，伴随着微电子技术的冲锋号角，DSP芯片的性能得到了极大的提高。在日益增长的需求驱使下，DSP的硬件资源也得到了很大扩展。尽管不同型号的DSP拥有的资源有差异，操作也可能不同，但它们的编程思想和实现方法是相同或相近的。本章将讨论大多数DSP所具有的、最常用的共性资源（中断、定时器、DMA、McBSP）及其编程方法。

几乎所有的DSP芯片的外围设备都提供了一组寄存器，用于设置工作模式、控制输入/输出、查询/响应设备状态。因而外设资源的应用编程的实质就是设备寄存器的操作（读/写），基本步骤是使用前初始化设备的工作方式、分配所需的资源；使用过程中控制设备的输出和响应设备的输入；使用结束后，关闭设备，释放资源。

TI公司为大多数常用DSP芯片提供了芯片支持库（Chip Support Library，CSL），CSL由专业人员用汇编语言编写，并经过了严格调试和测试，代码量小，执行效率高。使用CSL进行DSP外设的应用开发不仅可以加快开发进度，而且可以将开发人员从繁琐的寄存器操作中解脱出来，起到事半功倍的效果。

本章的内容安排如下。

在8.2节中，将对芯片支持库做简要介绍，以便使读者了解和使用CSL。内容包括CSL的组织架构、命名规则、使用的数据类型、函数、寄存器访问宏、资源管理等。

在8.3节中，讨论C6x的中断控制器和定时器，内容包括C6x的中断控制器概述，

中断控制器的寄存器详解，芯片支持库的 IRQ 模块；C6x 定时器的功能，定时器寄存器详解，芯片支持库的 TIMER 模块等；最后给出了中断和定时器的综合应用实例，该实例就是使用 CSL 库提供的函数编写的。

在 8.4 节中，讨论 C54xx 的 DMA 控制器和 McBSP，内容包括 C54xxDMA 控制器概述，DMA 寄存器详解，芯片支持库的 DMA 模块；C54xx 的 McBSP 功能和用途，McBSP 寄存器详解，芯片支持库的 McBSP 模块等；最后给出了 DMA 和 McBSP 的综合应用实例，该实例也是使用 CSL 库提供的函数编写的。

在 8.5 节中，对本章的内容进行了小节。

本章首先简述设备的功能和用途，并详细讨论设备的寄存器。其次介绍 CSL 对该设备的支持，同时列出了该设备的 API 函数、寄存器访问宏以及配置结构。最后通过具体的应用实例说明如何利用芯片支持库进行外围设备的编程。这样安排的目的在于使读者详细地了解 DSP 外围设备的功能，更好地理解芯片支持库，通过实例进一步提高使用芯片支持库进行设备开发的能力。

8.2 芯片支持库简介

芯片支持库（Chip Support Library，CSL）是一组 API（Application Programming Interface）函数的集合，用于配置和控制在片设备。其目的是摒弃那些烦人的寄存器操作，简化在片设备的使用。

CSL 提供了在片外设使用的标准规范，这个规范包括数据类型、外设配置定义的宏以及实现外设控制的标准函数。CSL 的优点是显而易见的，不仅设备之间的兼容性好，程序的可移植性强，而且可以缩短开发周期。此外，CSL 定义了设备寄存器的符号描述，这些定义几乎是与设备无关的。这意味着在 C54x 上用 CSL 开发的在片外设程序可以很容易移植到 C6x DSP 上。

8.2.1 CSL 架构

CSL 的架构以设备为模块构建，每个设备有一个 API 模块。例如，对于 DMA 设备就有一个 DMA API 模块，对于多通道缓冲串口（McBSP）设备就有一个 McBSP API 模块等，如图 8-1 所示。CSL 的这种组织架构便于新设备的扩展。

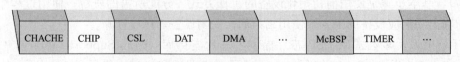

| CHACHE | CHIP | CSL | DAT | DMA | … | McBSP | TIMER | … |

图 8-1　CSL API 模块架构

CSL 包含的模块种类很多，有些模块支持所有的 DSP 芯片，如中断模块、定时器模块等。有些模块只对那些具有外设的芯片有用，如 C6201 没有增强直接存储器访问（ED-MA）外设，所以 C6201 不支持 EDMA API 模块。

虽然每个 CSL 模块提供一个函数集，但模块之间也有相互依赖性。例如，由于 DMA 具有中断，它依赖于 IRQ 模块。在这种情况下，使用 DMA 模块时，链接器会自动链接

IRQ 模块。每个 CSL 模块有一个编译时的标记符号 XXX _ SUPPORT，用来表示该模块是否被指定的外设支持。标记符号前缀 XXX 是外设的名称。例如，DMA _ SUPPORT 为 1，表示该设备支持 DMA；DMA _ SUPPORT 为 0，表示该设备不支持 DMA。

表 8-1 列出了 C54x 的 CSL 模块和支持文件，表 8-2 列出了 C54x CSL 库支持的芯片、芯片调用库以及设备支持符号。

提示：芯片支持符号必须在编译器选项（-d option）中事先设置。

表 8-1 C54x 的 CSL 模块和支持文件

外设模块	功能	支持文件	模块支持符号
CHIP	芯片相关模块	Csl_chip. h	CHIP_SUPPORT
DAT	基于 DMA 的数据复制/填充	Csl_dat. h	DAT_SUPPORT
DMA	直接存储器访问	Csl_dma. h	DMA_SUPPORT
EBUS	外总线接口	Csl_ebus. h	EBUS_SUPPORT
GPIO	通用 I/O	Csl_gpio. h	GPIO_SUPPORT
HPI	HPI 接口	Csl_hpi. h	HPI_SUPPORT
IRQ	中断控制器	Csl_irq. h	IRQ_SUPPORT
MCBSP	多通道缓冲串口	Csl_mcbsp. h	MCBSP_SUPPORT
PLL	PLL	Csl_pll. h	PLL_SUPPORT
PWR	节电控制	Csl_pwr. h	PWR_SUPPORT
TIMER	定时器	Csl_timer. h	TIMER_SUPPORT
UART	异步收发器	Csl_uart. h	UART_SUPPORT
WDTIM	看门狗定时器	Csl_wdtim. h	WDT_SUPPORT

表 8-2 C54x CSL 支持的芯片及其库

芯片	近调用库	远调用库	芯片支持符号
C5401	Csl5401. lib	Csl5401x. lib	CHIP_5401
C5402	Csl5402. lib	Csl5402x. lib	CHIP_5402
C5404	Csl5404. lib	Csl5404x. lib	CHIP_5404
C5407	Csl5407. lib	Csl5407x. lib	CHIP_5407
C5409	Csl5409. lib	Csl5409x. lib	CHIP_5409
C5409A	Csl5409A. lib	Csl5409Ax. lib	CHIP_5409A
C5410	Csl5410. lib	Csl5410x. lib	CHIP_5410
C5410A	Csl5410A. lib	Csl5410Ax. lib	CHIP_5410A
C5416	Csl5416. lib	Csl5416x. lib	CHIP_5416
C5420	Csl5420. lib	Csl5420x. lib	CHIP_5420
C5421	Csl5421. lib	Csl5421x. lib	CHIP_5421
C5440	Csl5440. lib	Csl5440x. lib	CHIP_5440
C5441	Csl5441. lib	Csl5441x. lib	CHIP_5441
C5471	Csl5471. lib	Csl5471x. lib	CHIP_5471
C54cst	Csl54cst. lib	Csl54cstx. lib	CHIP_54CST

表 8-3 列出了 C6x 的 CSL 模块和支持文件，表 8-4 列出了 C6x CSL 库支持的芯片、芯片调用库以及芯片支持符号。

表 8-3　C6x 的 CSL 模块和支持文件

设备模块	功能	包含文件	模块支持符号
CACHE	Cache 模块	Csl_cache. h	CACHE_SUPPORT
CHIP	芯片相关模块	Csl_chip. h	CHIP_SUPPORT
CSL	CSL 库初始化模块	csl. h	—
DAT	设备无关数据复制/填充模块	Csl_dat. h	DAT_SUPPORT
DMA	直接存储器访问模块	Csl_dma. h	DMA_SUPPORT
EMAC	以太网介质访问控制器模块	Csl_emac. h	EMAC_SUPPORT
EDMA	增强 DMA 模块	Csl_edma. h	EDMA_SUPPORT
EMIF	扩展内存接口模块	Csl_emif. h	EMIF_SUPPORT
EMIFA	扩展内存接口模块 A	Csl_emifa, h	EMIFA_SUPPORT
EMIFB	扩展内存接口模块 B	Csl_emifb, h	EMIFB_SUPPORT
GPIO	通用输入/输出模块	Csl_gpio. h	GPIO_SUPPORT
HPI	HPI 接口模块	Csl_hpi. h	HPI_SUPPORT
I2C	I2C 模块	Csl_i2c. h	I2C_SUPPORT
IRQ	中断控制器模块	Csl_irq. h	IRQ_SUPPORT
McASP	多通道音频串口模块	Csl_mcasp. h	MCASP_SUPPORT
McBSP	多通道缓冲串口模块	Csl_mcbsp. h	MCBSP_SUPPORT
PCI	PCI 接口模块	Csl_pci. h	PCI_SUPPORT
PWR	电源控制模块	Csl_pwr. h	PWR_SUPPORT
TCP	Turbo 解码协处理器模块	Csl_tcp. h	TCP_SUPPORT
TIMER	定时器模块	Csl_timer. h	TIMER_SUPPORT
UTOP	Utopia 接口模块	Csl_utop. h	UTOP_SUPPORT
VCP	Viterbi 解码协处理器模块	Csl_vcp. h	VCP_SUPPORT
XBUS	扩展总线模块	Csl_xbus. h	XBUS_SUPPORT

表 8-4　C6x CSL 支持芯片及其库

芯片	小端库	大端库	芯片支持符号
C6201	Csl6201. lib	Csl6201e. lib	CHIP_6201
C6202	Csl6202. lib	Csl6202e. lib	CHIP_6202
C6203	Csl6203. lib	Csl6203e. lib	CHIP_6203
C6204	Csl6204. lib	Csl6204e. lib	CHIP_6204
C6205	Csl6205. lib	Csl6205e. lib	CHIP_6205
C6211	Csl6211. lib	Csl6211e. lib	CHIP_6211
C6701	Csl6701. lib	Csl6701e. lib	CHIP_6701
C6711	Csl6711. lib	Csl6711e. lib	CHIP_6711
C6712	Csl6712. lib	Csl6712e. lib	CHIP_6712

芯片	小端库	大端库	芯片支持符号
C6713	Csl6713.lib	Csl6713e.lib	CHIP_6713
C6410	Csl6410.lib	Csl6410e.lib	CHIP_6410
C6413	Csl6413.lib	Csl6413e.lib	CHIP_6413
C6414	Csl6414.lib	Csl6414e.lib	CHIP_6414
C6415	Csl6415.lib	Csl6415e.lib	CHIP_6415
C6416	Csl6416.lib	Csl6416e.lib	CHIP_6416
C6418	Csl6418.lib	Csl6418e.lib	CHIP_6418
DA610	CslDA610.lib	CslDA610e.lib	CHIP_DA610
DM640	cslDM640.lib	cslDM640e.lib	CHIP_DM640
DM641	cslDM641.lib	cslDM641e.lib	CHIP_DM641
DM642	CslDM642.lib	CslDM642e.lib	CHIP_DM642

8.2.2 CSL 的命名规则和数据类型

为便于记忆和使用，CSL 规定了如下的命名规则。

- 函数：PER_funcName();
- 宏定义：PER_MACRO_NAME;
- 变量：PER_varName;
- 数据类型：PER_TypeName。

其中 PER 是表 8-1 或表 8-2 规定的设备/模块名，用大写字母书写。所有的函数、宏定义、变量和数据类型都具有设备/模块名前缀，函数和变量名用小写字母书写，如果函数或变量名由多个单词组成，则用大写字母分隔，如 HPI_getConfig()、timerHandle。宏名称全部用大写字母书写，如 DMA_PRICTL_RMK。数据类型名的第一个字符用大写书写，其余用小写书写，如 DMA_Handle。

提示：CSL 的包含文件为每个寄存器及其域定义了宏和常数，要注意不要重新定义，也不要定义类似名称的宏，以防歧义。在 CSL 库中，已经预定义了许多 CSL 函数，在命名自己的函数时要防止混淆。

CSL 定义了自己的数据类型，如表 8-5 所示，表的左半部分是 C54x 数据类型，右半部分是 C6x 的数据类型。读者在定义自己的数据类型时应注意不要与 CSL 的定义混淆。

表 8-5　C54x、C6x CSL 使用的数据类型

C54x		C6x	
CSL 类型	意义(C类型)	CSL 类型	意义(C类型)
Bool	unsigned short	Uint8	Unsigned char
PER_Handle	void*	Uint16	Unsigned short
Int16	short	Uint32	Unsigned int
Int32	long	Uint40	Unsigned long
Uchar	unsigned char	Int8	char

C54x		C6x	
CSL 类型	意义（C 类型）	CSL 类型	意义（C 类型）
Uint16	unsigned short	Int16	short
Uint32	unsigned long	Int32	int
DMA_AdrPtr	Void（* DMA_AdrPtr)()	Int40	long

8.2.3 CSL 函数

并不是所有的 CSL 函数会被所有的设备使用，但每个设备都有一组通用函数。这组函数实现了设备的基本控制，如打开、关闭、配置、复位等，如表 8-6 所示。

表 8-6 通用 CSL 函数

函 数	功 能
Handle＝PER_open(chanName,[priority],flag)	打开一个外设通道，然后执行 flags 指示的操作。在使用这个通道之前,必须调用这个函数。返回打开设备的句柄。Priority 参数是可选参数,只用于 DAT 模块
PER_config([handle,]cfgStruct)	用配置结构的值初始化设备寄存器。配置结构可以用下列值初始化： • 整数常量 • 整型变量 • CSL 符号常量 PER_REG_DEFAULT • 用 PER_REG_RMK 合并的域值
PER_configArgs([handle,]regVal1,regVal2…regValn)	用单个值(regValn)初始化外设寄存器。regValn 可以是下列值： • 整数常量 • 整型变量 • CSL 符号常量,PER_REG_DEFAULT • 用 PER_REG_RMK 合并的域值
PER_reset([handle])	复位外设到上电的默认状态
PER_close(handle)	关闭用 PER_open 打开的外设通道,通道的寄存器被恢复到上电的默认状态,清除未处理的中断

在表 8-6 中，方括号 [] 中的参数是可选参数。[handle] 只用于基于句柄的设备，如 DAT、DMA、EDMA、GPIO、McBSP 和 TIMER 设备。[priority] 只用于 DAT 外设模块。

CSL 提供了两种类型的外设寄存器初始化函数，PER _ config () 和 PER _ configArgs ()。PER _ config () 函数的参数是打开的设备句柄和设备配置结构指针，该函数用配置结构的值设置 PER（PER 是表 8-1 或表 8-3 的模块之一）设备的控制寄存器，调用前必须先为结构中的每个寄存器赋值。CSL 为每个外设模块定义了寄存器配置结构，例如，C54x 定义的定时器配置结构为：

```
typedef struct {
    Uint16 tcr;          //控制寄存器
    Uint16 prd;          //周期寄存器
```

} TIMER _ Config；

使用时，先定义并初始化 TIMER _ Config 结构变量，然后调用 TIMER _ config（）函数，例如：

```
TIMER _ Config myCfg＝ {
    0x0010,          //tcr
    0x1000,          //prd
};
```

TIMER _ config（hTimer，&myCfg）；

PER _ configArgs（）函数的参数是打开的设备句柄和设备寄存器值的列表，该函数用寄存器列表中的值设置设备的控制寄存器。例如，C54x 的 TIMER 模块定义的 _ configArgs 函数的原型为 TIMER _ configArgs（TIMER _ Handle hTimer，Uint16 tcr，Uint16 prd）。如果将值 0x0010 设置到 TCR 寄存器，0x1000 设置到 PRD 寄存器，则可用下面语句：

TIMER _ configArgs（hTimer，0x0010，0x1000）；

通常两个初始化函数可以交替使用，为了简化定义外设寄存器初始化值的过程，CSL 提供了 PER _ REG _ RMK 宏来形成寄存器的域值。

8.2.4 CSL 宏

表 8-7 列出了 CSL 最常用的宏定义，这些宏可以方便地组合设备寄存器的域值。

表 8-7   通用 CSL 宏定义

宏定义	功能
PER_REG_RMK(fieldval_n… fieldval_0)	产生设备寄存器所需的值，_RMK 宏根据位域值构建寄存器的值。_RMK 宏遵循下列规则： • 只包含可写的域 • _RMK 的第一个变量应该是 MSB 域 • 不管是否使用，必须包含所有可写的域 • 如果参数代表的域值超过了所允许的范围,将被截断
PER_RGET(REG)	读设备寄存器的值
PER_RSET(REG,regval)	写值 regval 到设备寄存器
PER_FMK(REG,FIELD,fildval)	产生 fieldval 的移位值,与_RMK 不同(_RMK 要求指定所有的寄存器域),_FMK 用于设置寄存器的少量几个域
PER_FGET(REG)	读寄存器指定域的值
PER_FSET(REG,FIELD,fieldval)	写寄存器的指定域
PER_REG_ADDR(REG)	取寄存器的内存地址
PER_FSETS(REG,FIELD,sym)	写符号值到指定的寄存器域
PER_FMKS(REG,FIELD,sym)	产生符号值的移位值

在表 8-7 中，PER 代表设备（如 DMA、TIMER）；REG 代表寄存器名称（如 PRICTL0，AUXCTL）；FIELD 代表寄存器的域（如 ESIZE）；regval 代表整数常量、整数变量、符号常量（PER _ REG _ DEFAULT）或由宏 _FMK 产生的域值；fieldval 代表整数常量、整数变量或符号常量（PER _ REG _ FIELD _ SYMVAL），所有的域值是右对齐的；sym 代表符号常量。

表 8-8 列出了基于句柄的 CSL 宏定义，设备的句柄可从函数 PER_open（）得到，基于句柄的外设有 DMA、EDMA、GPIO、McBSP、TIMER、I2C、McASP 等。

表 8-8　基于句柄的 CSL 宏定义

宏定义	功能
PER_ADDRH(h,REG)	返回指定句柄的寄存器的内存映射地址
PER_RGETH(h,REG)	返回指定句柄的寄存器的值
PER_RSETH(h,REG,x)	设置指定句柄的寄存器的值
PER_FGETH(h,REG,FIELD)	返回指定句柄的寄存器的域值
PER_FSETH(h,REG,FIELD,x)	设置指定句柄的寄存器的域值
PER_FSETSH(h,REG,FIELD,SYM)	用符号值设置指定句柄的寄存器的域值

在表 8-8 中，h 代表设备的句柄，REG 代表寄存器的名称，FIELD 代表寄存器的域，x 代表整数常量或整数变量。

CSL 为寄存器定义了 1 个常量宏 PER_REG_DEFAULT，用于指定寄存器的默认值，也就是芯片复位后寄存器的值。如果复位对寄存器没有影响，则默认值为 0。

CSL 还为寄存器域指定了两个宏，PER_REG_FIELD_DEFAULT 和 PER_REG_FIELF_SYMVAL。前者用于指定默认的寄存器域值，也就是复位后的域值。如果复位没有影响，则默认值为 0。后者指定设备寄存器的个别域，对不同的寄存器，域及其域值的定义是不同的。例如 C54x 的定时器（设备模块的名称为 TIMER）的控制寄存器，寄存器的名称定义为 TCR，共有 16 个位（bit）。其中的位 4（bit4）控制定时器的工作状态，若该位的值为 0，则启动定时器工作；若该位的值为 1，则停止定时器工作。CLS 定义该位的域名为 TSS，域符号为 START 和 STOP，它们的值分别为 0 和 1。

8.2.5　CSL 的资源管理

CSL 提供的有限的函数集支持多种算法，可以方便地管理系统的资源，例如多个 TIMER 或 McBSP 资源的芯片，可以重新使用相同类型的设备模块。CSL 的资源管理用 API 函数 PER_open（）和 PER_close（）实现。当调用 PER_open 函数时，该函数检查全局标志 allocate 来确定该设备的可利用性。如果设备/通道是可用的，那么 open 函数返回该设备的句柄结构指针，这个句柄结构包含打开通道（channel）或端口（port）的信息，并设置"allocate"标志为 1，表示该通道或端口已被使用。如果设备/通道已被另一个进程打开，那么 open 函数只返回一个非法的句柄，而不做任何处理。非法句柄的值等价于 CSL 的符号常量 INV。因而开发者必须检查 open 函数的返回值，以确保不会出现资源的混淆。

设备/通道的资源可以通过调用 PER_close（）函数得到释放，close 函数清除句柄结构中的 allocate 标记，并且复位设备/通道。

CSL 句柄对象是打开设备通道/端口的唯一标识，句柄对象必须在 C 源代码中用 PER_Handle 定义，并且调用 PER_open 函数对其初始化。例如用下列程序片段打开一个 DMA 通道：

```
    DMA_Handle hMyDma;            //定义 DMA 通道句柄
    hMyDma=DMA_open(DMA_CHA0, DMA_OPEN_RESET);  //初始化句柄
对象
    if(hMyDma！=INV)              //检查句柄是否非法
        DMA_start(hMyDma);        //启动 DMA 传输
    …                            //其他处理
    DMA_close(hMyDma);            //释放 DMA 通道资源
```

提示：① 支持多个设备/通道的所有 CSL 模块必须用 open 函数获取一个设备句柄，因为大多数 API 函数的第一个参数为设备句柄；

② 通过 PER_open 函数获得句柄，如果不再需要，调用 PER_close 释放资源。这两个函数确保了通道/端口使用的唯一性。

8.2.6　芯片支持库的使用

为了编译和连接 CSL 库，必须设置 CCS 集成环境。为此，需要使用下列步骤。

① 指定目标器件　在 CCS 集成环境中，选择 "Project/Build Options" 菜单，打开设置对话框。如图 8-2 所示。单击 "Compiler" 卡片，选中对话框左侧的 "Category" 列表中的 "Preprocess"。在右侧的 "Pre-Define Symbol" 栏中键入表 8-2 或表 8-4 所列的芯片支持符号。例如，对 C5402 芯片，芯片支持符号为 CHIP_5402。

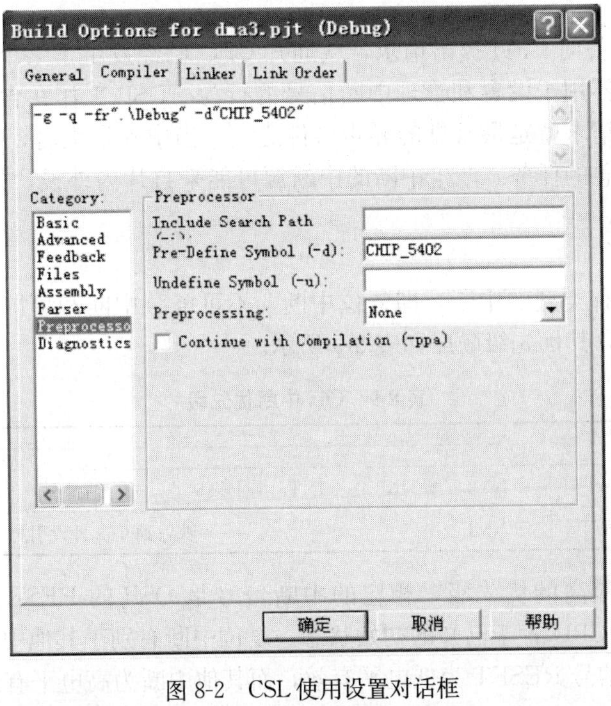

图 8-2　CSL 使用设置对话框

② 确定工程需要使用的内存模式，小模式或大模式，并以此来指定所需要的 CSL 和 RTS 库文件　如果使用远模式编译，则编译器必须设置为远模式。在图 8-2 的设置对话框上单击 "Compiler" 卡片，选中 "Category" 列表中的 "advanced"，在对话框的右侧

选中"Use Far Calls"。然后，在单击"Category"列表中的"Basic"，在对话框右侧的"Processor Version"栏中键入 548。

使用远模式时，必须为链接器指定远模式库。在图 8-2 的设置对话框上单击"Linker"卡片，在"Category"列表中选中"Basic"，在对话框右侧的"Library Search Path"栏中键入库文件所在目录，在"Include Libraries"栏中键入远模式库。

③ 在连接命令文件中指定 .csldata 段　CSL 定义了自己的数据段，命名为 .csldata。必须在链接命令文件中为其分配存储空间。分配方法见 8.4.5 节中程序 8-2 的链接命令文件。

④ 在源代码中包含表 8-1 或表 8-3 所列的包含文件。示例详见 8.3.5 节中程序 8-1 和 8.4.5 节中程序 8-2。

8.3　定时器和中断应用程序设计

定时器和中断控制器是 DSP 最常用的设备，几乎每个型号的 DSP 都提供定时器和中断控制器，因此熟练掌握定时器和中断控制器的程序设计是 DSP 应用开发的必备技能。

虽然每个型号的 DSP 都有定时器和中断控制器，但它们的功能和实现方法有细微的差异。下面以 C6x 为例讨论定时器和中断控制器的应用程序设计方法。

8.3.1　C6x 中断控制器

中断是外围设备向 CPU 提出请求，或通知 CPU 已经发生了某个特别的事件的一种信号，而中断控制器用于设置和管理中断信号的行为。DSP 工作在含有多个外部异步事件的环境中，中断请求就是最常见的异步事件之一。当中断发生时，CPU 暂停当前的工作，转而处理更紧急的任务。产生中断的中断源可能来自片内外设，如定时器、HPI 等，或来自外部设备。

（1）中断类型

C6x DSP 有三种类型的中断，即复位中断、不可屏蔽中断和可屏蔽中断。三种中断具有不同的优先级，其优先级顺序如表 8-9 所示。

表 8-9　C6x 中断优先级

优先级	高							低		
中断名称	Reset	NMI	INT4	INT5	INT6	…	…	INT13	INT14	INT15
中断信号	RESET	NMI	映射到 C6x 外设引脚							

复位中断具有最高的优先级，相应的中断信号是 DSP 的 RESET 信号，用于中止 CPU 的运行，并将 CPU 置于已知的初始状态。复位中断有别于其他中断，其特点是：
- 复位中断的信号 RESET 为低电平有效，而其他中断为高电平有效；
- RESET 信号必须维持 10 个时钟周期的低电平，然后变为高电平重新初始化 CPU；
- 复位中断发生时，执行的指令被中止，所有的寄存器被置为默认状态；
- 复位中断的取指包必须位于 0 地址；
- 复位中断不受分支指令的影响。

不可屏蔽中断的优先级仅次于复位中断，相应的中断信号为 DSP 的 NMI 信号，用于向 CPU 发出严重硬件错误的警告，如紧急电源错误。为了处理 NMI 中断，中断使能寄存器 IER 的 NMIE 位必须置 1。NMI 中断的处理是即时的，唯一能阻止 NMI 中断处理的条件是中断刚好发生在分支指令的延迟期间。为了防止在复位期间发生 NMI 中断，复位时 NMI 中断的使能位 NMIE 被清 0。NMI 中断是不可重入的，在 NMI 中断处理期间，NMIE 也被清 0。NMIE 不能手动清 0，但可以手动置位，以允许嵌套 NMI 中断。当 NMIE 被清 0 时，所有的可屏蔽中断（INT4~INT15）都将无效。

可屏蔽中断的优先级比复位和 NMI 中断都低，12 个可屏蔽中断的优先级从高到低依次为 INT4~INT15，相应的中断信号可映射到 C6x 的外部设备、片内设备和软件中断，也可设置为不可用。假定可屏蔽中断不是发生在分支指令的延迟期间，要处理可屏蔽中断必须满足下列条件：

- 中断控制状态寄存器 CSR 的中断全局使能位 GIE 必须为 1；
- 中断使能寄存器 IER 的 NMIE 位必须为 1；
- 中断使能寄存器 IER 的对应位 IEx 必须为 1；
- 相应中断已经发生，即中断标志寄存器 IFR 中的对应位 IFx 置位，且没有高优先级的中断发生。

（2）中断服务表（Interrupt Service Table，IST）

当 CPU 开始处理中断时，要引用中断服务表（IST）。IST 是一个包含中断服务代码的取指包表格，由 16 个连续的取指包构成，每个中断服务取指包（Interrupt Service Fetch Packet，ISFP）含有 8 条指令，简单的中断服务程序可以放在一个取指包内。图 8-3 给出了中断服务表 IST 及中断服务取指包的内容，同时也给出了 IST 在程序存储空间的偏移地址。由于每个取指包含有 8 条 32 位指令字，所以 ISFP 的地址在 32（0x20）字节对齐。

如果中断服务代码可以用 6 条指令实现，则可以放在单个取指包中，如图 8-2 右侧 INT8 的 ISFP 所示。为了在中断处理完成后，返回到原来的位置继续执行，INT8 的 ISFP 中包含一条指向中断返回指针的分支指令 B IRP。该指令紧跟着的 NOP 5 指令可以使分支指令的目标代码进入流水线的执行阶段。

提示：如果没有 NOP 5 指令，CPU 将执行下面的 5 条指令，这会进入下一个 ISFP。

如果中断服务程序太长，不能放在单个 ISFP 中，那么 IST 中的 ISFP 含有跳转到中断服务程序的分支指令。

（3）中断寄存器

C6x 有 11 个与中断处理有关的寄存器，如表 8-10 所示。可分为中断控制寄存器（如 CSR、IER、ISR、ICR）、中断状态寄存器（如 IFR）、指针寄存器（如 ISTP、NRP、IRP）和中断选择寄存器（MUXH、MUXL、EXTPOL）。

表 8-10　C6x 的中断寄存器

缩写	名称	用途
CSR	控制状态寄存器	允许全局地使能/除能中断
IER	中断使能寄存器	使能单个或多个中断
IFR	中断标志寄存器	标记中断的状态

缩写	名称	用途
ISR	中断设定寄存器	允许手动设定 IFR 中的位
ICR	中断清除寄存器	允许手动清除 IFR 中的位
ISTP	中断服务表指针	设置中断服务表基地址
NRP	非屏蔽中断返回指针	包含非屏蔽中断的返回地址,返回用指令 B BRP 实现
IRP	可屏蔽中断返回指针	包含可屏蔽中断的返回地址,返回用指令 B IRP 实现
MUXH	中断选择寄存器(高字)	选择不同的中断源
MUXL	中断选择寄存器(低字)	选择不同的中断源
EXTPOL	外部中断极性寄存器	改变外部中断的极性

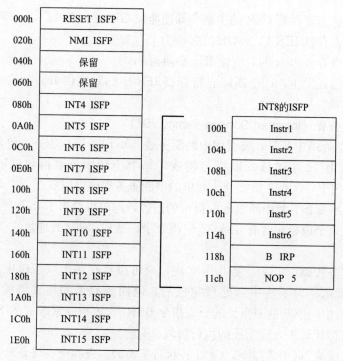

图 8-3　中断服务表 IST 及取指包 ISFP

① 控制状态寄存器 CSR　CSR 寄存器的最低两个位用于中断的控制,可以全局地使能/除能中断。位 0 的域符号为 GIE,位 1 的域符号为 PGIE。

当 GIE＝1 时,全局使能可屏蔽中断,中断处理可以执行;当 GIE＝0 时,全局除能可屏蔽中断,不进行可屏蔽中断的处理。

PGIE 包含前一次的 GIE 值。在处理可屏蔽中断期间,GIE 的值先保存到 PGIE,然后 GIE 被清除,这样做的目的是防止设备状态被保存之前另一个中断的进入。一旦中断处理完成,并由 B IRP 指令返回时,PGIE 的值被恢复到 GIE 中。PGIE 的作用在于已经检测到中断并要进行处理时,允许对 GIE 清 0。

② 中断服务表指针寄存器 (Interrupt Service Table Pointer,ISTP)　图 8-3 给出的地址是中断服务表的偏移地址,中断服务表的基地址是由 ISTP 寄存器定位的,ISTP 的位域格式如图 8-4 所示。

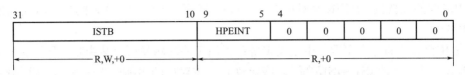

图 8-4　中断服务表指针（ISTP）的位域格式

R—用 MVC 指令可读；W—用 MVC 指令可写；+0—复位时清 0

其中：

bit［4：0］被强制为 0，以保证取指包在 8 个字（32bit）的边界对齐。

HPEINT：最高优先级使能的中断。这个域段给出优先级最高的中断号（该中断应该是中断使能寄存器 IER 中使能的中断）。因此，通过 ISTP 可以手动分支到优先级最高的中断，以便高优先级中断得到及时处理。如果没有已使能的正在等待处理的中断，HPEINT 为 0。

ISTB：中断服务表基地址。在复位时，该域段为 0。因而在 CPU 刚启动时，IST 必须定位在 0x0 地址。在 CPU 启动之后，通过给 ISTB 写入新值来重新定位 IST。在重定位中断服务表后，第一个 ISFP（Reset 中断的取指包）绝不会再被中断处理程序执行，因为 Reset 将 ISTB 设置为 0。

③ 中断使能寄存器 IER　中断使能寄存器用于使能/除能中断，IER 的位域如图 8-5 所示。只有在 IER 中对应的位置 1 时，中断才能被触发。IER 的位 0 对应 Reset 中断，这个位是不可写的，且复位时被置 1。这表明复位中断始终是使能的，也就是说，复位中断是不可屏蔽的。IER 的位 1 对应 NMI 中断，当 NMIE 为 0 时，除 Reset 中断外的所有中断（包括不可屏蔽中断）都被除能。NMIE 在复位后被清 0，所以必须在复位后对 NMIE 置位以便使能 NMI 中断。IER 的位 4～位 15 对应 12 个可屏蔽中断，如果要使能某个可屏蔽中断，必须将 CSR 寄存器的 GIE 置 1，同时将 IER 中的对应位置 1。

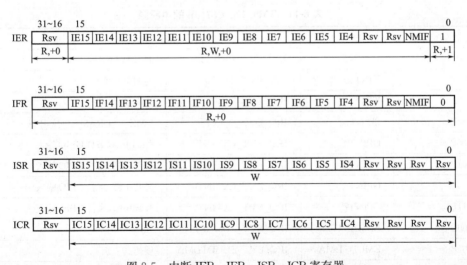

图 8-5　中断 IER、IFR、ISR、ICR 寄存器

R—用 MVC 指令可读；W—用 MVC 指令可写；+0—复位后清 0；+1—复位后置 1；Rsv—保留

④ 中断标志寄存器 IFR　中断标志寄存器反映不可屏蔽中断 NMI 和可屏蔽中断 IE4～IE15 的中断状态，复位后 IFR 被清 0。IFR 的位域如图 8-5 所示。当中断发生时，

IFR 中对应的位被置 1。IFR 是只读的，可以用 MVC 指令读取 IFR 的值，以获知发生了哪些中断。

⑤ 中断设定寄存器 ISR　中断设定寄存器用于手动触发可屏蔽中断，ISR 的位域如图 8-5 所示。对 ISR 的 IS4～IS15 写 1，将导致 IFR 中对应的中断标志位置 1，从而触发相应的中断。对 ISR 写 0 不产生任何效果。

⑥ 中断清除寄存器 ICR　中断清除寄存器用于手动清除可屏蔽中断，ICR 的位域如图 8-5 所示。对 ICR 的 IC4～IC15 写 1，将导致 IFR 中对应的中断标志位被清 0。对 ICR 写 0 不产生任何效果。

⑦ 非屏蔽中断返回指针寄存器 NRP　NRP 是一个 32 位地址指针寄存器，其中记录从 NMI 中断处理返回后要继续执行的下一个指令包的地址。当 NMI 中断服务完成后，用分支指令 B NRP 返回到由于 NMI 中断而暂停执行的指令包位置。NRP 寄存器既可读也可写，复位后，其值随机，NMI 中断发生后，在进入 NMI 中断服务程序之前由 CPU 填写该寄存器。

⑧ 可屏蔽中断返回指针寄存器 IRP　IRP 是一个 32 位地址指针寄存器，其中记录从可屏蔽中断处理返回后要继续执行的下一个指令包的地址。当可屏蔽中断服务完成后，用分支指令 B IRP 返回到由于可屏蔽中断而被打断执行的指令包位置。IRP 寄存器既可读也可写，复位后，其值随机，可屏蔽中断发生后，在进入它们中断服务程序之前由 CPU 填写该寄存器。

⑨ 中断选择寄存器 MUXH、MUXL　C6x DSP 的中断可多达 32 个中断源，但 CPU 只能同时处理其中的 12 个，对于表 8-9 中的 IE4～IE15。中断选择寄存器允许选择其中的 12 个中断源处理，也可以根据需要调整表 8-9 中的优先级顺序。

C6x 的不同型号有不同的中断源，在实际使用中应仔细查阅器件的资料。表 8-11 列出了 TMS320C C6713B 可供选择的中断源。

表 8-11　TMS320C C6713B 的中断源

中断选择器值	中断源	中断事件标识	说明
00000B	DSPINT	IRQ_EVT_DSPINT	HPI 到 DSP 的中断
00001B	TINT0	IRQ_EVT_TINT0	定时器 0 中断
00010B	TINT1	IRQ_EVT_TINT1	定时器 1 中断
00011B	SDINT	IRQ_EVT_SDINT	EMIF SDRAM 定时器中断
00100B	GPINT4	IRQ_EVT_EXTINT4	外部中断，来自 GPIO 输入
00101B	GPINT5	IRQ_EVT_EXTINT5	外部中断，来自 GPIO 输入
00110B	GPINT6	IRQ_EVT_EXTINT6	外部中断，来自 GPIO 输入
00111B	GPINT7	IRQ_EVT_EXTINT7	外部中断，来自 GPIO 输入
01000B	EDMAINT	IRQ_EVT_EDMAINT	EDMA 中断
01001B	EMUDTDMA	IRQ_EVT_EDUDTDMA	硬仿真中断
01010B	EMURTDXRX	IRQ_EVT_EMURTDXRX	硬仿真中断
01011B	EMURTDXTX	IRQ_EVT_EMURTDXTX	硬仿真中断
01100B	XINT0	IRQ_EVT_XINT0	McBSP0 发送中断
01101B	RINT0	IRQ_EVT_RINT0	McBSP0 接收中断

续表

中断选择器值	中断源	中断事件标识	说明
01110B	XINT1	IRQ_EVT_XINT1	McBSP1 发送中断
01111B	RINT1	IRQ_EVT_RINT1	McBSP1 接收中断
10000B	GPINT0	IRQ_EVT_GPINT0	GPIO 中断 0
10001~10101B	保留		
10110B	I2CINT0	IRQ_EVT_I2CINT0	I2C0 中断
10111B	I2CINT1	IRQ_EVT_I2CINT1	I2C1 中断
11000~11011B	保留		
11100B	AXINT0	IRQ_EVT_AXINT0	McASP0 发送中断
11101B	ARINT0	IRQ_EVT_ARINT0	McASP0 接收中断
11110B	AXINT1	IRQ_EVT_AXINT1	McASP1 发送中断
11111B	ARINT1	IRQ_EVT_ARINT1	McASP1 接收中断

中断选择寄存器由 64 个位段组成，分成两个 32 位的寄存器，分别命名为 MUXH 和 MUXL。它们的域段格式如表 8-12 和表 8-13 所示。

表 8-12　中断选择寄存器 MUXH 的域段

位	域段名称	说明
31	保留	保留位,读为 0,写无效
30~26	INTSEL15	中断选择器 15,将任意的 CPU 中断源映射到 INT15
25~21	INTSEL14	中断选择器 14,将任意的 CPU 中断源映射到 INT14
20~16	INTSEL13	中断选择器 13,将任意的 CPU 中断源映射到 INT13
15	保留	保留为,读为 0,写无效
14~10	INTSEL12	中断选择器 12,将任意的 CPU 中断源映射到 INT12
9~5	INTSEL11	中断选择器 11,将任意的 CPU 中断源映射到 INT11
4~0	INTSEL10	中断选择器 10,将任意的 CPU 中断源映射到 INT10

表 8-13　中断选择寄存器 MUXL 的域段

位	域段名称	说明
31	保留	保留为,读为 0,写无效
30~26	INTSEL9	中断选择器 9,将任意的 CPU 中断源映射到 INT9
25~21	INTSEL8	中断选择器 8,将任意的 CPU 中断源映射到 INT8
20~16	INTSEL7	中断选择器 7,将任意的 CPU 中断源映射到 INT7
15	保留	保留为,读为 0,写无效
14~10	INTSEL6	中断选择器 6,将任意的 CPU 中断源映射到 INT6
9~5	INTSEL5	中断选择器 5,将任意的 CPU 中断源映射到 INT5
4~0	INTSEL4	中断选择器 4,将任意的 CPU 中断源映射到 INT4

从表 8-12 和表 8-13 可以看出，每个选择器由 5 个位段组成，每个寄存器映射 6 个中断源，其中 MUXH 寄存器映射 INTSEL15～INTSEL10，对应于 CPU 的 INT15～INT10

中断。MUXL 寄存器映射 INSTSEL9～INSTSEL4，对应于 CPU 的 INT9～INT4 中断。通过设置 MUXH 和 MUXL 的 INTSELx 域段的值，可以映射 CPU 的任何中断源。复位后，6173B 默认的中断源映射如表 8-14 所示。

表 8-14　6173B 默认的中断源映射

DSP 中断号	中断选择寄存器	默认值	中断源
INT_00	—	—	RESET
INT_01	—	—	NMI
INT_02	—	—	保留
INT_03	—	—	保留
INT_04	MUXL[4:0]	00100	GPINT4
INT_05	MUXL[9:5]	00101	GPINT5
INT_06	MUXL[14:10]	00110	GPINT6
INT_07	MUXL[20:16]	00111	GPINT7
INT_08	MUXL[25:21]	01000	EDMAINT
INT_09	MUXL[30:26]	01001	EMUDTDMA
INT_10	MUXH[4:0]	00011	SDINT
INT_11	MUXH[9:5]	01010	EMURTDXRX
INT_12	MUXH[14:10]	01011	RMURTDXTX
INT_13	MUXH[20:16]	00000	DSPINT
INT_14	MUXH[25:21]	00001	TINT0
INT_15	MUXH[30:26]	00010	TINT1

⑩ 外部中断极性寄存器 EXTPOL　外部中断极性寄存器用于改变 4 个外部中断（EXT_INT4～EXT_INT7）的极性。EXTPOL 的域段格式如表 8-15 所示。

表 8-15　EXTPOL 寄存器的位域

位	域段名称	说明
31～4	Reserved	保留，读为 0，写无效
3	XIP7	改变外部中断 EXT_INT7 的极性
2	XIP6	改变外部中断 EXT_INT6 的极性
1	XIP5	改变外部中断 EXT_INT5 的极性
0	XIP4	改变外部中断 EXT_INT4 的极性

注：0 表示中断源从低到高的跳变，被识别为一个中断；1 表示中断源从高到低的跳变，被识别为一个中断。

CPU 复位后，XIPx 的默认值为 0，中断源的极性默认为是正跳变（从低到高）。EXTPOL 只影响 CPU 的中断，而不影响 DMA 事件。

8.3.2　芯片支持库的中断模块 IRQ

芯片支持库的 IRQ 模块用于管理 CPU 的中断，它将 CPU 的中断经过硬件抽象，构建了设备无关中断管理模块。该模块由中断管理 API 函数、中断寄存器访问宏以及 IRQ 模块配置数据结构组成。

（1）中断管理 API 函数

表 8-16 列出了 IRQ 模块的 API 函数，这些函数可分类为基本函数、辅助函数以及常数宏定义。

表 8-16　IRQ 模块的 API 函数

名称	说明
基本函数	
IRQ_clear	清除 IFR 中的中断标志
IRQ_config	在中断分发表中动态设置中断入口
IRQ_configArgs	在中断分发表中动态设置中断入口
IRQ_disable	除能指定中断
IRQ_enable	使能指定中断
IRQ_globalDisable	全局除能中断
IRQ_globalEnable	全局使能中断
IRQ_globalRestore	恢复全局中断使能状态
IRQ_reset	复位中断，先除能，再清除
IRQ_restore	恢复中断的使能状态
IRQ_setVecs	设置中断服务表的基地址
IRQ_test	测试中断，检查 IFR 是否有中断标志置位
辅助函数	
IRQ_getArg	读用户定义的中断服务程序地址
IRQ_getConfig	取当前设置的中断配置结构
IRQ_map	通过中断选择寄存器映射物理中断
IRQ_nmiDisable	除能 NMI 中断
IRQ_nmiEnable	使能 NMI 中断
IRQ_resetAll	设置 GIE＝0 复位所有中断。然后除能中断，并清除中断标志
IRQ_set	写 ISR 寄存器以便触发指定的中断
IRQ_setArg	设置用户定义的中断服务程序变量
常数宏定义	
IRQ_EVT_NNNN	定义中断事件，见表 8-11
IRQ_SUPPORT	IRQ 模块支持宏，如果设备支持 IQR 模块，该值为 1

（2）中断寄存器访问宏

表 8-17 列出了 IRQ 模块支持的寄存器访问宏，这些宏分为两类：一类是寄存器及其域的访问宏；另一类是构建寄存器及其域的宏。

表 8-17　IRQ 模块支持的寄存器访问宏

宏定义	说明
寄存器及其域的访问宏	
IRQ_ADDR(＜REG＞)	取寄存器的内存地址

宏定义	说明
IRQ_RGET(<REG>)	取外设寄存器的值
IRQ_RSET(<REG>,x)	设置寄存器的值
IRQ_FGET(<REG>,<FIELD>)	取外设寄存器指定域的值
IRQ_FSET(<REG>,<FIELD>,fieldval)	设置寄存器指定的域
IRQ_FSETS(<REG>,<FIELD>,<SYM>)	用符号值 SYM 设置寄存器指定的域
IRQ_RGETA(addr,<REG>)	取给定地址的寄存器的值
IRQ_RSETA(addr,<REG>,x)	设置给定地址的寄存器的值
IRQ_FGETA(addr,<REG>,<FIELD>)	取给定地址的寄存器的域值
IRQ_FSETA(addr,<REG>,<FIELD>,fieldval)	设置给定地址的寄存器的域
IRQ_FSETSA(addr,<REG>,<FIELD>,<SYM>)	用符号值 SYM 设置给定地址的寄存器的域
构建寄存器及其域的宏	
IRQ_<REG>_DEFAULT	取指定寄存器的默认值
IRQ_<REG>_RMK()	用域值构建寄存器的值
IRQ_<REG>_OF(x)	强制转换 x 的值为 Uint32 类型
IRQ_<REG>_<FILED>_DEFAULT	取寄存器域的默认值
IRQ_FMK()	构建域的值
IRQ_FMKS()	用符号值构建域的值
IRQ_<REG>_<FIELD>_OF(x)	强制转换 x 的值为 Uint32 类型
IRQ_<REG>_<FIELD>_<SYM>	用符号设置域值

（3）IRQ 模块配置数据结构

IRQ 模块定义了配置数据结构 IRQ_Config，其 C 风格的定义为：

```
typedef struct {
    void  * funcAddr;
    Uint32 funcArg;
    Uint32 ccMask;
    Uint32 ieMask;
} IRQ_Config;
```

其中成员变量含义如下。

funcAddr：中断服务函数地址，当中断发生时跳转到该地址进行中断处理。中断服务函数必须是 C 语言可调用的，不必用 interrupt 关键字定义。该函数的原型是：

```
void myIsr(Uint32 funcArg,      //用户定义的变量
           Uint32 enentId);     //中断事件标识
```

funcArg：用户定义的变量，当中断发生时被传递到中断服务程序。如果用户希望传递信息到中断服务程序，而又不想使用全局变量时，这个参数是非常有用的。funcArg 也可用函数 IRQ_setArg（）和 IRQ_getArg（）访问。

ccMask：高速缓存（cache）屏蔽。当调用中断服务程序（ISR）时，用该参数说明

DSP/BIOS 如何处理 cache 设置。当中断发生、中断事件被处理时，调度管理在调用 ISR 前用这个参数修改 cache 设置。当从 ISR 返回，调度管理器重新获得控制权时，cache 设置又被恢复到原来的状态。

ieMask：中断使能屏蔽，说明在中断事件处理过程中如何屏蔽中断。DSP/BIOS 中断管理允许中断嵌套，高优先级中断可以抢先处理。ieMask 的每个位（bit）对应中断使能寄存器 IER 中的位，如果 ieMask 的某个位为 1，则说明屏蔽对应的中断。当中断服务完成后，中断管理器恢复 IER 到原始状态。用户可以指定一个数值或使用下列预先定义的宏。

IRQ _ IEMASK _ ALL：屏蔽所有其他中断，包括该中断本身。

IRQ _ IEMASK _ SELF：屏蔽中断本身，阻止抢先中断。

IRQ _ IEMASK _ DEFAULT：与 IRQ _ IEMASK _ SELF 相同。

IRQ _ Config 结构用于动态配置 DSP/BIOS 的中断管理器，这个工作可以使用配置工具静态进行，也可以使用 CSL 函数 IRQ _ config（）、IRQ _ configArgs（）和 IRQ _ getConfig（）动态完成。DSP/BIOS 使用查表方法搜集每个中断的信息，每一项内建表包含这个配置结构，调用 IRQ _ config（）函数只是简单地复制配置结构信息。

8.3.3 定时器

C6x DSP 都有 32 位通用定时，可用于定时事件、计数事件、产生脉冲、中断 CPU、向 DMA 控制器发送同步事件。

定时器的时钟源可以由内部提供，也可以由外部提供。定时器有一个输入引脚 TINP 和一个输出引脚 TOUT。这两引脚既可以作为定时器的输入和输出，也可以作为通用 I/O 使用。

使用内部时钟时，TOUT 引脚可用于定时器输出，作为同步事件使用。例如，TOUT 可连接到 A/D 转换器来启动 A/D 转换，或触发 DMA 控制器开始数据传输。如果使用外部时钟，则时钟从 TINP 引脚输入，定时器可作为外部事件的计数器，并在发生一定的次数后向 CPU 发出中断。

定时器有 3 个寄存器，分别为定时器控制寄存器、定时器周期寄存器和定时器计数寄存器，如表 8-18 所示。

表 8-18 C6x 定时器的寄存器

缩写	寄存器名称	用途
CTL	定时器控制寄存器	设置操作方式、监视状态和控制 TOUT 引脚
PRD	定时器周期寄存器	设置定时器的输出周期
CNT	定时器计数寄存器	定时器启动后，开始加 1 计数

（1）定时器控制寄存器（CTL）

CTL 用于设置定时器的工作模式、选择时钟源、监视定时器状态、设置和控制 TOUT 引脚的功能等。其域格式如表 8-19 所示。

表 8-19 定时器控制寄存器的域格式

位域	域名	符号值	说明
31~16	Rsvd	—	保留,读总是为 0,写无效
15	SPND	EMURUN EMUSTOP	暂停模式位,设置仿真调试暂停时定时器是否计数,只有使用内部时钟源(CLKSRC=1)时有效。读总是 0 • 0:仿真调试暂停时定时器继续计数 • 1:仿真暂停时定时器停止计数
14~12	Rsvd	—	保留,读总是 0,写无效
11	SATAT	0	定时器状态位,指示定时器是否输出
10	INVINP	NO YES	TINP 引脚信号倒相控制位,只在 CLKSRC=0 时有效 • 0:TINP 引脚信号不倒相 • 1:TINP 引脚信号倒相
9	CLKSRC	EXTERNAL CUPOVR4	定时器时钟源选择位 • 0:外部时钟源,在 TINP 引脚输入 • 1:内部时钟源
8	CP	PULSE CLOCK	时钟/脉冲模式使能位 • 0:脉冲模式,定时器计数到达指定周期后的第一个 CPU 时钟 TSTAT 置 1,PWID 确定脉冲宽度 • 1:时钟模式,TSTAT 输出的占空比为 50%
7	HLD	YES NO	保持位,计数器的值可以读或写 • 0:计数器被除能,保持当前的状态 • 1:允许计数器计数
6	GO	NO YES	复位和启动定时器计数器 • 0:定时器不受影响 • 1:如果 HLD=1,计数寄存器被清 0,并在下一个时钟开始计数
5	Rsvd	—	保留,读总是 0,写无效
4	PWID	ONE TWO	脉冲宽度位,只用于脉冲模式(CP=0) • 0:计数器到达指定周期后,TSTAT 被置 1;在 1 个定时器输入时钟之后,TSTAT 被清 0 • 1:计数器到达指定周期后,TSTAT 被置 1;在 2 个定时器输入时钟之后,TSTAT 被清 0
3	DATIN	0 1	输入数据位,TINP 引脚的状态 • 0:TINP 引脚的状态为低电平 • 1:TINP 引脚的状态为高电平
2	DATOUT	0 1	数据输出位 • 0:DATOUT 驱动 TOUT 引脚 • 1:TSTAT 驱动 TOUT 引脚
1	INVOUT	NO YES	TOUT 倒相位,只在 FUNC=1 时使用 • 0:TSTAT 驱动 TOUT 引脚,不倒相 • 1:TSTAT 驱动 TOUT 引脚,倒相
0	FUNC	GPIO TOUT	设置 TOUT 引脚的功能 • 0:TOUT 是通用 I/O 输出引脚 • 1:TOUT 是定时器输出引脚

（2）定时器周期寄存器（PRD）

PRD 用于设置定时器事件的周期，其值是定时器输入时钟的计数，其域格式如表 8-20 所示。

表 8-20　定时器周期寄存器的域格式

位域	域名	符号值	说明
31～0	PRD	OF(value)	32 位值是输入时钟的计数，这个值控制 TSTAT 信号的频率，当计数寄存器 CNT 的值与 PRD 相等时，TSTAT 被置 1

（3）定时器计数寄存器（CNT）

CNT 是一个 32 位的加 1 计数器，包含当前定时器的计数值。其域格式如表 8-21 所示。

表 8-21　定时器计数寄存器的域格式

位域	域名	符号值	说明
31～0	CNT	OF(value)	32 位定时器计数器，每个输入时钟 CNT 加 1，当 CNT 的值达到 PRD 的值时，它被清 0，重新开始计数

8.3.4　芯片支持库的定时器模块 TIMER

TIMER 模块用于设置定时器的寄存器，该模块由 API 函数、寄存器访问宏和配置数据结构组成。

（1）TIMER API 函数

表 8-22 列出了定时器的 API 函数，可分类为基本函数、辅助函数以及常数宏组成。

表 8-22　TIMER 模块的 API 函数

名称	说明
基本函数	
TIMER_close	关闭先前打开的定时器设备
TIMER_config	用配置结构设置定时器
TIMER_configArgs	用给定的寄存器值设置定时器
TIMER_open	打开 TIMER 设备，获得设备句柄
TIMER_pause	暂停定时器
TIMER_reset	复位指定句柄的定时器设备
TIMER_resume	恢复先前暂停的定时器
TIMER_start	启动定时器设备工作
辅助函数	
TIMER_getConfig	读当前定时器的配置值
TIMER_getCount	读当前定时器计数器的值
TIMER_getDatIn	读 TINP 引脚的状态
TIMER_getEventId	获取定时器设备的事件标识
TIMER_getPeriod	获取定时器设备的周期

名称	说明
TIMER_getTStat	读定时器的状态
TIMER_resetAll	复位所有的定时器设备
TIMER_setCount	设置定时器的计数值
TIMER_setDatOut	设置数据输出值
TIMER_setPeriod	设置定时器的周期
常数宏	
TIMER_DEVICE_CNT	器件支持的定时器数目,编译时使用
TIMER_SUPPORT	设备支持定义,如果器件支持 TIMER,该值为 1

使用 TIMER 模块时,首先需用 TIMER_open 函数打开设备,获得设备句柄。一旦设备成功打开,可以使用设备句柄调用其他的 API 函数。TIMER 既可以用 TIMER_config () 函数配置,也可以用 TIMER_configArgs () 函数配置。当不再需要 TIMER 时,调用 TIMER_close () 关闭设备,回收资源。

(2) 定时器的寄存器访问宏

表 8-23 列出了 TIMER 模块支持的寄存器访问宏,这些宏分为两类:一类是访问寄存器及其域的宏;另一类是构建寄存器及其域的宏。

表 8-23　TIMER 模块的寄存器访问宏

宏定义	说明
访问寄存器及其域的宏	
TIMER_ADDR(<REG>)	取寄存器的地址
TIMER_RGET(<REG>)	返回设备寄存器的值
TIMER_RSET(<REG>,x)	设置寄存器
TIMER_FGET(<REG>,<FIELD>)	返回设备寄存器指定域的值
TIMER_FSET(<REG>,<FIELD>,fieldval)	用 fieldval 设置设备寄存器的指定域
TIMER_FSETS(<REG>,<FIELD>,<SYM>)	用符号值设置设备寄存器的指定域
TIMER_RGETA(addr,<REG>)	取给定地址的寄存器的值
TIMER_RSETA(addr,<REG>,x)	设置给定地址的寄存器的值
TIMER_FGETA(addr,<REG>,<FIELD>)	取给定地址的寄存器的域值
TIMER_FSETA(addr,<REG>,<FIELD>,fieldval)	设置给定地址的寄存器的域值
TIMER_FSETSA(addr,<REG>,<FIELD>,<SYM>)	用符号设置给定地址的寄存器的域值
TIMER_ADDRH(h,<REG>)	返回指定句柄的寄存器的内存映射地址
TIMER_RGET(h,<REG>)	返回指定句柄的寄存器的值
TIMER_RSETH(h,<REG>,x)	设置指定句柄的寄存器的值
TIMER_FGETH(h,<REG>,<FIELD>)	返回指定句柄的寄存器的域值
TIMER_FSETH(h,<REG>,<FIELD>,fieldval)	设置指定句柄的寄存器的域值
构建寄存器及其域的宏	
TIMER_<REG>_DEFAULT	取指定寄存器的默认值

宏定义	说明
TIMER_<REG>_RMK( )	用域值构建寄存器的值
TIMER_<REG>_OF(x)	强制转换 x 的值为 Uint32 类型
TIMER_<REG>_<FILED>_DEFAULT	取寄存器域的默认值
TIMER_FMK()	构建域的值
TIMER_FMKS()	用符号值构建域的值
TIMER_<REG>_<FIELD>_OF(x)	强制转换 x 为 Uint32 类型
TIMER_<REG>_<FIELD>_<SYM>	用符号设置域值

（3）TIMER 模块配置数据结构

TIMER 模块定义了配置数据结构 TIMER_Config，用于设置定时器。其 C 风格的定义为：

```
typedef struct {
    Uint32 ctl;
    Uint32 prd;
    Uint32 cnt;
} TIMER_Config;
```

其中成员变量 ctl 为定时器的控制寄存器的值，prd 为定时器周期寄存器的值，cnt 为定时器计数寄存器的值。设置定时器时，先为结构成员赋初值，然后将结构指针传递到 TIMER_config（）函数。结构成员的初值既可以用数值，也可以用_RMK 宏构建。例如：

（4）用数值初始化 TIMER_config 结构

```
TIMER_Config myConfig＝ {
    0x000002c0,      //CTL
    0x00010000,      //PRD
    0x00000000       //CNT
};
TIMER_config (hTimer, &myConfig);
```

（5）用_RMK 宏初始化控制寄存器 CTL

```
static Uint32 TimerControl＝TIMER_CTL_RMK( //控制寄存器 CTL
    TIMER_CTL_INVINP_NO,              //TINP 倒相控制 INVINP
    TIMER_CTL_CLKSRC_CPUOVR4,         //输入时钟源选择 CLKSRC
    TIMER_CTL_CP_PULSE,               //时钟/脉冲方式 CP
    TIMER_CTL_HLD_YES,                //保持位 HLD
    TIMER_CTL_GO_NO,                  //复位和启动 GO
    TIMER_CTL_PWID_ONE,               //脉冲宽度 PWID
    TIMER_CTL_DATOUT_0,               //数据输出 DATOUT
    TIMER_CTL_INVOUT_NO,              //TOUT 倒相控制 INVOUT
    TIMER_CTL_FUNC_GPIO               //TOUT 引脚的功能 FUNC
```

```
);
TIMER _ configArgs(hTimer，
    TimerControl，     //控制寄存器的值
    0x00100000，       //周期寄存器的值
    0x00000000         //计数寄存器的值
);
```

8.3.5　定时器和中断应用实例

在前面几节中，讨论了 C6x 的中断控制器和定时器，以及芯片支持库对中断和定时器的支持。为了进一步巩固和掌握这些知识点，下面再通过一个具体的应用实例来说明中断和定时器的编程方法。

程序 8-1 给出了定时器和中断应用实例的源代码，该实例的设计思想是用定时器产生中断，接收并处理定时中断，从而说明中断设置和处理的编程方法。

程序 8-1　定时器和中断应用实例
```
; ===vectors. asm 文件，中断服务表 IST====
; ————————————————————————————————
定义要引出的全局变量，在汇编模块中定义，其他模块中引用
. global _ vectors
; ————————————————————————————————
; 引用其他模块中的全局变量
. ref _ c _ int00
. ref _ Timer0 _ Interrupt
* ————————————————————————————————
* 中断服务表宏定义
VEC _ ENTRY. macro addr
    STW   B0，*--B15
    MVKL addr，B0
    MVKH addr，B0
    B     B0
    LDW   *B15++，B0
    NOP   2
    NOP
    NOP
    . endm
* ————————————————————————————————
* 未用中断的服务程序，用于初始化 IST
_ vec _ dummy：
    B     B3
    NOP 5
* ————————————————————————————————
* 实际的中断服务表（IST），在 1024 的边界对齐，定位于 text. vecs 字段。
```

```
* ISTP 寄存器指向这个表
. sect ".text:vecs"
.align 1024
_vectors:
_vector0:    VEC_ENTRY_c_int00      ; RESET
_vector1:    VEC_ENTRY_vec_dummy; NMI
_vector2:    VEC_ENTRY_vec_dummy; RSVD
_vector3:    VEC_ENTRY_vec_dummy; RSVD
_vector4:    VEC_ENTRY_vec_dummy; INT_04
_vector5:    VEC_ENTRY_vec_dummy; INT_05
_vector6:    VEC_ENTRY_vec_dummy; INT_06
_vector7:    VEC_ENTRY_vec_dummy; INT_07
_vector8:    VEC_ENTRY_vec_dummy; INT_08
_vector9:    VEC_ENTRY_vec_dummy; INT_09
_vector10:   VEC_ENTRY_vec_dummy; INT_10
_vector11:   VEC_ENTRY_vec_dummy; INT_11
_vector12:   VEC_ENTRY_vec_dummy; INT_12
_vector13:   VEC_ENTRY_vec_dummy; INT_13
_vector14:   VEC_ENTRY_Timer0_Interrupt  ; 定时器中断
_vector15:   VEC_ENTRY_vec_dummy; INT_15
```

//======mian.c 文件,定时器和中断应用实例主函数====

```
#include<stdio.h>            //标准 I/O 函数头文件
#include<csl.h>             //芯片支持库头文件
#include<csl_Timer.h>       //芯片支持库定时器头文件
#include<csl_irq.h>         //芯片支持库中断头文件
extern far void vectors();      //中断服务表,在 vectors.asm 中定义
//==========中断初始化================
void IniterruptInit (void)
{
    IRQ_resetAll();                    //除能所有中断
    IRQ_setVecs(vectors);              //设置中断服务表
    //初始化 Timer 中断
    IRQ_map(IRQ_EVT_TINT0,14);//映射定时器 0 中断 INT_14
    IRQ_clear(IRQ_EVT_TINT0);      //清除未处理的定时器 0 中断
    IRQ_enable(IRQ_EVT_TINT0);     //使能定时器 0 中断
    IRQ_nmiEnable();               //使能 NMI 中断
    IRQ_globalEnable();            //使能所有中断
}
//========定时器中断服务程序============
```

```
int tmCounter=0;    //定时器事件计数器
interrupt void Timer0 _ Interrupt(void)
{
    tmCounter++;
    IRQ _ clear(IRQ _ EVT _ TINT0);    //清除定时器 0 中断
}
//========定时器初始化================
TIMER _ Handle hTimer;    //定义定时器句柄
static Uint32 TimerControl = TIMER _ CTL _ RMK (//构建定时器控制寄存器 CTL
    TIMER _ CTL _ INVINP _ NO,          //INVINP 域，TINP 引脚倒相?
    TIMER _ CTL _ CLKSRC _ CPUOVR4,//CLKSRC 域，输入时钟源。
    TIMER _ CTL _ CP _ CLOCK,            //CP 域，时钟/脉冲模式。
    TIMER _ CTL _ HLD _ NO,              //HLD 域，保持?
    TIMER _ CTL _ GO _ NO,               //GO 域，启动定时器。
    TIMER _ CTL _ PWID _ ONE,            //PWID 域，脉冲宽度。
    TIMER _ CTL _ DATOUT _ 0,            //DATOUT 域，输出?
    TIMER _ CTL _ INVOUT _ NO,           //INVOUT 域，TOUT 倒相?
    TIMER _ CTL _ FUNC _ GPIO            //FUNC 域，TOUT 引脚功能。
);
void TimerInit(void)
{   Uint32 period;
    hTimer = TIMER _ open(TIMER _ DEV0, TIMER _ OPEN _ RESET); //打开定时器 0
    if (hTimer! =INV) //检查定时器句柄是否合法
    {
        TIMER-RSETH(hTimer, CTL, TimerControl); //设置定时器控制寄存器 CTL
        period=12187;
        TIMER _ setPeriod(hTimer, period);                //设置定时器周期寄存器
        TIMER _ start(hTimer);                            //启动定时器
    }
}
//========延时函数================
//参数：int period  延时, period=1, 延时 1us
void Delay(int period)
    {int i, j;
    for (i=0; i<period; i++)
```

```
    {
        for (j=0；j<15；j++)；
    }
}
//=========主函数===========================
void main（void)
{
    CSL _ init()；            //CSL 初始化
    TimerInit ()；           //定时器初始化
    IniterruptInit ()；      //中断初始化
    while(tmCounter<1000)
    {
    Delay （1000)；
    }
    TIMER _ close （hTimer)；    //关闭定时器，释放资源
}
```

程序 8-1 的几点说明如下。

① 程序 8-1 由 vectors. asm 和 main. c 两个文件组成。vectors. asm 主要用于建立中断服务表 IST；main. c 主要用于初始化中断和定时器，并控制实例程序的执行。

② 在 vectors. asm 中引用了两个外部全局变量 _ c _ int00 和 _ Timer0 _ Interrupt。_ c _ int00 是标准 C/C++运行时库的入口函数，当复位中断发生时调用此函数。_ Timer0 _ Interrupt 是定时器 0 的中断服务程序，在 main. c 文件中定义。同时，vectors. asm 还引出了中断服务表入口 _ vectors 全局变量，该变量被中断初始化函数使用。

提示：在汇编语言中引用 C/C++中定义的变量时，变量名的前面要加一个下划线符号，在汇编语言中引出 C/C++使用的变量时，变量名前也要有一个下划线。

③ 中断初始化时，必须先关闭所有中断。因此初始化中断时通常需要按下列顺序进行。

• 关闭所有中断：调用 IRQ _ resetAll （) 函数，该函数先清除 CSR 寄存器中的 GIE 位，接着清除 IER 寄存器的所有位（除能所有中断），最后清除 IFR 寄存器中的所有位（清除悬挂中断）；

• 设置中断服务表：调用 IRQ _ setVecs （void ∗ vecAddr) 函数设置中断服务表 IST 的基地址，该函数的参数 verAddr 是 IST 的基地址；

• 映射所需中断：调用 IRQ _ map （Uint32 eventId，int intNo) 映射中断，该函数的参数 eventId 是中断事件标识（见表 8-11），参数 intNo 是用中断选择寄存器选择的中断号。本实例只使用了定时器中断，且使用中断选择寄存器的默认值，因而中断事件标识为 IRQ _ EVT _ TINT0，中断号为 14 （见表 8-14）；

• 清除指定的悬挂中断：调用 IRQ _ clear （Uint32 eventId) 函数清除指定的未处理的中断，在本实例中清除未处理的定时器中断；

• 使能可屏蔽中断：调用 IRQ_enable（Uint32 eventId）函数使能可屏蔽中断，在本实例中使能定时器中断；

• 使能不可屏蔽中断：调用 IRQ_nmiEnable（）函数使能不可屏蔽中断，该函数设置 IER 寄存器的 NMIE 位为 1。虽然本实例中没有使用不可屏蔽中断，但要使用可屏蔽中断时，NMIE 位必须为 1；

• 全局使能中断：调用 IRQ_globalEnable（）函数全局使能中断，该函数设置 CSR 寄存器中的 GIE 位为 1。

④ 用户中断服务程序，本实例中定义的用户中断服务程序为 Timer0_Interrupt（），它是一个 C/C++函数，必须用关键字"interrupt"限定。此函数名在建立中断服务表 IST 时被引用（见程序 8-1 的 vectors.asm 文件），且定位在 INT14 中断取指包 ISFP 的位置。由于已经设置了中断服务表的基地址，且使能了定时器中断，因而在定时器中断发生时会自动调用用户中断服务程序。Timer0_Interrput（）函数的实现很简单，只维护了一个中断事件计数器 tmCounter。值得注意的是，中断服务程序的末尾必须调用 IRQ_clear（IRQ_EVT_TINT0）函数清除已处理的中断。

⑤ 定时器初始化，要使用定时器设备，必须设置定时器的控制寄存器 CTL 和周期寄存器 PRD。程序 8-1 首先用 CSL 定义的宏 TIMER_CTL_RMK 构建了 CTL 寄存器的值，接着在 TimerInit（）函数中用 Timer_open 函数打开定时器 0，获得设备的句柄 hTimer。如果句柄合法，用 TIMER_RSETH 宏设置 CTL 寄存器，再调用 TIMER_setPeriod 函数设置定时器的 PRD 寄存器。最后调用 TIMER_start（hTimer）函数启动定时器 0 开始工作。

⑥ 实例主函数 main（）。main（）函数是 C/C++程序不可缺少的函数，本实例的 main（）函数比较简单，它首先调用 CSL_init（）函数初始化芯片支持库，其次用 TimerInit（）函数初始化定时器，并用 InterruptInit（）函数初始化中断控制器，最后在处理了 1000 个中断事件后，调用 TIMER_close（hTimer）函数关闭已打开的定时器设备，释放资源。

8.4 DMA 和 McBSP 应用程序设计

DSP 具有丰富的通信接口，如 SSP（Standard Serial Port，标准串口）、BSP（Buffered Serial Port，缓冲串口）、McBSP（Multi-channel Buffered Serial Port，多通道缓冲串口）、TDMSP（Time Division Multiplexed Serial Port，时分串口）、HPI（Host Port Interface，主机接口）等。DSP 利用这些接口与外界通信时，既可以在 CPU 的参与下进行，也可以通过 DMA（Direct Memory Access，直接存储器访问）方式实现。几乎每个型号的 DSP 都提供 DMA 控制器和通信接口设备，因此熟练掌握 DMA 和通信接口的程序设计是 DSP 应用开发的重要环节。

尽管每个型号的 DSP 都有 DMA 和通信接口设备，但它们的功能和实现方法有细微的差异。下面以 C54xx 为例讨论 DMA 和 McBSP 的应用程序设计方法。

本节首先介绍 DMA 控制器以及芯片支持库的 DMA 模块，其次介绍 McBSP 以及芯片支持库的 McBSP 模块，最后给出编程实例。

8.4.1 C54xx 的 DMA 控制器

DMA 控制器可以在 CPU 不参与的情况下进行数据传输,既可以从片内外设、外部设备将数据传输到 DSP 的内存,也可以从 DSP 的内存将数据传送到片内外设、外部设备,还可以把数据从 DSP 存储器的一个区域传输到另一个区域。C54xx 的 DMA 控制器有 6 个独立的可编程的通道。

(1) DMA 寄存器概览

C54xx DMA 的设置和操作通过一组存储器映射寄存器实现,DMA 控制器的各通道寄存器被映射到这组寄存器,如图 8-6 所示。每个 DMA 通道有 5 个子寄存器,这些寄存器的操作由子区寻址寄存器(subbank addressing register)DMSA 控制,实际的读/写访问通过子区增量访问寄存器 DMSDI 和子区非增量访问寄存器 DMSDN 实现。

由图 8-6 可以看出,DMSA 控制多路复用器,为了访问指定的子寄存器,首先要求将子寄存器地址写入 DMSA 寄存器,此操作直接将子寄存器连接到子区访问寄存器 DMSDI 和 DMSDN。读 DMSDI 或 DMSDN 寄存器,就可以得到由 DMSA 指定的子寄存器的值,写这两个寄存器,就可以将数据写到指定的子寄存器。C54xx 的 DMA 寄存器如表 8-24 所示。

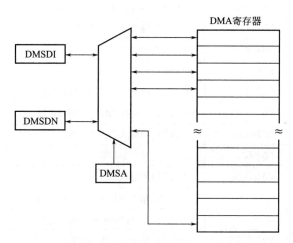

图 8-6　C54xx DMA 寄存器结构

表 8-24　C54xx DMA 寄存器

地址	子地址	寄存器名称	功能
54h	—	DMPREC	通道优先级和使能控制寄存器
55h	—	DMSA	子区地址寄存器
56h	—	DMSDI	具有自动增量的子区访问寄存器
57h	—	DMSDN	没有自动增量的子区访问寄存器
—	00h	DMSRC0	通道 0 源地址寄存器
—	01h	DMDST0	通道 0 目的地址寄存器
—	02h	DMCTR0	通道 0 数据元(Element)计数寄存器
—	03h	DMSFC0	通道 0 同步选择和帧计数器寄存器

地址	子地址	寄存器名称	功能
—	04h	DMMCR0	通道 0 传输模式控制寄存器
—	05h	DMSRC1	通道 1 源地址寄存器
—	06h	DMDST1	通道 1 目的地址寄存器
—	07h	DMCTR1	通道 1 数据元(Element)计数寄存器
—	08h	DMSFC1	通道 1 同步选择和帧计数器寄存器
—	09h	DMMCR1	通道 1 传输模式控制寄存器
—	0Ah	DMSRC2	通道 2 源地址寄存器
—	0Bh	DMDST2	通道 2 目的地址寄存器
—	0Ch	DMCTR2	通道 2 数据元长度寄存器
—	0Dh	DMSFC2	通道 2 同步选择和帧计数器寄存器
—	0Eh	DMMCR2	通道 2 传输模式控制寄存器
—	0Fh	DMSRC3	通道 3 源地址寄存器
—	10h	DMDST3	通道 3 目的地址寄存器
—	11h	DMCTR3	通道 3 数据元(Element)计数寄存器
—	12h	DMSFC3	通道 3 同步选择和帧计数器寄存器
—	13h	DMMCR3	通道 3 传输模式控制寄存器
—	14h	DMSRC4	通道 4 源地址寄存器
—	15h	DMDST4	通道 4 目的地址寄存器
—	16h	DMCTR4	通道 4 数据元(Element)计数寄存器
—	17h	DMSFC4	通道 4 同步选择和帧计数器寄存器
—	18h	DMMCR4	通道 4 传输模式控制寄存器
—	19h	DMSRC5	通道 5 源地址寄存器
—	1Ah	DMDST5	通道 5 目的地址寄存器
—	1Bh	DMCTR5	通道 5 数据元(Element)计数寄存器
—	1Ch	DMSFC5	通道 5 同步选择和帧计数器寄存器
—	1Dh	DMMCR5	通道 5 传输模式控制寄存器
—	1Eh	DMSCRP	源程序空间页地址(所有通道)
—	1Fh	DMDSTP	目的程序空间页地址(所有通道)
—	20h	DMIDX0	数据元地址索引寄存器 0
—	21h	DMIDX1	数据元地址索引寄存器 1
—	22h	DMFRI0	帧地址索引寄存器 0
—	23h	DMFRI1	帧地址索引寄存器 1
—	24h	DMGAS	全局源地址重装寄存器
—	25h	DMGDA	全局目的地址重装寄存器
—	26h	DMGCR	全局数据元计数重装寄存器
—	27h	DMGFR	全局帧计数重装寄存器

DMA 控制器提供了两个子区访问寄存器 DMSDI 和 DMSDN。DMSDI 具有自动地址

增量访问功能，而 DMSDN 没有地址增量访问功能。也就是说，访问 DMSDI 后使得子寄存器的地址自动增加。如果要对所有的 DMA 寄存器进行设置，使用 DMSDI 比较方便。如果要访问单个寄存器或希望访问后保持地址不变，则使用 SDSDN 比较方便。例如，如果将 DMA 通道 5 的源地址设置为 1000h，可用下列语句。

```
STM      DMSRC5，DMSA        ; 子区地址寄存器指向 DMSRC5
STM      ♯1000h，DMSDN       ; 写 1000h 到 DMSRC5
```

如果希望将 1000h、2000h、0010h、0002h、0000h 分别写到通道 5 的 5 个寄存器，可以用下列语句实现。

```
STM      DMSRC5，DMSA        ; 子区地址寄存器指向 DMSRC5
STM      ♯1000h，DMSDI       ; 写 1000h 到 DMSRC5
STM      ♯2000h，DMSDI       ; 写 2000h 到 DMDST5
STM      ♯0010h，DMSDI       ; 写 0020h 到 DMCTR5
STM      ♯0002h，DMSDI       ; 写 0002h 到 DMSFC5
STM      ♯0000h，DMSDI       ; 写 0000h 到 DMMCR5
```

（2）DMA 通道优先级和使能控制寄存器 DMPREC

DMPREC 控制 DMA 控制器的所有操作，包括每个 DMA 通道的使能、中断复用和通道的优先级。DMPREC 寄存器的域结构如表 8-25 所示。

表 8-25　DMPREC 寄存器的域结构

位域	域名称	功能
15	FREE	该域控制仿真调试时 DMA 控制器的行为，如果 FREE＝0，当仿真器暂停时，DMA 控制器也暂停；如果 FREE＝1，当仿真器暂停时，DMA 传输继续
14	RSVD	保留
13	DPRC[5]	DMA 通道 5 优先级控制位，1:高优先级；0:低优先级
12	DPRC[4]	DMA 通道 4 优先级控制位，1:高优先级；0:低优先级
11	DPRC[3]	DMA 通道 3 优先级控制位，1:高优先级；0:低优先级
10	DPRC[2]	DMA 通道 2 优先级控制位，1:高优先级；0:低优先级
9	DPRC[1]	DMA 通道 1 优先级控制位，1:高优先级；0:低优先级
8	DPRC[0]	DMA 通道 0 优先级控制位，1:高优先级；0:低优先级
7、6	INTOSEL	中断复用控制，该域控制如何在中断向量表和 IMR/IMF 寄存器中指定 DMA 中断，与特定器件有关
5	DE[5]	DMA 通道 5 使能位，1:使能；0:除能
4	DE[4]	DMA 通道 4 使能位，1:使能；0:除能
3	DE[3]	DMA 通道 3 使能位，1:使能；0:除能
2	DE[2]	DMA 通道 2 使能位，1:使能；0:除能
1	DE[1]	DMA 通道 1 使能位，1:使能；0:除能
0	DE[0]	DMA 通道 0 使能位，1:使能；0:除能

每个 DMA 通道有独立的使能位，一旦传输完成，DMA 控制器将该通道的使能位置 0。可以通过检查 DMPREC 寄存器的 DE 域来判断 DMA 的块传输是否完成，如果 DMA

控制器和 CPU 同时试图改变 DE 域，则 DMA 控制器优先。

一旦传输完成，DMA 事件可以触发 CPU 中断，由于中断数量的限制，有些 DMA 的中断与其他的外设中断复用，可以用 DMPREC 寄存器的 INTOSEL 域设置 DMA 中断，具体的设置与特定的 DSP 型号有关。

DMPREC 寄存器的 DPRC 域控制 DMA 通道的优先级，当有多个优先级相同的通道时，按先后循环执行。

（3）通道专用寄存器

每个 DMA 通道有 5 个专用的寄存器，分别是源地址寄存器 DMSRCn、目标地址寄存器 DMDSTn、传输数据元计数寄存器（element count register）DMCTRn、同步事件/帧计数寄存器 DMSFCn 以及传输模式控制寄存器 DMMCRn。其中 n＝0～5，代表 DMA 通道号。每个寄存器都是 16 位宽度。

① 源/目标地址寄存器　DMA 的每次传输都包含一个读和一个写操作，被读数据的地址称为源地址，被写数据的地址称为目标地址。DMA 通道 n 的源地址寄存器为 DM-SRCn，而目标地址寄存器为 DMDSTn。这两个寄存器必须在启动 DMA 传输前被初始化，如果必要，CPU 可以读这些寄存器的值以便监视传输状态。虽然在 DMA 传输期间 CPU 也可以写这两个寄存器（改变的值立即生效），但这会影响 DMA 的传输进程，应该防止传输期间源/目标地址的意外改变。

② 传输数据元计数寄存器 DMCTRn　每个 DMA 通道有一个 16 位的数据元计数器，代表 DMA 传输要执行的次数，DMCTRn 的值被初始化成 16 位的无符号整数，且比实际要传输的次数少 1。例如，如果 DMA 通道 2 打算传输 100 个数据元（传输 100 次），那么 DMCTR2 的值应该是 99。

对于多帧传输模式，在每次传输后，DMCTRn 的值由 DMA 控制器自动递减，当每帧的最后一个数据达到时，数据元计数器用 DMCTRn 的原始值（保存在其镜像寄存器中）重新装入。

在自动缓冲模式（autobuffering，ABU）下，DMCTRn 的值指定缓冲区的大小，DMCTRn 寄存器的值在传输过程中不会递减。

如果 CPU 和 DMA 控制器同时修改 DMCTRn 寄存器的内容，则 CPU 优先。

③ 同步事件/帧计数寄存器 DMSFCn　DMSFCn 寄存器有 3 种作用，确定触发 DMA 传输的同步事件、指定传输字的大小（16 位或 32 位）以及指定传输的帧数。DMSFCn 的位域结构如表 8-26 所示。

表 8-26　DMSFCn 寄存器的域格式

位域	域名称	功能
15～12	DSYN[3:0]	DMA 同步事件。指定哪个同步事件启动 DMA 传输
11	DBLW	传输字模式 0:单字模式,每个数据源是 16 位 1:双字模式,每个数据元是 32 位
10～8	RSVD	保留
7～0	FrameCount	帧计数,指定传输的总帧数

DMA 传输可以由多种事件启动，包括 McBSP 接收和发送事件、定时器中断事件以及外部中断事件。一个 DMA 通道可以运行在非同步方式（不与任何事件关联），这种模

式常用于存储器之间的数据移动。当与一个特定的事件同步时，每个数据元的传输都会等待同步事件的出现。如果 DMA 通道不与任何事件同步，传输过程是使用最大带宽。

如果使用同步事件，每次传输都需要同步事件。在单字模式下，一个同步事件启动一个 16 位字的传输，在双字模式下，一个同步事件启动一个 32 位双字传输。

同步事件的类型与具体的 C54x 器件有关，表 8-27 列出了 C5402 和 C5409 可利用的 DMA 同步事件。同步事件用 DMSFCn 寄存器的 DSYN 域指定，每个通道只能指定一个事件，如果 DSYN 为 0，表示不使用同步事件。

表 8-27 C5402 和 C5409 的 DMA 同步事件

DSYN[3:0]	C5409 DMA 同步事件	C5402 DMA 同步事件
0000B	不使用同步事件	不使用同步事件
0001B	McBSP0 接收事件 REVT0	McBSP0 接收事件 REVT0
0010B	McBSP0 发送事件 XEVT0	McBSP0 发送事件 XEVT0
0011B	McBSP2 接收事件 REVT2	保留
0100B	McBSP2 发送事件 XEVT2	保留
0101B	McBSP1 接收事件 REVT1	McBSP1 接收事件 REVT1
0110B	McBSP1 发送事件 XEVT1	McBSP1 发送事件 XEVT1
0111~1100B	保留	保留
1101B	定时器中断事件	定时器 0 中断事件
1110B	外部中断 3 事件	外部中断 3 事件
1111B	保留	定时器 1 中断事件

帧计数（Frame Count）指定块传输中的帧数，FrameCount 的值必须比实际所需要的帧数少 1。例如，如果要求传输 8 帧，那么 FrameCount 的值应为 7；如果只传输一帧，则 FrameCount 的值应为 0。在器件复位时，FrameCount 的值为 0（单帧传输），最大可传输的帧为 256。

每帧传输完成时，DMA 控制器递减 FrameCount。一旦最后一帧传输完成，且自动初始化模式使能，FrameCount 被 DMGFR 寄存器的值重新装入。DMA 通道传输的总数是 DMCTRn 与 FrameCount 的乘积。如果 CPU 与 DMA 控制器试图同时修改 FrameCount，CPU 优先。

④ 传输模式控制寄存器 DMMCRn DMMCRn 是一个 16 位寄存器，用于控制通道的传输模式。DMMCRn 的域结构如表 8-28 所示。

表 8-28 DMMCRn 寄存器的域结构

位域	域名称	功能
15	AUTOINIT	DMA 自动初始化模式,0:自动初始化除能;1:自动初始化使能
14	DINM	DMA 中断生产屏蔽,0:不生成中断;1:基于 IMOD 位生成中断
13	IMOD	DMA 中断生成模式 在 ABU 模式(CTMOD=1): IMOD=0:只在缓冲区满时生成中断 IMOD=1:在缓冲区半满和满时生成中断 在多帧模式(CTMOD=1): IMOD=0:在块传输完成时生成中断 IMOD=1:在帧和块的结尾生成中断

位域	域名称	功能
12	CTMOD	DMA 传输计数器模式控制,0:多帧模式;1:ABU 模式
11		保留
10~8	SIND	DMA 源地址索引模式 000:源地址保持不变 001:传输后源地址加 1 010:传输后源地址减 1 011:传输后源地址加寄存器 DMIDX0 的值 100:传输后源地址减寄存器 DIMIDX1 的值 010:传输后源地址加寄存器 DMIDX0 和 DMFRI0 的值 110:传输后源地址减寄存器 DMIDX1 和 DMFRI1 的值 111:保留
7、6	DMS	DMA 源地址空间选择位 00:程序空间 01:数据空间 10:I/O 空间 11:保留
5		保留
4~2	DIND	目的地址传输索引模式 000:目的地址保持不变 001:传输后目的地址加 1 010:传输后目的地址减 1 011:传输后目的地址加寄存器 DMIDX0 的值 100:传输后目的地址减寄存器 DIMIDX1 的值 010:传输后目的地址加寄存器 DMIDX0 和 DMFRI0 的值 110:传输后目的地址减寄存器 DMIDX1 和 DMFRI1 的值 111:保留
1、0	DMD	DMA 目标地址空间选择位 00:程序空间 01:数据空间 10:I/O 空间 11:保留

DMMCRn 寄存器的 AUTOINIT 域控制每个 DMA 通道的初始化能力,若 AUTOINIT=1,当一个块传输完成时,通道的专用寄存器被自动重新初始化(不需要 CPU 的参与)。通道自动初始化时,下列寄存器的值被修改。

- DMSRCn 寄存器的值用全局源地址寄存器 DMGSA 的值更新。
- DMDSTn 寄存器的值用全局目的地址寄存器 DMGDA 的值更新。
- DMCTRn 寄存器的值用全局数据元计数寄存器 DMGCR 的值更新。
- DMSFCn 的帧计数域 FrameCount 用全局帧计数寄存器 DMGDR 的值更新。

DMMCRn 寄存器的 SIND 域控制源地址的修正模式,DIND 域控制目的地址的修正模式。前 3 种修正模式的含义很清楚,后 4 种修正模式使用了数据元和帧索引寄存器。数据元寄存器 DMIIDX0 和 DMIDX1 用于在每个数据单元传输后修正源/目的地址,帧索引寄存器 DMFRI0 和 DMFRI1 在块(帧)传输完成后修正源/目的地址。如果既使用了 DMIDXm(m=0、1),又使用了 DMFRIm,则在每个数据传输后用 DMIDXm 修正源/

目的地址，在帧传输完成后用 DMFRIm 修正源/目的地址。

提示：DMMCRn 是通道专用寄存器，每个通道可独立设置，而 DMIDX0、DIMIDX1、DMFRI0 和 DMFRI1 不是通道专用寄存器，对整个 DMA 系统都有效。

8.4.2 芯片支持库的直接存储器访问模块 DMA

C54xx 芯片支持库的 DMA 模块用于管理 DMA 控制器，它将 DMA 设备经过硬件抽象，构建了设备无关的 DMA 管理模块。该模块由 DMA 管理 API 函数、寄存器访问宏以及 DMA 配置数据结构组成。

DMA 模块是基于句柄访问的模块，使用时应首先调用 DMA_open（）函数取得设备句柄。依所用器件不同，C54xx 的 DMA 模块有细微的差异，主要有：个别通道寄存器的重载支持、扩展数据存储器支持。

（1）DMA 模块 API 函数

表 8-29 列出了 DMA 模块的 API 函数，可分类为基本函数、全局寄存器函数和辅助函数。

表 8-29　DMA 模块的 API 函数

函数名称	说明
基本函数	
DMA_open()	打开 DMA 通道
DMA_config()	使用配置结构设置 DMA 通道
DMA_configArgs()	使用寄存器值设置 DMA 通道
DMA_start()	启动 DMA 通道
DMA_stop()	除能 DMA 通道
DMA_close()	关闭 DMA 通道
DMA_reset()	置 DMA 通道的寄存器到上电初始状态
DMA_pause()	暂停一个 DMA 通道，与 DMA_stop 函数相同
全局寄存器函数	
DMA_globalAlloc()	分配一个全局 DMA 寄存器
DMA_globalConfig()	使用配置结构设置 DMA 通道
DMA_globalConfigArgs()	使用寄存器的值设置 DMA 通道
DMA_globalFree()	释放先前分配的 DMA 寄存器
DMA_resetGbl()	复位 DMA 通道
辅助函数	
DMA_getEventId()	返回 DMA 完成中断事件的 ID
DMA_getStatus()	返回 DMA 通道的状态
DMA_getChan()	返回给定句柄的通道号
DMA_getConfig()	返回通道的配置结构
DMA_globalGetConfig()	返回 DMA 全局寄存器的值

（2）DMA 配置数据结构

对每个通道而言，DMA 既有专用寄存器，又有全局寄存器，因此 CSL 的 DMA 模块定义了两个配置结构：通道配置结构 DMA _ Config 和全局配置结构 DMA _ GblCofig。DMA _ Config 包含通道所需的所有寄存器的设置，而 DMA _ GblConfig 包含初始化 DMA 通道时所有的全局寄存器。

全局寄存器是各个通道的共享资源，包括数据元索引寄存器、帧索引寄存器、重新装载寄存器以及源/目的地址页寄存器，可以用数字值或 _ RMK 宏产生结构成员的值。

DMA _ Config 结构的 C 语言定义为：

```
typedef struct {
    Uint16 priority;                //DMA 通道优先级
    Uint16 dmmcr;                   //传输模式控制寄存器
    Uint16 dmsfc;                   //同步选择和帧计数寄存器
    DMA _ AdrPtr dmsrc;             //源地址寄存器
    DMA _ AdrPtr dmdst;             //目的地址寄存器
    Uint16 dmctr;                   //数据元计数寄存器
#if( _ DMA _ CH _ RLDR _ SUPPORT)
    DMA _ AdrPtr dmgsa;             //源地址重新装载寄存器
    DMA _ AdrPtr dmgda;             //目的地址重新转载寄存器
    Uint16 dmgcr;                   //数据元计数器重新装载寄存器
    Uint16 dmgfr;                   //帧计数重新装载寄存器
#endif
#if( _ DMA _ CH _ XDP _ SUPPORT)
    Uint16 dmsrcdp;                 //源地址页
    Uint16 dmdstdp;                 //目的地址页
#endif
} DMA _ Config;
```

DMA _ Config 结构中使用了条件编译宏 _ DMA _ CH _ RLDR _ SUPPORT，用于支持通道重新装载功能。

DMA _ GblConfig 结构的 C 语言定义为：

```
typedef struct {
    Uint16 free;                    //在仿真控制下 DMA 的行为
    Uint16 gbldmsrcp;               //源程序空间页地址寄存器
    Uint16 gbldmdstp;               //目的程序空间页地址寄存器
    Uint16 gbldmidx0;               //全局数据元索引寄存器 0
    Uint16 gbldmfri0;               //全局帧索引寄存器 0
    Uint16 gbldmidx1;               //全局数据元索引寄存器 1
    Uint16 gbldmfri1;               //全局帧索引寄存器 1
#if （! （ _ DMA _ CH _ RLDR _ SUPPORT))
    DMA _ AdrPtr gbldmgsa;          //全局源地址重装寄存器
    DMA _ AdrPtr gbldmgda;          //全局目的地址重装寄存器
    Uint16 gbldmgcr;                //全局数据元计数重装寄存器
    Uint16 gbldmgfr;                //全局帧计数重装寄存器
```

♯endif

♯if((＿DMA＿EXT＿DATA＿SUPPORT)＆＆（！（＿DMA＿CH＿XDP＿SUP-PORT)））

    Uint16 gbldmsrcdp;   //全局源数据空间页地址寄存器

    Uint16 gbldmdstdp;   //全局目的数据空间页地址寄存器

♯endif

    } DMA＿GblConfig;

    DMA＿GblConfig 结构中使用了条件编译宏＿DMA＿CH＿RLDR＿SUPPORT，用于支持通道重新装载功能；条件编译宏＿DMA＿EXT＿DATA＿SUPPORT 和＿DMA＿CH＿XDP＿SUPPORT 用于支持扩展数据空间的器件。

（3）DMA 模块的寄存器访问宏

    由于 DMA 有多个通道，CSL 分别定义了基于通道号的寄存器访问宏和基于句柄的寄存器访问宏，这些宏包含在 csl＿dma.h 中。表 8-30 列出了访问寄存器的 CSL 宏。

表 8-30   DMA 模块的寄存器访问宏

宏定义名称	说明
基于通道号的寄存器访问宏	
DMA_RGET(REG)	返回 REG 寄存器的值,参数 REG 是表 8-24 给出的寄存器名称
DMA_RSET(REG,Uint16　regval)	用 regval 设置 REG 寄存器的值,参数 REG 是表 8-24 给出的寄存器名称
DMA_FGET(REG,FIELD)	返回寄存器的域值,REG 是具有多个域的寄存器名,如 DMSFC0、DMMCR3、DMPREC
DMA_FSET(REG,FIELD　,fval)	设置寄存器的域值,REG 是具有多个域的寄存器名,如 DMSFC0、DMMCR3、DMPREC
DMA_REG_RMK(fval_n,…,fval_0)	用域值构建寄存器的值,REG 是具有多个域的寄存器名(其中没有通道号)。如 DMSFC、DMMCR、DMPREC。该宏主要用于初始化 DMA_Config 结构
DMA_FMK(REG,FIELD,fval)	构建指定域的寄存器的值,REG 是具有多个域的寄存器名(其中没有通道号)。如 DMSFC、DMMCR、DMPREC
DMA_ADDR(REG)	返回寄存器 REG 的地址,参数 REG 是表 8-24 给出的寄存器名称
基于句柄的寄存器访问宏	
DMA_RGET_H(hDma,REG)	返回寄存器的值,hDma 是通道句柄,REG 是通道寄存器名(其中没有通道号),如 DMSRC、DMDST
DMA_RSET_H(hDma,REG,rval)	用 rval 设置寄存器 REG 的值,REG 是通道寄存器名(其中没有通道号),如 DMSRC、DMDST
DMA_FGET_H(hDma,REG,FIELD)	返回指定域的值,REG 是通道寄存器名(其中没有通道号),如 DMSRC、DMDST
DMA_FSET_H(hDma,REG,FIELD,fval)	设置寄存器指定域的值,REG 是通道寄存器名(其中没有通道号),如 DMSRC、DMDST
DMA_ADDR_H(hDma,REG)	返回寄存器的地址,REG 是通道寄存器名(其中没有通道号),如 DMSRC、DMDST

8.4.3 C54xx 的多通道缓冲串口 McBSP

依不同的型号，C54xx DSP 具有多个高速、全双工的 McBSP（如 C5402 有 3 个、C5409 有 3 个、C5420 有 6 个），可以直接与系统中的其他设备（如编码解码器、串行 A/D、D/A 转换器）相连。McBSP 具有如下特征：

- 全双工通信；
- 双缓冲发送，三缓冲接收数据寄存器，可以进行连续的数据通信；
- 发送和接收具有独立的帧和时钟信号；
- 可以与工业标准的编码/解码器、模拟接口芯片（AICs）、串行 A/D、串行 D/A 器件直接接口；
- 传输时钟既可以使用内部时钟，也可以使用外部时钟；
- 支持多种方式的传输接口，如 T1/E1 帧协议、MVIP 兼容交换方式和 ST_BUS 兼容设备、IOM-2 兼容设备、AC97 兼容设备、IIS 兼容设备、SPI 设备等；
- 多通道传输，支持多达 128 个通道；
- 支持包括 8、16、12、16、20、24、32 位数据长度；
- 内置 μ 律和 A-律压扩硬件；
- 对 8 位数据传输，可选择低字节（LSB）或高字节（MSB）优先传送；
- 可设置的帧同步和数据时钟的极性；
- 可编程生成内部时钟和帧信号。

（1）McBSP 接口信号

在结构上，McBSP 可分为一个数据通道和一个控制通道，表 8-31 列出了有关引脚信号的定义。DX 引脚用于发送数据，DR 引脚用于接收数据，其他引脚用于时钟和同步的控制信号。

数据通道完成数据的接收和发送，CPU 或 DMA 向数据发送寄存器 DXR 写入待发送的数据，在时钟的控制下，DXR 的数据通过发送移位寄存器 XSR 输出到 DX 引脚。DR 是输入，该引脚上的数据先移位到接收转移寄存器 RSR，接着从 RSR 复制到接收缓冲寄存器 RBR，再从 RBR 复制到接收寄存器 DRR 中，CPU 或 DMA 从 DRR 中读取数据。这种多级缓冲方式可以使片内的数据移动与外部的数据通信同时进行，从而提高了传输效率。

表 8-31 McBSP 接口信号

引脚	引脚属性	说明
CLKR	I/O/Z	接收时钟
CLKX	I/O/Z	发送时钟
CLKS	I	外部时钟
DR	I	接收数据
DX	O/Z	发送数据
FSR	I/O/Z	接收帧同步
FSX	I/O/Z	发送帧同步

（2）McBSP 寄存器

表 8-32 列出了 C54x McBSP 的寄存器及它们的存储器映射地址。RBR［1，2］、RSR［1，2］、XSR［1，2］不能由 CPU 或 DMA 直接访问。如果接收/发送的字长被指定为 8、12、16 为模式，则 DRR2、RBR2、DXR2 和 XSR2 是不可使用的。控制寄存器由 CPU 访问，用于设置 McBSP 的控制机制。

表 8-32 C54x McBSP 寄存器

16 进制地址				寄存器名称	功能
McBSP0	McBSP1	McBSP2	子地址		
—	—	—		RBR[1,2]	接收缓冲寄存器 1 和 2
—	—	—		RSR[1,2]	接收移位寄存器 1 和 2
—	—	—		XSR[1,2]	发送移位寄存器 1 和 2
0020	0040	0030	—	DRR2x	数据接收寄存器 2
0021	0041	0031	—	DRR1x	数据接收寄存器 1
0022	0042	0032	—	DXR2x	数据发送寄存器 2
0023	0043	0033	—	DXR1x	数据发送寄存器 1
0038	0048	0034	—	SPSAx	子地址寄存器
0039	0049	0035	0000	SPCR1x	串口控制寄存器 1
0039	0049	0035	0001	SPCR2x	串口控制寄存器 2
0039	0049	0035	0002	RCR1x	接收控制寄存器 1
0039	0049	0035	0003	RCR2x	接收控制寄存器 2
0039	0049	0035	0004	XCR1x	发送控制寄存器 1
0039	0049	0035	0005	XCR2x	发送控制寄存器 2
0039	0049	0035	0006	SRGR1x	采样率发生器寄存器 1
0039	0049	0035	0007	SRGR2x	采样率发生器寄存器 2
0039	0049	0035	0008	MCR1x	多通道寄存器 1
0039	0049	0035	0009	MCR2x	多通道寄存器 2
0039	0049	0035	000A	RCERAx	接收通道使能寄存器 A
0039	0049	0035	000B	RCERBx	接收通道使能寄存器 B
0039	0049	0035	000C	XCERAx	发送通道使能寄存器 A
0039	0049	0035	000D	XCERBx	发送通道使能寄存器 B
0039	0049	0035	000E	PCRx	引脚控制寄存器

（3）串口配置寄存器

串口的配置涉及 2 个串口控制寄存器 SPCR1、SPCR2 和引脚配置寄存器 PCR。这 3

个寄存器的位域格式分别如表 8-33～表 8-35 所示。

表 8-33　McBSP 控制寄存器 SPCR1 的位域格式

位域	域名称	功能
15	DLB	数字回环(loop back)模式,0:除能回环模式;1:使能回环模式
14、13	RJUST	接收符号扩展和对齐模式 00:右对齐并对 DRR[1,2]的 MSB 填 0 01:右对齐并对 DRR[1,2]的 MSB 进行符号扩展 10:左对齐并对 DRR[1,2]的 LSB 填 0 11:保留
12、11	CLKSTP	时钟停止模式 0x:时钟停止模式除能,非 SPI 模式的标准时钟 10:SPI 模式,CLKXP=0 时,时钟在上升沿开始,无延迟; CLKXP=1 时,时钟在下降沿开始,无延迟; 11:SPI 模式,CLKXP=0 时,时钟在上升沿开始,有延迟; CLKXP=1 时,时钟在下降沿开始,有延迟
10～8		保留
7	DXENA	DX 引脚延迟使能,0:除能 DX 引脚延迟;1:使能 DX 引脚延迟
6	ABIS	ABIS 模式,0:除能 A-bis 模式;1:使能 A-bis 模式
5、4	RINTM	接收中断模式 00:字尾生成中断 RINT。在 A-bis 模式下,帧尾生成中断 RINT 01:多通道操作时,在帧的末尾或块的末尾生成中断 RINT 10:新同步帧生成中断 RINT 11:由 RSYNCERR 生成中断 RINT
3	RSYNCERR	接收同步错误,0:无错误;1:检测到同步错误
2	RFULL	接收移位寄存 RSR[1,2]器满 0:RBR[1,2]未达到溢出条件 1:DRR[1,2]不可读,RBR[1,2]和 RSR[1,2]满,
1	RRDY	接收器就绪位,0:接收器未就绪;1:接收器就绪,可以读 DRR
0	RRST	复位并使能接收器 0:接收器除能,并处于复位状态 1:接收器使能

在表 8-33 中,RJUST 域可以设置接收数据的格式,包括左调整右补 0,右调整左补 0,右调整左符号扩展等格式。DXENA 域可以设置数据延迟位数,便于适配 I^2C、I^2S、SPI 等。RFULL 和 RRDY 域反映接收状态,这两个位是只读的。

表 8-34　McBSP 控制寄存器 SPCR2 的位域格式

位域	域名称	功能
15～10	rsvd	保留
9	FREE	自由运行模式 0:除能;1:使能,忽略仿真器暂停
8	SOFT	Soft 模式,0:除能;1:使能
7	FRST	帧同步发生器复位 0:禁止帧同步逻辑,采用率发生器不生成帧同步信号 FSG 1:帧同步信号被生成,所有的帧计数器被重载

位域	域名称	功能
6	GRST	采样率发生器复位 0：禁止采样率发生器 1：使能采样率发生器
5、4	XINTM	发送中断模式 00：字尾生成 XINT 中断，在 A-bis 模式下，帧尾生成 XINT 中断 01：多通道操作时，在帧的末尾或块的末尾生成 XINT 中断 10：新同步帧信号生成 XINT 中断 11：XSYNCERR 生成 XINT 中断
3	XSYNCERR	1：无同步错误；1：McBSP 检测到同步错误
2	XEMPTY	发送移位寄存器 XSR[1,2]空；0：空；1：非空
1	XRDY	发送器就绪，0：忙；1：就绪
0	XRST	复位并使能发送器 0：发送器除能，并处于复位状态 1：发送器使能

表 8-34 的 XEMPTY 和 XRDY 域反映发送状态，这两个位是只读的。

表 8-35　McBSP 引脚控制寄存器 PCR 的位域格式

位域	域名称	功能
15、14	rvsd	保留
13	XIOEN	发送引脚配置 0：DX，FSX 和 CLKX 引脚配置为串口引脚，而不作为通用 I/O 1：DX 配置为通用输出引脚，FSX 和 CLKX 作为通用 I/O 引脚
12	RIOEN	接收引脚配置 0：DR、FSR，CLKR 和 CLKS 配置为串口引脚 1：DR 和 CLKS 配置为通用输入引脚，FSR 和 CLKR 配置为通用 I/O 引脚
11	FSXM	发送帧同步模式 0：帧同步信号来自外部 1：帧同步信号由寄存器 SRGR2 的 FSGM 位确定
10	FSRM	接收帧同步模式 0：帧同步信号来自外部，由 FSR 引脚输入 1：由采样率生成器生成帧同步信号
9	CLKXM	发送时钟模式 0：传输时钟来自外部时钟源，从 CLKX 引脚输入 1：CLKX 作为输出引脚，由内部采样生成器驱动 对于 SPI 模式(SPCR1 寄存器的 CLKSTP 位≠0) 0：McBSP 作为 SPI 从(slave)设备，时钟 CLKX 由 SPI 主设备(master)驱动，CLKR 在内部由 CLKX 驱动 1：McBSP 是 SPI 主设备，并生成时钟 CLKX 驱动接收时钟 CLKR
8	CLKRM	接收时钟模式 对非数字回环模式(SPCR1 的 DLB＝0) 0：接收时钟 CLKR 是输入引脚，由外部时钟驱动 1：接收时钟 CLKR 是输出引脚，由内部采样频率生成器驱动 对数字回环模式(SPCR1 的 DLB＝1) 0：接收时钟(非 CLKR 引脚)由发送时钟 CLKX 驱动 1：CLKR 是一个输出引脚，并由发送时钟驱动

位域	域名称	功能
7	rsvd	保留
6	CLKS_STAT	当 CLKS 引脚作为通用输入时,CLKS 引脚状态
5	DX_STAT	当 DX 引脚作为通用输出时,DX 引脚的状态
4	DR_STAT	当 DR 引脚作为通用输入时,DR 引脚的状态
3	FSXP	发送帧同步信号极性 0:帧同步信号 FSX 高有效 1:帧同步信号 FSX 低有效
2	FSRP	接收帧同步信号极性 0:帧同步信号 FSR 高有效 1:帧同步信号 FST 低有效
1	CLKXP	发送时钟极性 0:在 CLKX 的上升沿发送采样数据 1:在 CLKX 的下降沿发送采用数据
0	CLKRP	接收时钟极性 0:在 CLKR 的下降沿接收采样数据 1:在 CLKR 的上升沿接收采样数据

在表 8-35 中,XIOEN 和 RIOEN 设置相应引脚的状态,如果不使用缓冲串口,可以设置为通用 I/O 端口。FSXM、FSRM、CLKXM 和 CLKRM 设置各种时钟的方式和接收发送帧同步信号。CLKS_STAT、DX_STAT 和 DR_STAT 是只读位,反映 CLKS、DX、DR 引脚的状态。FSXP、FSRP、CLKXP 和 CLKRP 设置各种信号的极性。

RRDY 和 XRDY 分别代表 McBSP 接收器和发送器的就绪状态,读数据寄存器 DRR[1,2] 将影响 RRDY,写数据寄存器 DXR[1,2] 将影响 XRDY。

RRDY=1 表示 RBR[1,2] 的内容已经被复制到 DRR[1,2],数据可以由 CPU 或 DMA 读取。一旦数据被读,RRDY 就被清 0。芯片复位或串口接收器复位(RRST=1)时,RRDY 也被清 0,表示尚未收到数据。RRDY 直接激活 McBSP 的接收事件 REVT 通知 DMA,如果 SPCR1 寄存器的 RINTM=00,也激活 RINT 中断通知 CPU。

类似地,XRDY=1 表示 DXR[1,2] 的内容已经被复制到 XSR[1,2],并且 DXR[1,2] 准备装入新的发送数据。一旦新的发送数据被 CPU 或 DMA 装入,XRDY 就被清 0。芯片复位或串口发送器复位(XRST=1)时,XRDY 也被清 0,表示发送尚未就绪。XRDY 直接激活发送同步事件 XEVT 通知 DMA,如果寄存器 SPCR2 的 XINTM=00,也激活 XINT 中断通知 CPU。

串口读/写的同步操作通过 3 种方式实现:

• 查询 RRDY 和 XRDY;

• 使用 DMA 事件 REVT 和 XEVT(正常模式)或 REVTA 和 XREVTA(A-bis 模式);

• 使用 CPU 中断 RINT 和 XINT。

(4)接收和发送控制寄存器

接收控制寄存器 RCR[1,2] 和发送控制寄存器 XCR[1,2] 设置接收和发送操作的各种参数它们的位域格式如表 8-36~表 8-39 所示。

表 8-36　接收控制寄存器 RCR1 的位域格式

位域	域名称	功能
15	rsvd	保留
14～8	RFRLEN1	接收帧长度 1 000　0000:每帧 1 个字长 000　0001:每帧 2 个字长 …… 111　1111:每帧 128 字长
7～5	RWDLEN1	接收字宽 1 000:8 位;001:12 位;010:16 位;011:20 位;100:24 位;101:32 位,11x:保留
4～0	rsvd	保留

表 8-37　接收控制寄存器 RCR2 的位域格式

位域	域名称	功能
15	RPHASE	接收相位,0:单相帧(Single-Phase Frame);1:双相帧(Dual-Phase Frame)
14～8	RFRLEN2	接收帧长度 2 000 0000:每帧 1 个字长 000 0001:每帧 2 个字长 …… 111 1111:每帧 128 字长
7～5	RWDLEN2	接收字宽 2 000:8 位;001:12 位;010:16 位;011:20 位;100:24 位;101:32 位,11x:保留
4～3	RCOMPAND	接收压缩模式 00:无压扩,传输从 MSB 位开始 01:无压扩,8 位数据,传输从 LSB 开始 10:使用 μ 律压扩接收数据 11:使用 A 律压扩接收数据
2	RFIG	忽略接收帧 0:在第一帧后不忽略接收同步帧脉冲 1:在第一帧后忽略接收同步帧脉冲
1、0	RDATDLY	接收数据延迟 00:无延迟;01:1 位延迟;10:2 位延迟;11:保留

表 8-38　发送控制寄存器 XCR1 的位域格式

位域	域名称	功能
15	rsvd	保留
14～8	XRLEN1	发送帧长度 1 000　0000:每帧 1 个字长 000　0001:每帧 2 个字长 …… 111　1111:每帧 128 字长
7～5	XWDLEN1	发送字宽 1 000:8 位;001:12 位;010:16 位;011:20 位;100:24 位;101:32 位,11x:保留
4～0	rsvd	保留

表 8-39　发送控制寄存器 XCR2 的位域格式

微域	域名称	功能
15	XPHASE	发送相位 0:单相位帧,1:双相位帧
14~8	XFRLEN2	发送帧长度 2 000　0000:每帧 1 个字长 000　0001:每帧 2 个字长 …… 111　1111:每帧 128 字长
7~5	XWDLEN2	发送字宽度 2 000:8 位;001:12 位;010:16 位;011:20 位;100:24 位;101:32 位,11x:保留
4~3	XCOMPAND	发送压扩模式 00:无压扩,传输从 MSB 位开始 01:无压扩,8 位数据,传输从 LSB 开始 10:使用 μ 律压扩发送数据 11:使用 A 律压扩发送数据
2	XFIG	忽略发送帧 0:在第一帧后不忽略发送同步帧脉冲 1:在第一帧后忽略发送同步帧脉冲
1、0	XDATDLY	发送数据延迟 00:无延迟;01:1 位延迟;10:2 位延迟;11:保留

帧同步信号表示 McBSP 传输的开始,在帧同步信号之后的数据流可以有 phase1 和 phase2 两个相。相的数目(1 或 2)可在 RCR2 和 XCR2 的 R/XPHASE 域设置,对于每个相,其每帧的字数(R/XFRLEN [1,2])以及字宽(R/XWDLEN [1,2])可以分别设置。对 phase1,在 R/XCR1 中设置每帧的字数和字宽;对 phase2,在 R/XCR2 中设置每帧的字数和字宽。

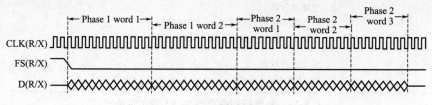

图 8-7　McBSP 双相帧示例

如图 8-7 所示给出了两个传输相的示例,第 1 个相由两个 12 位字组成,第 2 个相由 3 个 8 位字组成。帧中全部的 bit 流是连续的,在传输字之间或相之间没有间隔。

帧长度定义为每帧传输串行字(8 位、12 位、16 位、20 位、24 位、32 位)的数目,R/XCR [1,2] 寄存器的 R/XFRLEN [1,2] 设置帧的长度,该域有 7 位,每帧最多传输 128 个串行字。如果 R/XPHASE=0,选择单相数据帧,FRLEN2 的内容被忽略;如果 R/XPHASE=1,选择双相数据帧。R/XCR [1,2] 的 R/XWDLEN [1,2] 域确定每个串行传输字的宽度(bit 数),对于单相帧,R/XWDLEN [1,2] 被忽略。如果设定的传输字宽大于 16,在接收数据时,必须先读 DRR2,再读 DRR1;在发送数据时,必须先写 DXR2,再写 DXR1。

（5）时钟生成寄存器

McBSP 所需的各种时钟信号（接收时钟、发送时钟、帧同步时钟）由采样率发生器产生，时钟产生的流程如图 8-8 所示。图中，CLKG 和 FSG 是 McBSP 的内部信号，通过编程可驱动接收/发送时钟 CLKR/X 和帧信号 FSR/X。

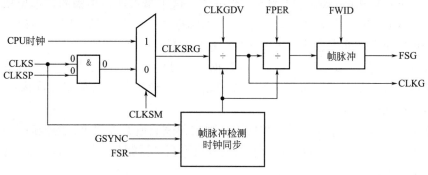

图 8-8   McBSP 时钟产生流程

寄存器 SRGR［1，2］控制采样率发生器的时钟信号特征。这两个寄存器的位域格式如表 8-40 和表 8-41 所示。

表 8-40   采样率生成器寄存器 SRGR1 的位域格式

位域	域名称	功能
15～8	FWID	帧宽度，FWID+1 确定帧同步脉冲 FSG 的宽度，宽度范围为 1～256 个 CLKG 周期
7～0	CLKGDV	采样率发生器时钟分频因子，默认值为 1

表 8-41   采样率生成器寄存器 SRGR2 的位域格式

位域	域名称	功能
15	GSYNC	采样率生成器时钟同步，只用于时钟源是外部时钟(CLKSM=0)的情形 0：采样率发生器时钟 CLKG 自由产生，不同步 1：CLKG 被重新同步，只在探测到接收同步信号 FSR 时，才生成帧同步信号 FSG。在这种情况下，FPER 被忽略。
14	CLKSP	CLKS 极性选择，只用于时钟源是外部时钟(CLKSM=0)的情形 0：CLKS 的上升沿生成 CLKG 和 FSG 1：CLKS 的下降沿生成 CLKG 和 FSG
13	CLKSM	采样率发生器时钟模式 0：采样率发生器时钟源来自 CLKS 引脚 1：采样率发生器时钟源来自 CPU 时钟
12	FSGM	发送帧同步模式，只用于 PCR 寄存器的 FSXM=1 的情形 0：从 DXR[1,2]向 XSR[1,2]复制时，产生发送帧同步信号 1：发送帧同步信号由采样率发生器的 FSG 信号驱动
11～0	FPER	帧周期，FPER+1 确定下一个帧同步信号的激活，范围为 1～4096 个 CLKG 周期

采样率发生器的时钟源可通过 CLKSM（SRGR2 的 13 位）选择为 CPU 时钟或外部时钟。时钟输入后，按 CLKGDV（SRGR1 的 0～7 位）的值进行第一次分频得到 CLKG，CLKG 的最高频率为输入时钟的一半。对 CLKG 进一步按 FPER（SRGR2 的 0～11 位）和 FWID（SRGR1 的 8～15 位）值分频得到帧同步信号。FWID 和 FPER 用于设置帧同

步脉冲的占空比。

（6）多通道选择寄存器

McBSP（Multi-channel Buffered Serial Port）的多通道串行传输模式具有很强的接口控制能力，这也是将串口命名为 McBSP 的原因。串行传输的数据帧看成是一组时分复用（Time Division Multiplexed，TDM）的数据流，这正是多通道传输的基本思想。多通道传输要求将 McBSP 的接收/发送器设置为单相帧模式，在 R/XFRLEN1 中设置的每帧传输的数据单元个数，实际也代表可以选择的通道总数。

从表 8-36 和表 8-38 可以看出，一帧数据最大可包含 128 个数据单元，也就是说最多有 128 个通道。为了节省存储单元和总线带宽，多通道操作一次最多允许选择其中的 32 个通道被使能接收或发送。

对于接收，如果一个通道没有被使能，则收到该通道的数据单元的最后 1 个位（bit）时，RRDY 不会被置 1。RBR［1，2］的内容也不会被复制到 DRR［1，2］。这意外着没有中断或同步事件生成。

对于发送，如果一个通道没有被使能，DX 处于高阻态，串行传输数据从 DXR［1，2］到 XSR［1，2］的传送不会自动触发。在发送数据单元的末尾也不会影响 XEMPTY 和 XRDY。一个使能的发送通道也可以置于屏蔽或传输状态，当处于屏蔽状态时，DX 引脚被强制到高阻态。

多通道的操作由通道控制寄存器 MCR［1，2］、发送通道使能寄存器 XCER［A/B］和接收通道使能寄存器 RCER［A/B］控制，这些寄存器的位域格式如表 8-42～表 8-47 所示。

表 8-42　多通道操作控制寄存器 MCR1 的位域格式

位域	域名称	功能
15～9	rsvd	保留
8、7	RPBBLK	接收块 B 组（奇数块） 00：块 1，通道 16～通道 31 01：块 3，通道 48～通道 63 10：块 5，通道 80～通道 95 11：块 7，通道 112～通道 127
6、5	RPABLK	接收块 A 组（偶数块） 00：块 0，通道 0～通道 15 01：块 2，通道 32～通道 47 10：块 4，通道 64～通道 79 11：块 6，通道 96～通道 111
4～2	RCBLK	当前接收块 000：块 0，通道 0～通道 15 001：块 1，通道 16～通道 31 010：块 2，通道 32～通道 47 011：块 3，通道 48～通道 63 100：块 4，通道 64～通道 79 101：块 5，通道 80～通道 95 110：块 6，通道 96～通道 111 111：块 7，通道 112～通道 127
1	rsvd	保留

位域	域名称	功能
0	RMCM	接收多通道选择使能 0:使能所有128通道 1:除能所有通道,需要用 RP(A/B)BLK 和 RCER(A/B)中相应的位来选择接收通道

表 8-43　多通道操作控制寄存器 MCR2 的位域格式

位域	域名称	功能
15~9	rsvd	保留
8、7	XPABLK	发送块 A 组(偶数块) 00:块 0,通道 0~通道 15 01:块 2,通道 32~通道 47 10:块 4,通道 64~通道 79 11:块 6,通道 96~通道 111
6、5	XPBBLK	发送块 B 组(奇数块) 00:块 1,通道 16~通道 31 01:块 3,通道 48~通道 63 10:块 5,通道 80~通道 95 11:块 7,通道 112~通道 127
4~2	XCBLK	当前发送块 000:块 0,通道 0~通道 15 001:块 1,通道 16~通道 31 010:块 2,通道 32~通道 47 011:块 3,通道 48~通道 63 100:块 4,通道 64~通道 79 101:块 5,通道 80~通道 95 110:块 6,通道 96~通道 111 111:块 7,通道 112~通道 127
1、0	XMCM	发送多通道选择使能 00:所有通道使能,没有屏蔽(DX 引脚总是由发送数据驱动) 01:默认情况下所有通道被除能,因而也被屏蔽。需要的通道用 XP(A/B)BLK 和 XCER(A/B)中相应的位来选择,这些选择的通道不被屏蔽 10:默认情况下所有的通道使能,但都被屏蔽。经由 XP(A/B)BLK 和 XCER(A/B)选择的通道是不屏蔽的 11:默认情况下所有通道被除能,因而也被屏蔽。需要的通道用 XP(A/B)BLK 和 XCER(A/B)中相应的位来选择,这些选择的通道不被屏蔽。这种模式用于对称发送和接收操作

　　寄存器 MCR1 用于接收控制,MCR2 用于发送控制。接收和发送的使能由 MCR1/2 的 RMCM 和 XMCM 域控制,RMCM 控制接收通道的使能/除能,XMCM 控制发送通道的使能/除能。128 个通道被划分成 8 个块(block),编号 0~7。每块有 16 个连续的通道。8 个块又被分成两组,偶数块 0、2、4、6 属于 A 组,奇数块 1、3、5、7 属于 B 组。

　　MCR 寄存器中的(R/X)PABLK 域选择并使能 A 组中的一个偶数块,(R/X)PB-BLK 域选择并使能 B 组中的一个奇数块。由于每个块含有 16 个数据单元(通道),这样一次最多可有 32 个通道被选择和使能。收发操作可以独立地进行通道的选择和使能。

　　发送数据的屏蔽(masking)完成这样一种的功能,在使能通道传输的周期内,将 DX 引脚置于高阻态。这个功能允许在共享串行总线上能够除能某些发送通道。对于接收，没有必要使用屏蔽，因为多个接收不会引起串行总线的竞争。

表 8-44　接收通道使能寄存器 A 组 RCERA 的位域格式

位域	域名称	功能
15～0	RCEAn (n=0～15)	接收通道使能 RCEAn=0:在 A 组的偶数块中除能第 n 个接收通道 RCEAn=1:在 A 组的偶数块中使能第 n 个接收通道

表 8-45　接收通道使能寄存器 B 组 RCERB 的位域格式

位域	域名称	功能
15～0	RCEBn (n=0～15)	接收通道使能 RCEBn=0:在 B 组的偶数块中除能第 n 个接收通道 RCEBn=1:在 B 组的偶数块中使能第 n 个接收通道

表 8-46　发送通道使能寄存器 A 组 XCERA 的位域格式

位域	域名称	功能
15～0	XCEAn (n=0～15)	接收通道使能 XCEAn=0:在 A 组的偶数块中除能第 n 个发送通道 XCEAn=1:在 A 组的偶数块中使能第 n 个发送通道

表 8-47　发送通道使能寄存器 B 组 XCERB 的位域格式

位域	域名称	功能
15～0	XCEBn (n=0～15)	接收通道使能 XCEBn=0:在 B 组的偶数块中除能第 n 个发送通道 XCEBn=1:在 B 组的偶数块中使能第 n 个发送通道

RCER（A/B）寄存器用于使能/除能 32 个接收通道，在这 32 个通道中，16 个通道属于 A 组，其余的通道属于 B 组。16 位寄存器的每个位对应一个通道，从 bit0 到 bit15 依次对应通道 0～通道 15。

XCE（A/B）寄存器用于使能/除能 32 个发送通道，在这 32 个通道中，16 个通道属于 A 组，其余的通道属于 B 组。16 位寄存器的每个位对应一个通道，从 bit0 到 bit15 依次对应通道 0～通道 15。

8.4.4　芯片支持库的多通道串口模块 McBSP

C54xx 芯片支持库的 McBSP 模块用于管理多通道串口，它将串行设备经过硬件抽象，构建了设备无关的 McBSP 管理模块。该模块由 McBSP 管理 API 函数、寄存器访问宏以及 McBSP 配置数据结构组成。

（1）McBSP 接口函数

由于 C54xx 有多个串口设备，McBSP 模块是基于句柄访问的模块，使用时应首先调用 MCBSP_open（）函数取得设备句柄，使用该句柄调用 McBSP 模块的其他函数。表 8-48 列出了 McBSP 模块的 API 函数，可分为基本函数、通道控制函数、中断控制函数和辅助函数。

表 8-48 McBSP 模块的 API 函数

函数名	说明
基本函数	
MCBSP_open()	打开一个 McBSP 串口
MCBSP_config()	使用配置结构设置 McBSP 串口
MCBSP_configArgs()	使用寄存器值设置 McBSP 串口
MCBSP_start()	启动 McBSP 串口发送或接收
MCBSP_close()	关闭 McBSP 串口
通道控制函数	
MCBSP_channelDisable()	除能一个或多个 McBSP 通道
MCBSP_channelEnable()	使能一个或多个 McBSP 通道
MCBSP_channelStatus()	返回通道的状态
中断控制函数	
MCBSP_getRcvEventId()	返回指定串口的接收事件 ID
MCBSP_getXmtEventId()	返回指定串口的发送事件 ID
辅助函数	
MCBSP_read16()	对接收寄存器 DRR1 执行 16 位数据的直接读取
MCBSP_write16()	写 16 位数据到发送寄存器 DX1
MCBSP_read32()	执行两个 16 位读操作, 数据寄存器 DRR2 为 MSB, DDR1 为 LSB
MCBSP_write32()	写两个 16 位数据到串口发送寄存器, DXR2 为 MSB, DXR1 为 LSB
MCBSP_reset()	复位指定的串口
MCBSP_rfull()	读 SPCR1 寄存器的 RFULL 位
MCBSP_rrdy()	读 SPCR1 寄存器的 RRDY 位
MCBSP_xempty()	读 SPCR2 寄存器的 XEMPTY 位
MCBSP_xrdy()	读 SPCR2 寄存器的 XRDY 位
MCBSP_getConfig()	返回 MCBSP 的通道配置
MCBSP_getPort()	返回指定句柄的 MCBSP 端口号

（2）McBSP 配置结构 MCBSP _ Config

McBSP 配置结构用于设置 McBSP 串口，可以产生和初始化这个结构，然后将该结构的指针传递给 MCBSP _ config （）函数。可以用数值或 MCBSP _ RMK 宏产生结构成员的值。

MCBSP _ Config 结构的 C 语言定义为：

```
typedef struct {
    Uint16 spcr1;          //串口控制寄存器 SPCR1 的值
    Uint16 spcr2;          //串口控制寄存器 SPCR2 的值
    Uint16 rcr1;           //接收控制寄存器 RCR1 的值
    Uint16 rcr2;           //接收控制寄存器 RCR2 的值
    Uint16 xcr1;           //发送控制寄存器 XRC1 的值
    Uint16 xcr2;           //发送控制寄存器 XRC2 的值
```

```
    Uint16 srgr1;           //采用率发生器寄存器 SRGR1 的值
    Uint16 srgr2;           //采用率发生器寄存器 SRGR2 的值
    Uint16 mcr1;            //多通道控制寄存器 MCR1 的值
    Uint16 mcr2;            //多通道控制寄存器 MCR2 的值
    Uint16 pcr;             //引脚控制寄存器 PCR 的值
    Uint16 rcera;           //接收通道使能寄存器 A 的值
    Uint16 rcerb;           //接收通道使能寄存器 B 的值
    Uint16 xcera;           //发送通道使能寄存器 A 的值
    Uint16 xcerb;           //发送通道使能寄存器 B 的值
//对于支持 128 通道的设备，分别增加了 6 个接收通道使能和发送通道使能寄存器
#if( _ MCBSP _ 128 _ CH _ ENABLE _ SUPPORT)
    Uint16 rcerc;
    Uint16 rcerd;
    Uint16 rcere;
    Uint16 rcerf;
    Uint16 rcerg;
    Uint16 rcerh;
    Uint16 xcerc;
    Uint16 xcerd;
    Uint16 xcere;
    Uint16 xcerf;
    Uint16 xcerg;
    Uint16 xcerh;
#endif
} MCBSP _ Config;
```

MCBSP _ Config 使用了条件编译宏 _ MCBSP _ 128 _ CH _ ENABLE _ SUPPORT，来支持使能 128 个通道的设备。

（3）McBSP 模块的寄存器访问宏

由于 McBSP 有多个端口，CSL 分别定义了基于端口号的寄存器访问宏和基于句柄的寄存器访问宏，这些宏包含在 csl _ mcbsp. h 中。表 8-49 列出了访问寄存器的 CSL 宏。

表 8-49 McBSP 模块的寄存器访问宏

宏定义	说明
基于端口号的宏	
MCBSP_RGET(REG#)	返回指定寄存器的值
MCBSP_RSET(REG#,rval)	设置寄存器的值
MCBSP_FGET(REG#,FIELD)	返回寄存器的域值
MCBSP_FSET(REG#,FIELd,fval)	设置寄存器的域值
MCBSP_REG_RMK(fval_n,…,fval_0)	用域值构建寄存器的值
MCBSP_FMK(REG,FIELD,fval)	用单个域构建寄存器的值

续表

宏定义	说明
基于端口号的宏	
MCBSP_ADDR(REG♯)	返回指定寄存器的地址
基于句柄的寄存器访问宏	
MCBSP_RGET_H(hMcbsp,REG)	返回指定句柄的寄存器的值
MCBSP_RSET_H(hMcbsp,REG,rval)	设置指定句柄的寄存器的值
MCBSP_FGET_H(hMcbsp,REG,FIELD)	返回指定句柄的寄存器的域值
MCBSP_FSET_H(hMcbsp,REG,FIELD,fval)	设置指定句柄的寄存器的域值
MCBSP_ADDR_H(hMcbsp,REG♯)	返回指定句柄的寄存器的地址

宏参数 REG♯是具有端口号的寄存器名，♯是端口号，其值与具体的器件有关，具有 2 个端口的器件，♯取值 0 和 1，具有 3 个端口的器件♯取值 0，1 和 2。REG 为表 8-32 所列的寄存器名，如 DRR10、RCR12、XCERA0 等。

8.4.5　DMA 和 McBSP 应用实例

在上面几小节中，讨论了 C54x 的 DMA 控制器和多通道串口，以及芯片支持库对 DMA 和 McBSP 的支持。为了进一步巩固和掌握这些知识点，下面再通过一个具体的应用实例来说明 DMA 和串口的编程方法。

程序 8-2 给出了 DMA 和 McBSP 的应用实例源代码，该实例的设计思想是 CPU 控制 McBSP 发送数据，通过 DMA 接收数据，从而说明使用 McBSP 和 DMA 的编程方法。

```
程序 8-2　DMA 和 McBSP 应用实例
//=====程序文件 main. c====================
#include<stdio. h>           //标准 I/O 包含文件
#include<csl. h>             //芯片支持库保护文件
#include<csl_dma. h>         //DMA 包含文件
#include<csl_irq. h>         //中断包含文件
#include<csl_mcbsp. h>       //McBSP 包含文件
#define N        64          //发送数据长度
Uint16 src [N];              //发送数据缓冲区
DMA_Handle myhDma;           //DMA 句柄
volatile Uint16 WaitForDma=TRUE;
//定义 DMA 工作缓冲区，必须位于 DMA 的存储器映射区。DMA 映射区随器件
而异，详见器件手册。
#pragma DATA_SECTION (buffer, "dmaMem")
Uint16 buffer [N];
//引用中断向量表，VECSTART 在 vectors. s54 文件中定义
extern void VECSTART (void);
//函数原型
interrupt void dmaIsr (void);   //DMA 中断服务程序
void taskFunc (void);           //任务函数
```

```
//初始化 McSBP 配置结构
MCBSP _ Config my _ mcbspConfig＝ {
  MCBSP _ SPCR1 _ RMK (
  MCBSP _ SPCR1 _ DLB _ ON,
  MCBSP _ SPCR1 _ RJUST _ DEFAULT,
  MCBSP _ SPCR1 _ CLKSTP _ DISABLE,
  MCBSP _ SPCR1 _ DXENA _ DEFAULT,
  MCBSP _ SPCR1 _ RINTM _ RRDY,
  MCBSP _ SPCR1 _ RRST _ DISABLE
  ),              //SPCR1 寄存器
  MCBSP _ SPCR2 _ RMK (
  MCBSP _ SPCR2 _ FREE _ NO,
  MCBSP _ SPCR2 _ SOFT _ NO,
  MCBSP _ SPCR2 _ FRST _ FSG,
  MCBSP _ SPCR2 _ GRST _ CLKG,
  MCBSP _ SPCR2 _ XINTM _ XRDY,
  MCBSP _ SPCR2 _ XRST _ DISABLE
),              //SPCR2 寄存器
MCBSP _ RCR1 _ RMK (
  MCBSP _ RCR1 _ RFRLEN1 _ OF (0),
  MCBSP _ RCR1 _ RWDLEN1 _ 16BIT
),              //RCR1 寄存器
MCBSP _ RCR2 _ RMK (
  MCBSP _ RCR2 _ RPHASE _ SINGLE,
  MCBSP _ RCR2 _ RFRLEN2 _ OF (0),
  MCBSP _ RCR2 _ RWDLEN2 _ DEFAULT,
  MCBSP _ RCR2 _ RCOMPAND _ DEFAULT,
  MCBSP _ RCR2 _ RFIG _ YES,
  MCBSP _ RCR2 _ RDATDLY _ 1BIT
),              //RCR2 寄存器
MCBSP _ XCR1 _ RMK (
  MCBSP _ XCR1 _ XFRLEN1 _ OF (0),
  MCBSP _ XCR1 _ XWDLEN1 _ 16BIT
),              //XCR1 寄存器
MCBSP _ XCR2 _ RMK (
  MCBSP _ XCR2 _ XPHASE _ SINGLE,
  MCBSP _ XCR2 _ XFRLEN2 _ OF (0),
  MCBSP _ XCR2 _ XWDLEN2 _ DEFAULT,
  MCBSP _ XCR2 _ XCOMPAND _ DEFAULT,
  MCBSP _ XCR2 _ XFIG _ YES,
```

```
    MCBSP _ XCR2 _ XDATDLY _ 1BIT
    ),                    //XCR2 寄存器
    MCBSP _ SRGR1 _ RMK (
      MCBSP _ SRGR1 _ FWID _ OF (0),
      MCBSP _ SRGR1 _ CLKGDV _ OF (0)
    ),                    //SRGR1 寄存器
    MCBSP _ SRGR2 _ RMK (
      MCBSP _ SRGR2 _ GSYNC _ FREE,
      MCBSP _ SRGR2 _ CLKSP _ RISING,
      MCBSP _ SRGR2 _ CLKSM _ INTERNAL,
      MCBSP _ SRGR2 _ FSGM _ DXR2XSR,
      MCBSP _ SRGR2 _ FPER _ OF (0)
    ),                    //SRGR2 寄存器
    0x0000u,                   //MCR1 寄存器
    0x0000u,                   //MCR2 寄存器
    MCBSP _ PCR _ RMK (
      MCBSP _ PCR _ XIOEN _ DEFAULT,
      MCBSP _ PCR _ RIOEN _ DEFAULT,
      MCBSP _ PCR _ FSXM _ INTERNAL,
      MCBSP _ PCR _ FSRM _ DEFAULT,
      MCBSP _ PCR _ CLKXM _ OUTPUT,
      MCBSP _ PCR _ CLKRM _ DEFAULT,
      MCBSP _ PCR _ FSXP _ DEFAULT,
      MCBSP _ PCR _ FSRP _ DEFAULT,
      MCBSP _ PCR _ CLKXP _ DEFAULT,
      MCBSP _ PCR _ CLKRP _ DEFAULT
    ),                    //PCR 寄存器
    0x0000u,                   //RCERA 寄存器
    0x0000u,                   //RCERB 寄存器
    0x0000u,                   //XCERA 寄存器
    0x0000u                    //XCERB
};
//初始化 DMA 配置结构
DMA _ Config   my _ dmaConfig= {
    1,                    //优先级
    DMA _ DMMCR _ RMK (
      DMA _ DMMCR _ AUTOINIT _ OFF,
      DMA _ DMMCR _ DINM _ ON,
      DMA _ DMMCR _ IMOD _ BLOCK _ ONLY,
      DMA _ DMMCR _ CTMOD _ ABU,
```

```
    DMA _ DMMCR _ SIND _ NOMOD,
      DMA _ DMMCR _ DMS _ DATA,
      DMA _ DMMCR _ DIND _ DMIDX0,
      DMA _ DMMCR _ DMD _ DATA
    ),                //DMMCR 寄存器
    DMA _ DMSFC _ RMK（
      DMA _ DMSFC _ DSYN _ REVT0,
      DMA _ DMSFC _ DBLW _ OFF,
      DMA _ DMSFC _ FRAMECNT _ OF（0）
    ),                //DMSFC 寄存器
    (DMA _ AdrPtr) MCBSP _ ADDR（DRR10）, //DMSRC 寄存器
    (DMA _ AdrPtr) &buffer［0］, //DMDST 寄存器
    (Uint16)（N）                 /DMCTR 寄存器，其值为缓冲区长度
    };
    //================主函数============
    void main(void)
    {Uint16 i;
        //初始化芯片支持库，这个函数是必须调用的
        CSL _ init（）;
    //设置中断向量表
    IRQ _ setVecs（（Uint16）（&VECSTART））;
    //清除接收缓冲区，并为发送缓冲区赋值
    for(i＝0；i＜＝N-1；i＋＋)
    {   buffer［i］＝0;
        src［i］＝i＋1;
    }
    //调用任务函数
    taskFunc（）;
}
//================任务函数============
void taskFunc(void)
{
    MCBSP _ Handle myhMcbsp;             //定义 McBSP 句柄
    Uint16 err＝0;
    Uint16 eventId;
    int old _ intm;
    Uint16 i;
    //打开 McBSP 端口0，获取 McBSP 串口的句柄，以便调用 CSL 的 MCBSP 模块的
```

其他函数

```
    myhMcbsp＝MCBSP _ open（MCBSP _ PORT0，MCBSP _ OPEN _ RESET）;
    //用 McBSP 配置结构的值初始化 McBSP 的控制寄存器
    MCBSP _ config（myhMcbsp，&my _ mcbspConfig）;
    //打开 DMA 通道 3，获取 DMA 句柄，以便调用 CSL 的 DMA 模块的其他函数
    myhDma＝DMA _ open（DMA _ CHA3，DMA _ OPEN _ RESET）;
    //用 DMA 配置结构初始化 DMA 的控制寄存器
    DMA _ config（myhDma，&my _ dmaConfig）;
    //请求分配 IDX0 寄存器，以免其他 DMA 通道使用相同的资源
    while（（DMA _ globalAlloc（DMA _ GBL _ DMIDX0）））==0;
    //获取与 DMA 通道 3 关联的中断事件 ID
    eventId＝DMA _ getEventId（myhDma）;
    //暂时屏蔽所有的中断
    old _ intm＝IRQ _ globalDisable（）;
    //在 DMA 中断选择寄存器中使能 DMA 通道 3 中断
    DMA _ FSET（DMPREC，INTOSEL，DMA _ DMPREC _ INTOSEL _ CH2 _
CH3）;
    //除能 DMA 通道 3 中断
    IRQ _ disable（eventId）;
    //清除 DMA 通道 3 的悬挂中断
    IRQ _ clear（eventId）;
    //设置 DMA 中断向量
    IRQ _ plug（eventId，&dmaIsr）;
    //使能 DMA 中断
    IRQ _ enable（eventId）;
    //设置 DMA 索引寄存器 DMIXD0 的值
    DMA _ RSET（DMIDX0，1）;
    //启动 DMA 传输
    DMA _ start（myhDma）;
    //使能所有可屏蔽中断
    IRQ _ globalEnable（）;
    //启动 McBSP
    MCBSP _ start(myhMcbsp，
        MCBSP _ RCV _ START|MCBSP _ XMIT _ START|
        MCBSP _ SRGR _ START|MCBSP _ SRGR _ FRAMESYNC，
        0x200）;
    //McBSP 发送数据
    for(i=0；i<=N-1；i++)
    {  //写下一个数据元之前，等待串口发送器就绪，亦即查询 XRDY
        while（! MCBSP _ xrdy（myhMcbsp））;
```

```
        //写新的发送数据到 DXR 寄存器
            MCBSP _ write16（myhMcbsp，src [i]）；
        }
    //等待 DMA 接收完成
    while（WaitForDma）；
    //检查接收数据是否正确
    for(i=0；i<=N-1；i++)
    {if(buffer [i]! =i+1)
    ++err；
    }
    //传输完成，关闭 DMA 和 McBSP 通道句柄
    DMA _ close（myhDma）；
    MCBSP _ close（myhMcbsp）；
    //恢复 INTM 到原来的状态
    IRQ _ globalRestore（old _ intm）；
    //输出信息
    printf（ "DMA in ABU mode. Transfer performed from serial port… \ n" ）；
    printf（ "%s \ n"，err? "Transmit Error"："Transmit OK" ）；
}
//==========DMA 中断服务程序==============
interrupt void dmaIsr(void)
{
  WaitForDma=FALSE；
    DMA _ stop(myhDma)；
}
//==========链接命令文件 dma. cmd============
/ * 存储器配置定义 * /
MEMORY
{
    PAGE 0：      VECT：          origin=0xff80，          len=0x80
    PAGE 1：      IDATA：         origin=0x80，            len=0x880
    PAGE 0：      IPROG：         origin=0xA00，           len=0x2800
    PAGE 1：      EDATA：         origin=0x8000，          len=0x8000
    PAGE 0：      EPROG：         origin=0x8000，          len=0x7f80
    PAGE 1：      DMAMEM：        origin=0x900，           len=0x100
}
/ * 程序段定义 * /
SECTIONS {
```

```
        . text              > IPROG PAGE 0                     /* 代码段 */
        . switch            > IPROG PAGE 0                     /* switch 表信息 */
        . cinit             > EPROG PAGE 0                     /* cinit 段表 */
        . vectors           > VECT PAGE 0                      /* 中断向量 */
        . cio               > IDATA PAGE 1                     /* C I/O */
        . data              > IDATA ∣ EDATA PAGE 1             /* 初始化数据段 */
        . bss               > IDATA ∣ EDATA PAGE 1             /* 未初始化段 */
        . const             > EDATA PAGE 1                     /* 常数 */
        . sysmem            > IDATA PAGE 1                     /* 堆 */
        . stack             > IDATA PAGE 1                     /* 栈 */
        . csldata           > IDATA PAGE 1                     /* CSL 数据 */
    dmaMem：align（256）{}  >IDATA PAGE 1  /* DMA 缓冲区 */
    }
//======中断向量表===============
//======程序文件 vectors. s54==========
        . sect ". vectors"       ;; 定义中断向量表段
        . def _ VECSTART         ;; 引出中断向量表入口变量
        . ref _ c _ int00        ;; 引用 C 代码入口变量
    _ VECSTART：               ;; 定义中断向量表入口
    reset：                     ;; 复位中断
            b _ c _ int00
            nop
            nop
    sint16：       ;; 软件中断 16
    nmi：          ;; 不可屏蔽中断
            b no _ isr
            nop
            nop
    ;; 软件中断 17~30
    sint17     . space 4 * 16
    sint18     . space 4 * 16
    sint19     . space 4 * 16
    sint20     . space 4 * 16
    sint21     . space 4 * 16
    sint22     . space 4 * 16
    sint23     . space 4 * 16
    sint24     . space 4 * 16
    sint25     . space 4 * 16
    sint26     . space 4 * 16
    sint27     . space 4 * 16
```

```
sint28        . space 4 * 16
sint29        . space 4 * 16
sint30        . space 4 * 16
sint0：        ;; 软件中断 0
int0：         ;; 外部中断 0
              b no _ isr
              nop
              nop
sint1：        ;; 软件中断 1
int1：         ;; 外部中断 1
              b no _ isr
              nop
              nop
sint2：        ;; 软件中断 2
int2：         ;; 外部中断 2
              b no _ isr
              nop
              nop
sint3：        ;; 软件中断 3
tint0：        ;; 定时器 0 中断
              b no _ isr
              nop
              nop
sint4：        ;; 软件中断 4
rint0：        ;; McBSP0 接收中断
              b no _ isr
              nop
              nop
sint5：        ;; 软件中断 5
xint0：        ;; McBSP 发送中断
              b no _ isr
              nop
              nop
sint6：        ;; 软件中断 6
dmac0：        ;; DMA 通道 0 中断
              b no _ isr
              nop
              nop
sint7：        ;; 软件中断 7
dmac1：        ;; DMA 通道 1 中断
```

```
                 b no _ isr
                 nop
                 nop
sint8:           ;; 软件中断 8
int3:            ;; 外部中断 3
                 b no _ isr
                 nop
                 nop
sint9:           ;; 软件中断 9
hpint:           ;; HPI 中断
                 b no _ isr
                 nop
                 nop
sint10:          ;; 软件中断 10
dmac2:           ;; DMA 通道 2 中断
rint1:           ;; McBSP1 接收中断
                 b no _ isr
                 nop
                 nop
sint11:          ;; 软件中断 11
dmac3:           ;; DMA 通道 3 中断
xint1:           ;; McBSP 发送中断
                 b no _ isr
                 nop
                 nop
sint12:          ;; 软件中断 12
dmac4:           ;; DMA 通道 4 中断
                 b no _ isr
                 nop
                 nop
sint13:          ;; 软件中断 13
dmac5:           ;; DMA 通道 5 中断
                 b no _ isr
                 nop
                 nop
;; 捕获外映射的中断
                 . text
                 . def no _ isr
no _ isr:
                 b no _ isr
```

关于程序 8-2 的几点说明如下。

① 程序 8-2 由文件 main. c、dma. cmd 和 vectors. s54 组成。main. c 为实例主程序，完成 McBSP 和 DMA 的初始化、发送和接收串口数据；dma. cmd 为链接命令文件；vectors. s54 为中断向量表定义。

② 应用实例将串口设置成回环（loop back）模式发送数据，将 DMA 设置成 ABU 模式从串口接收数据。

③ 本实例使用串口 0，寄存器的设置如下。

a. 串口控制寄存器 SPCR10。

- DLB=1B，使能回环模式；
- RJUST=00B，右对齐，DRR [1,2] 寄存器 MSB 填充 0；
- CLKSTP=00B，连续时钟模式；
- DXEN=0B，关闭 DX 延迟；
- ABIS=0B，除能 A-bis 模式；
- RINTM=00B，用 RRDY 生成中断；
- RSYNCERR=0B，清除同步错误；
- RRST=0B，串口处于复位状态。

b. 串口控制寄存器 SPCR20。

- FREE=0B，除能自由运行模式；
- SOFT=0B，除能 Soft 模式；
- FRST=0B，帧同步逻辑处于复位状态；
- GRST=0B，时钟发生器处于复位状态；
- XINTM=00B，XRDY 生成中断；
- XSYNCERR=0，清除同步错误；
- XRST=0，发送器处于复位状态。

c. 接收控制寄存器 RCR10、RCR20。

- RFRLEN1=0000000B，每帧一个数据单元；
- RWDLEN1=010B，接收 16 位数据；
- RPHASE=0，单相帧；
- RFRLEN2 和 RWDLEN2 在本实例中忽略；
- RCOMPAND=00B，不压扩；
- RFIG=0B，第一帧后不忽略同步帧脉冲；
- RDATDLY=01B，接收数据延迟一位（bit）。

d. 发送控制寄存器 XCR10，XCR20。

- XFRLEN1=0000000B，每帧一个数据单元；
- XWDLEN1=010B，发送 16 位数据；
- XPHASE=1B，发送单相帧；
- XFRLEN2、XWDLEN2 在本实例中忽略；
- XCOMPAND=00B，不压扩；
- XFIG=0，在第一帧后不忽略发送同步帧脉冲；
- XDATDLY=01B，发送延迟 1 位（bit）。

e. 时钟生成寄存器 SRGR10、SRGR20。

- FWID=00000000B，帧脉冲宽度为 1 个时钟宽度；
- CLKGDV=00000000B，时钟分频因子为 1；
- GSYNC=0B，采样率发生器时钟 CLKG 不再重新同步；
- CLKSP=0B，CLKS 的上升沿生成 CLKG 和 FSG；
- CLKSM=1B，CPU 时钟源。

f. 引脚控制寄存器 PCR0。

- XIOEN=0B，非通用 I/O 功能；
- RIOEN=0B，非通用 I/O 功能；
- FSXM=1B，FSXM 来自内部源；
- FSRM=0B，FSR 来自外部源；
- CLKXM=1B，CLKX 由内部源驱动；
- CLKRM=0B，在回环模式下，CLKR 由 CLKX 驱动；
- FSXP=0B，FSX 高电平有效；
- FSRP=0B，FSR 高电平有效；
- CLKXP=0B，CLKX 的上升沿发送数据；
- CLKRP=0B，CLKR 的上升沿接收数据。

④ 本实例使用 DMA 通道 3，寄存器的设置如下。

a. 控制寄存器 DMMCR。

- AUTOINIT=0B，除能自动初始化；
- DINM=1B，块中断使能；
- IMOD=0B，在缓冲区满时产生中断；
- CTMOD=1B，ABU 模式；
- SIND=000B，不修改源地址；
- DMS=01B，源在数据空间；
- DIND=011B，传输后目的地址增加 INDX0，INDX0 在程序 8-2 中设置为 1；
- DMD=01B，目的地址在数据空间。

b. DMA 同步事件和帧计数寄存器 DMSFC。

- DSYN=0001B，指定 McBSP0 的 REVT0 为同步事件；
- DBLW=0B，单字宽度，16 位；
- FrameCount=00000000B，1 帧。

c. DMA 源地址寄存器 DMSRC 设置为 McBSP 串口的数据寄存器 DRR10。

d. DMA 目的地址寄存器 DMDST 设置为接收缓冲区 buffer 的地址。

e. DMA 数据元长度寄存器 DMCTR 为发送数据长度。

⑤ 在 main. c 文件中，首先定义并初始化了 McBSP 端口 0 的配置结构 my _ mcbsp-Config 和 DMA 通道 3 的配置结构 my _ dmaConfig。在配置结构的初始化中都使用了 DEV _ REG _ RMK 宏，使程序具有很好的可读性。

main. c 有 3 个函数，首先调用 CSL _ init（）函数初始化 CSL 库，这是使用芯片支持库不可或缺的步骤。其次调用 IRQ _ setVecs（&VECSTART）函数设置中断向量表指针，VECSTART 是 vectors. s54 文件中定义的中断向量表起始地址。接着对接收缓冲区清 0，并初始化发送缓冲区（发送的数据为 1～16 的 16 个整数）。最后调用 taskFunc（）函数。

taskFunc（）函数主要完成 3 个任务：设备的初始化（McBSP 串口 0 设置、DMA 通道 3 设置、DMA 中断设置等）、启动 DMA 和 McBSP 工作以及在传输结束后检查传输的数据是否正确。

⑥ DMA 的 ABU 模式（Auto Buffering Mode），提供了自动控制循环缓冲区的能力。在本实例中，DMA 通道 3 的目的地址被设置成自动缓冲模式，每次传输之后，目标地址自动增加 DMIXD0 寄存器的值（本实例中 DMIXD0 的值设置为 1）。当地址到达缓冲区的末尾时，自动环绕到缓冲区的开头。源地址被设置成 McBSP 的数据接收寄存器 DRR10，在整个 DMA 传输过程中，源地址保持不变。

在 ABU 模式下，不使用帧计数寄存器 DMSFC。数据元计数寄存器 DMCTR 的值被认为是缓冲区的长度，可以取 0x0002～0xffff 的任何值。虽然缓冲区的长度不要求是 2 的幂次方，但缓冲区的基地址必须是 2 的幂次方，具体位置与缓冲区的长度有关。如果缓冲区的长度为 len，且 len<2^M，则缓冲区基地址的最低 M 位必须为 0。例如，如果缓冲区的长度 200<2^8，则缓冲区的基地址必须为 xxxx xxxx 0000 0000B，也就是说缓冲区基地址必须是 256 字对齐。如果缓冲区的长度为 16<2^5，则缓冲区的基地址必须是 32 字对齐的。为了实现 DMA 缓冲区的特殊要求，程序 8-2 在 main.c 中用下列语句定义缓冲区 buffer，并指定其数据段的名称为 "dmaMem"。

＃pragma DATA _ SECTION（buffer，"dmaMem"）

Uint16 buffer［N］；

同时在命令链接文件 dma.cmd 中用下列语句将缓冲区 buffer 的基地址定位在 256 字对齐的位置。

dmaMem　　　　：align（256）｛ ｝＞IDATA PAGE 1

⑦ DMSFC 寄存器的 DSYN＝0001B，即指定 McBSP0 的 REVT0（接收就绪）为 DMA 的同步事件。由于程序 8-2 使用 McBSP0 的回环模式，从 McBSP0 发送的数据将回环到接收寄存器。因而 McBSP0 的每个数据元的发送都会触发 REVT0 事件，亦即触发 DMA 的传输。

在 DMA 传输过程中，DMMCR 寄存器的两个域 DINM 和 IMOD 控制中断的生成。DINM 用于使能/除能块（block）传输中断的生成，IMOD 控制块传输过程中什么时候生成中断。本例中，IMOD＝0，即当缓冲区满时产生中断。中断服务程序简单地设置一个接收完成标志 WaitForDma＝FALSE，然后停止 DMA 传输。

8.5 要点与思考

DSP 的外围设备非常丰富，限于篇幅，本章只讨论了最常用的定时器、中断控制器、DMA 和 McBSP。本章重点介绍了 DSP 的芯片支持库，包括用户接口 API 函数、配置结构、寄存器访问宏等，这也是作者极力推荐的 DSP 外围设备的编程方法。由于芯片支持库由专业人员用汇编语言编写，并经过了严格调试和测试，代码量小，执行效率高。使用这种方法不仅可以加快开发进度，而且可以将开发人员从繁琐的寄存器操作中解脱出来。

本章在介绍所涉及的外设时，首先概述了设备的功能和用途，并详细介绍了设备的寄存器。其次介绍了 CSL 对该设备的支持，同时列出了该设备的 API 函数、寄存器访问宏以及配置结构。其目的是为了使读者详细地了解 DSP 外围设备的功能，更好地理解芯片支持库。最后通过具体的应用实例来说明如何利用芯片支持库进行外围设备的编程，进一步巩固和加深对设备及其芯片支持库的理解。

尽管本章只对少数外设进行了讨论，但给出了从了解设备到开发应用的全过程。其基本思路是：

- 了解设备功能；
- 浏览设备寄存器；
- 查阅 CSL 支持；
- 应用开发。

按照这个思想，读者不难举一反三，进行其他设备的开发。

本章在介绍 DSP 的外围设备时，涉及到不同系列的 DSP。讨论定时器和中断控制器时，以 C6x 为例；讨论 DMA 和 McBSP 时，以 C54xx 为例。由于不同系列的 DSP 的基本架构不同，因而芯片支持库也是不同的。虽然不同系列的芯片支持库使用了相同的函数名、宏定义名，但这完全是为了阅读、记忆和移植的方便，函数的执行代码及功能是绝对不同的。例如 McBSP_config() 函数，C6x 和 C54xx 的芯片支持库具有相同的函数原型：

Void MCBSP_config(MCBSP_Handle hMcbsp，MCBSP_Config ∗Config)；

但二者的配置结构是不同的，C6x 是 32 位处理器，McBSP 设备的寄存器是 32 位的，而 C54xx 是 16 位处理器，McBSP 设备的寄存器是 16 位的。因此，读者在使用 CSL 库时，应查阅相关系列的 CSL 文档，或从 CCS 集成开发环境中得到具体的帮助。

此外，读者在阅读本章内容时还可以注意思考下列问题。

① 什么是芯片支持库？如何使用芯片支持库？

② 要使用 C6x 的可屏蔽中断，需要设置哪些寄存器？

③ 如果将 C6x 定时器的 TOUT 引脚作为普通 I/O 使用，应该如何设置？

④ 为什么要在中断服务程序的末尾调用 IRQ_clear() 函数，如果不调用，会出现什么情况？

⑤ 简述 DMA 寄存器 DMCTRn 的用途。

⑥ 每个 McBSP 通道有两个接收寄存器 DRR [1，2]，如何使用？

⑦ 如果使用 McBSP1 和 DMA 通道 4 实现程序 8-2 的功能，那么程序 8-2 该如何修改？

第**9**章

让程序自己跑起来
—— DSP程序的引导

本章要点

◆ LF240x DSP程序的引导

◆ C54x DSP程序的引导

◆ C6x DSP程序的引导

9.1 概述

在 DSP 程序的开发阶段，开发者使用 CCS 集成开发环境创建应用工程，编辑源代码，并编译和链接产生可执行的目标文件（*.out）。这个目标文件存储在开发计算机上，调试时，通过 JTEG 接口下载到目标系统运行。但在开发调试完成后，不能再依赖集成开发环境，而应该脱机运行。因此，目标代码就不能再存放在开发机上，也不应该再通过 JTEG 接口下载来执行。一般情况下，出于性价比考虑，DSP 应用系统常使用低速、廉价且具有掉电保持特性的存储器（如 EPROM、EEPROM、Flash）来保存用户程序，DSP 上电时，再将用户程序载入到片内存储器来运行。掉电可保持存储器只起到存储程序的作用，当系统引导后，就不需要了。就像使用 JTAG 接口下载程序一样，当代码下载到 DSP，启动执行后断开 JTAG 的连接，程序照常运行。

DSP 上电后从外部存储介质载入程序的过程称为引导（Bootloader）过程。大多数 DSP 都具有 Bootloader，其主要作用是系统上电后，根据复位锁存的引导硬件配置信息，选择适当的引导方式，将用户程序从外部存储器（或外部介质）载入到 DSP 的片内 RAM 中，然后运行。

使 DSP 程序自己跑起来是应用开发的最终目的，也是 DSP 应用开发的重要步骤和必不可少的环节。本章将讨论如何让 DSP 程序自己跑起来。

DSP 复位后，通常根据某些引脚的状态来确定如何引导，换句话说，DSP 程序的引导需要硬件配置。因此，在系统开发的初期，亦即在硬件设计阶段就要考虑程序的引导问题。DSP 的引导配置引脚只在复位之后、引导之前起作用，为了优化设计，大多数引导配置引脚都是复用的，因此在硬件设计时应注意复用引脚的特殊性。

Bootloader 的版本和功能随型号而异，即使是同一系列的 DSP 也有差异。因此本章选择了较常用、性价比高、最具代表性的 LF240x、C54x、C6x 系列 DSP 来讨论程序的引导问题。

首先，在 9.2 节中将讨论 LF240x 程序的引导，重点介绍引导硬件配置、SPI 同步引导、SCI 异步引导和数据格式，并给出实现引导的步骤。

其次，在 9.3 节中讨论 C54x 的引导硬件配置，并以 C5409 为例详细讨论它的引导模式（HPI 引导、串行 EEPROM 引导、并行引导、标准串行引导、I/O 引导）以及各种引导模式的引导表结构，并给出产生引导表的方法。

最后，在 9.4 节中，阐述 C6x DSP 程序的引导，详细分析 C6x 的引导控制逻辑和二级引导过程，并就创建二级引导应用程序、编写用户引导代码以及 DSP 程序的固化等问题进行深入的讨论，并给出在 C6713B 上的实现步骤以及用户引导程序的汇编代码。

9.2　LF240x DSP 程序的引导

LF240x DSP 具有片内 ROM（Read Only Memory），在 ROM 中含有引导代码。当 LF240x 复位时，引导代码从外部的串行设备读取用户代码，然后开始执行。由于 LF240x 的片内 ROM 包含 Bootloader，因而称为引导 ROM（BootROM）。

BootROM 是映射到程序空间的 256 个字（16 位）的 ROM，如果在复位期间，BOOT _ EN 引脚为低电平，则 BootROM 被使能，SCSR2 寄存器的 BOOT _ EN 位（SCSR2.3）也被置为 0。BootROM 也能通过软件方式使能或除能，如果写 SCSR2.3 为 0，则使能 BootROM，如果写 SCSR2.3 为 1，则除能 BootROM。

BootROM 从外部串行设备装载代码时，既可以采用同步方式传输，也可以采用异步方式传输。同步传输使用 SPI（Serial Peripheral Interface）接口实现，而异步传输通过 SCI（Serial Communication Interface）接口实现。从串行设备读取的代码可以灵活地存放到用户指定的程序存储器。

9.2.1　引导硬件配置

复位时，要正确地启动 BootROM，需对 DSP 进行硬件设置。通常按下列步骤进行。

① 设置 DSP 为微控制器模式，即将 MP/MC 引脚下拉到低电平。

② 启动 Bootloader，如果在 DSP 复位前将 BOOTEN/XF 引脚通过一个电阻下拉到低电平，则 Bootloader 将被启动。复位期间，BOOTEN/XF 引脚的状态被锁存。如果这个引脚是低电平，则 BootROM 被映射到程序空间，否则，在片 Flash（On-chip Flash）被映射到程序存储器，并且从 0x0 地址执行。可以将此引脚设计成跳接线（jumper），便于灵活地改变引导顺序，即从 BootROM 启动还是从 Flash 启动。BootROM 的硬件配置如图 9-1 所示。

提示：BOOTEN/XF 引脚在上电复位时用于引导顺序的判断，DSP 正常工作后作为输出引脚 XF，因而硬件设计时，下拉电阻不能省略。

③ 时钟（PLL）选择，当进入 BootROM 时，Bootloader 根据引脚设置确定锁相环

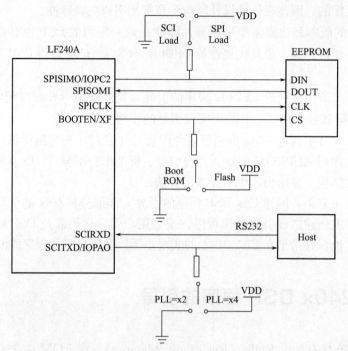

图 9-1　LF240A BootROM 的硬件配置

PLL 的倍频模式。如果在复位期间 IOPA0 引脚为低电平，则 PLL 被置为输入时钟的 2 倍频，否则，PLL 被置为输入时钟的 4 倍频。与 BOOTEN/XF 引脚类似，IOPA0 是一个输出引脚，下拉/上拉电阻不能省略。选择倍频模式时，应注意 PLL 的输出时钟频率不能超过 CPU 的最大工作频率。

提示：这个步骤只适用于 LF240xA 器件，对于 LP240x 器件，在 RootROM 初始化时，被固定设置为输入时钟的 4 倍频。

④ 引导源选择，Bootloader 根据硬件的设置选择引导源，在复位期间，IOPC2 引脚的状态被锁存。如果 IOPC2 引脚为低电平，则选择从 SCI 引导；如果 IOPC2 引脚为高电平，则选择从 SPI 引导。

提示：如果器件没有 SPI 接口，则选择 SPI 引导源是非法的。由于使用 SPI 期间，SPISIMO 引脚是输出引脚，因而 IOPC2 引脚必须通过一个电阻上拉或下拉。

⑤ 目标地址检查，Bootloader 将输入地址与 0xfe00～0xffff 比较，如果目标地址在这个范围，则状态寄存器 ST1 的 CNF 位（ST1.12）被设置为 1，DARAM（Dual Access RAM）的内存块 B0 被配置到程序空间。

⑥ 数据传输，一旦从引导源得到目标地址及其长度，就开始实际的数据传输。用户应保证传输的目标地址、长度和数据的正确性，Bootloader 不进行错误检查。对于 SCI 传输，输入数据又被 BootROM 回传到 Host，便于 Host 在必要时进行错误检查。

⑦ 加载代码执行，一旦 BootROM 完成了代码的加载，就跳转到目标地址开始执行。

⑧ 看门狗，在 BootROM 引导期间，内部的看门狗定时器被激活，Bootloader 在代码的关键位置不断刷新定时器（喂狗），但当控制权移交到用户程序时，喂狗的任务应由用户程序完成。

9.2.2 SPI 同步传输协议和数据格式

在 SPI 同步传输引导时，如果存储程序代码的是 8 位宽度、具有 SPI 兼容模式的 EE-PROM 器件，则引脚的连接方式如图 9-1 所示。如果 SPI 与其他存储器连接，则这个器件必须工作在从模式（slave mode），并且模拟串行 EEPROM 器件。在进入 SPI 引导后，Bootloader 将 IOPC2 引脚设置成 SPI 功能，并且进行 SPI 的初始化。对 EEPROM 器件，数据传输使用突发模式（burst mode），整个传输以字节流模式进行。引导步骤如下。

① SPI 初始化。

② XF 作为 EEPROM 的片选信号，输出低电平，以使能 EEPROM。

③ SPI 向 EEPROM 输出一个读命令（0x03）。

④ SPI 向 EEPROM 送一个地址 0x0，这意味着引导数据从 EEPROM 的首地址（0x0）开始存放。

⑤ SPI 同步传输的数据格式如表 9-1 所示，连续读两个字节得到目标地址。

提示：在 SPI 的传输中，16 位字的高字节 MSB（Most Significant Byte）在前，低字节 LSB（Least Significant Byte）在后。换句话说，如果从 SPI 读一个 16 位字，首先读的是 MSB，接着读的是 LSB。

⑥ 再连续读两个字节，得到代码的长度 N。

⑦ 检查地址是否在 0xfe00～0xffff 范围，如果需要将 DARAM 的 B0 区配置成程序空间。

⑧ 接着读 N 个字的代码，并存储在程序空间。

⑨ 一旦最后一个字传输完成，跳转到代码的目标地址开始执行，目标地址也就是加载代码的入口点。

表 9-1　SPI 传输的数据格式

字　节　序　号	说　明
0	目标地址(MSB)
1	目标地址(LSB)
2	长度 N(MSB)
3	长度 N(LSB)
4	代码字 1(MSB)
5	代码字 1(LSB)
...	...
N+4	代码字 N(MSB)
N+5	代码字 N(LSB)

9.2.3 SCI 异步传输协议和数据格式

BootROM 的异步传输通过 SCI 实现，而 SCI 的操作比 SPI 更复杂，因为 SCI 通信需要设置波特率，且必须与 Host 的波特率相匹配。基于 SCI 的加载操作提供了波特率自适应机制，一旦检查到波特率与主机（Host）一致，就开始 SCI 传输。

BootROM 的波特率侦测过程如图 9-2 所示。当开始 SCI 加载时，首先设置波特率参数，接着将 VBR 计数器清 0，该计数器用于记录接收到的侦测字符的个数。然后，用当前设置的波特率参数准备接收 Host 发送的侦测字符（probe characters）。BootROM 要求 Host 发送 0x0D 作为侦测字符，因此，在用串行方式加载时，Host 应当持续地发送侦测字符，直到 Host 与目标握手成功为止。BootROM 检查串口的 RX 标志是否为 1，如果 RX＝1，则读取一个字符 C，并判断字符 C 是否为侦测字符（0x0d）。如果是，则 VBR 计数器加 1，继续接收侦测字符，如果连续接收到 9 个侦测字符，则向 Host 发送一个应答字符 0xAA，表明波特率侦测成功。如果接收到的侦测字符中，有 1 个与 0x0d 不匹配，则说明当前的波特率不正确，再设置一个新的波特率重复上述过程。

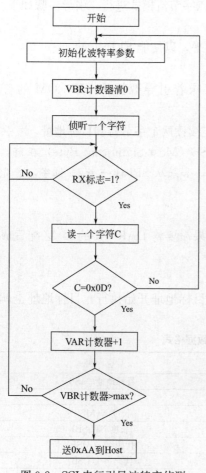

图9-2　SCI串行引导波特率侦测

在 SCI 的串行加载中，使用的通信协议为 8 个数据位（8bit data）、1 个停止位（1 stop bit）、无校验（no parity）。

Host 收到应答字符后，不再发送侦测字符，而发送加载数据。Bootloader 发送了应答字符之后，再接收到的字符认为是实际的加载数据，并回传到 Host，以便 Host 可以检验数据传输的完整性。

一旦波特率侦测完成，实际的数据传输被启动。收到的前两个字符为目标地址，接着两个字符为长度。当得到目标地址和长度后，进行地址检查，是否需要将 DARAM 的 B0 内存块切换到程序空间。之后，传输用户代码到目标地址，并跳转到代码的第一个地址执行。与 SPI 引导相同，代码的入口点必须是实际传输的第一个字。

值得注意的是，必须确保 SCI 数据传输的完整性，当控制跳转到用户代码时，可能有一个字符仍然在传输之中。如果用户代码中存在干扰 SCI 传输的代码，例如改变 SCI 传输引脚的定义，那么最后一个字符可能会被丢失。一个好的解决方法是在用户代码的开头加入一个小的延时，延迟时间应能覆盖最低波特率时一个字符的传输时间。

SCI 传输的数据格式与表 9-1 的 SPI 传输格式相同。

9.3 C54x DSP 程序的引导

C54x 的制造商在其芯片的内部 ROM 中固化了引导加载程序（Bootloader），当 DSP 上电复位时，Bootloader 将程序代码从外部存储器传输到 DSP 的内部或外部程序存储器。这个特性允许程序代码存放在慢速的、非易失的外部存储器，而运行在高速的 RAM 中。表 9-2 总结了常用 54x 片内 ROM 的地址空间，制造商固化的引导加载程序位于地址 0xFF80。

表 9-2　常用 C54x 片内 ROM 存储器

地址	C542/C543/C548/C549	C5402	C5409
F800	引导加载程序	引导加载程序	引导加载程序
FC00	μ 律压扩表	μ 律压扩表	保留
FD00	A 律压扩表	A 律压扩表	保留
FE00	正弦查找表	正弦查找表	保留
FF00	机内自检程序	保留	保留
FF80	中断矢量表	中断矢量表	中断矢量表

　　Bootloader 提供了多种引导方法，以满足不同的应用需求，包括 HPI(Host Port Interface)引导、8 位/16 位并行引导以及多种类型的串行引导。Bootloader 也使用多种控制信号(中断、BIO、XF)来确定使用的引导模式。

　　Bootloader 的功能与 C54x 的外围设备有关，不同型号的器件拥有的外设可能有差异，例如，C5402 有 2 个 McBSP，而 C5409 有 3 个 McBSP。C548 和 C549 没有标准的同步串口，但具有 2 个缓冲串口。因此串行引导模式与特定的器件有关。为了讨论方便，但不失一般性，下面以 C5409 器件为例来讨论 C54x 的引导过程和实现步骤。

9.3.1　引导模式选择

　　当 C54x 复位时，如果引脚 MP/MC 处于高电平（微处理器方式），则从外部程序存储器的 0xff80 处开始执行应用程序。如果 MP/MC 为低电平（微计算机方式），那么片内 ROM 被映射到程序存储器空间，CPU 开始执行片内 ROM 的引导加载程序。在加载用户程序之前，Bootloader 进行必要的初始化。初始化的内容为：

　　• INTM=1，禁止所有中断；

　　• OVLY=1，将片内 RAM 存储器映射到程序/数据空间；

　　• SWWSR=0x7fff，在所有的程序和数据空间访问中插入 7 个等待状态；

　　• 片内 0x007f 内存单元清 0，在 HPI 引导模式下，这个存储单元用于判断程序代码是否下载完毕。

　　为了适应不同系统的应用需求，C5409 提供了下列引导模式。

　　① HPI 引导模式　该模式支持 8 位和 16 位引导，外部主机通过 HPI 将程序代码加载到 DSP 的片内存储器中。当完成代码的传送时，主机将程序的执行地址写在 0x007f 存储单元（片内 scratch pad RAM）。Bootloader 一旦检查到 0x007f 存储单元的值发生变化，则跳转到该地址开始执行。

　　② 并行引导模式　该模式支持 8 位和 16 位引导，Bootloader 通过外部并行总线从数据空间读取引导表。引导表包含了代码执行的入口地址，以及每个需要加载段的数据、目标地址和长度。一旦 Bootloader 完成代码的加载，则跳转到入口地址开始执行。

　　③ 标准串口引导模式　Bootloader 从多通道缓冲串口（Multi-channel Buffered Serial Ports，McBSP）获得引导表，并根据引导表提供的信息加载应用程序代码。该模式支持 8 位和 16 位引导，McBSP0 和 McBSP1 支持 16 位传输，McBSP2 支持 8 位传输。在此引导模式下，McBSP 工作在标准同步串行模式。

　　④ 8 位串行 EEPROM 引导模式　在此模式下，EEPROM 连接在支持 8 位引导的串行口上。例如，对 5402，EEPROM 连接在 McSBP1 上；对 5409，EEPROM 连接在 McBSP2 上。Bootloader 从支持 8 位引导的串行口获取引导表，并根据引导表提供的信

加载应用程序代码。

⑤ I/O 引导模式　该模式支持 8 位和 16 位引导，Bootloader 使用 XF 和 BIO 两根握手线与外部器件通信，并通过外部并行总线从 I/O 的 0x0 端口获取引导表。这种数据传输方式可以很好地匹配外部器件的通信要求。

在并行引导和 I/O 引导模式下，Bootloader 还具有如下特征：

• 在引导的过程中，根据引导表的值重新设置软件等待状态寄存器 SWWSR（Software Wait State Register）；

在引导期间，根据引导表的值重新设置块切换控制寄存器 BSCR（Bank Switching Control Register）。

一旦引导过程启动，Bootloader 执行一系列的检查操作来确定所使用的引导模式。首先检查是否 HPI 引导，如果条件不满足，判断下一个模式，直到找到所选用的引导模式为止。确定引导模式的流程如图 9-3 所示。

Bootloader 按下列顺序检查每一个引导模式，直到找到一个合法的引导模式后加载应用程序代码。

• 根据中断 INT2 的标志检查是否为 HPI 引导模式；

• 根据中断 INT3 的标志检查是否为串行 EEPROM 引导模式；

• 从 I/O 空间或数据空间的 0xffff 地址获得引导表，并判断是否为并行引导；

• 检查是否为 McBSP1（16 位）的标准串行引导；

• 检查是否为 McBSP2（8 位）的标准串行引导；

• 检查是否为 McBSP0（16 位）的标准串行引导；

• 最后检查是否为 I/O 引导。

9.3.2　HPI 引导

引导程序首先检查的是 HPI 引导模式，在复位后，Bootloader 将片内的 0x007f 存储单元初始化为 0，并把它用作主机完成程序代码传送的软件标志。接着，Bootloader 设置主机中断输出信号（HINT）为低，并检查中断标志寄存器 IFR 的 INT2 是否为 1。如果 INT2 的标志为 1，则 Bootloader 启动 HPI 引导。要得到 INT2 中断（INT2 的中断标志位置 1），可用下列两种方法实现：

• 将 HINT 输出引脚直接连接到 INT2 输入引脚，当 Bootloader 设置 HINT 为低电平时，产生 INT2 中断；

• 如果 HINT 没有连接到 INT2，在 DSP 进入复位中断后的 30 个 CPU 时钟内，必须在 INT2 输入引脚上生成一个合法的外部中断。

如果 INT2 的中断标志为 0，说明 HINT 没有连接到 INT2 上，或在 30 个 CPU 时钟内 INT2 没有合法的外部中断，Bootloader 将检查其他的引导模式。如果 INT2 的中断标志为 1，则 Bootloader 认为用 HPI 引导，并监视入口点地址的变化。

在 C5409 的 HPI 引导模式下，主机必须在复位之后下载代码到 DSP 的在片 RAM。当主机正在下载代码时，C5409 可以不断地查询片内地址单元 0x007f，以检查该单元的值是否发生变化。当主机完成了代码的下载，还必须将代码的入口点（下载代码的执行地址）写入 0x007f，其值代表代码入口点的低 16 位。值得注意的是下载代码的入口点应该是非 0 值，因为 Bootloader 初始化时将该单元清 0，并检查其中的变化。如果入口地址为

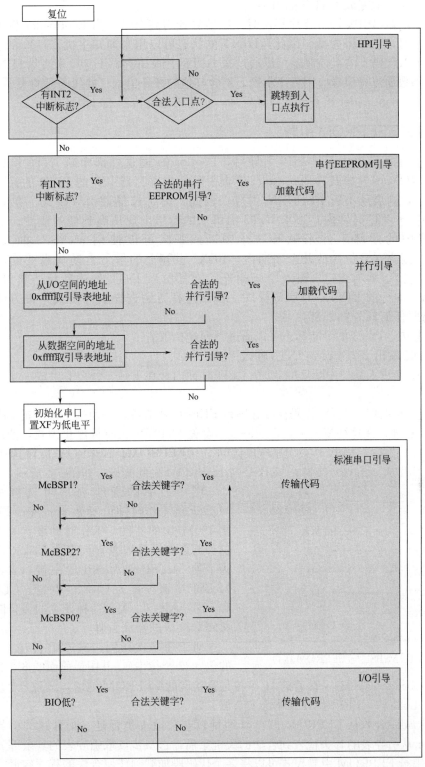

图 9-3 引导模式选择流程

0x0000，则 Bootloader 不能检查到其中的变化，因而也不能启动已下载代码的执行。

当主机执行了写 0x007f 操作后，C5409 检查其中的变化，并跳转到下载代码的入口地址执行。这样就完成了 HPI 的引导。

HINT 是输出引脚，当芯片复位时，该信号置为高电平。当 Bootloader 将 HINT 设置为低电平时，它保持为低。因此，HINT 的状态可以用来通知主机 C5409 的复位已完成，等待下载代码。主机控制器可以通过写 HPI 的控制寄存器 HPIC 来清除 HINT。HPI 下载的代码数据流只包含应用程序本身，不含其他的额外信息（如代码段的大小、寄存器的值等）。当 Bootloader 检查到入口地址后，它简单地跳转到入口地址执行。

9.3.3 串行 EEPROM 引导

在检查了引导模式不是 HPI 引导后，Bootloader 通过外部中断 INT3 检查是否是串行 EEPROM 引导模式。Bootloader 检查中断标志寄存器 IFR 的 INT3 的标志是否为 1，如果是，则启动串行 EEPROM 引导。因此，为了选择该引导模式，在 C5409 复位后的 30 个 CPU 时钟内，要求 INT3 引脚上的信号出现从高到低的跳变。如果不能利用系统中的外部事件来触发这个中断，那么可以使用 McBSP2 的发送引脚（BDX2），因为在复位后的几个周期内，BDX2 引脚上的信号自动从高变到低。如果将 BDX2 输出引脚与 INT3 输入引脚相连，则复位后 INT3 的中断标志将被置为 1，从而选择了串行的 EEPROM 引导模式。使用这种方法选择引导模式是很方便的，因为它不需要任何额外的外部信号。

概括起来，INT3 的中断标志可以通过下列途径激活：

• BDX2 输出引脚连接到 INT3 输入引脚；

• 在 DSP 进入复位中断后的 30 个 CPU 时钟内，在 INT3 引脚上生成一个合法的外部中断。

串行引导模式假定程序代码存放在串行 EEPROM 器件，并通过 C5409 的 SPI 接口与 EEPROM 相连。在这种模式下，Bootloader 设置 McBSP2 为时钟停止模式，使用内部时钟和帧格式，然后，McBSP 被用来顺序访问串行 EEPROM。EEPROM 应该具有 16 位地址的 4 线 SPI 从（slave）接口，McBSP 与 EEPROM 之间的接口如图 9-4 所示。

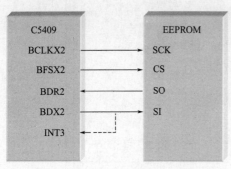

图 9-4　McBSP 与 EEPROM 接口

图 9-4 中的虚线表示可选择的连接。McBSP 的工作时钟设置为 $f_{CLKOUT}/250$，或对于 100MHz 的器件，工作时钟设置为 400kHz。这种低速的设置能兼容大多数 EEPROM 器件。为了使 McBSP 作为 SPI 的主接口（master），McBSP 应该设置为 CLKSTP＝3、CLKXP＝0 和 CLKXM＝1。关于这种设置的接口时序，请参阅 C5409 的器件手册。

对于每一次访问，McBSP 传输一个 32 位的包（32 个位串），其中最前面的 8 个位是 EEPROM 的读指令（0x03），接着的 16 个位是欲访问的 EEPROM 地址，最后 8 个位是占位符（place-holder），EEPROM 忽略这 8 个位。

Bootloader 开始从 EEPROM 的 0x0 地址读，并检查是否是一个合法的引导表。当 Bootloader 从引导表的开头检查到合法的关键字后，进一步读取引导表的其余部分。

虽然串行 EEPROM 引导模式可以将多个代码段加载到任何合法的程序空间，包括扩展的程序空间。但由于串行 EEPROM 只有 16 位的地址，最大的引导表有 64K 字节或 32K 的字（16 位字），这限制了直接加载的代码总量。

Bootloader 完成了串行 EEPROM 引导过程后，XF 引脚上的信号被驱动到低电平。

如果 EEPROM 具有 HOLD 输入引脚，且与 XF 相连，则使 EEPROM 自动除能。

如果在引导表中没有找到合法的关键字，串行 EEPROM 引导过程中止，并检查下一个引导模式。

串行 EEPROM 引导模式的引导表如表 9-3 所示，其中给出了 16 位传输的引导表结构和内容。对于 8 位传输，首先传输 MSB(Most Significant Byte)，接着传输 LSB(Least Significant Byte)。

表 9-3　串行引导模式的引导表

字(16bit)	内容
1	08AA 或 10AA
2	为兼容而保留
3	为兼容而保留
4	为兼容而保留
5	为兼容而保留
6	代码入口点(XPC)$_7$
7	代码入口点(PC)
8	第 1 段的长度 N1
9	第 1 段的目标地址(XPC)$_7$
10	第 1 段的目标地址(PC)
11	代码字(1)
…	…
…	…
N1+11	代码字(N1)
N1+12	第 2 段的长度 N2
N1+13	第 2 段的目标地址(XPC)$_7$
N1+14	第 2 段的目标地址(PC)
N1+15	代码字(1)
…	…
…	…
N1+N2+13	代码字(N2)
…	…
…	…
	最后一段的长度 Nn
	最后一段的目标地址(XPC)$_7$
	最后一段的目标地址(PC)
	代码字(1)
	…
	…
	代码字(Nn)
	0x0000(表示引导表的结束)

表中第1行是引导8位或16位引导的关键字，如果是8位引导，关键字为0x08aa；如果是16位引导，关键字为0x10aa。第2～5行是为兼容而保留的。第6行为代码入口的XPC，实际只有低7位有效。第7行为代码入口的PC。第8行以下依次是各段的信息（段的长度、加载地址）和段的代码。最后一行的0x0000表示引导表的结束。

从表9-3还可以看出，引导表中存在一个基本的结构：段的长度、段的目标地址、段的数据块。

一个完整的引导表由表头、多个基本结构和一个字的结束标志组成。表头的大小与引导模式有关，对于串行引导模式，表头有7个字（表9-3的1～7行），对于并行引导模式，表头有5个字（表9-3的1～5行）。

9.3.4 并行引导

从图9-3可以看出，如果引导模式不是串行EEPROM引导，则Bootloader检查并行引导模式。并行引导模式通过并行总线从数据空间的外部存储器中读取引导表，并传输代码到程序空间。Bootloader支持8位或16位的并行引导，并且可以重新设置SWWSR（Software Wait-State Register）和BSCR（Bank-Switch Control Register）寄存器，因此Bootloader从快速EPROM引导时可以使用较少的等待状态。如果不重新设置这两个寄存器，Bootloader默认设置为7个等待状态。

引导表可以驻留在数据空间的外部存储器的任何位置，例如，C5402的引导表可以存放在数据空间的0x4000～0xffff的任何地方；C5409的引导表可以存放在0x8000～0xffff的任何地方。而引导表的源地址既可以存放I/O空间的地址0xffff，又可以存放在数据空间的地址0xffff（注意：I/O或数据空间的0xffff存放的是一个地址指针，它指向外部数据空间的引导表）。Bootloader首先从I/O空间获取引导表的源地址，并在引导表的开头读取引导关键字来判断是8位引导还是16位引导；如果读取的关键字是0x10AA，则是16位引导；如果读取的关键字是0x08AA，则是8位引导。如果没有找到合法得关键字（注意：引导表的源地址是从I/O空间获取的），则从数据空间的0xffff获取引导表源地址，然后在引导表的开头读取关键字，并判断关键字是否合法。如果在引导表的开头找到合法的关键字，则Bootloader继续读取引导表的其他部分，并加载和执行应用程序代码。如果没有找到合法的关键字，则Bootloader检查下一个引导模式——串行引导模式。并行引导过程如图9-5所示。

在读引导表的第一个字之前，Bootloader并不知道存放引导表源地址的存储器宽度。因此，并行引导时，首先假定引导表源地址的存储宽度为16位，并以此读取引导表的关键字。如果没有找到合法的关键字，再假定引导表源地址的存储宽度为8位，先从0xffff读取引导表源地址的低8位（LSB），然后从0xfffe读取高8位（MSB），以保证得到正确的源地址。表9-4给出了并行引导表的格式及其内容。

提示：引导表必须驻留在数据空间的外部存储器，如果在数据空间的0xffff地址也提供引导表的源地址，通常会更方便，因为这只需要一个非易失存储器。

从表9-4可以看出，Bootloader从引导表的开头得到正确的关键字后，接下来的两个字是软件等待状态寄存器SWWSR和分区切换控制寄存器BSCR的值。Bootloader读取后，立即用这些值设置寄存器，这意味着改变这两个寄存器的值会影响后续的引导进程。

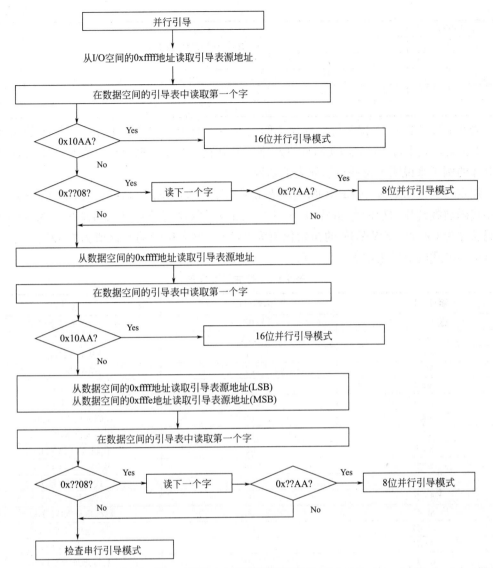

图 9-5　并行引导过程

表 9-4　16 位并行引导模式的引导表结构

字（16bit）	内容
1	0x08AA 或 0x10AA
2	SWWSR 寄存器的初始化值
3	BSCR 寄存器的初始化值
4	代码入口点 XPC
5	代码入口点 PC
6	第 1 段的长度 N1
7	第 1 段的目的地址 XPC
8	第 1 段的目的地址 PC
9	代码字(1)
10	……
N1＋9	代码字(N1)
	最后一段的长度 Nn
	最后一段的目的地址 XPC

字(16bit)	内容
	最后一段的目的地址 PC
	代码字(1)
	…
	代码字(Nn)
	0x0000(表示引导表结束)

表 9-4 给出的是 16 位并行引导模式的引导表，对于 8 位并行引导，引导表的结构与表 9-4 相同，只不过 16 位字的 MSB（高字节）在前，LSB（低字节）在后。下面通过一个具体的例子来说明 8 位并行引导表的结构。

假定用 8 位 32K 字节 EPROM 作为外部程序存储器，EPROM 的接口地址为 0x8000，程序代码加载到片内程序存储器的 0x0800，加载后的执行地址（入口地址）为 0x0C00，代码长度为 0x400。SWWSR 的初始化值为 0x7fff，BSCR 的初始化值为 0xf800。则 8 位并行引导模式的引导表如表 9-5 所示。

表 9-5 8 位并行引导表

地址(Hex)	内容(Hex)	说明
8000	08	8 位引导关键字(Hi)
8001	AA	8 位引导关键字(Lo)
8002	7F	SWWSR(Hi)
8003	FF	SWWSR(Lo)
8004	F8	BSCR(Hi)
8005	00	BSCR(Lo)
8006	00	代码入口 XPC(Hi)
8007	00	代码入口 XPC(Lo)
8008	0C	代码入口 PC(Hi)
8009	00	代码入口 PC(Lo)
800A	04	代码长度(Hi)
800B	00	代码长度(Lo)
800C	00	目标地址 XPC(Hi)
800D	00	目标地址 XPC(Lo)
800E	08	目标地址 PC(Hi)
800F	00	目标地址 PC(Lo)
8010	xx	代码字 1(Hi)
8011	xx	代码字 1(Lo)
…	…	…
880E	xx	代码字 N(Hi)
880F	xx	代码字 N(Lo)
8810	00	引导表结束标志(Hi)
8811	00	引导表结束标志(Lo)
…	…	…
FFFE	80	引导表首地址(Hi)
FFFF	00	引导表首地址(Lo)

9.3.5 标准串行引导

Bootloader 具有从 McBSP0、McBSP1 或 McBSP2 串口以标准模式加载代码的能力，McBSP0 和 McBSP1 执行 16 位传输，McBSP2 执行 8 位传输。

在标准串行引导中，Bootloader 将串口初始化为 TIC54x 标准串口，并且设置 XF 引脚为低电平以表明串口已经准备好接收数据。然后，DSP 查询中断标志寄存器 IFR 的 BRINT0、BRINT1 和 BRINT2 位是否置位，从而确定数据来自哪个串口。当识别了引导串口后，Bootloader 在该串口上加载全部的引导表。

用标准串行引导模式引导时，为了保证正确的操作，必须满足下面两个条件：

• 串口接收时钟（BCLKR）由外部提供，且不得超过 CPU 时钟的一半；

• 两个字之间的最小传输间隔不得小于 40 个 CPU 时钟，这意味着要么使用较慢的接收时钟频率，要么在两个字的传输之间提供额外的延迟时钟。

标准串行引导的引导表与表 9-3 完全相同，表中的 4 个保留字是为兼容其他型号 DSP 的串行引导而保留的。例如，在 C548/C549 的标准串行引导中，引导表关键字后的 4 个字分别是串口寄存器 SPC、SPCE、ARR 和 BKR 的初始化值，引导前先用这些值重新初始化串口。但在 C5409 中，在引导期间，串口是不能重新初始化的，因而 C5409 的串行引导忽略这些值。

标准串行引导的流程如图 9-6 所示。图中已经假定通过中断标志寄存器 IFR 中的位 BRINT0、BRINT1 和 BRINT2 确定了所使用的引导串口，Bootloader 查询串口的状态寄存器，当接收数据就绪标志（RRDY）有效时，从接收寄存器 BDRR 中读取数据。图 9-6 的左方是通过 McBSP2 的 8 位串行引导，右方是通过 McBSP0-1 的 16 位串行引导。对于 8 位引导而言，总是先传输代码字的高字节，接着传输代码字的低字节。

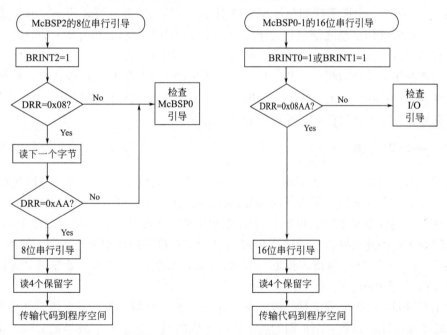

图 9-6　标准串行引导流程

9.3.6　I/O 引导

Bootloader 的 I/O 引导模式提供了从外部设备（如计算机、智能设备）将代码加载到 DSP 内部存储器的能力，这种模式通过外部并行总线，从 I/O 端口地址 0 读取数据。DSP 使用 BIO 输入引脚和 XF 输出引脚作为与外部设备的握手信号，当 Bootloader 检查到 BIO 为低电平时，启动 I/O 引导模式，换句话说，在引导前外部主机应该将 BIO 信号驱动到低电平。当 BIO 为低电平时，Bootloader 从 I/O 端口地址 0 读取数据，并将 XF 引脚驱动到高电平（通知外部主机数据已经成功接收），然后将输入数据存储到目的地址。在一次传输之后，Bootloader 等待主机将 BIO 引脚的信号驱动到高电平，然后再驱动到低电平，从而开始下一次的传输。

　　显然，I/O 引导过程是一个从外部主机将代码加载到 DSP 程序存储器的异步引导过程，这种模式很容易实现慢速主机与 DSP 的通信，传输的字长可以是 8 位，也可以是 16 位。I/O 引导模式的握手时序如图 9-7 所示。

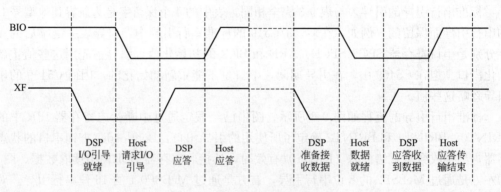

图 9-7　I/O 引导模式握手时序

　　图 9-7 中的第一个握手序列是使用 I/O 引导模式的请求和应答，这个序列必须在 DSP 复位之后、传输任何信息之前执行。第二个握手序列用于传输全部引导表的数据。一旦到达引导表的终点，Bootloader 跳转到引导表指定的代码入口地址。

　　如果选择了 8 位传输模式，从 I/O 端口 0 地址的低 8 位数据线读取数据，数据总线的高 8 位被忽略。Bootloader 读两个 8 位构成一个 16 位字，传输的字节顺序为高 8 位在前，低 8 位在后。I/O 引导模式的引导表与表 9-4 相同。

9.3.7　产生引导表

　　上面几节讨论了 C54x 的引导模式以及引导过程，要使用 Bootloader 的这些特性，必须生成引导表，引导表包含了引导所需要的全部信息。DSP 开发工具包提供了 Hex 转换工具，这个工具可用来生成引导表。引导表的内容与所采用的引导模式以及 Hex 转换工具的选项有关，因此引导模式的选择和 Hex 转换工具选项的使用要与实际的硬件一致。

　　提示：C54x 的 Hex 转换工具为 hex5000.exe，位于 CCS 安装目录下的"\ C5400 \ cgtools \ bin"子目录。

　　对于 C5409，代码生成工具的版本不能低于 1.20，早期的版本不支持 C5409 的 Bootloader 的增强特性。如果使用早期的版本，所生成的引导表适合于较早的 C54x 器件，而不适合 C5409。更麻烦的是使用者的这种疏漏得不到任何警告或错误提示。

　　为了生成 C5409 的引导表，应按以下步骤进行。

　　① 使用汇编器选项-v548　这个选项标记汇编器产生的目标文件，指明所使用的 DSP（包括 C5409）具有增强 Bootloader 功能，Hex 转换工具会使用这个标记信息以正确的格式生成引导表。如果在汇编期间没有使用该选项，则 Hex 转换工具生成的引导表不具有增强的引导功能，只适用于早期的 C54x 器件。对 CCS 集成开发环境，打开"build option"对话框，在"Compiler"标签的"Processor version"域中键入"548"，或在汇

编语言文件中使用.version548 即可使用-v548 选项。

②链接文件 引导表的每个数据块与 COFF（Comman Object File Format，公共目标文件格式）文件中的已初始化段（如.text、.const、.cinit）有关，换句话说，Hex 工具只转换已初始化段，而不会转换未初始化段（如.bss、.stack、.sysmem）。当将一个段输出到引导表时，段的长度被置于引导表的段长度域，段的加载地址被置于引导表的目标地址域，而段中数据块依次被置于引导表的代码字域（参见表 9-3～表 9-5）。

注意：段的链接地址不能超出系统中实际的内存范围。例如，不能指定段链接到地址 0xf000～0xffff，因为这个地址范围的程序空间已被片内 ROM 占有，Bootloader 不能把代码加载到这段地址。

③指定可引导段 可引导段是指输出到引导表中的段，有两种方法指定可引导段，一种方法是在转换命令文件中使用 SECTION 指令选择特定的段作为引导加载段；另一种方法是使用-boot 选项告诉 Hex 转换工具所有的段作为引导加载段。这两种方法不能同时使用，并且 SECTIONS 指令具有优先权。换句话说，如果使用了 SECTIONS 指令，则-boot 选项被忽略。

④设置引导表的 ROM 地址 使用-bootorg 选项可设置引导表的源地址，如果 C54x 从内存地址 0x8000 引导，则指定-bootorg 0x8000。在 Hex 转换的输出文件中，该地址作为开始地址。如果使用-bootorg SERIAL、-bootorg PARALLEL 或不使用-bootorg 选项，则 Hex 转换工具将把引导表放置在 ROM 指令的第一个内存区。如果也没有使用 ROM 指令，那么引导表将从第一个段的加载地址开始。选项-bootpage 可以指定引导表内存页，如果没有指定，默认存放在 0 页。

⑤指定引导表的特定值 引导表的特定值指的是代码的入口点、控制寄存器（如 SWWSR、BSCR）的值。

⑥系统内存描述 指定系统内存的宽度、ROM 内存的宽度及其地址范围。

Hex 转换工具有很多选项，与 Bootloader 有关的选项如表 9-6 所示，各种引导模式使用的 Bootloader 选项如表 9-7 所示。

表 9-6 C54x 的 Bootloader 选项

选项	描述
-boot	转换所有的已初始化段到引导表中，可以替换 SECTIONS 指令
-bootorg PARALLEL	指定引导表的数据源为并口
-bootorg SERIAL	指定引导表的数据源为串口
-bootorg addr	指定引导表的源地址 addr。例如-bootorg 0x8000
-bootpage value	指定引导表在目标内存的页数
-e addr	指定入口地址，引导后，代码从此地址开始执行
-memwidth	指定由 ROM 构成的系统内存宽度
-romwidth	指定 ROM 存储器的宽度
-swwsr value	指定并行引导模式时的软件等待状态寄存器的值
-bscr value	指定并行引导模式时的存储区切换控制寄存器的值

表 9-7　引导模式使用的 Bootloader 选项

引导模式	-bootorg 选项	-memwidth 选项
8 位并行 I/O	-bootorg PARALLEL	-memwidth 8
16 位并行 I/O	-bootorg PARALLEL	-memwidth 16
8 位串口 RS232	-bootorg SERIAL	-memwidth 8
16 位串口 RS232	-bootorg SERIAL	-memwidth 16
8 位并行 EPROM	-bootorg 0x8000	-memwidth 8
16 位并行 EPROM	-bootorg 0x8000	-memwidth 16
8 位 I/O	-bootorg COMM	-memwidth 8

　　正确理解和使用表 9-6 和表 9-7 中的选项是产生 54x 引导表的关键，尤其是-memwidth 和-romwidth 选项。54x 编译器、汇编器和链接器使用几种类型的存储器宽度。

　　• 目标宽度（Target width）：以位(bit)为单位，是 COFF 文件使用的数据宽度，对应于目标处理器操作码的宽度。一旦处理器确定，这个宽度就是固定的，对于 C54x，目标宽度是 16 位。

　　• 内存宽度（Memory width）：以位(bit)为单位，是由存储器件构成的系统内存的物理宽度，也就是目标处理器访问存储器的宽度。

　　• ROM 宽度（ROM width）：以位(bit)为单位，是 ROM 存储器件的宽度。这个宽度确定 Hex 转换工具如何分组输出文件。

　　举例来说，要扩展目标处理器按 16 位访问的外部程序存储器，在硬件设计上可采用两种方式。

　　① 选用 16 位的存储器件（ROM、Flash），直接与处理器的外总线接口。此时 CPU 的访问宽度 memwidth＝16，程序存储器宽度 romwidth＝16，Hex 转换工具按 16 位组织引导表，并输出一个文件。

　　② 选用两片 8 位的存储器件，一片接口在处理器数据总线的低 8 位，而另一片接口在处理器地址总线的高 8 位，从而构成 16 位的扩展程序存储器。此时 CPU 的访问宽度 memwidth＝16，而程序存储器宽度 romwidth＝8，Hex 转换工具按 8 位组织引导表，并输出两个文件，一个包含 16 位代码的高字节，对应于程序存储器的高 8 位，另一个包含 16 位代码的低字节，对应于程序存储器的低 8 位。

　　当 memwidth＞romwidth 时，Hex 转换工具输出文件的个数为：

$$输出文件数＝memwidth÷romwidth$$

　　如果外部程序存储器是 8 位，目标处理器按 8 位访问，此时 memwidth＝16、romwidth＝8。Hex 转换工具按 8 位组织引导表，16 位代码的高字节在前，低字节在后，且只输出一个文件。图 9-8 给出了由两块 32K×8 的 ROM 构成的外存储器示例，从中可以看出目标宽度、内存宽度和 ROM 宽度的关系。

　　通常为了方便，将 Hex 转换工具所需的选项、内存描述以及其他参数写成一个转换

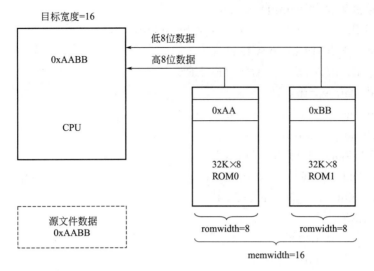

図9-8 外部程序储存器组织示例

命令文件。

程序9-1　Hex转换命令文件 sampDsp. cmd

```
.\release\SampDsp.out          /*转换的文件名，必须是.out文件格式*/
-map SampDsp.mxp               /*生成MAP文件*/
-memwidth 8                    /*EPROM访问宽度*/
-romwidth 8                    /*EPROM存储器宽度*/
-o SampDsp.hex                 /*输出文件名*/
-a                             /*ASC Hex输出格式*/
-boot                          /*转换所有已初始化段*/
-bootorg 0x8000                /*引导表在EPROM开始地址*/
-e RESET                       /*引导后代码入口地址，其值由链接器输
出*/
-swwsr 0x1234                  /*等待状态寄存器的值*/
-bscr 0x5678                   /*块切换控制寄存器的值*/
ROMS
{/*ROM存储器配置*/
  eprom：origin＝0x8000，length＝0x8000
```

　　程序9-1给出了外部程序存储器为8位EPROM的转换命令文件，其中指定了转换必须的选项，如内存宽度、ROM宽度、引导表地址、代码入口地址等。对于swwsr和bscr，如果在转换命令文件中不出现该选项，则Hex转换工具使用它们的默认值。如果要改变寄存器的默认值，必须在转换命令文件中指定-swwsr和-bscr选项。程序9-1也指定了转换输入文件名SampDsp. out和输出文件名SampDsp. hex。

　　在命令行窗口执行hex500 sampDsp. cmd，将产生输出文件SampDsp. hex和映射文件SampDsp. mxp。SampDsp. hex的内容如图9-9所示。SampDsp. mxp的内容如下所示。

Hex 转换映射文件 SampDsp. mxp

INPUT FILE NAME：<. \ release \ SampDsp. out>

OUTPUT FORMAT：ASCII-Hex

PHYSICAL MEMORY PARAMETERS

Default data width：16

Default memory width：8（MS-->LS）

Default output width：8

BOOT LOADER PARAMETERS

Table Address：0x8000，PAGE 0

Entry Point：0x1800（RESET）

REGISTERS

spc：	00000018
spce：	00000003
arr：	00000800
bkr：	00000010
tcsr：	00000000
trta：	00000001
swwsr：	00001234
bscr	00005678

OUTPUT TRANSLATION MAP

——

00008000. . 0000ffff Page＝0 Memory Width＝8 ROM Width＝8 "eprom"

——

OUTPUT FILES：SampDsp. hex[b0. . b7]

CONTENTS：00008000. . 00008be9 BOOT TABLE

 .data：dest＝00000080 size＝0000000b width＝00000002

 .vectors：dest＝00001800 size＝00000064 width＝00000002

 .text ： dest＝00001880 size＝00000577 width＝00000002

从转换生成的映射文件可以看出，转换输出了三个已初始化段 . data、. vectors 和 . text。其中 . data 段的目标地址为 0x0080，长度为 0x0b 字；vectors 段的目标地址为 0x1800，长度为 0x64 字；. text 段的目标地址为 0x1880，长度为 0x577 字。这些内容也从图 9-9 反映出来，图中标注的段 1 为 . text 段，段 2 为 . data 段，段 3 为 . vectors 段。

转换输出文件的第一行为开始标识（0x02，ctrl-B 字符），第二行为地址 $Axxxx，最后一行为结束标识（0x03，ctrl-C 字符），中间的内容是按引导表格式（参见表 9-5）组织的，并以 16 进制 ASCII 码表示。

将 SampDap. hex 编程到 EPROM 有很多通用工具可用，比较简单，这里不再赘述。但必须注意的是别忘了修改引导表的存放地址。即在对 EPROM 编程前，将 0xfffe～0xffff 的值修改为 0x8000。

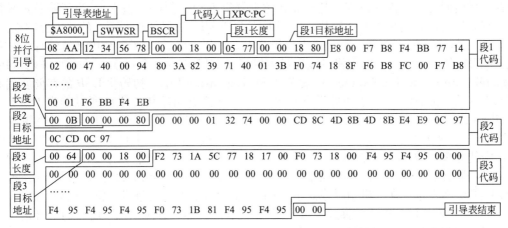

图 9-9 Hex 转换输出文件 SampDsp. hex 的内容

9.4 C6x DSP 程序的引导

C6xDSP 使用多种引导配置来确定设备（Device）复位之后的初始化行为，几乎每一个 C6x 器件需要如下引导配置：

- 选择存储器映射，确定内部存储器还是外部存储器被映射到 0x00000000 地址；
- 选择存储器类型，如果外部存储器被映射到地址 0x0，需要指定外部存储器的类型；
- 选择引导方式；
- 设备配置，初始化引导所需要的设备。

9.4.1 引导控制逻辑

在 C6x 上，复位引脚是一个输入引脚，当复位引脚上出现低电平信号时，迫使 DSP 器件复位，以便使内部控制寄存器和输出控制信号恢复到预定的初始状态。大多数 3 态输出引脚进入高阻态，其他的输出引脚初始化到默认状态。在复位信号的上升沿引导模式引脚被锁存，之后 CPU 执行预定的引导初始化。关于复位的时序请参阅具体器件的资料。

提示：如果连接了仿真器，C6x 不受复位引脚上出现的信号的影响。

在器件被复位后，DSP 从外部存储器或外部设备开始引导。复位时配置引脚的锁存状态决定引导过程和引导方式。C6x 器件支持三种引导方式。

① 无引导（No Boot） 在这种模式下，一旦完成复位，CPU 从存储器的 0x0 地址开始执行。由于复位后，0x0 地址处的值是随机的，其值作为执行指令可能是非法的，非法的操作码将导致不确定的操作结果。然而，在开发阶段，这种引导模式是有用的。CCS 在启动时，会复位 DSP，这样可以缩短复位后处理器执行非法指令的时间，从而增加了仿真器获得 DSP 控制权的机会。

② ROM/Flash（Non Volatile Memory）引导 在这种模式下，一旦 DSP 复位完成，CPU 核内部保持在停止（stall）状态，而 DMA/EDMA 外设开始从外部的 ROM/Flash 向 DSP 存储器的 0x0 地址传送代码，传送的代码量与特定的 DSP 有关。在完成了传输之后，CPU 退出 Stall 状态，并开始从 0x0 地址执行。但要注意的是，ROM/Flash 的内容被擦除后，其中的每个存储单元的值均为 0xff，从 ROM/Flash 引导加载的代码全为 0xffffffff，这个值被译码成 NOP 指令。虽然全为 NOP 指令的代码本身没有问题，但处理

器执行代码时会超出内存范围，甚至导致仿真器得不到控制权（跑飞）。为了避免这种情况，在开发阶段，用很小的代码片段编程 ROM/Flash，确保仿真器可靠的获得控制权。

③ 主机（Host）引导　在主机引导模式下，复位完成后，CPU 核内部继续保持在停止（stall）状态。此时外部主机可以通过主机接口 HPI（Host Port Interface）、PCI（Peripheral Component Interconnect）或 XBUS（Expansion Bus）初始化 DSP 的存储空间和内部寄存器，如总线寄存器和外设寄存器等。一旦完成初始化，主机通过输出 DSPINT（主机到 DSP 的中断）信号来完成引导过程。DSPINT 的跳变使得引导控制逻辑唤醒 CPU（退出 Stall 状态），然后 CPU 从 0x0 地址开始执行代码。来自主机的 DSPINT 中断并不会使处理器执行中断服务程序（ISR），因为此时 CPU 仍然处于 Stall 状态。但是，当 CPU 退出 Stall 状态后，必须清除中断状态寄存器的 DSPINT 位，否则不会再有 DSPINT 中断发生。在主机引导模式下，RESET 信号的上升沿触发主机的引导过程。

C6x 用 BOOTMODE 引脚选择引导模式（硬件配置），在 RESET 信号的上升沿引导配置引脚的状态被锁存，引导逻辑开始工作。

C6x 芯片的引导配置引脚的数目、功能定义依具体的型号而异，有些芯片具有专用的配置引脚，如 C6201/C6701 的 BOOTMODE [4：0]；有些则使用复用引脚，如 C6211/C6711 使用主机接口的 HD [4：0] 作为 BOOTMODE [4：0]，C6202/C6203 则利用扩展总线的 XD [4：0] 作为 BOOTMODE [4：0] 信号，C6713b 使用 HD [4：3] 作为配置引脚（只有两个引脚）。要了解具体芯片引导配置引脚的详细情况，可参阅特定 DSP 的资料（datasheet）。

表 9-8 给出了 C620x/C670x 的引导配置，表中第一列是引导模式引脚 BOOTMODE [4：0]的状态，第二列是内存的映射方式。C6201/C6701 有两种存储器映射方式：MAP0 和 MAP1。MAP0 方式下片外存储器被映射到 0x0 地址（直接运行模式，不需要引导），而 MAP1 方式下片内程序存储器映射到 0x0 地址（引导模式）。第三列是映射到 0x0 地址的存储器，第四列是引导过程。表中 SDWID 是 EMIF 接口控制寄存器 SDCTL 中的一个位，用于选择 SDRAM 列宽度，SDWID＝0，表示存储器页面大小为 512 字，9 个列地址引脚；SDWID＝1，表示存储器页面大小为 256 字，8 个列地址引脚。SDRAM（Synchronous DRAM）是同步动态 RAM，SBSRAM（synchronous-burst SRAM）是同步突发静态 RAM。异步存储器（Asynchronous memory）包括异步 SRAM、ROM、FIFO 等。

表 9-8　C620x/C670x 引导配置引脚 BOOTMODE [4：0] 的功能

BOOTMODE[4：0]	内存映射	0 地址存储器	引导过程
00000	MAP0	SDRAM,SDWID＝0(每行 512)	无
00001	MAP0	SDRAM,SDWID＝1(每行 256)	无
00010	MAP0	使用默认时序的 32 位异步存储器	无
00011	MAP0	1/2CPU 时钟的 SBSRAM	无
00100	MAP0	CPU 时钟的 SBRAM	无
00101	MAP1	内部存储器	无
00110	MAP0	外部:默认值	主机引导(HPI/PCI/XBUS)
00111	MAP1	内部存储器	主机引导(HPI/PCI/XBUS)
01000	MAP0	SDRAM:4×8 位存储器(SDWID＝0)	默认时序的 8 位 ROM 引导
01001	MAP0	SDRAM:2×16 位存储器(SDWID＝1)	默认时序的 8 位 ROM 引导
01010	MAP0	具有默认时序的 32 位异步存储器	默认时序的 8 位 ROM 引导
01011	MAP0	1/2CPU 时钟的 SBSRAM	默认时序的 8 位 ROM 引导
01100	MAP0	CPU 时钟的 SBSRAM	默认时序的 8 位 ROM 引导
01101	MAP1	内部存储器	默认时序的 8 位 ROM 引导
01110 01111	—	保留	

BOOTMODE[4:0]	内存映射	0 地址存储器	引导过程
10000	MAP0	SDRAM，4×8 位存储器(SDWID=0)	默认时序的 16 位 ROM 引导
10001	MAP0	SDRAM，2×16 位存储器(SDWID=1)	默认时序的 16 位 ROM 引导
10010	MAP0	具有默认时序的 32 位异步存储器	默认时序的 16 位 ROM 引导
10011	MAP0	1/2CPU 时钟的 SBSRAM	默认时序的 16 位 ROM 引导
10100	MAP0	CPU 时钟的 SBSRAM	默认时序的 16 位 ROM 引导
10101	MAP1	内部存储器	默认时序的 16 位 ROM 引导
10110 10111	—	保留	—
11000	MAP0	SDRAM，4×8 位存储器(SDWID=0)	默认时序的 32 位 ROM 引导
11001	MAP0	SDRAM，2×16 位存储器(SDWID=1)	默认时序的 32 位 ROM 引导
11010	MAP0	具有默认时序的 32 位异步存储器	默认时序的 32 位 ROM 引导
11011	MAP0	1/2CPU 时钟的 SBSRAM	默认时序的 32 位 ROM 引导
11100	MAP0	CPU 时钟的 SBSRAM	默认时序的 32 位 ROM 引导
11101	MAP1	内部存储器	默认时序的 32 位 ROM 引导
11110 11111	—	保留	—

表 9-9 给出了 TMS320C6713B 的引导配置，C6713B 使用 HD[4:3] 作为配置引脚，这两个引脚与 HPI 接口复用。C6713B 只有一种映射方式，片内存储器始终位于 0x0 地址，可以作为程序或数据的存储空间。

表 9-9 C6713B 的引导配置引脚 HD[4:3] 的功能

配置引脚 HD[4:3]	引导过程
00	HPI/仿真引导
01	具有默认时序的 8 位异步 ROM 引导
10	具有默认时序的 16 位异步 ROM 引导
11	具有默认时序的 32 位异步 ROM 引导

9.4.2 两级引导过程

上一节讨论了 C6x 的三种引导过程以及引导的硬件配置方法，但最常用的引导过程是 ROM 引导。本节将重点讨论 C6x 的 ROM 引导过程。

如果硬件配置为 ROM 引导，在内部的复位结束、CPU 进入停止（stall）状态时，引导控制逻辑使用 DMA/EDMA 控制器从外部 ROM（连接在 CE1 接口，使用默认的时序）中复制固定数量的代码到 0x0 地址，这个复制过程由 DMA 作为单一的块传输（block transfer）自动完成。一旦 DMA 的块传输完成，CPU 将从 stall 状态中被唤醒，并且立即从 0x0 地址开始执行。这个引导过程是由片内引导器（on-chip bootloader）完成的，通常称为一级引导。

在 C6x 系列中，不同型号的器件的 ROM 引导过程有所差异，对于 620x/670x，DMA 从 CE1 接口连接的器件中复制 64K 字节到内部 0x0 地址开始的内存区。而对 621x/671x/64x，EDMA 则从 CE1 复制 1K 字节到内部 0x0 地址开始的内存区。

应用程序的大小决定了是否需要第二级引导（secondary bootloader），如果应用程序代码的长度小于片内引导器所能复制的长度，那么就没有必要使用二级引导。一般情况下，621x/671x/64x 应用程序需要进行二级引导，因为程序的长度一般会大于 1K 字节（一级引导时所复制的长度）。

620x/670x 的片内引导程序可以从 CE1 空间复制 64K 字节到内部的存储器，如果应用程序的长度小于 64K，则似乎不需要二级引导。然而，该系列 DSP 的程序存储器（IPRAM）和数据存储器（IDRAM）是分开的，IPRAM 只存放代码，IDRAM 只能存放数据，片内引导程序不应该将数据段或初始化数据段的内容复制到 IPRAM。这个限制意味着 .cinit、.const 段只能工作在外部存储器中，除非使用二级引导程序将初始化段复制到 IDRAM。

二级引导程序是用户自己编写的，称为用户引导程序（custom boot routine）。它的长度应该限制在 1K 字节之内，且被放在 ROM 存储器的开头，以便复位后被片内引导器自动地传送到 DSP 的内部存储器。一旦传输完成，CPU 将开始执行用户引导程序，将应用程序加载到指定的内部存储器。图 9-10 给出了使用两级引导加载应用程序的过程。可以看出，C6x 的两级引导过程如下。

① 器件复位。DSP 复位引脚上的低电平使得器件进入复位状态。

② 在复位信号的上升沿，CPU 进入 Stall 状态。一级引导器从 CE1 空间复制固定长度的代码到内部存储器的 0x0 地址，所复制的内容就是二级引导代码。

③ 二级引导代码复制完后，对 CPU 进行复位（不是整个器件复位），使得 CPU 从 0x0 地址开始执行，亦即执行二级引导代码。二级引导将把应用程序的代码复制到内部的指定位置，并跳转到 C 程序的入口 _ c _ int00。

④ 执行 _ c _ int00，建立 C 运行环境，如果使用了 DSP/BIOS 还需要对其初始化。

⑤ C 运行环境建立好后，运行应用程序的主函数 main（ ）。如果使用了 DSP/BIOS，进入 DSP/BIOS 调度。

至此，C6x 引导完成，应用程序就能自己跑起来了。

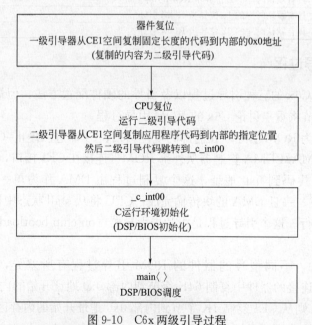

图 9-10　C6x 两级引导过程

9.4.3　创建二级引导应用程序

在 CCS 下调试和运行的应用程序工程不能直接自动引导，还需要添加二级引导代码和修改链接器选项，然后重新产生适合于引导的应用程序。从开发的角度来看，实现 C6x 的两级引导过程需要考虑以下几个问题。

（1）COEF（Common Object File Format，公共目标文件格式）段的位置

COFF 段是一块占有连续存储空间的代码或数据，通常，COFF 段有三种类型，即代码段、初始化数据段和未初始化数据段。每个 COFF 段都有一个加载属性和运行属性，段加载属性指定该段在 ROM 存储器的存放地址，而段的运行属性指定该段的执行地址，即段被加载到内部存储器的地址。段的加载地址和运行地址由链接器产生，并由引导器（Bootloader）或烧录工具使用。因此，如果指定段具有不同加载地址与运行地址，那么这个段必须通过二级引导器将段从加载地址复制到运行地址。例如，链接命令文件中的代码

.text：LOAD＝ROM，RUN＝IRAM

指定 .text 段的加载地址为 ROM，运行地址为 IRAM。换句话说，.text 段的代码被放置在 ROM，引导期间由二级引导器将其复制到 IRAM 来执行。一个段是否具有运行地址，由 CPU 对该段的访问频度来决定，如果一个段只被 CPU 访问一次，那么它没有必要拥有 RAM 空间的运行地址，这大大节省了 RAM 的空间。例如，.cinit 段（初始化数据段）只在引导期间被 CPU 访问一次，那么它只在 ROM 中有一个相同的加载地址和运行地址。如果一个段有不同的加载地址和运行地址，则二级引导器将该段从它的加载地址全部复制到运行地址。所有的未初始化段被定位在 RAM 中，这些段具有相同的加载地址和运行地址。关于段属性的细节请参阅本书第 11 章的相关内容。

（2）创建应用程序的可执行代码

创建应用程序工程后，链接器将生成一个后缀为 .map 的映射文件（map file），其中包含了关于内存定义、子段、符号表、段的链接信息（如段的大小、段的加载地址和段的运行地址）等详细信息。例如，下面的映射文件片段给出了段的链接信息。

output section	page	origin	attributes/ length	input sections
.bootloader	0	90000000	000000a0	RUN ADDR＝00000000
		90000000	000000a0	Bootloader.obj（.bootloader）
.text	0	90000400	00013b20	RUN ADDR＝00000400
		90000400	00004be0	main.obj（.text）
.cinit	0	90013f20	000005fc	
		90013f20	00000154	main.obj（.cinit）
.bss	0	00019200	0000005c	UNINITIALIZED
		00019200	00000040	main.obj（.bss）

链接映射文件有 5 列信息，第 1 列（output section）是输出段的名称，第 2 列（page）是存储器的页面，第 3 列（origin）是段的加载地址，第 4 列（length）是段的长度，第 5 列（attributes/input sections）是段的属性或输入段名。

从上面的链接映射文件片段，可以得到如下信息：

• .bootloader 输出段的加载地址为 0x90000000，长度为 0xa0，运行地址为 0x0，构成该段的输入段来自 .Bootloader.obj 文件的 .bootloader 段；

• .text 输出段的加载地址为 0x90000400，长度为 0x13b20，运行地址为 0x400，

构成该段的输入段来自 main.obj 文件的 .text 段；

- .cinit 输出段的加载地址为 0x90013f20，长度为 0x5fc，没有运行地址；
- .bss 输出段是未初始化段，不需要加载，运行时直接分配在地址 0x19200，长度为 0x5c。

链接映射文件中关于段的大小、段的加载地址和段的运行地址可以用来定位段在存储器中的位置。

提示：在上面的示例中，.text、.cinit 和 .bss 输出段还有多个输入段，由于篇幅限制，这里只节选了一个。

（3）创建应用程序的选项

创建应用程序时，应使用链接器的"Run-time Autoinitializing（运行时自动初始化）"选项（-c）。在启动运行时，这个初始化模式保证了 .cinit 段中的全局变量被初始化。此选项可以通过 CCS 的"Project"→"Build Options"菜单打开设置对话框，并单击"Linker"标签来设置。

二级引导的主要功能是将程序代码从它的加载地址复制到运行地址，这就需要一个描述加载地址、运行地址和加载长度的加载表（也称为拷贝表，Copy Table），而加载表的内容可以从链接器产生的映射文件中得到。要生成映射文件，必须设置链接器选项（-m），可通过 CCS 的"Project"→"Build Options"菜单打开设置对话框，并单击"Linker"标签来设置。

9.4.4 编写用户引导程序

一旦完成了应用程序工程的创建，就需要编写用户引导程序。用户引导代码要求用汇编语言编写，因为在引导时 C 运行环境还未建立。通常，开发二级引导代码需要完成如下步骤。

① 初始化锁相环（PLL），C6x 器件都具有可编程的 PLL，使用这个步骤可以加速引导过程，改善引导的性能。当然，也可以省略此步骤，用默认的 PLL 进行引导。

② 初始化 EMIF 总线，ROM 存储器是连接在 EMIF 总线上的，为了可靠地访问 ROM 存储器，必须实现这个步骤。

③ 从 ROM 中复制已初始化段（代码段和数据段）到段的运行地址。

④ 跳转到用户入口函数 _c_int00（ ）。

程序 9-2 给出了用户引导程序的汇编语言代码，为了突出重点，程序中只给出了必须实现的部分，从而大大简化了程序的设计。

```
程序 9-2  bootloader.asm，用户引导代码
.global _c_int00    ;;  全局变量，C代码入口
;;  EMIF 接口寄存器及控制字定义
EMIF_GCR    .equ    0x01800000    ;  EMIF 全局控制寄存器地址
EMIF_CE1    .equ    0x01800004    ;  EMIF CE1 控制寄存器地址
EMIF_GCR_V  .equ    0x00003060    ;  EMIF 全局控制寄存器控制字
EMIF_CE1_8  .equ    0xFFFFFF13    ;  EMIF CE1 寄存器控制字
;;  用户程序信息
USERPROGADDR    .equ    0x400    ;  用户程序的起始地址
```

```
USERPROGLEN . equ 0x3fc00；用户程序的字节数
FLASHBASEADDR . equ 0x90000000；Flash 的基地址
USERPROG _ OFFSET . equ 0x400  ；用户程序被烧写到 flash 里的偏移地址
; * * * * * * * * * * * * * * * * * * * * * * * * * * * * * * *
     . sect ". bootloader"          ；定义引导段
     . align  4        ；必须在 32 位边界对齐
_ emif _ init：
; * * * * * * * * * * * * * * * * * * * * * * * * * * * * * * *
; *    初始化 EMIF 接口             *
; *  * EMIF _ GCR  =  EMIF _ GCR _ V    *
; *  * EMIF _ CE1  =  EMIF _ CE1 _ 8    *
; * * * * * * * * * * * * * * * * * * * * * * * * * * * * * * *
BootLoaderToCopy：
          zero  B1
          mvkl  EMIF _ GCR, B4        ；初始化全局控制寄存器
||        mvkl  EMIF _ GCR _ V, A4
          mvkh  EMIF _ GCR, B4
||        mvkh  EMIF _ GCR _ V, A4
          stw  A4, * B4
          mvkl  EMIF _ CE1, B4   ；初始化 CE1 控制寄存器
||        mvkl  EMIF _ CE1 _ 8, A4
          mvkh  EMIF _ CE1, B4
||        mvkh  EMIF _ CE1 _ 8, A4
          stw  A4, * B4
; * * * * * * * * * * * * * * * * * * * * * * * * * * * * * * *
; *       引导开始                      *
; * * * * * * * * * * * * * * * * * * * * * * * * * * * * * * *
_ bootloaderstart：
          zero  B1
          zero  B6
          mvkl  USERPROGADDR, A4
||        mvkl  FLASHBASEADDR  +  USERPROG _ OFFSET, B4
          mvkh  USERPROGADDR, A4
||        mvkh  FLASHBASEADDR  +  USERPROG _ OFFSET, B4
          nop  2
; * * * * * * * * * * * * * * * * * * * * * * * * * * * * * * *
*              复制代码段                      *
; * * * * * * * * * * * * * * * * * * * * * * * * * * * * * * *
```

```
_ copy _ userprog _ loop:
            ldb    * B4++，B5
            mvkl   USERPROGLEN，B6
            add    1，B1，B1    ；长度指针加1
  ||        mvkh   USERPROGLEN，B6
            nop
            cmplt  B1，B6，B0
            nop
            stb    B5，* A4++
  [B0]      b  .S2   _ copy _ userprog _ loop
            nop  5
```

```
; * * * * * * * * * * * * * * * * * * * * * * * * * * * * * * * * *
; *              跳转到用户程序入口                    *
; * * * * * * * * * * * * * * * * * * * * * * * * * * * * * * * * *
_ copy _ userprog _ done:
            zero   B0
            mvkl   _ c _ int00，B0
            mvkh   _ c _ int00，B0
            b  .S2   B0
            nop  5
            .align  4   ；32 位边界对齐
_ bootloaderend:
            nop
```

程序 9-2 的几点说明如下。

① 程序 9-2 是在 TMS320C6173B 开发平台上实现的，外部程序存储器使用 16 位的异步 Flash 器件，接口在 EMIF 总线的 CE1 空间。因而在 EMIF 接口的初始化中设置了 EMIF 接口的全局控制寄存器 GBLCBL 和 CE1 空间的控制寄存器 CECTL1。

② 6173B 的 CE 空间的地址范围为 0x90000000～0x9fffffff，因此 Flash 存储器的基地址为 0x90000000。Flash 开始的 1K 字节，地址 0x90000000～0x90000400，存放用户引导代码。在引导开始时，这段代码被一级引导读入 0x0 地址开始的 DSP 内部存储器，用户引导代码需要复制的内容是从 0x90000400 开始的用户程序。

③ 6173B 有 256K 字节（0x40000）的内部存储器，扣除用户引导代码使用的 1K 字节，最大能容纳的用户程序只有 255K 字节（0x3fc00）。因此程序 9-2 假定用户程序的长度为 0x3fc00。

④ 由于一级引导将 Flash 开始的 1K 字节内容（二级引导代码）复制到内部的 0x0～0x400，所以二级引导代码将用户程序复制到起始地址为 0x400 的内部存储器。

⑤ 当指定的用户程序代码被全部复制后，程序 9-2 跳转到 C 程序的入口 _ c _ int00，启动应用程序的执行。至此二级引导代码的任务已经完成，程序的控制权被移交到用户的

应用程序。

程序 9-2 未初始化 PLL，如果需要改善引导性能，可在初始化 EMIF 接口之前添加 PLL 的初始化代码。

9.4.5　C6x 程序的烧录

将应用程序烧录（也称为固化）到外部程序存储器（ROM、Flash），是让程序自己跑起来的最后一个步骤，也是 DSP 应用开发的重要一环。

在 DSP 应用程序的开发中，不仅要在 CCS 集成开发环境中创建一个调试工程，完成代码的编辑、编译、链接、调试和测试，而且还要创建一个烧录工程，产生适合于烧录的 COFF 文件。

（1）创建应用程序烧录工程

要固化到 ROM 中的程序应该是已经调试好的程序，但在 CCS 集成开发环境中，调试工程并不需要二级引导代码，也不需要指定段的加载（存储）地址。而在烧录工程中必须包含二级引导代码，以及指定段的加载地址和运行地址。

下面以第 11 章的调试工程为例，来说明 DSP 程序烧录的实现步骤。在第 11 章中，调试工程文件 overlay _ dbg. prj 中包含的源文件为：

main. c	//公共模块
task1. c	//功能模块 1
task2. c	//功能模块 2
task3. c	//功能模块 3
task4. c	//功能模块 4
vectors. ams	//中断服务表
overlay. cmd	//链接命令文件

复制第 11 章的调试工程，命名为 overlay _ burn. prj，作为烧录工程的基础。修改 overlay. cmd 如程序 9-3，并命名为 overlay _ burn. cmd。

程序 9-3　overlay _ burn. cmd，烧录工程的链接命令文件

```
/ * 目标存储器配置 * /
MEMORY
{
    BOOTRAM    : o = 00000000h l = 00000400h   //一级引导区
    IRAM       : o = 00000400h l = 00021000h   //代码运行区
    RUN _ OVL  : o = 00021400h l = 0001e000h   //覆盖运行区
    VECT       : o = 0003f400h l = 00000200h   //中断服务表

    FLASH _ BOOT : o = 90000000h l = 00000400h   //二级代码存储区
    FLASH _ TEXT : o = 90000400h l = 0003f000h  //应用程序存储区
    FLASH _ VECT : o = 9003F400h l = 00000200h  //中断服务表存储区
    FLASH _ OVLY : o = 90040000h l = 00010000h  //覆盖模块存储区
}
/ * 段配置 * /
```

```
SECTIONS
{
    .vectors :  load = FLASH_VECT, run=VECT
    .bootloader：  load = FLASH_BOOT, run=BOOTRAM
    .text : load = FLASH_TEXT, run = IRAM
    .bss > IRAM
    .cinit > FLASH_TEXT
    .const > FLASH_TEXT
    .far > IRAM
    .stack > IRAM
    .cio > IRAM
    .sysmem > IRAM
    UNION
    {
        .task12： { debug\task1.obj (.text), debug\task2.obj (.text) }
            load >> FLASH_OVLY, table (BINIT), table (_task12_ctbl)
        .task34： { debug\task3.obj (.text), debug\task4.obj (.text) }
            load >> FLASH_OVLY, table (_task34_ctbl)
    } run=RUN_OVL
    .ovly：{ } >FLASH_TEXT
    .binit：{ } >FLASH_TEXT
}
```

对比 orerlay.cmd（程序 11-6）和 overlay_burn.cmd（程序 9-3），可以看出，在 o-overlay_burn.cmd 的存储器配置（MEMORY 指令）中，添加了程序存储器的配置；在段配置（SECTIONS 指令）中，不仅指定了运行地址，而且指定了存储地址。

将程序 9-2 添加到 overlay_burn.prj 中，并用 overlay_burn.cmd 替换 overlay.cmd。则 overlay_burn.prj 中包含的源文件为：

```
Bootloader.asm          //二级引导代码
main.c                  //公共模块
task1.c                 //功能模块 1
task2.c                 //功能模块 2
task3.c                 //功能模块 3
task4.c                 //功能模块 4
vectors.ams             //中断服务表
overlay_burn.cmd        //链接命令文件
```

编译、链接 overlay_burn.prj，产生 COFF 格式的输出文件 overlay_burn.out。

提示：烧录工程产生的（*.out）文件不能在 CCS 中直接调试，因为 CCS 无法将代码下载到 ROM 或 Flash 中。

（2）转换 COFF 格式到 16 进制 ASCII 码格式

CCS 汇编器、链接器生成的输出文件（*.out）是 COFF 格式，这是一种二进制格式，为代码段和目标系统内存的管理提供了强大和灵活的手段。但大多数固化工具（如 ROM 编程器）只接受 16 进制的 ASCII 格式的数据。因此，用 CCS 集成环境开发的应用程序还不能直接固化到 ROM 中，必须用 16 进制转换工具（下称 Hex 转换工具）将 COFF 格式的可执行代码转换成 16 进制的 ASCII 格式（＊. hex），才能固化到 ROM 中。

CCS 为 C6x 提供的 Hex 转换工具为 hex6x. exe，位于 CCS 安装目录的"C6000 \ cgtools \ bin"子目录。Hex 转换工具可以提供下列输出格式。

① ASCII-Hex，支持 16 位地址。

② 扩展的 Tektronix（Tektronix）。

③ Intel MCS-86（Intel）。

④ Motorola-S，支持 16 位地址。

⑤ Texas Instruments SDSMAC（TI-Tagged），支持 16 位地址。

hex6x. exe 是一个控制台应用程序，启动时有很多输入选项，命令格式为：hex6x [options]filename。

其中：

- options 是转换选项，为转换过程提供附加的信息。所有的选项前用一个"-"引导，选项字符与大小写无关。有些选项具有参数，选项与参数之间至少用一个空格分隔。对多字符选项必须精确拼写，不能缩写。除-q 选项外，其他的选项与书写顺序无关。关于 Hex 转换工具选项的更多信息，请参阅相关器件的 Assembly Language Tools User's Guide；

- Filename 是一个 COFF 格式的文件（＊.out），或转换命令文件（＊.cmd）。

如果在命令行中输入很多选项，不仅比较麻烦，而且也容易出现拼写错误。通常将输入选项编辑在命令文件中。程序 9-4 给出了 Hex 转换命令文件。

```
程序 9-4   Hex 转换工具命令文件，Ovl _ burn. cmd
Debug \ overlayBurn. out          /＊输入文件，欲转换的 COFF 文件＊/
-a                                /＊转换格式，ASCII-Hex＊/
-map overlayBurn. mxp             /＊产生映射文件，文件名为 overlayBurn. mxp＊/
-o overlayBurn. hex               /＊产生输出文件，文件名为 overlayBurn. hex＊/
-memwidth 16                      /＊定义系统存储器的宽度，16 位＊/
-romwidth 16                      /＊定义 ROM 存储器的宽度，16 位＊/
```

利用-memwidth 和-romwidth 选项，Hex 转换工具能灵活地组织内存。为了更好地使用和设置内存宽度选项，必须理解 Hex 转换工具是怎样处理存储器宽度的。

Hex 转换工具首先读入 COFF 格式的输入文件，该文件的原始数据是按目标宽度组织的。在 C6x 中，原始数据按 32 位组织。其次将 COFF 文件中的原始数据按指定的-memwidth 选项分组。最后将按 memwidth 宽度分组的数据再按指定的-romwidth 选项分组，并按指定的格式写入到输出文件。

内存宽度的合法值为 $2^{(3+n)}$（$n \geqslant 0$），如 8、16、32 等。关于内存宽度、-memwidth、-romwidth 的含义及其他之间的关系请参阅 9.3.7。

（3）产生烧录文件

打开操作系统的命令窗口，执行 hex6x. exe ovl _ burn. cmd，结果如图 9-11 所示。从

图 9-11 可以看出，Hex 转换工具转换了 overlayBurn. out 文件中的 . bootloader、. text、. cinit、. const、. binit、. ovly、. vectors、. task12 和 . task34 输出段。而这些段正好是在链接命令文件（程序 9-3）中指定了加载地址 FLASH _ VECT、FLASH _ BOOT、FLASH _ TEXT 和 FLASH _ OVLY 的段。二级引导不会复制只指定运行地址（未指定加载地址）的段，因而 Hex 转换工具并不转换这些段。

　　Hex6x. exe 执行完成后，在转换工具所在的目录（本例的目录为 dsp-book \ chapter9 _ overlayBurn）产生了 overlayBurn. hex 和 overlayBurn. mxp 文件。这两个文件就是在 ovl _ burn. cmd 中指定的转换输出文件，前者是可烧录到 ROM 中的 ASCII-Hex 格式文件，而后者是映射输出文件。

图 9-11　Hex 转换工具执行结果

9.4.6　关于用户引导程序的进一步讨论

　　从程序 9-2 给出的用户引导代码可以看出，二级引导代码使用的加载地址为 0x90000400，运行地址为 0x400，加载长度为 0x3fc00。使用这几个参数的原因在于：

- 系统复位时，一级引导从 0x90000000 开始读 1K 字节到 DSP 的 0x0 地址，因此 Flash 开头的 1024（0x400）字节存放二级引导代码。用户的应用程序存放在 0x90000400 开始的连续内存。所以，加载地址为 0x90000400；
- 二级引导代码被加载到 DSP 的片内内存 0x0～0x400，因此运行地址为 0x400，换句话说，用户应用程序被加载到 0x400；
- 6173B 有 256K 字节（0x40000）的内部存储器，扣除用户引导代码使用的 1K 字节，最大能容纳的用户程序只有 255K 字节（0x3fc00）。因此加载长度为 0x3fc00。

　　实际上，固化到 Flash 中的代码是目标内存的一个镜像，用户引导代码只需要将 Flash 中的内容逐个字节读到 DSP 的片内存储器即可，而加载长度就是目标处理器最大能容纳的程序长度。由于使用了固定的加载地址、运行地址和加载长度，简化了二级引导代码的开发（毕竟开发复杂的汇编代码是一件烦人的事）。只要用户开发的应用程序长度

（不包括 Overlay 代码）不超过 255K 字节，程序 9-2 给出的二级引导程序仍然可用。从这个意义上来讲，程序 9-2 仍具有普适性。

但是程序 9-2 的缺点在于不管固化的程序长短，都要加载 255K 字节，因而引导时间相对较长。一个好的解决办法是建立段复制表，用其描述二级引导需要复制的长度、源地址（加载地址）和目标地址（运行地址）。段复制表的格式如表 9-10 所示，它包含了需要从加载地址复制到运行地址的所有段的信息，每个表项有三个字段，即复制长度、源地址和目标地址。如果表项的三个字段都为 0，则表示复制表结束。

表 9-10　段复制表的格式

段 1 的复制长度
段 1 的源地址
段 1 的目标地址
段 2 的复制长度
段 2 的源地址
段 2 的目标地址
……
段 n 的复制长度
段 n 的源地址
段 n 的目标地址
0,0,0

链接器可以自动生成引导时的复制表，CCS3.0 及以上版本的集成开发环境提供了自动生成复制表的选项，对于开发二级引导而言，这种方法更简单、更灵活。链接器生成复制表的选项为：

- LOAD _ START（sym），定义一个变量 sym，此变量代表引导时的加载地址；
- RUN _ START（sym），定义一个变量 sym，此变量代表引导时的运行地址；
- LOAD _ SIZE（sym），定义一个变量 sym，此变量代表引导时需要复制的字节数。

提示：在链接命令文件中，LOAD _ START（sym）与 START（sym）等价；LOAD _ SIZE（sym）与 SIZE（sym）等价。

使用链接器的上述选项，需要修改链接命令文件和二级引导代码。为此将程序 9-3 修改为程序 9-5，将程序 9-2 修改为程序 9-6。

程序 9-5　overlay _ burn. cmd，自动生成复制表的链接命令文件
```
MEMORY
{
    BOOTRAM   : o  =  00000000h  l  =  00000400h
    IRAM      : o  =  00000400h  l  =  00021000h
    RUN _ OVL : o  =  00021400h  l  =  0001e000h
    VECT      : o  =  0003f400h  l  =  00000200h


    FLASH _ BOOT : o  =  90000000h  l  =  00000400h
    FLASH _ TEXT : o  =  90000400h  l  =  0003f000h
    FLASH _ VECT : o  =  9003F400h  l  =  00000200h
    FLASH _ OVLY : o  =  90040000h  l  =  00010000h
```

```
}
SECTIONS
{
.bootloader：load＝FLASH_BOOT，run＝BOOTRAM
.vectors：load＝FLASH_VECT，run＝VECT
            LOAD_START（_vect_ld_start），
            RUN_START（_vect_rn_start），
            SIZE（_vect_size）
.text：load＝FLASH_TEXT，run＝IRAM
          LOAD_START（_text_ld_start），
          RUN_START（_text_rn_start），
          SIZE（_text_size）
.bss      ＞  IRAM
.cinit    ＞  FLASH_TEXT
.const    ＞  FLASH_TEXT
.far      ＞  IRAM
.stack    ＞  IRAM
.cio      ＞  IRAM
.sysmem＞  IRAM
UNION
{
.task12：{debug\task1.obj（.text），debug\task2.obj（.text）}
      load≫FLASH_OVLY，table（BINIT），table（_task12_ctbl）
.task34：{debug\task3.obj（.text），debug\task4.obj（.text）}
      load≫FLASH_OVLY，table（_task34_ctbl）
} run＝RUN_OVL
.ovly：{  }＞FLASH_TEXT
.binit：{  }＞FLASH_TEXT
}
```

比较程序 9-3 和程序 9-5，可以看出，目标存储器的配置（MEMORY 指令）没有变化，但在段的配置（SECTIONS 指令）中增加了产生复制表的链接器选项。在 .vectors 段中，定义了变量 _vect_ld_start、_vect_rn_statrt 和 _vect_size，分别代表引导时复制 .vectors 段的源地址、目标地址和复制长度。类似的，在 .text 段中，定义了变量 _text_ld_start、_text_rn_start 和 _text_size，分别代表引导时复制 .text 段的源地址、目标地址和复制长度。.bootloader 段由一级引导自动复制，因而复制表中不包含该段的信息。

程序 9-6   bootloader.asm，使用复制表的用户引导代码

```
.title "Flash bootloader"
;; 全局变量引用
```

```
         . global  _ c _ int00              ;; C 代码入口
         . global _ text _ size            ;; . text 段的复制长度
         . global _ text _ ld _ start      ;; . text 段的源地址
         . global _ text _ rn _ start      ;; . text 段的目标地址
         . global _ vect _ size            ;; . vectors 段的复制长度
         . global _ vect _ ld _ start      ;; . vectors 段的源地址
         . global _ vect _ rn _ start      ;; . vectors 段的目标地址
;; EMIF 接口寄存器及控制字定义
EMIF _ GCR    . equ     0x01800000    ; EMIF 全局控制寄存器
EMIF _ CE1    . equ     0x01800004    ; EMIF CE1 控制寄存器
EMIF _ GCR _ V . equ   0x00003060    ; EMIF 全局控制寄存器控制字
EMIF _ CE1 _ 8 . equ    0xFFFFFF13   ; EMIF CE1 寄存器控制字
; * * * * * * * * * * * * * * * * * * * * * * * * * * * * * * * * *
   . sect  ". bootloader"               ;; 引导段定义
; * * * * * * * * * * * * * * * * * * * * * * * * * * * * * * * * *
         . align  4                       ;; 字边界对齐
; * * * * * * * * * * * * * * * * * * * * * * * * * * * * * * * * *
; *          初始化 EMIF 接口                             *
; *   * EMIF _ GCR＝EMIF _ GCR _ V                       *
; *   * EMIF _ CE1＝EMIF _ CE1 _ 8                        *
; * * * * * * * * * * * * * * * * * * * * * * * * * * * * * * * * *
BootLoaderToCopy：
            zero   B1
_ myloop：［！B1］B _ myloop
            nop   5
_ myloopend： nop
            zero B0
            mvkl EMIF _ GCR，B4                ; Config EMIF _ GCR
     ||     mvkl EMIF _ GCR _ V，A4
            mvkh EMIF _ GCR，B4
     ||     mvkh EMIF _ GCR _ V，A4
            stw A4,* B4
            mvkl EMIF _ CE1，B4                ; Config EMIF _ CE1
     ||     mvkl EMIF _ CE1 _ 8，A4
            mvkh EMIF _ CE1，B4
     ||     mvkh EMIF _ CE1 _ 8，A4
```

```
stw A4,* B4
    ; * * * * * * * * * * * * * * * * * * * * * * * * * * * * * *
    ; 复制开始
    ; * * * * * * * * * * * * * * * * * * * * * * * * * * * * * *
            mvkl   copyTable, a3          ;; a3：段复制表指针
            mvkh   copyTable, a3
copy _ section _ top：
            ldw   * a3＋＋, b0              ;; b0：复制长度
            ldw   * a3＋＋, b4              ;; b4：段源地址
            ldw   * a3＋＋, a4              ;; a4：段目标地址
            nop  2
            [! b0] b copy _ done            ;; 复制所有的段?
            nop  5
    copy _ loop：
            ldb   * b4＋＋, b5
            sub  b0, 1, b0                  ;; 复制长度－1
            [b0] b copy _ loop              ;; 如果本段未复制完，继续
            [! b0] b copy _ section _ top   ;; 如果本段复制完，进行下一段
    zero   a1
            [! b0] and  3, a3, a1
            stb  b5, * a4＋＋
            [! b0] and－4, a3, a5           ; 保证复制表指针在下一个字的边界
            [a1] add  4, a5, a3
    ; * * * * * * * * * * * * * * * * * * * * * * * * * * * * * *
    ; 跳转到 C 代码入口
    ; * * * * * * * * * * * * * * * * * * * * * * * * * * * * * *
    copy _ done：
            mvkl  . S2   _ c _ int00, B0
            mvkh  . S2   _ c _ int00, B0
            b  . S2  B0
            nop  5
    ;; * * * * * * * * * * * * * * * * * * * * * * * * * * * * * *
    ;; 段复制表定义
    ;; * * * * * * * * * * * * * * * * * * * * * * * * * * * * * *
    ;; 复制表格式
    ;;         复制长度
    ;;         源地址（加载地址）
    ;;         目标地址（运行地址）
```

copyText：

```
              ;; . text 段复制表
              . word    _ text _ size
              . word    _ text _ ld _ start
              . word    _ text _ rn _ start
              ;; . vectors 段复制表
              . word    _ vect _ size
              . word    _ vect _ ld _ start
              . word    _ vect _ rn _ start
              ;; 复制表结尾
              . word   0
              . word   0
              . word   0
```

程序 9-6 的几点说明如下。

① 程序 9-6 的结构与程序 9-2 类似，只不过在复制时使用了段复制表。复制表有三个表项，分别为 . text 段复制表，. vectors 段复制表和表的结尾；

② 段复制表的变量，如 _ text _ ld _ start 等是在链接命令文件中定义的，使用时必须以全局变量引用，如 . global _ text _ ld _ start；

③ 段复制表 copyTable 必须包含在 . bootloader 中，最好放在该段的末尾。这样 copyTable 就是二级引导代码的组成部分，在开始引导时由一级引导加载。复制表不能放在 . bootloader 段的开头，因为一级引导将二级引导代码加载到 DSP 的 0x0 地址，并开始执行。如果复制表被放置在 . bootloader 的开头，则复制表就在 0x0 地址，这显然是不行的。

9.5　要点与思考

使 DSP 程序自己跑起来是应用开发的最终目的，也是 DSP 应用开发的重要步骤和必不可少的环节。在 TMS320 系列 DSP 中，几乎都包含有 ROM，厂商在其中固化了支持多种引导模式的引导程序（Bootloader），并提供了硬件引导配置引脚，以便用户根据需要灵活选择引导方式，使应用程序上电引导执行。

Bootloader 的版本和功能随型号而异，即使是同一系列的 DSP 也有差异。因此本章选择了较常用、性价比高、最具代表性的 LF240x、C54x、C6x 系列 DSP 来讨论程序的引导问题。

通过上面的讨论，DSP 程序的引导可归纳如下。

① 引导硬件配置，根据应用需要，在上电引导之前选择适当的硬件配置。

- 对于 LF240x，将 MP/MC 引脚下拉到低电平，设置 DSP 为微控制器模式。将 BOOT _ EN 引脚置为低电平，使能 BootROM。选择引导源，如果选择从 SCI 引导，则设置 IOPC2 引脚为低电平；如果选择从 SPI 引导，则设置 IOPC2 引脚为高电平；

- 对于 C54x，将 MP/MC 置为低电平，设置 DSP 为微计算机方式。选择引导源，Bootloader 通过检查 INT2 中断来判断是否为 HPI 引导，通过检查 INT3 判断是否为串行 EEPROM 引导，通过检查引导表的标志来判断是否为并行引导、标准串行引导以及 I/O 引导。

- 对于 C6x，复位后，DSP 从外部存储器或外部设备开始引导。可根据复位时配置引脚 BOOTMODE 的锁存状态选择 C6x 器件支持的三种引导方式：无引导、ROM/Flash 引导和主机（Host）引导。

② 产生引导所需要的数据。

- 对于 LF240x，引导所需的数据格式如表 9-1 所示。
- 对于 C54x，根据引导模式生成引导表，其数据格式如表 9-3～表 9-5 所示。
- 对于 C6x，则编写二级引导代码（用户引导程序）。其源代码如程序 9-2 和程序 9-6 所示。

③ 程序的烧录。

- 对于 LF240x，CCS 提供有烧录工具，只要按烧录工具的要求操作即可。
- 对于 C54x，则要使用 Hex 转换工具生成适当的引导表，使用通用烧录工具即可。
- 对于 C6x，也要使用 Hex 转换工具产生烧录代码，用户引导程序必须烧录在 ROM/Flash 存储器的 0x0 地址。

尽管本章以 LF240A、C5409、C6713B 为例分别讨论了 C24x、C54x、C6x 系列 DSP 的程序引导问题，但给出的方法和实现步骤具有普适性。

提示：Bootloader 的版本属制造商所有，支持的引导模式、引导配置与硬件密切相关，版本的升级和支持模式的更改只在具体的器件资料（datasheet）上说明。

此外，读者在阅读本章内容时还可以注意思考下列问题。

① 要启动 LF240x 的 BootROM，在硬件上如何配置？
② LF240x 的 SPI 引导和 SCI 引导有何区别？是否支持并行引导？
③ 如何启动 C540x 的 Bootloader？C5409 支持哪些引导模式？
④ 产生 C54x 的引导表需要哪些步骤，应该注意哪些问题？
⑤ C6x 为何需要两级引导？
⑥ 创建二级引导应用程序需要哪些步骤？
⑦ 比较程序 9-2 和程序 9-6，修改程序 9-6 的复制表，使其能够实现程序 9-2 的功能。

第10章

回归原点
—— DSP在信号处理上的应用

本章要点

◆ 基于DSP的信号源设计

◆ FIR滤波器

◆ IIR滤波器

◆ 快速傅里叶变换(FFT)

10.1 概述

典型数字信号处理系统的结构如图 10-1 所示，基本处理过程是将模拟信号 $x(t)$ 变换成数字信号 $x(n)$，经过数字信号处理后，再将 $y(n)$ 变换成模拟信号 $y(t)$ 输出。图 10-1 中的抗混叠滤波器是将 $x(t)$ 中高于奈奎斯特（Nyquist）频率的高频分量滤除，以防止 $x(n)$ 频谱的混叠；采样保持器的作用是在 A/D 转换期间保持模拟信号不变，以保证转换值的准确性；模数转换器的作用是将模拟信号 $x(t)$ 变换成数字信号 $x(n)$；数字信号处理器的作用是对 $x(n)$ 进行处理，得到输出的数字信号 $y(n)$；数模变换器的作用是将 $y(n)$ 变换成模式信号；低通滤波器的作用是滤除 D/A 输出的高频分量，最后得到连续的模拟信号 $y(t)$。

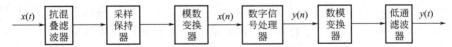

图 10-1　典型数字信号处理系统结构示意图

在实际应用中，图 10-1 中的各个环节并不是都需要，有时只需要其中的一部分。例如，有的系统要求将模拟信号 $x(t)$ 采集、处理，然后记录 $y(n)$，只需要前面的几个环节，就不需要数模变换器和低通滤波器了，数据采集记录系统就属于这种情况。有的系统要求将数字信号加工处理后再变换成模拟量输出，则只需要后面的几个环节，就不需要采样保持和模数变换器了，信号源、媒体播放系统就属于这种情况。对于纯数字系统，只需要数字信号处理器环节。

最初，DSP 只是为实时处理大量数据而专门设计的微处理器。现在，为了满足不同领域的应用需求，DSP 的功能不断增强，除了继续提高它的处理速度外，还增加了许多外围设备（如串口、SPI、HPI、SCI、CAN、ADC、I/O 等）。尽管如此，相对于其他处理器而言，由于 DSP 具有改进的哈佛结构（Harvard structure）、流水线（Pipeline）操作、硬件乘法器、特殊的数字信号处理指令、并行操作以及快速的指令周期等特点，在数字信号处理方面具有独特的优势。因此数字信号处理仍然是 DSP 极其重要的应用领域之一。本章将讨论与数字信号处理相关的问题。

信号发生器是很多应用研究领域必不可少的设备，利用 DSP 产生信号，具有方便灵活、性价比高等特点。因此在 10.2 节中讨论了基于 DSP 的信号源设计，内容包括信号生成与输出的普遍问题、正弦信号的产生、调幅信号的产生，并给出了在 C54x DSP 上实现的程序代码。数字信号处理最主要的应用领域之一是数字滤波，被认为是数字信号处理的重要基石。在 10.3 节中将介绍 FIR 滤波器，讨论程序设计考虑和在 C54x DSP 上的实现。在 10.4 节中将介绍 IIR 滤波器，分析程序设计应考虑的问题和在 C67x DSP 上的实现。

自从 1965 年柯利（Cooley）和杜克（Tukey）提出 FFT 算法以来，傅立叶变换的应用领域得到了快速的拓展，实时应用已成为可能。在 10.5 节中将讨论快速傅立叶变换（FFT），包括算法简介、编程考虑及其在 C67x DSP 上的实现。

10.2 基于 DSP 的信号源设计

在测控、通信、仪器、仪表、家电等研究领域，信号源是不可或缺的研究设备。对于高频信号源，大多采用基于 FPGA 的直接频率合成技术（Directed Digit Synthesis，DDS）设计。但对于中低频信号源，从性价比以及灵活性考虑，采用基于 DSP 的设计是一个不错的解决方案。

10.2.1 信号的生成与输出

信号的生成是根据采样定理实现的，产生的过程就是对要输出波形函数进行采样，得到所需的离散采样值，如图 10-2 所示。以正弦信号为例，其连续时间函数可以表示为：

$$S(t) = Amp\sin(\omega t) = Amp\sin[\theta(t)] \tag{10-1}$$

式中，Amp 是正弦信号的幅值；$\theta(t)$ 为信号的相位，$\theta(t) = 2\pi ft$，f 为信号的频率。显然 $S(t)$ 和 $\theta(t)$ 都是连续时间函数，为便于数字处理，需要将幅值和相位进行离散化处理。假定用频率 f_s 对式（10-1）进行采样，则相邻采样点之间相位的变化量为

$$\Delta\theta = \frac{2\pi f}{f_s} = 2\pi\Omega_d, \tag{10-2}$$

式中，Ω_d 称为数字频率或归一化频率，$\Omega_d = \dfrac{f}{f_s}$。假定在一个正弦周期内（相位变化 360 度）有 N 个采样点，则 $\Delta\theta = 2\pi/N$，因而有：

$$f = \frac{f_s}{N} \tag{10-3}$$

式（10-3）表明，在采样频率确定的情况下，只要 N 足够大（采样点足够密），就可

以得到最小的频率分辨率 f_{min}。如果每隔 M 点输出一个数据，则输出信号的频率为：

$$f_{out} = M \frac{f_s}{N} \qquad (10\text{-}4)$$

式中，M 称为频率控制字。式（10-4）表明只要改变频率控制字 M、周期采样点数 N 和采样频率 f_s，就可以改变输出频率和频率分辨率。

图 10-2 展示了对正弦信号的采样过程，其中实线表示连续正弦信号的波形，圆点代表离散采样值，Δt 代表采样间隔时间，其倒数 $1/\Delta t$ 代表采样频率。图 10-2 中使用的采用频率为 1kHz，信号的幅值为 1、频率为 50Hz，每个周期采样 20 点。

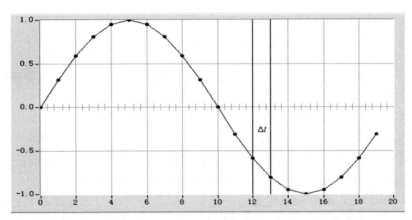

图 10-2　正弦信号采样示意图

通过上面的讨论，可以认为信号的产生和输出是两个独立的过程。产生信号时，可以根据系统的能力得到最小的频率分辨率；而输出信号时，通过选择适当的频率控制字以满足输出要求。

假定要求信号输出的最小分辨率为 0.1Hz，采用频率为 20000Hz，则由式（10-3）和式（10-2）可得，周期采样点数 $N = 200000$，相邻采样点之间的相位变化 $\Delta\theta = 0.0018$。则频率控制字 M 与输出频率之间的关系如表 10-1 所示。

表 10-1　频率控制字与输出频率之间的关系

频率控制字 M	输出频率	说明
1	0.1Hz	
10	1Hz	
100	10Hz	采用频率 20kHz
1000	100Hz	周波采用点数 200000
10000	1kHz	
50000	5Hz	

根据采样定理，输出频率不应大于折叠频率（采样频率的一半），因而 M 的最大取值应为 100000。但实际中，输出频率以不超过采样频率的 1/4 为宜。

信号生成的数据经数模转换器（D/A）后，可实现信号的输出。由于产生信号时，离散化数据是按给定的物理量参数产生的，通过 D/A 输出时，还应通过标度变换将其转换成 D/A 所需的输出值。

标度变换是指 D/A 输出值与物理量之间的对应换算。假定 D/A 的输出是线性的，如图 10-3 所示，则线性标度变换可按下面的直线方程来处理。

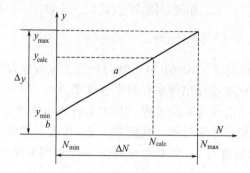

图 10-3　线性标度变换

$$N_{\text{out}} = N_{\min} + \frac{N_{\max} - N_{\min}}{y_{\max} - y_{\min}} (y_{\text{calc}} - y_{\min}) = a y_{\text{calc}} + b \tag{10-5}$$

式中，y_{calc} 为物理量计算值；N_{out} 为当前的 D/A 转换值；$y_{\max}$ 为最大物理量程；$y_{\min}$ 为最小物理量程；$N_{\max}$ 为 D/A 转换最大值；$N_{\min}$ 为 D/A 转换最小值。

例如，假定 D/A 是 16bit 二进制补码转换器，物理量转换范围是 ±10V，则对应 D/A 的转换范围为 32767～−32768。此时：

$y_{\max} = 10\text{V}$，$y_{\min} = -10\text{V}$，$N_{\max} = 32767$，$N_{\min} = -32768$，$a = 3276.75$，$b = 0$

如果要输出的物理量计算值为 5V，则 D/A 输出值 $N_{\text{out}} = 16384$。

根据式（10-4），在采样频率确定的情况下，频率分辨率与周波采样点数应成反比。但对于低频信号，过高的采样频率不仅没有实际意义，而且增加了数据生成的时间，因为 D/A 转换器的分辨率决定了相邻两个采样点的增量。在上面的例子中，D/A 输出的分辨率为 20/65535≈0.000305V=0.305mV，而用 20kHz 的采样频率生成 0.1Hz 的正弦信号时，其相邻两个点之间的增量约为 0.039mV。因此，对于低频信号，应降低采样频率和周波采样点数，从而节省生成数据的时间。

按照上面的讨论，如果有一个满足频率分辨率、覆盖最大频率输出范围的函数表，那么，用不同的频率控制字从表中抽取数据，然后通过 D/A 转换器输出，则信号发生器的问题就解决了。但是具体实现时，问题并没有那么简单。如果要求频率分辨率高，输出频率范围大，那么建立函数表所需的内存是非常大的。例如，要求频率分辨率为 0.1Hz，最大输出频率为 1MHz，按采样定理的要求，最小的采样频率 $f_s = 2\text{MHz}$。根据式（10-3），函数表的长度应为 $N = 2 \times 10^7$。如果 D/A 转换值需要两个字节，那么建立函数表需要 40M 字节的存储空间，这在有些系统上是难以实现的。

10.2.2　正弦信号的产生

正弦信号是最常用的信号之一，也是信号发生器的重要功能。生成正弦函数的方法有多种，如查表法、泰勒级数展开法、CORDIC 算法等。在精度要求较高的情况下，纯查表法需要的存储空间较大。泰勒级数展开法要求的存储空间较少，但计算量较大。CORDIC 法使用逐次迭代方法计算，但误差会随着迭代次数增大。本节将介绍一种基于查表的正弦波生成方法，该方法利用正弦函数的对称性使得正弦表的长度很小，却具有较高的精度。

该方法的原理是将 sin 函数的相位分成整数和小数部分。整数部分用 x 表示，取值为 $0° \sim 359°$；小数部分用 y 表示，取值 $0.01° \sim 0.99°$。则

$$\sin (x+y) = \sin x \cos y + \sin y \cos x \qquad (10\text{-}6)$$

如果已知 $\sin x$、$\sin y$ 和 $\cos y$，就可根据式 (10-6) 计算出 $\sin (x+y)$ 函数的值。三角函数 sin 和 cos 具有如下对称性：

- $\sin (90°+x) = \sin (90°-x)$；
- $\sin (180°+x) = -\sin (x)$；
- $\sin (270°+x) = -\sin (90°-x)$；
- $\cos x = \sin (90°-x)$；
- $\cos (90°+x) = -\sin (x)$；
- $\cos (180°+x) = -\cos (x) = -\sin (90°-x)$；
- $\cos (270°+x) = \sin x$。

根据上述对称性，只需要建立 1/4 周期的正弦函数表就可以了，其余可以通过对称性得到。本方法建立 90 个点的整数相位正弦表，表的相位分辨率为 1 度。分别建立 100 点的小数相位正弦表和余弦表，表的相位分辨率为 0.01 度。

在产生波形数据时，首先根据相位的整数部分，从表中得到 $\sin x$ 和 $\cos x$。其次根据相位的小数部分，从表中得到 $\sin y$ 和 $\cos y$。最后根据式 (10-6) 计算出正弦信号的值。该方法在 C54x DSP 上实现，源代码见程序 10-1。

程序 10-1 基于查表的正弦波生成程序

```
#define  PI                3.14159265358979323846264433832795
#define  ARC_OF_1DEG       (PI/180.0)
#define  SCALE_20          0x100000
#define  SCALE_MINOR       0x000fffff
#define  SCALE_INT         0xfff00000
#define  SCALE_N           20
#define  MINOR_LEN         100
#define  ARC_OF_1DEG_INT   (long)(ARC_OF_1DEG * SCALE_20)
#define  NORM_DEGREE       (360 * SCALE_20)
//整数相位的 sin 表
long  sinTable0 [91] = {
    0x00000, 0x0477c, 0x08ef3, 0x0d65e, 0x11db9, 0x164fd,
    0x1ac26, 0x1f32d, 0x23a0e, 0x280c1,
    0x2c743, 0x30d8e, 0x3539b, 0x39966, 0x3dee9, 0x4241f, 0x46903,
    0x4ad8e, 0x4f1bc, 0x53587,
    0x578ea, 0x5bbe0, 0x5fe63, 0x6406f, 0x681fe, 0x6c30b, 0x70391,
    0x7438c, 0x782f5, 0x7c1c8,
    0x80000, 0x83d99, 0x87a8d, 0x8b6d7, 0x8f274, 0x92d5e, 0x96792,
    0x9a109, 0x9d9c0, 0xa11b2,
    0xa48dc, 0xa7f38, 0xab4c2, 0xae977, 0xb1d52, 0xb504f, 0xb826a,
    0xbb3a0, 0xbe3ec, 0xc134a,
    0xc41b8, 0xc6f31, 0xc9bb1, 0xcc736, 0xcf1bc, 0xd1b3f, 0xd43bd,
    0xd6b32, 0xd919b, 0xdb6f5,
```

0xddb3d，0xdfe71，0xe208e，0xe4190，0xe6176，0xe803d，0xe9de2，0xeba63，
0xed5bf，0xeeff2，

0xf08fb，0xf20d8，0xf3787，0xf4d06，0xf6154，0xf746f，0xf8655，
0xf9705，0xfa67e，0xfb4bf，

0xfc1c6，0xfcd92，0xfd823，0xfe178，0xfe990，0xff06a，0xff606，0xffa63，
0xffd81，0xfff60，

0x100000}；

//小数相位的 sin 表
long sinTable1［100］＝{

0x00000，0x000b7，0x0016e，0x00225，0x002dc，0x00393，0x0044a，
0x00501，0x005b8，0x0066f，

0x00726，0x007dd，0x00894，0x0094b，0x00a02，0x00ab9，0x00b70，
0x00c27，0x00cde，0x00d95，

0x00e4c，0x00f03，0x00fba，0x01071，0x01128，0x011df，0x01296，
0x0134d，0x01404，0x014bb，

0x01572，0x01629，0x016e0，0x01797，0x0184e，0x01905，0x019bc，
0x01a73，0x01b2a，0x01be1，

0x01c98，0x01d4f，0x01e06，0x01ebd，0x01f74，0x0202b，0x020e2，
0x02199，0x02250，0x02307，

0x023be，0x02475，0x0252c，0x025e3，0x0269a，0x02751，0x02808，
0x028bf，0x02976，0x02a2d，

0x02ae4，0x02b9b，0x02c52，0x02d09，0x02dc0，0x02e77，0x02f2e，
0x02fe5，0x0309c，0x03153，

0x0320a，0x032c1，0x03378，0x0342f，0x034e6，0x0359d，0x03654，
0x0370b，0x037c2，0x03879，

0x03930，0x039e7，0x03a9e，0x03b55，0x03c0c，0x03cc3，0x03d7a，
0x03e31，0x03ee8，0x03f9f，

0x04056，0x0410d，0x041c4，0x0427b，0x04332，0x043e9，0x044a0，
0x04557，0x0460e，0x046c5}；

//小数相位的 cos 表
long cosTable1［100］＝{

0x100000，0x100000，0x100000，0x100000，0x100000，0x100000，0xfffff，
0xfffff，0xfffff，0xfffff，

0xffffe，0xffffe，0xffffe，0xffffd，0xffffd，0xffffc，0xffffc，
0xffffb，0xffffb，0xffffa，

0xffffa，0xffff9，0xffff8，0xffff8，0xffff7，0xffff6，0xffff5，
0xffff4，0xffff3，0xffff3，

0xfffff2，0xffff1，0xffff0，0xfffef，0xfffee，0xfffec，0xfffeb，
0xfffea，0xfffe9，0xfffe8，

0xfffe6，0xfffe5，0xfffe4，0xfffe2，0xfffe1，0xfffe0，0xfffde，0xfffdd，

0xfffdb，0xfffda，

0xfffd8，0xfffd6，0xfffd5，0xfffd3，0xfffd1，0xfffd0，0xfffce，0xfffcc，0xfffca，0xfffc8，

0xfffc7，0xfffc5，0xfffc3，0xfffc1，0xfffbf，0xfffbd，0xfffba，0xfffb8，0xfffb6，0xfffb4，

0xfffb2，0xfffaf，0xfffad，0xfffab，0xfffa9，0xfffa6，0xfffa4，0xfffa1，0xfff9f，0xfff9c，

0xfff9a，0xfff97，0xfff95，0xfff92，0xfff8f，0xfff8d，0xfff8a，0xfff87，0xfff84，0xfff81，

0xfff7f，0xfff7c，0xfff79，0xfff76，0xfff73，0xfff70，0xfff6d，0xfff6a，0xfff67，0xfff63};

```
        extern void Multiply32 (long x, long y, long * z);  //32bit 整数相乘函数
//=========================================
//查表计算 sin 值
//输入参数：phase————要计算的相位
//输出参数：fSin————计算的 sin 值
//          fCos————计算的 cos 值
void intGetValueAccordingPhase (long phase, long * fSin, long * fCos)
{  long phIndex, areaIndex, tabIndex, minorTabIndex;
   long fTmp, fSinx, fCosx, fSiny, fCosy;
   long phs, x, y;
   long lTmp1, lTmp2;
phIndex= (phase>>SCALE _ N);          //取相位的整数部分
phs=phase & SCALE _ MINOR;            //取相位的小数部分
tabIndex=phIndex%90;                  //整数相位表索引

areaIndex=phIndex/90;                 //确定相位整数部分的象限
minorTabIndex=phs * 100;
minorTabIndex>>=SCALE _ N;            //小数相位表索引
switch (areaIndex)
{  case 0:     //第 1 象限
fSinx=sinTable0 [tabIndex];
fCosx=sinTable0 [90-tabIndex];
break;
    case 1:      //第 2 象限
fSinx=sinTable0 [90-tabIndex];
fCosx=-sinTable0 [tabIndex];
break;
    case 2:      //第 3 象限
fSinx=-sinTable0 [tabIndex];
```

```
                        fCosx=-sinTable0 [90-tabIndex];
                        break;
                 case 3:        //第 4 象限
                        fSinx=-sinTable0 [90-tabIndex];
                        fCosx=sinTable0 [tabIndex];
                        break;
    }
    fSiny=sinTable1 [minorTabIndex];        //整数相位对应的 sin 值
    fCosy=cosTable1 [minorTabIndex];        //整数相位对应的 cos 值
    lTmp1=lTmp2=0;
    Multiply32 (fSinx, fCosy, &lTmp1);    //lTmp1=fSinx * fCosy
    Multiply32 (fSiny, fCosx, &lTmp2);    //lTmp2=fSiny * fCosx
    x= _ lsadd (lTmp1, lTmp2);
    Multiply32 (fCosx, fCosy, &lTmp1);    //lTmp1=fCosx * fCosy
    Multiply32 (fSinx, fSiny, &lTmp2);    //lTmp2=fSinx * fSiny
    y=lTmp1-lTmp2;
    //计算剩余角度的值
    fTmp=phase- (phase & SCALE _ INT);
    fTmp-= (minorTabIndex<<SCALE _ N) /100;
    Multiply32 (y, fTmp, &lTmp1);
    Multiply32 (lTmp1, ARC _ OF _ 1DEG _ INT, &fTmp);
    * fSin=fTmp+x;
    * fCos=y;
}
//==========================================
;; 32 位整数乘法汇编函数
;; C 调用函数原型: long Multiply32 (long x, long y, long * z);
;; 输入参数:     x-------32 位乘数 1
;;               y-------32 位乘数 2
;; 输出参数:     z-------32 位积
;; 参数传递: 第一个参数 x 在累加器 A 中, 第二、三个参数 y, z 在堆栈中
;; 返回值:     如果返回值非 0, 表示乘法溢出
        .global   _ Multiply32
        .mmregs
        .asg (0), X1        ;; 临时变量: 存储乘数 1 的高 16bit
        .asg (1), X0        ;; 临时变量: 存储乘数 1 的低 16bit
        .asg (2), W3        ;; 临时变量: 积的最高 16bit
        .asg (3), W2        ;; 临时变量: 积的次高 16bit
        .asg (4), W1        ;; 临时变量: 积的中高 16bit
```

```
            .asg  (5), W0          ;; 临时变量: 积的低 16bit
            .asg  (6), ret_addr     ;; 返回地址
            .asg  (7), Y1          ;; 乘数 2 的高 16bit
            .asg  (8), Y0          ;; 乘数 2 的低 16bit
            .asg  (9), z           ;; 输出参数 z 的地址
_Multiply32:
            pshm    ar3              ;; 保护寄存器 ar3
            nop
            mvmm sp, ar3
            pshm    ar2              ;; 保护寄存器 ar2
            pshm    st0              ;; 保护寄存器 st0
            pshm    st1              ;; 保护寄存器 st1
            frame   -6               ;; 在堆栈中, 分配临时变量 X0, X1, Y0,
                                        Y1, W0, W1

            nop
            stl     a, X0            ;; 存参数 x 的值到临时变量
            sth     a, X1
            mvmm    sp, ar2
            addm    #3,* (ar3)  ; AR3 指向 Y0 地址
            addm    #1,* (ar2)  ; AR2 指向 X0 地址
            nop
            nop
            LD      * AR2, T     ; T=X0
            MPYU    * AR3-, A    ; A=X0 * Y0
            STL     A, @W0       ; save W0
            LD      A, -16, A    ; A=A≫16
            MACSU   * AR2-,* AR3+, A  ; A=X0 * Y0≫16+X0 * Y1
            MACSU   * AR3-,* AR2, A  ; A=X0 * Y0≫16+X0 * Y1+X1 * Y0
            STL  A, @W1  ; save W1
            LD      A, -16, A    ; A=A≫16
            MAC   * AR2,* AR3, A   ; A= (X0* Y1+X1 * Y0) ≫16+X1 * Y1
            STL     A, @W2       ; saveW2
            STH     A, @W3       ; saveW3
            nop
            nop
            ld      @W3, 16, b ;; 积的高 32bit (W3W2) 到累加器 B
            ld      @W1, 16, a ;; 积的低 32bit (W1W0) 到累加器 A
            or      @W2, b
            or      @W0, a
;; 积右移 20 位
```

```
        stm   #19，brc
        rptb  mul32_end-1
        rsbx  c
        ror   b
        ror   a
        nop
        mul32_end：
        nop
        stlm  b，ar2；；暂存 b
        nop
        nop
        ld    *ar3（2），b；；取积 z 的地址
        nop
        nop
        stlm  b，ar3
        nop
        nop
        DST   a，*ar3；；存积 z 的值
        nop
        nop
        ldm   ar2，a；；返回值
        frame 6；；恢复临时变量占用的堆栈空间
        nop
        popm st1；；恢复寄存器 st1
        popm st0；；恢复寄存器 st0
        popm ar2；；恢复寄存器 ar2
        popm ar3；；恢复寄存器 ar3
        ret
//=====================================
//正弦信号参数
long smpFreq=16000；          //采样频率
float sigFreq=100.0；         //信号频率
float sigAmp=1.0；            //信号幅值
float phase=30；              //信号初相位
short DaOut [800]；           //D/A 输出值
//正弦波生成主函数
void main (void)
{   int i;
    long iSin, iCos;
```

```
float delta_f= (float) sigFreq/ (float) smpFreq;        //数字频率，归一化频率
long iDeltaPh=360.0*delta_f*SCALE_20;        //每个采样点的相位
long phSum=phase*SCALE_20;                //相位累加
for (i=0; i<800; i++)
{
        intGetValueAccordingPhase (phSum, &iSin, &iCos);
        iSin>>=6;
        DaOut [i] =iSin/5;
        phSum+=iDeltaPh;
        if (phSum>=NORM_DEGREE)
            phSum-=NORM_DEGREE;
    }
}
```

程序 10-1 的几点说明如下。

① 由于 C54x 是定点（Fixed-point）信号处理器，所以程序 10-1 的计算全部使用整数运算。为了保证精度，数的表示用 Q11.20 数据格式，如表 10-2 所示。

表 10-2　Q11.20 数据格式

Bit	31	30~20	19	18~1	0
值	s	I10~I0	Q19	Q18~Q1	Q0

Q11.20 能够表示的数的最大范围为 $-2048 \sim 2047$，最小的分数分辨为 $2^{-20} \approx 9.534 \times 10^{-7}$。程序 10-1 中的 sinTable0、sinTable1 和 cosTable1 常数表就是用 Q11.20 表示的。例如 $\sin(\pi/6)=0.5$，用 Q11.20 表示为 $0.5 \times 2^{20} = 0x80000$。

② Q11.20 格式的数可视为长整数（32bit），两个长整数相乘将产生 64bit 的积。而在 DSP 的 C 语言中不支持 64bit 的整数，因而在程序 10-1 中，编写了 32bit 相乘的汇编子程序 _Multiply32。此子程序在 C 语言中可以调用，其 C 函数的原型为 long Multiply32（long x，long y，long* z），参数 x 和 y 是 Q11.20 格式的数，x 和 y 相乘的结果从 z 中返回。由于 x 和 y 的相乘结果是 64bit，为了从 z 中返回 Q11.20 格式的数，_Multiply32 在执行了 32bit 整数相乘后，将结果右移 20 位。如果 _Multiply32 的返回值非 0，表示乘法溢出。

③ 函数 intGetValueAccordingPhase 根据相位 phase 查表计算 sin 的值。phase 是一个 Q11.20 表示的值，首先将 phase 右移 20 位得到相位的整数部分 x，并确定当前相位所在象限。根据象限从 sinTable0 中查表得到对于的 $\sin x$ 和 $\cos x$ 值。其次根据相位的小数部分 y，从 sinTable1 和 cosTable1 中分别查表得到 $\sin y$ 和 $\cos y$，再用式（10-6）计算正弦函数的值。从查表计算的正弦函数值只包含相位的两位小数，两位小数后的部分没有计及在内。最后用公式：

$$\sin(\theta+\Delta\varphi)=\sin(\theta)\cos(\Delta\varphi)+\sin(\Delta\varphi)\cos(\theta)\approx\sin(\theta)+\Delta\varphi\cos(\theta)$$

近似计算剩余角度的值，当 $\Delta\varphi$ 很小时，$\sin(\Delta\varphi)\approx\Delta\varphi$。但要注意的是，$\Delta\varphi$ 的单位应是弧度而不是角度。

④ main 函数作为主控函数只要完成正弦数据的产生，首先根据给定的波形参数计算每个点的相位增量 iDeltaPh，为相位累加器 phSum 赋初值。然后计算每个输出点的正弦值。从 intGetValueAccordingPhase 函数得到的数据是用 Q11.20 表示的物理量，还要根据 D/A 的量程转换成所需的输出值，这里假定使用 16 位 D/A，输出范围为 ±10V，则每伏对应的 D/A 输出值为 $2^{16}/20$。设用 Q11.20 表示的物理量为 x，则对应的 D/A 输出值 V_{da} 为：

$$V_{da}=x \times 2^{-20} \times 2^{16}/20=x/(5 \times 2^{-6})$$

程序 10-1 生成的波形如图 10-4 所示。图中的纵坐标表示 D/A 的输出值，横坐标表示计算点数。

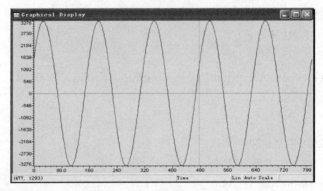

图 10-4　正弦信号波形

10.2.3　调幅信号的产生

信号调制技术在无线电广播、通信、电视、雷达等系统中获得广泛应用，因而，调幅信号也是较常用的信号源之一。

利用一个高频率信号的幅度变化来反映一个低频率信号的幅度变化的方法称为调幅，其中的高频率信号称为载波信号，而低频率信号则称为调制信号。用低频率信号幅度变化来控制高频率信号幅度变化的过程称为信号调制。由于高频信号便于远距离传送，所以经常采用调制信号来传递低频信号（如代表语音、音乐、图像的电信号）。

假定：

调制信号表示为 $u_\Omega(t)=U_{\Omega m}\sin\Omega t$，$\Omega=2\pi f$；

载波信号表示为：$u_c(t)=U_{cm}\sin\omega_c t$，$\omega_c=2\pi f_c$。

为保证调幅过程中频谱的线性搬移，应使 $f_c\geqslant 2f$。

则调幅信号的包络为 $U_{cm}(t)=U_{cm}+kU_\Omega(t)$，$k$ 为比例常数。调幅信号为

$$u_{AM}(t)=U_{cm}(t)\sin\omega_c t$$
$$=(U_{cm}+kU_{\Omega m}\sin\Omega t)\sin\omega_c t$$
$$=U_{cm}(1+M_a\sin\Omega t)\sin\omega_c t \tag{10-7}$$

式中，$M_a=kU_{\Omega m}/U_{cm}$，称为调幅度，是调幅信号的重要参数。一般情况下，$0<M_a<1$、$f_c\gg f$。若 $M_a>1$，则称为过调制，此时 $u_{AM}(t)$ 的包络不能反映调制信号的变化，因此应选择适当的 U_{cm}、$U_{\Omega m}$ 及 k，避免过调制。

调幅信号的波形及其频谱如图 10-5 所示，图 10-5（a）表示调制信号（上）、载波信号（中）和调幅信号（下）的时域波形。10-5（b）表示它们的频谱。

从表达式（10-7）可以看出，调制信号由两部分叠加而成：一部分是载波信号；另一部分是调制信号与单位振幅值载波的相乘项。因此，调幅可通过在时域内的相乘过程实现。也可以通过三角函数恒等式将式（10-7）写成如下形式：

$$u_{AM}(t)=U_{cm}\sin\omega_c t+M_aU_{cm}\sin\Omega t\sin\omega_c t$$
$$=U_{cm}\sin\omega_c t+\frac{1}{2}M_aU_{cm}\sin(\omega_c+\Omega)t+\frac{1}{2}M_aU_{cm}\sin(\omega_c-\Omega)t \tag{10-8}$$

从式（10-8）可以看出，调幅信号是由频率分量分别为 ω_c、$\omega_c+\Omega$、$\omega_c-\Omega$ 的三个单频信号叠加而成。信号的调幅在频域中表现为频谱搬移过程，经过调幅，调制信号的频谱被搬移到载频 ω_c 的两旁，称为上边频和下边频，所搬移的频量是调制频率 Ω。

利用上节讨论的关于正弦信号的生成方法，很容易产生调制信号。具体实现方法就是

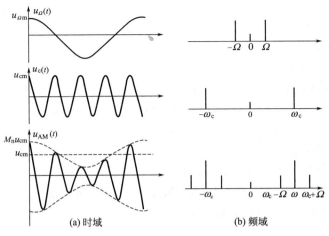

图 10-5 调幅信号波形及其频谱示意图

分别产生频率为 ω_c、$\omega_c+\Omega$ 和 $\omega_c-\Omega$ 的三个正弦信号，然后将它们叠加来生产调幅信号。在 C5409 上的实现见程序 10-2，生成的波形如图 10-6 所示。

程序 10-2 调幅信号的产生

```
//载波参数
float Ucm=1.0;                    //载波幅值
float fcm=100.0;                  //载波频率
//调制波参数
float Um=0.1;                     //调制波幅值
float fm=1.0;                     //调制波频率
float kFactor=4.0;                //比例常数
float fs=1000.0;                  //采样频率
int daData [2048];                //D/A 输出缓冲区
void CreateAM (void)
{    int i, dataLen;
     long iPhSum0, iPhSum1, iPhSum2;
     long iSin, iCos;
     float Ma=kFactor*Um/ (2.0*Ucm); //调制度
     float f0=fcm;
     float f1= (fcm+fm);
     float f2= (fcm-fm);
     long df0= (360.0*f0/fs)*SCALE_20; //频率 f0 的相位变化步长
     long df1= (360.0*f1/fs)*SCALE_20; //频率 f1 的相位变化步长
     long df2= (360.0*f2/fs)*SCALE_20; //频率 f2 的相位变化步长
     long UCM=Ucm*SCALE_20;
     long MA=Ma*SCALE_20;
     iPhSum0=iPhSum1=iPhSum2=0.0; //相位累加器
```

```
dataLen＝2048；
for (i＝0；i<dataLen；i++)
{   long lTmp；
    long   sum＝0；
    //计算 Ucm* sin (f0)
    intGetValueAccordingPhase (iPhSum0，&iSin，&iCos)；
    Multiply32 (iSin，UCM，&lTmp)；
    sum+＝lTmp；
    //计算 (Ma/2)* Ucm* sin (f1)
    intGetValueAccordingPhase (iPhSum1，&iSin，&iCos)；
    Multiply32 (iSin，MA，&lTmp)；
    sum+＝lTmp；
    //计算 (Ma/2)* Ucm* sin (f2)
    intGetValueAccordingPhase (iPhSum2，&iSin，&iCos)；
    Multiply32 (iSin，MA，&lTmp)；
    sum+＝lTmp；
    //变换成 D/A 输出值
    sum* ＝sigAmp；
    sum≫＝4；
    daData [i]＝sum/20；
    iPhSum0+＝df0；
    if (iPhSum0>＝NORM _ DEGREE)
    iPhSum0-＝NORM _ DEGREE；
    iPhSum1+＝df1；
    if (iPhSum1>＝NORM _ DEGREE)
    iPhSum1-＝NORM _ DEGREE；
    iPhSum2+＝df2；
    if (iPhSum2>＝NORM _ DEGREE)
    iPhSum2-＝NORM _ DEGREE；
    }
}
```

关于程序 10-2 的几点说明如下。

① 程序 10-2 沿用了程序 10-1 的设计思想，计算正弦值时仍用查表法，因而调用了程序 10-1 的函数 intGetValueAccordingPhase。同时，D/A 输出也继承了程序 10-1 的假定。

② 作为示例，程序 10-2 使用的载波幅值为 1.0，载波频率为 100Hz；调制波幅值为 0.1，调制波频率为 1.0Hz；采样频率为 1000Hz。如果要产生其他参数的调幅信号，修改相应的变量即可。但要注意，改变信号频率时，应满足采用定理，以及 $f_c \gg f$ 的要求。

③ 程序 10-2 完全按公式 (10-6) 设计，根据给定的载波和调制波频率得到合成调幅信号的三个正弦信号的频率 f_0、f_1 和 f_2。然后计算出每个采样点的相位增量。

④ 为了直观地观察输出波形，程序 10-2 产生并记录了 1024 个输出点，并绘制了如图

10-6 所示的波形。在实际输出时，可以直接输出，而不需要将输出点记录下来。

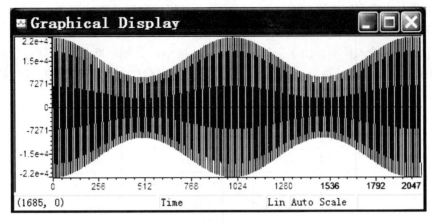

图 10-6　调幅信号波形

10.3　FIR 滤波器

数字滤波是 DSP 最基本的应用领域之一，也是 DSP 芯片发展的原动力。一个 DSP 芯片执行数字滤波的能力反映了该芯片的基本性能，为了追求高性能，大多数 DSP 芯片在一个指令周期内可以完成多次操作（如乘加运算、并行操作等），并且还设计了特殊的指令，如 C25 中的 MACD（乘法、累加和数据移动）指令，C54x 中的 MAX（累加器的最大值）指令和 LMS（最小均方值）等。本节将介绍较常用的 FIR（Finite Impulse Response，有限冲击响应）数字滤波器在 C54x DSP 中的实现方法。

10.3.1　FIR 滤波器程序设计考虑

FIR 滤波器的差分方程表达式为：

$$y(n) = \sum_{i=0}^{N-1} a_i x(n-i) \tag{10-9}$$

式中，$y(n)$ 为滤波器的输出；$x(i)$ 为滤波器的输入；a_i 为滤波器的系数；N 为滤波器的阶次。FIR 滤波器的主要特点是没有反馈项，因而是一个稳定系统。FIR 滤波器的系统函数 $h(n)$ 是一个有限长的序列，如果 $h(n)$ 是实数，且具有偶对称性或奇对称性，即：

$$h(n) = h(N-1-n)$$

或　$h(n) = -h(N-1-n)$

则滤波器具有线性相位特性。对于偶对称线性相位滤波器，N 为偶数，FIR 滤波器的系数具有 $a_i(n) = a_i(N-1-n)$ 对称性，因而差分方程可表达为：

$$y(n) = \sum_{i=0}^{N/2-1} a_i [x(n-i) + x(N-1-n-i)] \tag{10-10}$$

从式（10-9）和式（10-10）可以看出，FIR 滤波就是输入与滤波器系数相乘并累加的过程。由于输入样本的长度为 N，计算时需要递推 N 个最新的样本值。因此，在 DSP 上实现 FIR 滤波器的关键步骤就是快速地进行乘加计算和递推样本的值，而 C54x DSP 提供了专门的乘加指令，因而 FIR 滤波程序设计中要解决的主要问题就是快速地递推样本值。

在 DSP 上递推数据主要有两种方法：线性缓冲区法和循环缓冲区法。

① 线性缓冲区法　在数据存储器中为 FIR 滤波器分配 N 个单元的连续缓冲区，用于存放 N 个最新的输入样本。由于工作时，该缓冲区中的数据不断更新，就好像从一个滑动的窗口观察输入样本的最新 N 个值，因而线性缓冲区法又称为滑动窗口法。线性缓冲区的数据递推如图 10-7 所示。

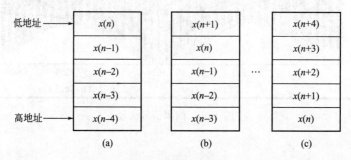

图 10-7　线性缓冲区存储图（$N=5$）

当第 $n+1$ 个样本值进入 FIR 滤波器前，缓冲区的存储内容如图 10-7（a）所示；第 $n+1$ 个样本进入 FIR 时，首先将 $x(n)$、$x(n-1)$、$x(n-2)$、$x(n-3)$向高地址依次递推一个单元，即 $x(n-3) \rightarrow x(n-4)$；$x(n-2) \rightarrow x(n-3)$；$x(n-1) \rightarrow x(n-2)$；$x(n) \rightarrow x(n-1)$，然后将第 $n+1$ 个样本值存入缓冲区的首地址，缓冲区的存储内容如图 10-7（b）所示；当第 $n+4$ 个样本值进入 FIR 滤波器后，缓冲区的内容被全部更新，存储器内容如图 10-7（c）所示。在 C54x 中可以用存储器延迟指令 DELAY 实现这个过程，即：

```
DELAY x (n-3)          ; x (n-3) → x (n-4)
DELAY x (n-2)          ; x (n-2) → x (n-3)
DELAY x (n-1)          ; x (n-1) → x (n-2)
DELAY x (n)            ; x (n) → x (n-1)
```

② 循环缓冲区法　在存储器中分配 N 个单元的连续存储空间，用于存放最新的 N 个输入样本值。缓冲区的分配方法与线性缓冲区类似，只不过对分配的缓冲区首地址有特殊的要求，不能任意分配。如果缓冲区的长度为 N，那么要求缓冲区的首地址的最低 m 个位（bit）必须为 0，m 应满足 $2^m > N$。例如当 $N=5$ 时，最小的 m 值为 3，要求缓冲区的首地址的最低 3 个位为 0。C54x 的 16 位地址为 xxxx xxxx xxxx x000_2。如果 $N=32$，则 $m=6$，则要求缓冲区的首地址为 xxxx xxxx xx00 0000_2。

对于循环缓冲区，每次输入新样本时，以新样本的值改写最老的样本数据，而其他的数据不需要变化（改写或移动）。循环缓冲区的存储内容如图 10-8 所示。

当第 $N+1$ 个样本进入 FIR 滤波器之前，循环缓冲区的存储内容如图 10-8（a）所示；当第 $n+1$ 个样本进入 FIR 后，首先用最新的样本值更新缓冲区中最老的内容，即用 $x(n+1)$更新 $x(n-4)$，如图 10-8（b）所示；当第 $n+2$ 个样本值进入 FIR 时，$x(n-3)$ 就是最老的内容了，此时用 $x(n+2)$ 更新 $x(n-3)$ 的内容，如图 10-8（c）所示；当第 $n+4$ 个样本进入时，$x(n-1)$ 是最老的内容了，此时用 $x(n+4)$ 更新 $x(n-1)$ 的内容，如图 10-8（c）所示。

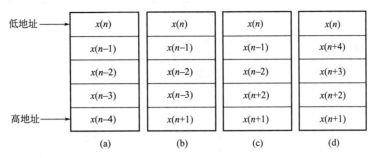

图 10-8　循环缓冲区存储图（$N=5$）

虽然，循环缓冲区中的内容不像线性缓冲区那样有规律，且一目了然，但用循环缓冲区比用线性缓冲区有明显的优势，它不需要 $N-1$ 次的数据移动，从而加快了 FIR 的执行速度。

由于许多算法，如卷积、相关、FIR 等都需要在内存中实现一个循环缓冲区，因此，为适应这种需求，许多 DSP 都提供了循环寻址方式，其算法可归纳为：

if 0≤addrIndex＋step＜BK addrIndex＝addrIndex＋step

else if addrIndex＋step≥BK addrIndex＝addrIndex＋step－BK

else if addrIndex＋step＜0 addrIndex＝addrIndex＋step＋BK

算法中的 addrIndex 是存放在寻址寄存器中的地址的低 N 位；BK 是循环缓冲区长度；step 是地址增量，可以是正值，也可以是负值，其绝对值小于或等于 BK。

10.3.2　FIR 滤波器在 C54x DSP 上的实现

CCS 开发工具为 C54x 提供了丰富的数学函数库 DSPLIB（DSP Library），包含有约 50 个 C 语言可调用的通用信号处理函数。这些函数用汇编语言编写，并经过优化和严格的测试，比等价的 C 代码有更高的执行速度。使用 DSPLIB 不仅可以满足实时性要求较高的应用场合，而且可以加快应用程序的开发进度。DSPLIB 具有如下特点：

- 汇编语言编写的优化代码；
- C 语言程序可以调用，与 TI C54x 编译器完全兼容；
- 支持 C54x 的扩展程序空间寻址（远模式，Far mode）；
- 支持 Q15 格式小数操作；
- 每个函数都给出了详细的使用说明、代码大小和执行周期数。

DSPLIB 是一个免费的产品，提供源代码，读者可以学习、使用和修改其中的函数，还可以添加自己的函数。

DSPLIB 库提供的函数可分类为快速傅里叶变换、滤波和卷积、自适应滤波、相关、基本数学函数（如指数、对数、幂函数、求极值、开方、矢量计算等）、三角函数、矩阵计算、辅助函数。与数字信号处理有关的函数见表 10-3，其他函数请参阅文档 TMS320C54x DSP Library Programmer's Reference（SPRU518C）。

表 10-3　C54x DSPLIB 的数字信号处理函数

分类	函数	说明
快速傅里叶变换 (FFT)	cfft	基 2 复数 FFT
	cifft	基 2 复数逆 FFT
	cfft32	32 位复数 FFT
	cifft32	32 位复数逆 FFT
	rfft	基 2 实数 FFT
	rifft	基 2 实数逆 FFT
	cbreb	复数位倒序函数
滤波与卷积	fir	FIR，直接形式
	firs	对称系数 FIR，直接形式，优化函数
	firs2	对称系数 FIR，直接形式，通用函数
	firdec	抽样 FIR 滤波器
	firinterp	插值 FIR 滤波器
	cfir	复数 FIR，直接形式
	convol	卷积
	hilb16	16 位希尔波特（Hilbert）变换
	iircas4	IIR 级联滤波器，直接形式Ⅱ，每级 4 个系数
	iircas5	IIR 级联滤波器，直接形式Ⅱ，每级 5 个系数
	iircas51	IIR 级联滤波器，直接形式Ⅰ，每级 5 个系数
	iir32	32 位 IIR 级联滤波器，直接形式Ⅱ，每级 5 个系数
	iirlat	网格逆向 IIR 滤波器
	firlat	网格逆向 FIR 滤波器
自适应滤波	dlms	LMS FIR（延迟版本）
	ndlms	归一化的延迟 LMS
	nblms	归一化的块 LMS
相关	acorr	自动相关（positive side）
	corr	相关（全长度）

DSPLIB 使用数据类型在 dsplib.h 中定义，主要有：

- DATA：Q15 表示带符号短整数（16 位）；
- LDATA：Q31 表示带符号长整数（32 位）；
- ushort：无符号短整数（16 位）。

下面通过一个具体实例来说明 FIR 滤波器在 C54x 的实现方法。

设计一个低通滤波器，要求截止频率为 125Hz，采样频率为 4kHz，冲激响应的时延为 20。从这个要求可知 FIR 滤波器中含有 20 个延迟项，换句话说，应该设计一个 20 阶的 FIR 低通滤波器。

可以在 Matlab 或 LabWindows/CVI 中进行滤波器的设计、测试和评估，满足要求后，再将滤波器的系数作为常数用于 DSP 的应用程序。笔者利用 LabWindows/CVI，使用矩形窗设计了满足上述要求的 FIR 低通滤波器。其系数为：

$a[0]=0.032064$，$a[1]=0.037268$，$a[2]=0.042237$，$a[3]=0.046862$，
$a[4]=0.051041$，$a[5]=0.054679$，$a[6]=0.057695$，$a[7]=0.060020$，
$a[8]=0.061600$，$a[9]=0.062400$，$a[10]=0.062400$，$a[11]=0.061600$，
$a[12]=0.060020$，$a[13]=0.057695$，$a[14]=0.054679$，$a[15]=0.051041$，
$a[16]=0.046862$，$a[17]=0.042237$，$a[18]=0.037268$，$a[19]=0.032064$，

可以看出 FIR 滤波器的系数具有对称性，$a(n)=a(N-1-n)$，$N=20$。程序 10-3 给出了该 FIR 滤波器在 C54x 上的应用。

程序 10-3 FIR 低通滤波器的应用

```c
#include   <math.h>
#include   "tms320.h"
#include   "dsplib.h"

#define SYNC_FIR    1        //条件编译，对称系数 FIR 滤波
//#define SYNC_FIR   0        //条件编译，通用 FIR 滤波
#define NX          256      //录波数据长度
#define NH          20       //通用 FIR 滤波器系数的长度
#define NH2         10       //对称 FIR 滤波器系数的长度
#if  SYNC_FIR
//对称 FIR 滤波系数
#pragma DATA_SECTION (TI_FIRS_COEFFS, ".coeffs")
const DATA TI_FIRS_COEFFS [NH2] = {  //a0 a1 a2 ... a (NH2-1)
    1050，1221，1384，1535，1672，1791，1890，1966，2018，2044，
};
#else
//通用 FIR 滤波器系数
#pragma DATA_SECTION (firCoef, ".coeffs")
DATA firCoef [NH] = {  //a0 a1 a2... a (NH-1)
    1050，1221，1384，1535，1672，1791，1890，1966，2018，2044，
    2044，2018，1966，1890，1791，1672，1535，1384，1221，1050，
}; #endif

#pragma DATA_SECTION (delayBuf, ".dbuffer")
DATA delayBuf [NH];          //定义 FIR 滤波器的延迟缓冲区

DATA x [NX];                 //原始数据缓冲区
DATA r [NX];                 //滤波后的数据缓冲区
DATA x2 [NX];                //谐波数据缓冲区
//===============================================
void main (void)
{  short   i;
   double   df;
   DATA r2 [NX];
   DATA *dbptr=&delayBuf [0];       //延迟缓冲区指针
   double dTmp=-1.0;
   float sampFreq=4000.0;           //采样频率
   float signalFreq=50.0;           //信号频率
   //产生 50Hz 正弦信号
   df=2.0 * signalFreq/sampFreq;    //每个采样点的相位步长
   for (i=0; i<NX ; i++)
```

```
    {
        x [i] = (short) (dTmp * 32768.0);   //相位步长使用 Q15 格式
        if ((dTmp+df) >=1.0)
            dTmp=-dTmp;
        dTmp+=df;
    }
    sine (x, r, NX);                        //产生 50Hz 的正弦信号
    //产生 7 次谐波
    df=2.0 * signalFreq * 7.0/sampFreq;     //每个采样点的相位步长
    for (i=0; i<NX ; i++)
    {
        x2 [i] = (short) (dTmp * 32768.0);  //相位步长使用 Q15 格式
        if ((dTmp+df) >=1.0)
            dTmp=-dTmp;
        dTmp+=df;
    }
    sine (x2, r2, NX);                      //产生 350Hz 的正弦信号
    //合成信号
    for (i=0; i<NX; i++)
      x [i] =r [i] /2+r2 [i] /8;
    for (i=0; i<NX; i++)    r [i] =0;       //输出缓冲区清 0
    for (i=0; i<NH; i++)    delay Buf [i] =0;  //延迟缓冲区清 0
    #if SYNC_FIR
    firs (x, r, &dbptr, NH2, NX);           //调用对称系数滤波函数
    #else
    fir (x, firCoef, r, &dbptr, NH, NX);    //调用通用滤波函数
    #endif
    return;
}
//========= 链接命令文件  fir.cmd =================
MEMORY
{ /*存储器定义*/
  PAGE 0:
    INT_PM_DRAM:             origin=0080h,           length=1380h
    EXT_PM_RAM:              origin=1400h,           length=02c00h
  PAGE1:
    INT_DM_SCRATCH_PAD_DRAM:    origin=060h, length=20h
    INT_DM_RAM:                 origin=4000h, length=2000h
    EXT_DM_RAM:                 origin=6000h, length=0a000h
}
SECTIONS
```

```
{   /*段定义*/
    .text       :           {}  >EXT_PM_RAM PAGE 0
    .cinit      :           {}  >INT_PM_DRAM PAGE 0
    .switch     :           {}  >INT_PM_DRAM PAGE 0
    .dbuffer    :           {}  >INT_DM_RAM PAGE 1, align (1024)
/*通用滤波器的系数定位在数据空间，在2的幂次方边界对齐
    .coeffs     :           {}  >INT_DM_RAM PAGE 1, align (1024) */
/*对称系数滤波器的系数定位在代码空间，在2的幂次方边界对齐*/
    .coeffs     :           {}  >EXT_PM_RAM PAGE 0, align (1024)
    .stack      :           {}  >INT_DM_RAM PAGE1
    .bss        :           {}  >INT_DM_RAM PAGE 1, align (1024)
    .const      :           {}  >INT_DM_RAM PAGE 1
    .sysmem     :           {}  >EXT_DM_RAM PAGE 1
    .cio        :           {}  >EXT_DM_RAMPAGE 1
}
```

关于程序 10-3 的几点说明如下。

① 程序 10-3 的设计思想是用 4000Hz 的采样频率产生一个 50Hz 及其 7 次谐波（350Hz）的合成信号，然后使用 FIR 低通滤波器滤除 350Hz 的信号。

程序主要分为两部分：信号生成和信号滤波。信号生成部分用于产生测试数据，在实际应用中，数字滤波的主要对象是测量数据，因而可能并不需要产生信号的代码。此外，就产生正弦信号而言，也可以使用程序 10-1。为了学习和使用 DSPLIB，这里使用了 sine 函数。信号滤波部分使用 DSPLIB 库函数 fir 和 firs 实现 FIR 滤波。

② 在产生信号时，使用了 DSPLIB 库的 sine 函数，该函数的原型是：

short oflag＝sine (DATA * x, DATA * r, ushort nx);

其中参数定义如下。

x[nx]：输入数组，是正弦函数的自变量，其值用 Q15 格式的数表示，限制在 [−1, 1] 区间，代表在 [−π, π] 之间的角度值（以弧度为单位）。例如，45°＝π/4，在 x [] 数组中值等价于 1/4＝0.25，以 Q15 表示为 0x2000。

r[nx]：输出数组，其值是正弦函数的值，即 $r[n]=\sin\{x[n]\}$。

nx：x、r 数组的长度。

oflag：返回值，代表 sine 函数的溢出标志。oflag＝1，表示 sine 发生了溢出；oflag＝0,表示 sine 没有溢出。

如果信号的频率为 f，采样频率为 f_s，则归一化频率为 f/f_s，每个采样点的相位步长为 $2\pi f/f_s$。用 π 归一化后，每个采样点的相位步长为 $2f/f_s$。因此输入参数 x [] 的值以 $2f/f_s$ 为步长变化。

③ 在执行低通滤波时，使用了 DSPLIB 库的函数 fir，该函数是一个通用 FIR 滤波器函数，其原型为：

short oflag = fir (DATA* x, DATA* h, DATA* r, DATA * * dbuffer, ushort nh, ushort nx);

其中参数定义如下。

x[nx]：输入数组，其内容为要滤波的原始数据。

h[nh]：输入数组，其内容为 nh 阶的 FIR 滤波器的系数。h[0] ＝a0，h[1] ＝a1……它是一个循环缓冲区，要求循环缓冲区的地址必须在 k 位（bit）边界对齐 [$k＝\log_2$ (nh)]。也就是说，h[nh]首地址的最低 k 个位必须为 0。在程序 10-3 中，h[nh] 定义为 firCoef[nh]，并用语句＃pragma DATA ＿ SECTION（firCoef，".coeffs"）定义一个名称为".coeffs"的数据段，最后在链接命令文件的 SECTIONS 指令中用". coeffs：{} ＞INT ＿ DM ＿ RAM PAGE 1，align（1024）"语句将 .coeffs 段定位到数据空间的 1K 边界上。

r [nx]：输出数组，其内容为滤波后的数据，如果要执行原位计算，则 r [nx] ＝x [nx]。

dbuffer [nh]：FIR 滤波器的延迟缓冲区，也是一个循环缓冲区。在程序 10-3 中，定义为 delayBuf [nh]，并用语句＃pragma DATA ＿ SECTION（delayBuf，".dbuffer"）定义一个名为". dbuffer"的数据段，最后在链接命令文件的 SETCTIONS 指令中用". dbuffer：{} ＞INT ＿ DM ＿ RAM PAGE 1，align（1024）"语句将". dbuffer"段定位在数据空间的 1K 边界上。

nx：x 数组的长度。

hx：h 数组的长度，FIR 滤波器系数的数目。

oflag：返回值，代表 fir 函数的溢出标志。oflag＝1，表示 fir 发生了溢出；oflag＝0，表示 fir 没有溢出。

④ 从程序 10-3 的滤波器的系数可以看出，该滤波器具有对称性，即 $a(n)＝a(N-1-n)$。因此也可以使用对称系数的 FIR 滤波函数 firs。firs 函数的原型为：

short oflag＝firs （DATA ＊ x，DATA ＊ r，DATA ＊ ＊ dbuffer，ushort nh2，ushort nx）；

其中参数 x [nx]、r [nx]、dbuffer [nh2] 和 nx 以及返回值都与 fir 函数的参数相同。而参数 nh2 是 FIR 滤波器系数长度的一半，即 nh2＝nh/2。比较 fir 和 firs 函数的原型可以看出，firs 中没有滤波器系数的参数。其原因是为了优化函数的执行速度，要求将滤波器系数的前一半存放在程序空间，并用全局变量 TI ＿ FIRS ＿ COEFFS 指定对称 FIR 滤波器的系数。在程序 10-3 中，用宏定义 SYNC ＿ FIR 控制条件编译。如果 SYNC ＿ FIR＝1,则用 firs 函数进行滤波，否则有 fir 函数进行滤波。

如果定义 SYNC ＿ FIR 为 1，则程序 10-3 定义 TI ＿ FIRS ＿ COEFFS [NH2] 变量存放滤波器的系数，并用 ＃ pragma DATA ＿ SECTION（TI ＿ FIRS ＿ COEFFS，".coeffs"）语句将 TI ＿ FIRS ＿ COEFFS 命名为". coeffs"段。最后在链接命令文件的 SECTIONS 指令中用". coeffs：{} ＞EXT ＿ PM ＿ RAM PAGE 0，align（1024）"语句将 TI ＿ FIRS ＿ COEFFS 定位在程序空间 1K 边界上。

⑤ 程序 10-3 的执行结果如图 10-9 和图 10-10 所示，图 10-9 为滤波前的信号波形，是 50Hz 和 350Hz 的合成信号。图 10-10 为滤波后的信号波形，可以看出，经过滤波后，350Hz 的信号基本被滤掉。

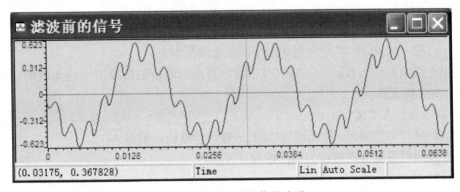

图 10-9　滤波前的信号波形

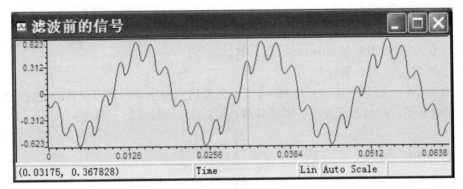

图 10-10　滤波后的信号波形

10.4　IIR 滤波器

在数字滤波的应用中，另一类重要的滤波器类型是无限冲击响应（Infinite Impulse Response，IIR）滤波器。该滤波器可以用较少的阶数获得很高的滤波效果，所用存储单元省，运算次数少，在相位要求不敏感的应用场合（如语音通信）使用 IIR 滤波器较为合适。

10.4.1　IIR 滤波器程序设计考虑

IIR 滤波器的脉冲传递函数可表达为：

$$H(z) = \frac{\sum\limits_{n=0}^{L-1} b(n) z^{-n}}{1 \sum\limits_{n=1}^{L-1} a(n) z^{-n}} \tag{10-11}$$

相应的差分方程为：

$$y(n) = \sum_{i=0}^{N} b_i x(n-i) + \sum_{i=1}^{N} a_i y(n-i) \tag{10-12}$$

从脉冲传递函数和差分方程可以看出，IIR 滤波器具有如下特点：

- IIR 滤波器的输出不仅与当前的输入 $x(n)$ 以及以前的输入 $x(n-i)$ 有关，而

且还与以前的输出 $y(n-i)$ 有关；

• 脉冲传递函数 $H(z)$ 在 z 平面上存在极点，且单位冲激响应 $h(n)$ 为无限长。也就是说，$h(n)$ 在 $n_1 \leqslant n \leqslant \infty$ 区间内有无限个离散化的样本点；

• 由于以前的输出对后来的输出有影响，其冲击响应的持续时间是无限的，所以称无限冲击响应滤波器。

IIR 滤波器的主要优点为：

• 达到同样的性能比 FIR 需要较低的阶数，计算快，延迟小；

• 有参照模拟滤波器的较为成熟的设计方法；

• 设计 IIR 时，计算工作量小。

IIR 滤波器的主要缺点为：

• 具有非线性相位特性；

• 因为存在反馈项，用硬件实现时比 FIR 复杂；

• 存在稳定性问题，应用范围不如 FIR 滤波器广；

• 不能用 FFT 做快速计算。

从式（10-11）可以看出，$H(z)$ 的分子、分母均为多项式，且多项式的系数一般为实数，如果对分子、分母多项式进行因式分解，可将 $H(z)$ 写成如下形式：

$$H(z) = A \frac{\prod_{i=1}^{M}(1-C_i z^{-1})}{\prod_{i=1}^{N}(1-D_i z^{-1})}$$

式中，A 是一个比例常数；C 和 D 分别表示零点和极点。由于多项式的系数是实数，C 和 D 是实数或共轭成对的复数。将共轭成对的零点或极点放在一起形成一个二阶多项式，再将此二阶多项式放在一起形成一个二阶的数字网络 $H_i(z)$。$H_i(z)$ 具有如下形式：

$$H_i(z) = \frac{b_{0i}+b_{1i}z^{-1}+b_{2i}z^{-2}}{1+a_{1i}z^{-1}+a_{2i}z^{-2}}$$

式中，$H_i(z)$ 的系数 b_{0i}、b_{1i}、b_{2i}、a_{1i}、a_{2i} 均为实数，这样就把 $H(z)$ 分解成一系列二阶数字网络的级联形式，即 $H(z) = H_1(z)H_2(z)\cdots\cdots H_n(z)$。因此，从原则上讲，IIR 滤波器的编程实现要解决的问题主要是二阶滤波器的实现。

从式（10-12）可以看出，一个二阶的 IIR 滤波器的差分方程为：

$$y(n) = b_0 x(n) + b_1 x(n-1) + b_2 x(n-2) + a_1 y(n-1) + a_2 y(n-2)$$

如果直接使用此差分方程，则需要递推输入延迟 $x(n-1)$ 和 $x(n-2)$，以及输出延迟 $y(n-1)$ 和 $y(n-2)$。每个二阶 IIR 滤波器需要 4 个延迟单元。如果将二阶 IIR 滤波器的脉冲传递函数写成反馈通道和前向通道的级联形式：

$$H(z) = \frac{b_0+b_1 z^{-1}+b_2 z^{-2}}{1+a_1 z^{-1}+a_2 z^{-2}} = H_1(z)H_2(z)$$

式中，$H_1(z) = \frac{1}{1+a_1 z^{-1}+a_2 z^{-1}}$，差分方程为 $w(n) = x(n) - a_1 w(n-1) - a_2 w(n-2)$；$H_2(z) = b_0+b_1 z^{-1}+b_2 z^{-1}$，差分方程为 $y(n) = b_0 w(n) + b_1 w(n-1) + b_2 w(n-2)$。

则计算每个二阶 IIR 滤波器的输出时，只需要递推 $w(n-1)$ 和 $w(n-2)$ 即可，仅需要 2 个延迟单元。

10.4.2　IIR 滤波器在 C67x 上的实现

C67x 是 TI　C6x 家族中具有浮点运算功能的成员之一，具有超长指令（Ver-Long Instruction Word，VLIW）和很高的运算速度，当运行在 300MHz 时钟时，每秒钟的浮点计算速度可达 1800 MFLOPS，定点/浮点的乘加运算速度可达 600 MMACS，非常适合实时数字信号处理。

除了 C67x 优越的硬件性能外，CCS 还提供了 C67x 快速实时库（FastRTS Library），这是专门为使用 C67x 的 C 语言开发人员提供的优化浮点数学函数库。与 C6x 的通用库相比，该库的函数具有更高的执行效率。C67x FastRTS 提供的每个函数有两个版本：单精度版本和双精度版本，单精度函数的输入和返回值类型都是 float，而双精度函数的输入和返回值类型都是 double。C67x FastRTS 库函数如表 10-4 所示，关于函数的详细描述请参阅 CCS 的帮助文档。

表 10-4　C67x　Fast RTS 库函数

单精度函数	双精度函数	描述
atanf(x)	atan(x)	计算 x 的反正切，返回[$+\pi/2$，$-\pi/2$]之间的弧度值
atan2f(x,y)	atan2(x,y)	计算 x/y 的反正切，返回[$+\pi/2$，$-\pi/2$]之间的弧度值
cosf(x)	cos(x)	计算 x 的余弦值，x 的取值范围为[-1，1]
expf(x)	exp(x)	计算 x 的基 e 的指数值
exp2f(x)	exp2(x)	计算 x 的基 2 的指数值
exp10f(x)	exp10(x)	计算 x 的基 10 的指数值
logf(x)	log(x)	计算 x 的自然对数值
log2f(x)	log2(x)	计算 x 的以 2 为底的对数值
log10f(x)	log10(x)	计算 x 的以 10 为底的对数值
powf(x)	pow(x)	计算 x 的幂
recipf(x)	recip(x)	计算 x 的倒数
rsprtf(x)	rsqrt(x)	计算 x 的倒数的平方根
sinf(x)	sin(x)	计算 x 的正弦值，x 的取值范围为[-1，1]

提示：如果使用 FastRTS 库函数，在 C 语言中用 fastmath67x.h 头文件替换标准数学库头文件 math.h，指定链接库时，fastmath67x.lib（小端库）或 fastmathc67xe.lib（大端库）应放在其他实时库的前面。例如，在 CCS 集成环境中可指定链接库的顺序为 csl6713.lib→fastmath67x.lib→rts6700.lib。

下面通过一个具体的实例来讨论 IIR 滤波器在 C67xDSP 中的实现方法。

在实时测量信号中，经常会出现不期望的频率成分，如测量系统中电源引起的工频干扰，这时就需要从测量信号中滤除干扰信号。假定实际的信号为 $s(t)$，测量的信号为 $x(t)$，则

$$x(t)=s(t)+A\sin\omega_0 t$$

式中的正弦分量 $A\sin\omega_0 t$ 就好像是测量仪器电源引起的 50Hz 信号干扰，应该消除，但又要求基本不改变 $s(t)$ 的其他频率成分。这种滤波器常称为数字陷波滤波器，或点阻滤波器。因此一个理想的陷波滤波器的幅频特性要求在欲消除的频率点上，其值为 0，而在其他频率点其值为 1。在实际应用中，只能用滤波器差分方程的有限多项式进行最佳逼近，而不能实现理想的陷波特性。文献［1］给出了六阶陷波滤波器的传递函数：

$$H(z)=H_1(z)H_2(z)H_3(z)=\prod_{k=1}^{3}H_k(z)$$

$$H_k = \frac{1 - 2\cos 2\pi f_0/f_s \cdot z^{-1} + z^{-2}}{1 - 2\left[\cos 2\pi f_0/f_s - \Delta\cos\left(2\pi f_0/f_s + \phi_k\right)\right]z^{-1} + \left(1 + \Delta^2 - 2\Delta\cos\phi_k\right)z^{-2}}$$

其中，f_0 为欲滤除的信号频率；f_s 为采样频率；$\phi_1 = \pi/3$；$\phi_2 = 0$；$\phi_3 = -\pi/3$；$\Delta = 0.05$。假定要滤除的信号频率为 50Hz，采样频率为 250Hz，则：

$$H_1(z) = \frac{1 - 0.618z^{-1} + z^{-2}}{1 - 0.5202z^{-1} + 0.9525z^{-2}} = \frac{b_{10} + b_{11}z^{-1} + b_{12}z^{-2}}{1 + a_{11}z^{-1} + a_{12}z^{-2}}$$

$$H_2(z) = \frac{1 - 0.618z^{-1} + z^{-2}}{1 - 0.5871z^{-1} + 0.9025z^{-2}} = \frac{b_{20} + b_{21}z^{-1} + b_{22}z^{-2}}{1 + a_{21}z^{-1} + a_{22}z^{-2}}$$

$$H_3(z) = \frac{1 - 0.618z^{-1} + z^{-2}}{1 - 0.6849z^{-1} + 0.9525z^{-2}} = \frac{b_{30} + b_{31}z^{-1} + b_{32}z^{-2}}{1 + a_{31}z^{-1} + a_{32}z^{-2}}$$

六阶陷波滤波器系统的实现如图 10-11 所示。

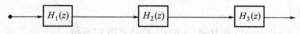

图 10-11　六阶陷波滤波器系统的实现

可以看出，六阶陷波滤波器是由 3 个二阶滤波器级联而成，第一级的输入为当前的采样值，其输出作为第二级的输入，第二级的输出又作为第三级的输入，而第三级的输出就是六阶陷波器的输出。

在 DSP 的程序中，只要将二阶滤波器写成一个独立的子程序，调用 3 次就可以实现六阶陷波滤波器。

程序 10-4 给出了六阶陷波滤波器的 DSP 程序实现。为了观察陷波滤波器的效果，程序 10-4 用 250Hz 的采样频率对信号 $y(t) = \sin 2\pi f_0 t + 0.1\sin 2\pi f_1 t + \sin 2\pi f_2 t$（$f_0 = 30$Hz，$f_1 = 50$Hz，$f_2 = 60$Hz）进行采样，然后用陷波滤波器除去 50Hz 的信号。

```
程序 10-4    IIR 滤波器的应用
//#include<math. h>
#include<fastmath67x. h>
#define PI            3. 141592653589793238462643383832795
#define PI2           (2. 0 * PI)
#define DATA _ LEN    256
typedef struct tagIIR2Coef
{    float b0;
     float b1;
     float b2;
     float a1;
     float a2;
} IIR2COEF；              //二阶滤波器系数结构定义
//IIR 滤波器系数
IIR2COEF iir2Coef [3] = {   {1.0,  -0.618,  1.0,  -0.5202,  0.9525},
                            {1.0,  -0.618,  1.0,  -0.5871,  0.9025},
                            {1.0,  -0.618,  1.0,  -0.6849,  0.9525} };
float pushWn [3] [2]; //延迟单元
```

```
float iWave [DATA_LEN], wave2 [DATA_LEN], oWave [DATA_LEN];
float iir2 (float xi, IIR2COEF * pCoef, float * pDelayBuf);
void main (void)
{   double dph, sumPh, yn;
    int i;
    float sampFreq=250.0;
    float signalFreq=50.0;
    //产生 50Hz 正弦信号
    dph=PI2 * signalFreq/sampFreq;
    sumPh=0.0;
    for (i=0; i<DATA_LEN; i++)
    {   iWave [i] =sinf (sumPh) /10.0;
        sumPh+=dph;
    }
    //产生 30Hz 信号
    signalFreq=30.0;
    dph=PI2 * signalFreq/sampFreq;
    sumPh=0.0;
    for (i=0; i<DATA_LEN; i++)
    {   wave2 [i] =sinf (sumPh);
            sumPh+=dph;
    }
    //产生 60Hz 的信号
    signalFreq=60.0;
    dph=PI2 * signalFreq/sampFreq;
    sumPh=0.0;
    for (i=0; i<DATA_LEN; i++)
    {   oWave [i] =sinf (sumPh);
            sumPh+=dph;
    }
    //合成信号
    for (i=0; i<DATA_LEN; i++)
            iWave [i] +=wave2 [i] +oWave [i];
    memset ( (char *) pushWn, 0, sizeof (float) * 6);
    for (i=0; i<DATA_LEN; i++)
    {
            yn=iir2 (iWave [i], &iir2Coef [0], pushWn [0] );
            yn=iir2 (yn, &iir2Coef [1], pushWn [1] );
            oWave [i] =iir2 (yn, &iir2Coef [2], pushWn [2] );
    }
```

```
        }
        //=================================================================
        //输入：xi————当前的采样值。
        //      pCoef————滤波器系数指针
        //      pDelayBuf—延迟单元指针
        //返回值：滤波器的输出 y [n]
        float iir2 (float xi，IIR2COEF * pCoef，float * pDelayBuf)
        {
            float wn=xi—pDelayBuf [0] * pCoef—>a1—pDelayBuf [1] * pCoef—>a2;
            float yn=pCoef—>b0 * wn+pCoef—>b1 * pDelayBuf [0] +pCoef—>b2 *
            pDelayBuf [1];
            pDelayBuf [1] =pDelayBuf [0];
            pDelayBuf [0] =wn;
            return yn;
        }
```

关于程序 10-4 的几点说明如下。

① 程序由 mian 和 iir2 两个函数组成，其中 iir2 为执行二阶 IIR 滤波器的函数，main 函数用于产生测试信号并对该信号滤波。

② 程序首先用 250Hz 的采样频率分别产生 50Hz、30Hz 和 60Hz 的正弦信号，并将它们叠加在一起，存入 iWave 数组中；其次将延迟单元清 0；最后对每个采样点调用 3 次 iir2 函数实现六阶陷波滤波。

③ 函数 iir2 是用差分方程 $w[n]=x_i-a_1w[n-1]-a_2w[n-2]$，$y[n]=b_0w[n]+b_1w[n-1]+b_2w[n-2]$ 计算滤波器的输出，并递推 $w[n-1]$ 和 $w[n-2]$。

执行程序 10-4 后，信号的频谱如图 10-12 所示。上图是滤波前的频谱，具有 30Hz、

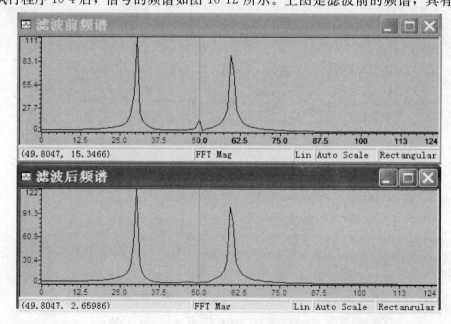

图 10-12　滤波前后的信号频谱

50Hz、60Hz 3 个谱峰；下图是经陷波滤波后的频谱，已经滤除了 50Hz 的谱线，只剩下 30Hz 和 60Hz 两个谱峰，这正好是所期望结果。

10.5 快速傅里叶变换（FFT）

离散傅里叶变换（Discrete Fourier Transform，DFT）是数字信号分析和处理中的重要工具，由于其计算量与变换长度 N 的平方成正比，当 N 较大时，计算量太大，这直接限制了 DFT 的实时应用。快速傅里叶变换（Fast Fourier Transform，FFT）是实现离散傅里叶变换的一种快速算法，这种算法使得 DFT 的运算效率提高了 1~2 个数量级，为数字信号的实时处理提供了良好的条件，已广泛用于实时信号处理的各个领域。

10.5.1 FFT 算法原理简介

有限长序列（离散数字信号）$x(n)$ 的频谱 $X(k)$ 可由离散傅里叶变换得到，定义为：

$$X(k)=\mathrm{DFT}[x(n)]=\sum_{n=0}^{N-1}x(n)W_N^{nk} \qquad (k=0，1，\cdots，N-1)$$

式中，$W_N=\mathrm{e}^{\frac{-\mathrm{j}2\pi}{N}}$，称为旋转因子。$x(n)$ 和 W_N 一般均为复数。每计算一个 $X(k)$ 的值，必须要进行 N 次复数相乘和 $N-1$ 次复数相加。由于 $X(k)$ 一共有 N 个点，所以全部计算需要 N^2 次复数相乘和 $N(N-1)$ 次复数相加。由于每一个复数相乘需要 4 次实数相乘和 2 次实数相加。所以全部计算需要 $4N^2$ 次实数相乘和 $2N(2N-1)$ 次实数相加。计算量与 N^2 成正比。如果每次计算需要 100ns，则 1000 个点的计算约需要 0.1s。这对于实时信号处理而言，必将对计算速度提出很高的要求，甚至难以实现，因此必须提高算法的效率才能使 DFT 在实时信号处理中得到应用。

显然，把 N 点的 DFT 分解成几个较短的 DFT 可以大大减少乘法的次数。此外，旋转因子 W_N 具有明显的周期性和对称性：

$$W_N^{n(N-k)}=\mathrm{e}^{\frac{-\mathrm{j}2\pi}{N}n(N-k)}=\mathrm{e}^{\frac{-\mathrm{j}2\pi}{N}nN}\mathrm{e}^{\frac{-\mathrm{j}2\pi}{N}(-nk)}=1\times W_N^{-nk}=W_N^{-nk}$$

$$W_N^{(k+N/2)}=\mathrm{e}^{\frac{-\mathrm{j}2\pi}{N}(k+N/2)}=\mathrm{e}^{\frac{-\mathrm{j}2\pi N}{N\,2}}\mathrm{e}^{\frac{-\mathrm{j}2\pi}{N}k}=-1\times W_N^{k}=-W_N^{k}$$

FFT 算法就是不断地将长序列的 DFT 分解成短序列的 DFT，并利用旋转因子的周期性和对称性来提高计算效率。例如，如果 N 为偶数，则可以将长度为 N 的 DFT 分解成两个长度为 $N/2$ 的 DFT，这样计算两个长度为 $N/2$ 的 DFT 的计算量为 $2\times(N/2)^2=N^2/2$，比直接计算减少了一半的计算量。如果 $N/2$ 仍为偶数，则可以重复使用这种方法。每次分解都会使计算量减半。如果 $N=2^M$，就可以进行 M 次分解。每一级运算需要 $N/2$ 次复数乘法和 N 次复数加法，所以 M 级运算总共需要的乘法次数为 $MN/2=N/2\cdot\log_2 N$。而 M 级运算需要的加法次数为 $NM=N\log_2 N$。也就是说，FFT 的计算量在 $N\log_2 N$ 量级，比直接用 DFT 计算（N^2 量级）快得多。例如，当 $N=1024$ 时，DFT 的计算次数约为 1048576，而 FFT 所需的计算次数约为 5120，从而使运算效率提高了 200 多倍。

从上面 DFT 的分解思想和分解过程可以看出，计算长度 N 必须是 2 的幂次方，即 $N=2^M$。只有满足这个要求，才能不断地对半分解，直到分解成两点的 DFT 的组合。

关于 FFT 算法的详细推导请参阅文献 [2]。

10.5.2 FFT 算法的编程考虑

（1）原位计算

FFT 算法的运算过程规律性很强，基本运算为蝶形运算，图 10-13 给出了计算 8 点

DFT 的蝶形图。图中 $x(i)$ 是输入的采样值，$X(i)$ 是其傅立叶变换值，W_N 是旋转因子，$M(i)$ 是存储数据的内存。$N=2^M$ 点的 FFT 共需要 M 级的分解运算，每级由 $N/2$ 个蝶形运算构成。同一级中，蝶形运算的两个输入数据只对本蝶形起作用，蝶形计算完成后该输入数据不再有用，这意味着蝶形计算的输出值完全可以覆盖其输入值。换句话说，蝶形计算的输出值可以与输入值共享相同的存储单元，即实现原位计算。FFT 算法的这一特性可以节省大量的存储单元，对资源稀缺的 DSP 具有极其重要的意义。

（2）蝶形运算的规律

如图 10-13 所示的算法可以按迭代进行计算，计算公式可以写成：

$$x_l(m)=x_{l-1}(m)+W_N^p x_{l-1}(n)$$
$$x_l(n)=x_{l-1}(n)-W_N^p x_{l-1}(n) \qquad l=1, 2, \cdots, M$$

N 个输入数据 $x(n)$ 经过第一次迭代计算后得到新的 N 个值，这些新得到的数据经第二次迭代后，又得到另外 N 个值，依次迭代，直到最后的结果。

（3）旋转因子的变化规律

从图 10-13 可以看出旋转因子 W_N 的变化规律，对于 $N=8=2^3$，$M=3$，需要进行 3 次迭代计算。在第一次迭代中，只有一个蝶形计算系数 W_N^0，参与计算的两个输入数据之间的间隔等于 $N/2=4$。在第二次迭代中，有两个蝶形计算系数 W_N^0 和 W_N^2，参与计算的两个输入数据之间的间隔等于 $N/4=2$。在第三次迭代中，有 4 个蝶形计算系数 W_N^0、W_N^1、W_N^2 和 W_N^3，参与计算的两个输入数据之间的间隔等于 1。可见，每次迭代参与计算的旋转因子的数目比前一次迭代增加一倍，输入数据之间的间隔减小一半。最后一次迭代所需的旋转因子最多，等于 $N/2$，输入数据之间的间距最小，等于 1。

（4）序列倒序

从图 10-13 可以看出，输入数据 $x(n)$ 是按自然顺序存放的，但输出数据和旋转因子不是按顺序存放的。这种排列方式能保证原位计算，其排列的规律就是"码序倒置"。表 10-5 给出了 $N=16$ 的顺序码与倒序码之间的关系。从表 10-5 可以看出，0 的倒数码与顺序码相同，都为 0。1 的倒序码等于 0 的倒序码加 $N/2$。2 的倒序码是 1 的倒序码的一半，而 3 的倒序码是 2 的倒序码的一半加 $N/2$。概括起来，若序列的长度为 N，用数组 $a[N]$ 存放倒序码的值，则倒序码的计算可表述为：

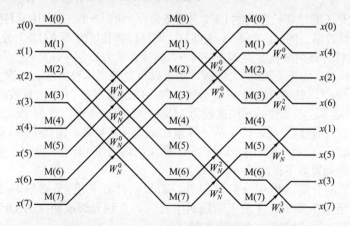

图 10-13　$N=8$ 时 DFT 时域抽取算法流程图

$a[0]=0$，$a[1]=N/2$

$a[2i]=a[i]/2$，$a[2i+1]=a[2i]+N/2 \quad i=1, 2, \cdots, N-1$ (10-13)

由于数组的索引是自然顺序，$a[i]$ 中的值就是数组索引 i 的倒序码。用这种方法建立的倒序码表很容易检索，非常适合固定长度的 FFT 计算。

表 10-5 $N=16$ 的顺序码与倒序码的关系

顺序码		倒序码	
十进制	二进制	十进制	二进制
0	0000	0	0000
1	0001	8	1000
2	0010	4	0100
3	0011	12	1100
4	0100	2	0010
5	0101	10	1010
6	0110	6	0110
7	0111	14	1110
8	1000	1	0001
9	1001	9	1001
10	1010	5	0101
11	1011	13	1101
12	1100	3	0011
13	1101	11	1011
14	1110	7	0111
15	1111	15	1111

　　码位倒序的另一种常用算法为雷德（Rader）算法，该算法的设计思想是根据顺序码找出倒序码。从表 10-5 中顺序码的二进制表示可以看出，顺序码是按 1 递增的，也就是说，后一个码是前一个码在最低位加 1 的结果（二进制加法）。再从表 10-5 的倒序码的二进制表示可以看出，它是顺序码的反序排列，也可以理解为后一个码是前一个码在其高位执行二进制加 1，反向进位的结果。这种加法称为"逆向加法"。例如表 10-5 中的第 5 行，顺序码为 0100，倒序码为 0010。它的下一个倒序码就等于在其高位加 1，由于没有进位，结果为 1010。再在这个结果的高位加 1 就成为下一个倒序码，由于出现进位，需要在次高位进位，结果为 0110。

　　Rader 算法的核心思想就是逆向加法，但 DSP 只能进行正常的加法运算，而不能进行逆向加法。仔细分析 Rader 算法的思想，可以看出，在最高位加 1，就普通的运算而言，实际上是加 $N/2$，而在次高位加 1，就是加 $N/4$……图 10-14 给出了 Rader 算法的倒序流程图，图中 i 表示顺序码，j 表示当前的倒序码，N 为计算点数。由于 0 的顺序码与倒序码相同，没有必要交换数据，所以 i 循环从 1 开始。k 是中间变量，每次循环时，其值都为 $N/2$。如果 $j \geqslant k$，则说明当前顺序码的最高位为 1，在最高位的逆向加法需要进位，此时就需要在 j（当前的倒序码）中减去 k，使当前倒序码的最高位为 0。

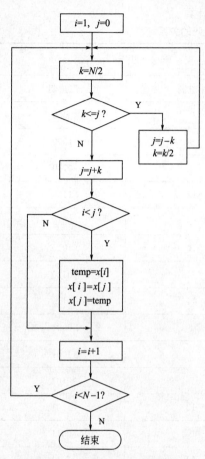

图 10-14 Rader 算法倒序流程图

然后将 k 除以 2，判断其他是否需要进位，直到 $j>k$ 为止。这样就得到了下一个倒序码，需要交换顺序码和倒序码索引的数据，即 $x[i] \Leftrightarrow x[j]$。为了避免交换过的数据被再次交换，只考虑 $i<j$ 时，才交换数据。

通常，Rader 算法的倒序数计算与相应数据的交换一起进行，适合于长度变化的 FFT 的计算。尽管 Rader 算法是一个高效的算法，在整个 FFT 的计算量中占很小的比例，但在实时信号处理中也应避免重复计算。

(5) 蝶形公式的实数计算

FFT 算法的基本运算为蝶形运算，而参与运算的数都是复数，令蝶形结的输入为 A、B，输出为 C、D，并分别用下标 r 和 i 表示实部和虚部，则有：

$$A = A_r + jA_i, \quad B = B_r + jB_i$$
$$C = C_r + jC_i = A + W_N^k B$$
$$D = D_r + jD_i = A - W_N^k B$$

同时令：$\theta = 2\pi k/N$，$W_N^k = e^{-j2\pi k/N} = \cos\theta - j\sin\theta$

$$C_r = A_r + B_r\cos\theta = B_i\sin\theta = A_r + E(\theta)$$
$$C_i = A_i + B_i\cos\theta - B_i\sin\theta = A_i + F(\theta)$$

则有：
$$D_r = A_r - B_r\cos\theta - B_i\sin\theta = A_r - E(\theta)$$
$$D_i = A_i - B_i\cos\theta + B_r\sin\theta = A_i - F(\theta) \qquad (10\text{-}14)$$

10.5.3 FFT 算法在 C67x 上的实现

根据上面的讨论，在 C67x DSP 上实现了如图 10-13 所示的时域抽取 FFT 算法，实现代码如程序 10-5 所示。

```
程序 10-5  时域抽取 FFT 算法
// #include<math. h>
#include<fastmath67x. h>
#define PI        3. 14159265358979323846426433832795
#define PI2       (2. 0 * PI)
#define N         256//FFT 计算长度
//=====================================
//生成 FFT 旋转因子表，存放格式为｛实部，虚部｝
//输入：w———旋转因子内存指针
//      n———旋转因子数目
void gen _ w _ r2 (float * w, int n)
 {
     int i;
     float e＝pi2/n;
```

```
    for (i=0; i< (n≫1); i++)
    {
        w [2*i] =cos (i*e);
        w [2*i+1] =sin (i*e);
    }
}
//==========================================
//Rader 倒序算法
//输入：x-------欲倒序的数据指针，存放格式〔实部，虚部〕
//       n-------x 的数目
void bit _ rev (float* x, int n)
{
    int i, j, k;
    float rtemp, itemp;
    j=0;
    for (i=1; i< (n−1); i++)
    {
        k=n≫1;
        while (k<=j)
        {
            j−=k;
            k≫=1;
        }
        j+=k;
        if (i<j)
        {
            rtemp=x [j*2];
            x [j*2] =x [i*2];
            x [i*2] =rtemp;
            itemp=x [j*2+1];
            x [j*2+1] =x [i*2+1];
            x [i*2+1] =itemp;
        }
    }
}
//==========================================
//C=A+Wnk*B= [Ar+jAi] + [cos (x) −jsin (x) ] [Br+jBi],
//  Cr=Ar+Br*cos (x) +Bi*sin (x) =Ar+rtemp, rtemp=Br*cos (x) +Bi*sin (x)
```

```
//   Ci=Ai+Bi*cos（x）−Br*sin（x）=Ai+itemp，itemp=Bi*cos（x）−Br*sin（x）
//D=A−Wnk*B=［Ar+jAi］−［cos（x）−jsin（x）］*［Br+jBi］,
//   Dr=Ar−Br*cos（x）−Bi*sin（x）=Ar−rtemp
//   Di=Ai−Bi*cos（x）+Br*sin（x）=Ai−itemp
//基2时域抽取FFT算法，原位计算。顺序输入，倒序输出，旋转因子表以倒序存放
//输入：x——原始数据指针，存放格式为｛实部，虚部｝
//        n——x的数目
//输出：x——原始数据的变换频谱
void DSPF_sp_cfftr2_dit（float*x，float*w，short n）
{
    short n2, ie, ia, i, j, k, m;
    float rtemp, itemp, c, s;
    n2=n;
    ie=1;
    for（k=n；k>1；k>>=1）
    {
        n2>>=1;
        ia=0;
        for（j=0；j<ie；j++）
        {
            c=w［2*j］;
            s=w［2*j+1］;
            for（i=0；i<n2；i++）
            {
                m=ia+n2;
                rtemp=c*x［2*m］+s*x［2*m+1］;
                itemp=c*x［2*m+1］−s*x［2*m］;
                x［2*m］=x［2*ia］−rtemp;
                x［2*m+1］=x［2*ia+1］−itemp;
                x［2*ia］=x［2*ia］+rtemp;
                x［2*ia+1］=x［2*ia+1］+itemp;
                ia++;
            }
            ia+=n2;
        }
        ie<<=1;
    }
}
//==================================================
float w［N］; //旋转因子表
```

```
float orgData [N]; //原始数据
float x [2 * N]; //FFT 输入数据
fPower [N]; //功率谱
void main (void)
{   int i, k;
    float dph, sumPh;
    float sampFreq=250.0; //采样频率
    float signalFreq;
    //产生 30Hz 信号
    signalFreq=30.0; //信号频率
    dph=PI2 * signalFreq/sampFreq;
    sumPh=0.0;
    for (i=0; i<N; i++)
    {
        orgData [i] =sinf (sumPh);
        sumPh+=dph;
    }
    //产生 50Hz 正弦信号
    signalFreq=50.0; //信号频率
    dph=PI2 * signalFreq/sampFreq;
    sumPh=0.0;
    for (i=0; i<N; i++)
    {
        orgData [i] +=sinf (sumPh) /5.0;
        sumPh+=dph;
    }
    //产生 60Hz 的信号
    signalFreq=60.0; //信号频率
    dph=PI2 * signalFreq/sampFreq;
    sumPh=0.0;
    for (i=0; i<N; i++)
    {
        orgData [i] +=sinf (sumPh);
        sumPh+=dph;
    }
    gen _ w _ r2 (w, N);      //生成旋转因子
    bit _ rev (w, N≫1);       //旋转因子倒序
    k=0;
    for (i=0, k=0; i<2 * N; i+=2, k++)
    {
```

```
            x [i] =orgData [k]; //FFT 计算实部
                x [i+1] =0.0; //FFT 计算虚部
        }
        k=0;
        DSPF _ sp _ cfftr2 _ dit (x, w, N);      //基 2 时域抽取 FFT  算法
        bit _ rev (x, N);                        //计算结果倒序
        //频谱计算
        for (i=0, k=0; i<N; i+=2, k++)
        {   float fTmp;
            fTmp=x [i] * x [i] +x [i+1] * x [i+1];
            fPower [k] =sqrt (fTmp);
        }
}
```

关于程序 10-5 的几点说明如下。

① 程序 10-5 的设计思想是首先产生一个 30Hz、50Hz 和 60Hz 的合成信号，其次利用 FFT 计算其频谱，最后计算功率谱。合成信号的采样频率为 250Hz。在实际的应用系统中，原始信号数据可能来自模数转换器的输出，而不是程序产生的仿真信号。

② 程序 10-5 由 gen _ w _ r2、bit _ rev、DSPF _ sp _ cfftr2 _ dit 和主函数 main 组成，其中函数 gen _ w _ r2 生成 $N/2$ 个旋转因子，结果以〔实部-虚部〕格式存放在 w 数组中。函数 bit _ rev 执行码位倒序，该函数首先用 Rader 算法计算倒序码，然后交换数据。输入数据的格式是〔实部-虚部〕。函数 DSPF _ sp _ cfftr2 _ dit 完成基 2 时域抽取的 FFT 算法，顺序输入，倒序输出，旋转因子也以倒序存放。输入、输出和旋转因子的存放格式都为〔实部-虚部〕。主函数 main 主要目的是组织其他函数的执行，它首先产生合成信号，其次生成旋转因子并将其倒序。接着调用函数 DSPF _ sp _ cfftr2 _ dit 完成频谱计算，并调用 bit _ rev 函数将倒序输出的频谱还原成正常的顺序。最后按公式 $P (k) = \sqrt{X[k]X^*(k)}$ 计算功率谱。

③ 实现 FFT 算法的流程图很多，图 10-13 是基 2 时域抽取法，还有基 4 抽取法、频域抽取法等。程序 10-5 的函数 DSPF _ sp _ cfftr2 _ dit 是按图 10-13 的分解方式实现的。输入数据按顺序存放，旋转因子按倒序使用，计算的频谱也按倒序输出。从图 10-13 还可以看出，前一级迭代所使用的旋转因子数目，恰好是后一级迭代要使用的旋转因子的数目的一半，而且正好是后一级上一半蝶形运算的旋转因子，使用的顺序也不变。例如，在图 10-13 中，第一级只使用一个旋转因子 W_N^0，第二级使用两个旋转因子为 W_N^0 和 W_N^2，且第二级蝶形运算的上一半使用的旋转因子与第一级使用的相同，都是 W_N^0。在第三级中使用 4 个旋转因子，从上往下依次为 W_N^0、W_N^2、W_N^1 和 W_N^3，且第三级上一半使用的旋转因子与第二级所使用的旋转因子相同，依次为 W_N^0、W_N^2。利用这个特点，在程序的实现中，将旋转因子采用查表方式，只需要建立长度为 $N/2$ 的表值就可以用来计算长度为 N、$N/2$、$N/4$……的 FFT。

④ 旋转因子以及输入样本的存放格式都按〔实部，虚部〕格式组织。这种方式与 CCS 图示化所要求的格式相同，便于程序的调试。

⑤ 程序中使用 Rader 算法实现数据的倒序，实现特点是边计算倒序码，边交换数据。对于固定长度的 FFT 计算，可以事先按公式（10-13）建立倒序码表，再根据倒序码表交换数据，这样可以提高效率。生成倒序码表以及交换数据的函数如下。

程序 10-6　倒序码表生成及其数据倒序

```
typedef struct tagComplex
{   float real;
    float imag;
} CPX;                        //复数结构定义
short   bitRevIndex [N];      //存放倒序码表
//======生成倒序码表================
//a [2i] =a [i] /2
//a [2i+1] =a [2i] +N/2
//输入：n----倒序码表长度
void gen _ bit _ revIndex (int n)
{   int i, k;
    bitRevIndex [0] =0;
    bitRevIndex [1] =1;
    for (i=0, k=0; i<n/2; i++, k+=2)
    {
        bitRevIndex [k] =bitRevIndex [i] /2;
        bitRevIndex [k+1] =bitRevIndex [k] +n/2;
    }
}
//=====   根据倒序码表交换数据  ===================
//输入：x------欲交换的数据指针，{实部，虚部} 格式
//     n------欲交换的数据长度
void bit _ rev2 (float * x, int n)
{   int i, index;
    CPX fTmp;
    CPX * pCpx= (CPX *) x;
    for (i=1; i<n-1; i++)
    {
        index=bitRevIndex [i];
        if (i<index)
         {
            fTmp=pCpx [i];
            pCpx [i] =pCpx [index];
            pCpx [index] =fTmp;
         }
    }
}
```

10.6 要点与思考

　　本章旨在讨论数字信号处理在 DSP 中的应用，利用 DSP 架构的特殊性能，实现信息的实时处理。由于应用需求的不同，数字信号处理的内容非常广泛，限于篇幅，本章只讨论了应用最为普遍的信号源设计、数字滤波器以及快速傅里叶变换。结合 DSP 的特点深入讨论了实现方法和编程技能，并给出了具体的应用实例。本章的应用实例都经过严格的调试和测试，其中的有些函数可以不经任何修改就可直接使用，有些函数稍加修改就可使用。希望本章的内容能起到抛砖引玉的作用。

　　本章并不讨论数字信号处理的理论问题，而注重其在 DSP 上的实现方法。因此在本章中还特别介绍了 CCS 提供的库函数以及使用范例。

　　此外，读者在阅读本章内容时还可以注意思考下列问题。

　　① 产生信号时，采样频率与信号频率应满足什么关系？

　　② 程序 10-1 使用 Q11.20 数据格式。如果使用 Q8.23 格式，程序 10-1 该如何修改？

　　③ 什么是循环缓冲区？如何在 C54x 中定义和使用循环缓冲区？

　　④ 使用 FastRTS 库应该注意哪些问题？

　　⑤ 在程序 10-5 中，使用预先生成的倒序码表（不用 Rader 算法）实现数据交换。

也许有一天你就会遇到
—— DSP覆盖(Overlay)程序设计

本章要点

◆ 链接器命令文件详解
◆ Overlay程序设计的步骤
◆ Overlay模块的动态加载
◆ Overlay程序的调试

11.1 概述

通常 DSP 程序是被加载到 DSP 的内部存储器中执行的。在调试过程中，用 CCS 集成环境将编译好的代码通过 JTAG 接口下载到 DSP 的内部存储器执行；而当调试完成后，需要将程序代码烧录到 DSP 的外部存储器，在 DSP 上电时，自动将程序代码装载到内部存储器中执行。这样做的好处在于：

- DSP 的内部存储器执行速度非常快，能够充分发挥 DSP 的高集成度优势；
- 选择烧录程序的外部存储器条件（如读写速度、数据宽度、接口方式等）可以放宽，从而可以降低成本。

但是，DSP 的内部存储器总是有限的。常常会遇到这种情况，程序代码及其使用的数据区大于 DSP 的内部存储器，从而限制了 DSP 程序的开发。解决这种困局的一个有效的方法是使用 Overlay（覆盖）程序设计技术。

实际上，Overlay 技术并不是一个新的概念，也不是 DSP 所独有的技术。早期的计算机内存是非常小的。例如，1979 年推出的 Apple Ⅱe 个人电脑只有 64KByte 的 RAM 存储器，1983 年推出的 IBM PC/XT 个人电脑也只有 640KByte 的 RAM 存储器。面对如此少的内存资源，而又要完成较为复杂的任务，开发人员提出了 Overlay 的程序设计思想。

Overlay 程序设计技术的基本原理是利用模块化设计思想，将任务划分成多个功能模块，在内存中只加载当前需要执行的模块，而其他暂不执行的模块可以不加载。但当其他模块需要执行时，首先将内存中的模块卸载，然后将需要执行的模块再加载到内存。就内存的使用情况而言，Overlay 技术与动态链接库是非常类似的。

虽然 Overlay 程序设计技术在个人电脑发展的初期被提出，但随着大规模集成电路技术的发展，拥有更多的计算机内存已不是奢望。对个人电脑和台式计算机而言，Overlay 技术似乎已逐渐被遗忘。然而，对嵌入式系统和 DSP 而言，内部存储器仍然是稀缺资源，Overlay 技术仍然具有用武之地，也是完成复杂任务必备的技术手段。

本章将通过一个具体的实例讨论 DSP Overlay 程序的设计技术和实现步骤。由于 Overlay 的实现与链接器命令文件有着极其重要的关系，对目标系统存储器的配置以及对段（代码段、数据段等）的配置是实现 Overlay 的关键技术之一，因此，在 11.2 节中详细介绍了链接器命令文件的作用、MEMORY 及 SECTIONS 命令的功能、语法格式，并给出了具体的示例。

对复杂任务的分割、程序模块的划分是实现 Overlay 程序设计的另一关键技术。因此，在 11.3 节中详细地阐述了任务分割、模块划分应该考虑的问题，并依据所讨论的原则要求，设计了实例代码。同时也讨论了 Overlay 代码动态加载应该注意的问题。

由于多个 Overlay 模块共享一块运行内存，代码是动态加载的，程序的跟踪调试有所不同。为此，在 11.4 节中讨论了 Overlay 程序代码的调试问题，包括外部存储器的使用，Overlay 代码的跟踪调试等。最后在 11.5 节中对本章的内容进行了总结。

11.2 链接命令文件

Overlay 程序设计的主要方法是将任务划分成不同的功能模块，便于在运行时动态地加载所需要的模块。链接命令文件的主要用途就是定义目标存储器的模型，以及指定模块要加载的位置。为此，在讨论 Overlay 程序设计技术之前，先介绍一下链接命令文件。

链接命令文件是一个以 .cmd 为后缀的文本文件，其主要内容如下。

• 要链接的目标文件名。如果在 CCS 集成环境中产生目标系统的可执行文件，则链接的目标文件（*.obj）由 CCS 集成环境自动确定，或由开发者在 CCS 集成环境中设置指定。因而，在大多数链接命令文件中无需指定目标文件。只有在控制台命令行链接时才需要在链接命令文件中指定目标文件名。

• 链接器选项。如果在 CCS 集成环境中产生目标系统的可执行文件，则可以在 CCS 集成环境中设置链接器选项。因而，在大多数链接命令文件中可以不指定它。只有在控制台命令行链接时才需要在链接命令文件中指定链接器选项。

• MEMORY 指令。定义目标系统的存储器的配置，此指令将在 11.2.1 节中详细讨论。

• SECTIONS 指令。定义段在目标存储中的位置，此指令将在 11.2.2 节中详细讨论。

在链接命令文件中，保留了如表 11-1 所示中的关键字，不能使用这些保留字作为段名或符号名，否则链接器会给出警告或错误信息。

从表 11-1 可以看出，同一作用的保留字可以有不同的书写方法，有些是大小写敏感的，而有些是不区分大小写的，有些是可以简写的，有些是不能简写的。例如指定起始地址的保留字有 origin、org 和 o 三种写法；指定运行地址的保留字有 RUN 和 run 两种写法。因此要特别注意保留字的书写方式，以免出现歧义。

表 11-1 链接命令文件中的保留字

保留字	意义和用途
align, ALIGN	指定对齐参数
LENGTH, len, length, l(小写 L)	指定长度参数
origin, org, o	指定起始地址
FILL, fill, f	指定填充参数
ATTR, attr	指定属性参数
RUN, run	指定运行地址
LOAD, load	指定装载地址
SECTIONS	定义段配置
MEMORY	定义存储器配置
BLOCK, block	要求段必须在两个地址指定的区间,如果段太大,则从第二个地址的边界开始
GROUP, group	组合多个段在一块连续的存储器
PAGE, page	指定存储页
type	指定特殊段类型
COPY	特殊段类型
NOLOAD	特殊段类型
DSECT	特殊段类型
range	指定地址范围
UNION	定义联合段

【例 11-1】 最简单的链接命令文件

```
/ * linker command file * /
MEMORY
{
RAM：origin＝0x0000，len＝0x3000
ROM：origin＝0x3000，len＝0x5000
}
SECTIONS
{
    . text：＞ROM
. bss：＞RAM
. cinit：＞RAM
. stack＞RAM
}
```

【例 11-1】 给出了最简单的链接命令文件。MEMORY 定义了目标系统的存储器,RAM 用于数据存储器,起始地址为 0x0000,长度为 0x3000;ROM 用于程序存储器,起始地址为 0x3000,长度为 0x5000。SECTIONS 定义了段的配置,将代码段 . text 定位在 ROM,将数据段 . bss、. cinit、. stack 定位在 RAM。【例 11-1】 的第一行是注释行,值得注意的是,链接命令文件只接受 C 语言风格的注释 “/ * * /”,而不接收 C++风格的注释 “//”,也不接受汇编语言风格的注释 “;”或 “*”。

11. 2. 1 MEMORY 指令

链接命令文件的 MEMORY 指令定义目标系统存储器的模型,通过该命令可以定义出现在目标系统中的各种类型的存储器，以及存储器的地址和长度。

MEMORY 指令的一般语法格式为：

```
MEMORY
{
    name _ 1 [ (attr) ]：origin＝const，len＝const [，fill＝const]
    ……
    ……
    name _ n [ (attr) ]：origin＝const，len＝const [，fill＝const]
}
```

方括号中的项是任选项。在链接命令文件中，要求关键字"MEMORY"必须用大写字母。其后的一对大括号中的内容就是目标存储器模型的列表。

① name _ x　对一段存储器空间的命名，名字是大小写敏感的，最大可有 64 个字符。合法的名称字符集为 26 个大写或小写的英文字母，以及 $（美元符）、。（句点）和 _（下划线）。

② attr　定义命名存储区的属性，是一个任选项，利用此属性可对该存储区的操作方式加以限制。如果有任选项，应放在括号内。合法属性选项如下。

- R：指定存储区只读；
- W：指定存储区只写；
- X：指定存储区可装载可执行代码；
- I：指定可以对存储区初始化。

存储区的属性是任选项，可以有多个选项，如 name _ 1（RW）表示该存储区既可读也可写。如果未指定，则默认它有全部 4 种属性。可把输出段不受限制的定位到任何已定义的存储区位置。

③ origin　指定存储区的起始地址，可以简写成 org 或 o。其值可以表示成十进制、十六进制或八进制。

④ len　指定存储区的长度，可以简写成 len 或 l（小写 L）。其值可以表示成十进制、十六进制或八进制。

⑤ fill　有些存储空间没有初始值，在编译链接时，不会为这些存储空间指定存储段。用 fill 可为这些存储空间指定一个填充数，可以简写成 f。其值可以表示成十进制、十六进制或八进制。

- 提示：如果指定了 fill 的值，且存储区的地址范围较大，将使得输出文件很大，因为填充值将作为初始值生成在输出文件中。
- 如果在链接命令文件中没有 MEMORY 命令，链接器将假定所有的可寻址空间可用。

【例 11-2】　MEMORY 指令中 fill 参数的用法

```
MEMORY
{
    IRAM $ (RW)：o＝0x0020，l＝0x1000，f＝0xffff
}
```

【例 11-2】 定义了名称为 IRAM＄，具有 R 和 W 属性，起始地址为 0x20，长度为 0x1000，且填充值为 0xffff 的存储区。

11.2.2 SECTIONS 指令

通常 MEMORY 指令和 SECTIONS 指令联合使用，MEMORY 指令定义目标 DSP 的存储器空间配置；而 SECTIONS 指令是配置程序中段，即指定程序中的输出段配置到由 MEMORY 定义的哪个存储区。要正确理解和熟练使用 SECTIONS 指令，必须对编译器产生的段有所了解。

段是在 DSP 存储器中占据连续空间的一块代码或数据，由编译器产生，是目标文件中的最小单位。通常，编译器产生两种类型的段，即已初始化段和未初始化段。

已初始化段包含可执行代码和初始化变量列表，编译器默认的已初始化段如下：

- ．text 段：包含所有的可执行代码；
- ．cinit 段：包含已初始化的全局变量、静态变量和常数的列表；
- ．const 段：包含用 const 限定符声明的全局变量和静态变量的值。

未初始化段只在存储区内保留空间，在程序运行时动态地创建变量。编译器默认的未初始化段如下。

- ．bss 段：为全局变量和静态变量保留空间，在程序运行的初始化阶段，由引导程序将变量的初值从 ．cinit 段复制到 ．bss 段；
- ．stack 段：为系统保留堆栈和为局部变量保留空间；
- ．far 段：为用 far 声明的全局变量和静态变量保留空间；
- ．sysmem 段：为动态内存分配保留空间，此空间被 malloc、calloc 和 recalloc 函数使用，如果程序代码中未使用这些函数，则编译器不产生 ．sysmem 段；
- ．cio 段：C 语言 I/O 函数支持缓冲区。当任何 C 语言的 I/O 函数（如 printf，scanf 等）被执行时，将使用这个缓冲区，它包含了流式 I/O 函数执行的信息。如果使用了 C 语言的 I/O 函数，．必须在链接命令文件中定位 cio 段。如果程序中未使用 I/O 函数，则编译器不产生 ．cio 段。

编译器在处理每个源文件时都会根据实际情况在目标文件（＊．obj）中产生相应的段，例如，对可执行代码，将产生 ．text 段，对已初始化的全局变量或静态变量，将产生 ．cinit 段。对未初始化的全局变量或静态变量，将产生 ．bss 段。对具有参数的函数调用还产生 ．stack 段等。编译器在目标文件中产生的这些段都作为链接的输入段，链接器将根据链接命令文件中的 SECTIONS 配置产生输出段，并为输出段选择目标系统的存储器地址。

在默认情况下，链接器将把所有目标文件中的同名段合并成一个段，并作为同名的输出段。例如，把所有的 ．text 段合并成输出段 ．text；把所有的 ．cinit 段合并成输出段 ．cinit；把所有的 ．bss 段合并成输出段 ．bss；把所有的 ．const 段合并成输出段 ．const；把所有的 ．stack 段合并成输出段 ．stack。

提示：除了编译器产生的默认段外，编程者还可以用 CODE＿SECTION 和 DATA＿SECTION 产生自定义的代码段和数据段。它们在 C 中的书写语法为：

　　＃pragma CODE＿SECTION（symbol，"section name"）；

　　＃pragma DATA＿SECTION（symbol，"section name"）；

　　在 C＋＋中的书写语法为：

#pragma CODE _ SECTION（"section name"）;

#pragma DATA _ SECTION（"section name"）;

SECTIONS 指令的主要功能为：

- 描述如何将输入段合并成输出段；
- 定义可执行程序的输出段；
- 指定输出段在存储区中的位置；
- 对输出段重新命名。

在链接命令文件中，SECTIONS 命令用大写字母表示，其后的一对大括号 { } 中间的是关于输出段的配置说明。SECTIONS 的语法格式如下：

SECTIONS

{

    Name：[property [，property] [，property] …]

    Name：[property [，property] [，property] …]

    Name：[property [，property] [，property] …]

}

SECTIONS 指令的每行由段的名称开始，定义一个输出段（该输出段将出现在链接输出文件 . out 中）。段名之后是说明该段性能的参数列表，段的性能参数用逗号分隔。

描述段的性能参数主要有：

① load　定义输出段加载到内存中的位置，有 3 种书写语法：

- load＝address，"address"指定段的加载地址；
- address，省略"load＝"，直接指定加载地址；
- ＞address，用大于号替代"load＝"，指定加载地址。

load 的用法很灵活，【例 11-3】列出了主要的书写方式。

【例 11-3】　SECTIONS 指令中 load 参数的用法

. text：load＝0x200	/＊将 . text 段加载到地址 0x200＊/
. text：＞ROM	/＊将 . text 段加载到由 MEMORY 命名的 ROM 存储区＊/
. data：load＞（RW）	/＊将初始化数据段定位到具有读写属性（RW）的存储器＊/
. bss：RAM	/＊将未初始化段定位到由 MEMORY 命名的 RAM 存储区＊/

② run　定义输出段的运行地址，有 2 种书写语法：

- run＝address，"address"指定输出段的运行地址；
- run＞address，用大于号替代等号来指定段的运行地址。

链接器在产生输出文件时，为每个输出段在目标存储器中分配两个地址，一个为加载地址，而另一个为运行地址。如果在 SECTIONS 命令中省略 run 参数，则两个地址是相同的，加载地址就是执行地址。如果要把加载区和运行区分开，就需要指定 run 参数。例如，如果将 . text 段定位到 ROM 区，而在 RAM 区中执行，可用下列句法描述。

. text：load＝ROM，run＝RAM　　或

.text：＞ROM，run＞RAM

③ Input sections：定义由哪些输入段组成输出段。

书写语法：〈输入段名〉

正如上面提到的那样，在默认情况下，链接器将把同名的输入段合并成一个同名的输出段，因而在 SECTIONS 中无需列出输入段的段名。但如果要对输出段精细管理，可以在 SECTIONS 文件中指定由哪些输入段组成输出段，尤其是当有自定义段时更是如此。

【例 11-4】 指定多个输入段组成一个输出段

```
SECTIONS
{
    .text： file1.obj（.text） file2.obj（my_sect1） file3.obj file4.obj
(.text，my_sect2)
}
```

或

```
SECTIONS
{
    .text： （file1.obj（.text） file2.obj（my_sect1） file3.obj file4.obj
(.text，my_sect2)）
}
```

或

```
SECTIONS
{
    .text： /＊创建输出段.text＊/
    {
    File1.obj（.text）          /＊链接 file1.obj 中的.text 段＊/
    File2.obj（my_sect1）      /＊链接 file2.obj 中的.my_sect1 字定义段＊/
    File3.obj                 /＊链接 file3.obj 中的所有段＊/
    File3.obj（.text，my_sect2)/＊链接 file4.obj 中的.text. 和 my_setct2
段＊/}
}
```

【例 11-4】 把 file1.obj 中的.text 段、file2.obj 中的 my_sect1 段、file3.obj 的所有段、file4.obj 中的.text 和 my_sect2 段合并成一个输出段.text。对于同一个段的描述，如果有多个参数，为便于阅读，可以用括号括起来，如**【例 11-4】** 中的第二种书写方式；也可以描述成多行，并用大括号括起来，如**【例 11-4】** 中的第三种书写方式。

④ align（value） 指定在 value 的边界对齐。

书写语法：align（value）

⑤ fill 定义一个填充值，用以填充未初始化的空洞（holes）。

书写语法：fill＝value，或者

$$Name：[properties] ＝value。$$

如果链接器在合并两个输入段时指定了对齐方式，则在两个段之间可能产生若干空闲的存储单元，称之为空洞（holes）。在特定的情况下，未初始化段（如.bss）也作为空洞处理。可以用 fill 参数指定空洞的填充值。例如：

【例 11-5】 SECTIONS 中参数 align 和 fill 的用法
```
SECTIONS
{
    Outsect：fill＝0xff00ff00/ * 产生输出段 outsect，并用 0xff00ff00 填充空洞 * /
    {
        File1.obj（.text）        / * 链接 file1.obj 的 .text 段 * /
        File2.obj（.text）        / * 链接 file2.obj 的 .text 段 * /
        .＝align（32）            / * 将 file3.obj 的 .text 段对齐在 32 字节的边界 * /
        File3.obj（.text）        / * 链接 file3.obj 的 .text 段 * /
    }
    .bss：fill＝0x12345678  / * .bss 段用 0x12345678 填充 * /
}
```

　　【例 11-5】 说明了 fill 和 align 参数的用法，首先用 file1.obj、file2.obj 和 file3.obj 的 .text 段作为输入段，链接产生了输出段 Outsect，其中要求 file3.obj 对齐在 32 字节的边界上，并对出现的空洞用 0xff00ff00 填充。最后对未初始化段 .bss 用 0x12345678 填充。

　　⑥ UNION　产生一个联合段，其中的输出段具有相同的运行地址。在许多应用中，当程序代码很大，使得不能加载到目标系统的内部存储器中执行时，希望互相独立的段运行在相同的地址。SECTIONS 的 UNION 参数提供了几个段共享同一个运行地址的手段。

【例 11-6】 创建代码联合段
```
UNION run＝FAST _ MEM
{
    .text：part1：load＝SLOW _ MEM，{file1.obj（.text）}
    .text：port2：load＝SLOW _ MEM，{file2.obj（.text）}
}
```

　　【例 11-6】 用 file1.obj 中的 .text 段和 file2.obj 中的 .text 段构建成一个联合段，共享一个运行地址 FAST _ MEM。输出段分别为 .text：part1 和 .text：part2，且都被加载到 SLOW _ MEM 存储器。当一个 .text 段作为联合段的成员时，只影响它们的运行地址，每个段都有各自的存储地址。换句话说，由于 .text 段含有代码数据，它们不能作为联合段加载，而只能作为一个联合段运行。因此，给联合段指定加载地址是毫无意义的，即使在链接命令文件中为联合段指定了加载地址，链接器给出警告并忽略加载地址。

　　如果几个数据对象不同时使用，利用 UNION 也可使它们共享一块内存。

【例 11-7】 创建数据联合段
```
SECTIONS
{
    .text：load＝SLOW _ MEM
    UNION run＝FAST _ MEM
    {
```

```
    .bss：part1：{file1.obj (.bss) }
    .bss：part2：{file2.obj (.bss) }
  }
  .bss：part3：run=FAST _ MEM {globals.obj (.bss) }
}
```

在【例 11-7】 中，用 file1.obj 和 file2.obj 的 .bss 段构建了联合段 .bss：part1 和 .bss：part2，它们具有相同的运行地址，联合段的长度取各成员段长度的最大值。【例 11-7】 的内存映射如图 11-1 所示。值得指出的是，.bss 段用于为全局变量和静态变量保留空间，在程序开始执行时，有引导程序将它们的初始化值复制到 .bss 段中。因而用于构建联合段的 .bss 段不能有初始化数据。在【例 11-7】 中，具有初值的全局变量和静态变量定位在 .bss：part3 段中，而 .bss：part3 不是联合段的成员。

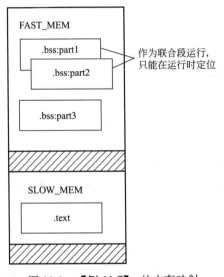

图 11-1 【例 11-7】 的内存映射

⑦ GROUP 创建组合段，使若干个输出段被定位在连续的内存空间。

【例 11-8】 定位输出段在连续的内存
```
SECTIONS
{
  .text：>SLOW _ MEM
  .bss：>FAST _ MEM
  GROUP 0x1000
  {
    .data
    .term _ rec
  }
}
```

【例 11-8】 用 GROUP 指令把 .data 段和 .term _ rec 段构建成组合段，使得它们占有连续的内存空间。上例中 GROUP 的开始地址被指定为 0x1000，也就是说，.data 段被分配在 0x1000，紧接其后的是 .term_rec 段。

可以把 GROUP 和 UNION 嵌套使用，以便更清楚地表达组合段和联合段的层次结构。

【例 11-9】 GROUP 与 UNION 的嵌套使用

```
MEMORY
{
    RAM        : origin=0x00000000,      len=0x010000
    OVLMEM     : origin=0x00010000,      len=0x010000
    ROM        : origin=0x00020000,      len=0x040000
    SDRAM      : origin=0x80000000,      len=0x1000000
}
SECTIONS
{
    GROUP：run=RAM
    {
        UNION：
        {
        .mySect1：{debug \ task1.obj (.text) } load=SDRAM
        .mySect2：{debug \ task2.obj (.text) } load=SDRAM
        }
        UNION：
        {
        mySect3：{debug \ task3.obj (.text) } load=SDRAM
        mySect4：{debug \ task4.obj (.text) } load=SDRAM
        }
    }
}
```

连接器根据【例 11-9】 的段配置产生的内存映射如图 11-2 所示。可以看出：

- mySect1、mySect2、mySect3 和 mySect4 段被分配在 SDRAM 内存区域，且具有唯一的、非重叠的装载地址；
- 段 mySect1 和 mySect2 在 RAM 中具有相同的运行地址；
- 段 mySect3 和 mySect4 在 RAM 中也具有相同的运行地址，但 mySect1 和 mySect3 的运行地址不同；
- 段 mySect1/mySect2 和段 mySect3/mySect4 在 RAM 中的运行区域是连续的，即 .mySect1 的运行地址 (0x2c60) 加它的长度 (0xc0) 正好是 .mySect3 的运行地址 (0x2d20)。

```
SECTION ALLOCATION MAP

output
section        page     origin        length        attributes/
                                                     input  sections
----------     -----    ------        ------         --------------------

.mysect1        0       80000000      000000c0       RUN  ADDR=00002c60
                        80000000      000000c0        task1. obj (.text)

.mysect3        0       800000c0      00000080       RUN  ADDR=00002d20
                        800000c0      00000080        task3. obj (.text)

.mysect4        0       80000140      00000060       RUN  ADDR=00002d20
                        80000140      00000060        task4. obj (.text)

.mysect2        0       800001a0      00000040       RUN  ADDR=00002c60
                        800001a0      00000040        task2. obj (.text)
```

图 11-2 【例 11-9】 的段配置产生的内存映射

11. 3 Overlay 源程序设计

设计 Overlay 源程序的主要目的是解决内存资源不足的问题,其方法是用若干模块构建一个联合段,使联合段中各成员模块共享一块运行内存,需要执行哪个模块就把它从装载内存复制到运行内存来执行。由此可见,联合段中的成员模块具有互斥性,也就是说,在同一时间只能运行一个联合段中的模块。因此,Overlay 源程序的设计就是把要完成的任务合理地划分成多个功能模块。

11. 3. 1 程序功能划分的考虑

设计 Overlay 源程序时,应考虑下面的几个问题。

① 按功能模块组织源代码,并将其存为独立的源文件。编译成目标文件(＊ .obj)后,会产生一个 .text 段。可以把整个 .text 段作为联合段的成员模块,从而简化联合段的构建。当然,设计者可以不对源代码分割,而通过自定义段来标记构建联合段的模块。但这种方法思路不够清晰,建议不要使用。

② 将复杂的任务仔细分解,从中提取出各功能模块的公共部分,如任务控制模块、通讯模块、中断处理模块、硬件设备的操作模块、各功能模块使用的公用函数等,并将它们组织成独立的源文件。这个文件的 .text 段不能作为联合段的成员模块,因为其中的代码是系统的核心模块或经常调用的公用函数。

③ 编写各个功能模块的源文件时,功能模块可以调用、引用或使用公共部分的函数和全局变量。但功能模块之间不能有任何联系,即功能模块 A 不能使用功能模块 B 中的函数和全局变量,反之亦然。

④ 在功能模块中使用自动变量,对大块数组进行动态分配内存,尽可能不使用静态变量和数组,也不使用该模块专用的全局变量。因为全局变量、静态变量和数组都包含在 .bss 段中,它们都占有各自的存储空间,而在联合段中只有一个模块在运行,非运行模块所属的全局变量、静态变量和数组毫无用处,且浪费了宝贵的内存资源。

11.3.2 设计实例

本小节通过一个具体的实例来说明 Overlay 源程序设计的方法。在实例中，设计了 4 个功能模块和 2 个公用模块。每个功能模块的源代码分别存储为独立的源文件 Task1. c、Task2. c、Task3. c、Task4. c。2 个公用模块为 vectors. asm 和 main. c。其中 vectors. asm 包含了中断矢量的映射，main. c 包含了硬件设备的初始化、中断服务程序和公用函数。功能模块的代码非常简单，这样设计的目的在于，使读者不被复杂的功能代码所干扰，从而把注意力集中到实例的设计思路上。此外，还有一个链接命令文件 overly. cmd，该文件是每个 DSP 程序不可或缺的。下面列出每个源文件的代码，并加以说明。

① Task1. c 模块的源代码如程序 11-1 所示。

```
程序 11-1  功能模块 1 的源代码
#include<math. h>
extern int ratio；//在公共模块（main. c）中定义的全局变量
//=======================================
//模块 1 的功能函数
int task1（int x，int y）
{  int z；
   z＝IntAdd（x，y）* ratio；
   return z；
}
//=======================================
//计算两个整数的和，返回结果
int IntAdd（int x，int y）
{
   int z；
   z＝x＋y；
   return z；
}
```

程序 11-1 只简单地计算了两个整数的和，再乘以比例系数 ratio，并返回结果。ratio 是在公用模块 main. c 中定义的全局变量，引用 ratio 目的是为了说明在功能模块中可以引用公共模块中定义的全局变量。

② Task2. c 的源代码如程序 11-2 所示。

```
程序 11-2  功能模块 2 的源代码
#include<math. h>
int IntSub（int x，int y）；//在公共模块（main. c）中定义的公用函数
//=======================================
//模块 2 的功能函数
int task2（int x，int y）
```

```
{
    int z;
    z＝IntSub（x，y）;
    return z;
}
```

　　程序 11-2 调用了公共函数 IntSub，并返回 IntSub 的结果。IntSub 只是简单地返回了两个整数的算术运算结果。这样设计的目的是为了说明在功能模块中可以调用公共模块中所定义的函数。

　　③ Task3.c 的源代码如程序 11-3 所示。

程序 11-3　功能模块 3 的源代码

```
＃include＜math.h＞
//======================================
//计算两个整数的积，返回结果
int task3（int x，int y）
{
    int z;
    z＝x＊y;
    return z;
}
```

　　程序 11-3 简单地计算了两个整数的积，并返回结果。

　　④ Task4.c 的源代码如程序 11-4 所示。

程序 11-4　功能模块 4 的源代码

```
＃include ＜math.h＞
//======================================
//计算两个整数的平方和
int task4（int x，int y）
{
    int z;
    z＝x＊x＋y＊y;
    return z;
}
```

　　程序 11-4 简单地计算了两个整数的平方和，并返回结果。

　　⑤ 公共模块 vectors.asm 的源代码如程序 11-5 所示。

程序 11-5　汇编源文件，中断服务向量表

```
;; 全局变量定义或引用，定义的全局变量可以在其他模块中使用
  .global _vectors
  .global _c_int00
```

```
    . global _ vector1
    . global _ vector2
    . global _ vector3
    . global _ vector8
    . global _ vector9
    . global _ vector10
    . global _ vector11
    . global _ vector12
    . global _ vector13
    . global _ Timer0 _ Interrupt
    . global _ vec _ dummy
;; 本模块引用的外部全局变量
    . ref _ c _ int00
    . ref _ Timer0 _ Interrupt;；实例化中断服务表的宏
VEC _ ENTRY. macro addr
    STW    B0，＊—B15
    MVKL   addr，B0
    MVKH   addr，B0
    B   B0
    LDW    ＊B15＋＋，B0
    NOP   2
    NOP
    NOP
    . endm
;；无需处理中断的服务程序，用于初始化中断服务表
_ vec _ dummy：
    B   B3
    NOP   5
;；中断服务表，要求在 1K 字节的边界对齐，并定位在 . text：vecs 子段。
;；如果在命令链接文件没有指定这个子段，则默认被链接到 . text 段。
;；ISTP 寄存器必须指向这个表。
. sect ". text：vecs"
    . align 1024
_ vectors：
_ vector0：    VEC _ ENTRY    _ c _ int00；       复位中断
_ vector1：    VEC _ ENTRY    _ vec _ dummy  ；不可屏蔽中断
_ vector2：    VEC _ ENTRY    _ vec _ dummy
_ vector3：    VEC _ ENTRY    _ vec _ dummy
_ vector4：    VEC _ ENTRY    _ vec _ dummy
_ vector5：    VEC _ ENTRY    _ vec _ dummy
```

```
_vector6:    VEC_ENTRY    _vec_dummy
_vector7:    VEC_ENTRY    _vec_dummy
_vector8:    VEC_ENTRY    _vec_dummy
_vector9:    VEC_ENTRY    _vec_dummy
_vector10:   VEC_ENTRY    _vec_dummy
_vector11:   VEC_ENTRY    _vec_dummy
_vector12:   VEC_ENTRY    _vec_dummy
_vector13:   VEC_ENTRY    _vec_dummy
_vector14:   VEC_ENTRY    _Timer0_Interrupt;; 定时器0中断
_vector15:   VEC_ENTRY    _vec_dummy
```

程序11-5给出了中断服务向量表,关于中断映射和中断服务向量表的格式请参阅第8章的相关内容。

⑥ 链接命令文件 overlay.cmd 如程序11-6所示。

程序11-6 链接命令文件
```
/* 目标系统存储器配置 */
MEMORY
{
   RAM      : origin  =  0x00000000, len  =  0x010000    /* 数据存储器 */
   OVLMEM   : origin  =  0x00010000, len  =  0x010000    /* Overlay模块
                运行存储器 */
   ROM      : origin  =  0x00020000, len  =  0x020000    /* 程序存储器 */
   SDRAM    : origin  =  0x80000000, len  =  0x1000000   /* 扩展存储器 */
}
/* 段配置 */
SECTIONS
{
   .vectors  >ROM/* 中断映射段配置 */
   .text     >ROM/* 公共代码段配置 */
   .bss      >RAM/* 未初始化数据段配置 */
   .cinit    >RAM/* 已初始化数据段配置 */
   .const    >RAM/* 常数段配置 */
   .far      >RAM/* 远指针段配置 */
   .stack    >RAM/* 堆栈段配置 */
   .cio      >RAM/* 流式I/O函数缓冲区配置 */
   .sysmem   >RAM/* 系统堆内存段配置 */
   /* 联合段配置 */
```

```
UNION
    {
        .task12：{debug \ task1.obj (.text)，debug \ task2.obj (.text) }
            load≫SDRAM，table (BINIT)，table ( _ task12 _ ctbl)
        .task34：{debug \ task3.obj (.text)，debug \ task4.obj (.text) }
            load≫SDRAM，table ( _ task34 _ ctbl)
    } run=OVLMEM
    .ovly：    { } ＞RAM/＊联合段拷贝表段配置＊/
    .binit：   { } ＞RAM/＊引导时的联合段拷贝表配置＊/
    }
```

程序 11-6 为链接命令文件，在 MEMORY 命令中，定义了目标系统的存储器配置，其中数据存储器（RAM）的起始地址为 0x0，长度为 64K 字节；联合段模块的运行内存（OVLMEM）的起始地址为 0x10000，长度为 64K 字节；程序存储器（ROM）的起始地址为 0x20000，长度为 128K 字节；扩展存储器（SDRAM）的起始地址为 0x80000000，长度为 16M 字节。在链接命令文件的 SECTIONS 中，定义了输出段的配置。其中将可执行代码段（.text 和 .vectors）配置到程序存储器（ROM），将其他的数据段（.bss、.cinit、.const、.far、.cio 和 .sysmem）配置到数据存储器（RAM）。

在 SECTIONS 命令中，还配置了联合段。在联合段中使用了 table（arg）算符，该算符使得链接器生成一个拷贝表，同时用 arg 生成一个变量名，应用程序可以用这个变量名访问拷贝表。联合段中用 table（arg）生成的拷贝表必须具有唯一的名字，也就是说，为每个联合段成员指定的拷贝表变量名不能重复。如果指定 table（BINIT）（arg 为 BINIT），则链接器产生一个引导时的拷贝表，也就是产生一个默认的拷贝表段，供系统初始加载时使用。

链接器会为每个联合段成员产生和配置一个拷贝表输入段，例如程序 11-6 中的语句行：

.task12：{debug \ task1.obj (.text)，debug \ task2.obj (.text) }
        load≫SDRAM，table (BINIT)，table (_ task12 _ ctbl)

将目标文件 task1.obj 和 task2.obj 中的 .text 输入段合并成一个输出段 .task12，指定 .task12 段的装载地址为 SDRAM，同时产生 .task12 段的拷贝表输入段 .ovly：task12 _ ctbl，以及引导时的拷贝表段 .binit。语句行：

.task34：{debug \ task3.obj (.text)，debug \ task4.obj (.text) }
        load≫SDRAM，table (_ task34 _ ctbl)

将目标文件 task3.obj 和 task4.obj 中的 .text 输入段合并成一个输出段 .task34，指定 .task34 段的装载地址为 SDRAM，同时产生 .task34 段的拷贝表输入段 .ovly：task34 _ ctbl。最后，语句行 .ovly：{ } ＞RAM 将拷贝表输入段 .ovly：task12 _ ctbl 和 .ovly：task34 _ ctbl 合并成一个拷贝表输出段 .ovly，并把它装载到 RAM 存储器。语句行 .binit：{ } ＞RAM 把引导时的拷贝表装载到 RAM 存储器。

对于本章的实例，链接器根据链接命令文件（程序 11-6）所产生的目标系统内存配置和段配置如图 11-3 所示。图中左侧部分是链接命令文件 MEMORY 所定义的系统存储器配置，而右侧部分是根据 SECTIONS 的描述所产生的模块定位信息。可以看出，链接器把所有的数据段定位到了 RAM 存储器。由于实例中未使用 I/O 函数和内存分配函数，所以 .cio 和 .sysmem 段未占用存储空间（长度为 0），又由于没有定义 .data 段，因而 .data 段也未占用存储空间。实际使用数据空间的段依次为系统堆栈段 .stack（长度为 0x7d0）、已初始化数据段 .cinit（长度为 0x264）、远指针段 .far（长度为 0x250）、常数段 .const（长度为 0x20）、未初始化段 .bss（长度为 0x14）、拷贝表段 .ovly（长度为 0x20）、引导加载拷贝表段 .binit（长度为 0x10）。链接器把代码段 .text 定位在 ROM 存储器，占用存储空间 0x20a0 字节。还把联合段的 .task12 和 .task34 分别定位在 SDRAM 存储器的 0x8000000 和 0x80000100 处，分别占用存储空间 0x100 和 0x0e0 字节。当程序运行时，根据需要把联合段的成员拷贝到 OVLMEM 存储空间来执行。

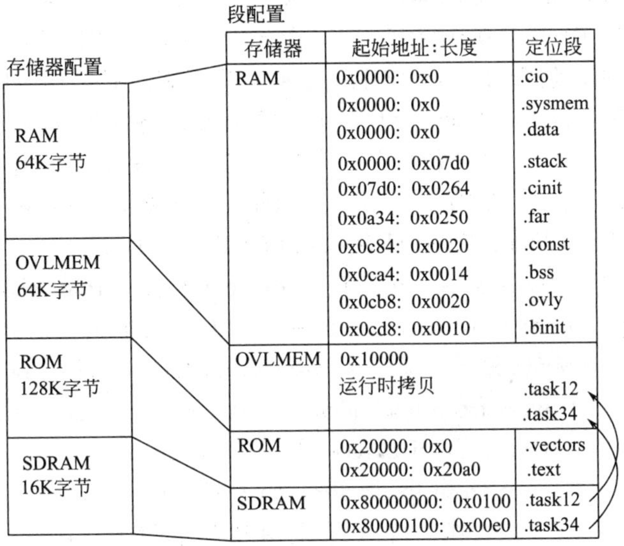

图 11-3　程序 11-6 的内存配置和段配置

关于内存配置和段配置更多的信息可参阅映射文件。对本实例的工程项目编译链接后，打开映射文件（*.map）可以看到链接器产生的详细信息，下面节录了本节所关心的 3 部分信息，即内存配置信息、段定位信息和拷贝表信息。

- 内存配置信息（MEMORY CONFIGURATION）。

name	origin	length	used	attr	fill
RAM	00000000	00010000	00000d00	RWIX	
OVLMEM	00010000	00010000	00000100	RWIX	
ROM	00020000	00040000	00001fa0	RWIX	
SDRAM	80000000	01000000	000001e0	RWIX	

内存配置信息中的起始位置和长度与程序 11-6 中的定义一致，应该关注的是内存的使用情况。由于本实例比较简单，所以内存的使用也较少。对于复杂的任务，或内存资源较少的目标系统，ROM 空间可能不足以加载所有代码。

- 段定位信息（SECTION ALLOCATION MAP）。

output				attributes/
section	page	origin	length	input sections

```
────────  ────  ────────  ────────  ──────────────
.task12   0   80000000   00000100   RUN ADDR=00010000
              80000000   000000c0   task1.obj (.text)
              800000c0   00000040   task2.obj (.text)
.task34   0   80000100   000000e0   RUN ADDR=00010000
              80000100   00000080   task3.obj (.text)
              80000180   00000060   task4.obj (.text)
.ovly     0   00000cd0   00000030
              00000cd0   00000010   <linker>（.ovly：_task12_ctbl）[fill=0]
              00000ce0   00000010   <linker>（.ovly：_task34_ctbl）[fill=0]
              00000cf0   00000010   <linker>（.ovly：BINIT）[fill=0]
```

在段定位信息中，联合段.task12和.task34具有相同的运行地址（RUN ADDR=0x00010000），但各自的加载地址不同，.task12的加载地址为0x80000000，而.task34的加载地址为0x80000100。链接器产生的拷贝表段.ovly的起始地址为0x00000cd0，长度为0x30，包含3个表项，分别为_task12_ctbl、_task34_ctbl和BINIT。

• 拷贝表信息（LINKER GENERATED COPY TABLES）

_task12_ctbl@00000cd0 records：1，size/record：12，table size：16
.task12：copy 256 bytes from load addr=80000000 to run addr=00010000
_task34_ctbl@00000ce0 records：1，size/record：12，table size：16
.task34：copy 224 bytes from load addr=80000100 to run addr=00010000
BINT@00000cf0 records：1，size/record：12，table size：16
.task12：copy 256 bytes from load addr=80000000 to run addr=00010000

拷贝表信息有3条记录，第一条记录说明拷贝表段task12_ctbl的存储地址为0x0cd0，有1个记录，每个记录的大小为12字节，拷贝表的大小为16字节。.task12段的加载地址为0x80000000，运行地址为0x00010000，拷贝的长度为256字节。加载.task12模块时从0x8000000拷贝256个字节到0x00010000。

第二条记录说明拷贝表段task34_ctbl的存储地址为0x0ce0，有1个记录，每个记录的大小为12字节，拷贝表的大小为16字节。.task34段的加载地址为0x80000100，运行地址为0x00010000，拷贝的长度为224字节。加载.task34模块时从0x8000100拷贝224个字节到0x00010000。

第三条记录是引导时加载的拷贝表信息，由于在链接命令文件中指定.task12段为引导时的加载段，所以第三条记录与第一条相同。

⑦ 公共模块main.c的源代码如程序11-7所示。

程序11-7　公用模块，硬件设备的初始化、中断服务程序和公用函数

```c
#include<stdio.h>
#include<csl.h>
#include<csl_PLL.h>
#include<csl_irq.h>
#include<csl_cache.h>
#include<cpy_tbl.h>
```

```
#include "reg6713.h"

    typedef unsigned int DWORD;              //数据类型定义
    //外部变量引用
    extern far COPY _ TABLE task12 _ ctbl;//功能 12 的拷贝表
    extern far COPY _ TABLE task34 _ ctbl;//功能 34 的拷贝表
    extern far void vectors ();              //外部函数引用
    //本模块的函数定义
    void PLLInit (void);                     //初始化锁相环
    void EMIFInit (void);                    //初始化外总线
    void IniterruptInit (void);              //中断初始化
    void TimerInit (void);                   //定时器初始化
    //功能模块中的函数定义
    int task1 (int x, int y);                //模块 1 函数
    int task2 (int x, int y);                //模块 2 函数
    int task3 (int x, int y);                //模块 3 函数
    int task4 (int x, int y);                //模块 4 函数
    int IntAdd (int x, int y);
    //测试结果结构定义
    typedef struct
    {
        int val [3];
    } TEST _ RESULT;
    TEST _ RESULT tstResult [10];            //测试结果
    //全局变量定义
    int testCounter=0;                       //测试次数变量定义
    int ratio=10;                            //在功能模块中引用的比例因子
    int tmEvent=0;                           //定时器事件，1：有事件，0：无事件
    //==========================================
    //Overlay 代码加载函数
    //输入参数：tp——模块复制表指针
    void copy _ in (COPY _ TABLE * tp)
    {
        unsigned short i;
        for (i=0; i<tp->num _ recs; i++)
        {
            COPY _ RECORD crp=tp->recs [i];
            unsigned char * ld _ addr= (unsigned char *) crp. load _ addr;
            unsigned char * rn _ addr= (unsigned char *) crp. run _ addr;
```

```
    memcpy（rn_addr, ld_addr, crp.size）；
    }
}
//==========================================
//初始化锁相环
void PLLInit（void）
{
    //-------------PLL 初始化步骤-------------
    *（int *）PLLCSR=0x00000000；        //步骤 1，PLLEN=0，旁路模式
    asm（"nop 4"）；                      //步骤 2，等待 4 个时钟周期
    *（int *）PLLCSR=0x00000008；        //步骤 3，PLLRST=1，复位 PLL
    *（int *）PLLDIV0=0x00008000；       //步骤 4，设置 PLLDIV0（div=1），
    *（int *）PLLM=0x00000005；          //PLLM（mul=5），
    *（int *）OSCDIV1=0x00008009；       //OSCDIV1（div=10）
    *（int *）PLLDIV2=0x00008001；       //步骤 5，设置 PLLDIV2（div=2）
                                         //CLKOUT2=97.5MHz
    *（int *）PLLDIV1=0x00008000；       //设置 PLLDIV1(div=1)，SCLK
                                         //=195MHz
    *（int *）PLLDIV3=0x00008001；       //设置 PLLDIV3（div=5），
                                         //ECLKOUT=97.5MHz
    plldelay（100）；                     //步骤 6，延时等待 PLL 复位
    *（int *）PLLCSR=0x00000000；        //步骤 7，PLLRST=0
    plldelay（10000）；                   //步骤 8,，延时，等待 PLL 锁定
    *（int *）PLLCSR=0x00000001；        //步骤 9，PLLEN=1，使能 PLL 模式
}
//==========================================
//延时函数
//参数：period----延时微秒数，period=1，延时 1us
void Delay（int period）
{   int i, j;
    for（i=0；i<period；i++）
    {
        for（j=0；j<15；j++）；
    }
}
//==========================================
//外总线初始化
```

```
void EMIFInit（void）
{
    //----------EMIF  寄存器设置------
    *（int*）EMIF_GCTL=0x00003060;              //设置 EMIF 全局控制寄存器
    *（int*）EMIF_CE1=0xFFFFFF13;               //CE1，16 位操作，FLASH
                                                     访问
    *（int*）EMIF_CE0=0xFFFFFF30;               //CE0-SDRAM 访问
    *（int*）EMIF_CE2=0x1091c420;               //CE2，32 位访问
    *（int*）EMIF_CE3=0xFFFFFF23;               //CE3，32 位访问
    *（int*）EMIF_SDRAMTIMING=0x0000061a;//SDRAM 时序寄存器
    *（int*）EMIF_SDRAMEXT=0x179d2e;
Delay（100）;
    *（int*）EMIF_SDRAMCTL=0x57116000; //SDRAM 控制寄存器（100
MHz）
Delay（1000）;
}
//==========================================
//公共函数，计算 2x-3y
int IntSub（int x，int y）
{   int z;
    z=2*x-3*y;
    return z;
}
//==========================================
====================
//定时器初始化
//定时器工作在 SysClk2 的 2 分频
//period=2437500 为 100ms 定时器
TIMER_Handle hTimer; 定时器句柄
void TimerInit（void）
{   int i，tmp;
    Uint32 period;
    hTimer=TIMER_open（TIMER_DEV0，TIMER_OPEN_RESET）; //
打开定时器
    *（int*）_TIMER_BASE_DEV0=0x3e0;
    Delay（100）;
    period=2437500;
    TIMER_setPeriod（hTimer，period）;    //设置定时器的输出周期为 100ms
    TIMER_start（hTimer）;                //启动定时器
```

```
    IRQ_enable (IRQ_EVT_TINT0);        //使能定时器中断
    IRQ_clear (IRQ_EVT_TINT0);         //清除未处理的定时器中断
}
//=========================================
//定时器 0 中断服务程序
interrupt void Timer0_Interrupt（void）
{
    tmEvent=1；//设置中断事件
    IRQ_clear (IRQ_EVT_TINT0);
}
//=========================================
//中断初始化
void IniterruptInit（void）
{
    DWORD   *pDword;
    IRQ_globalDisable ();        //除能所有中断
    IRQ_setVecs（vectors）；       //设置中断向量表
    IRQ_nmiEnable ();            //使能 NMI 中断

    p  pDword=（DWORD*）EXTPOL;
    *pDword=0；

    //初始化 Timer 中断
    IRQ_map (IRQ_EVT_TINT0, 14);    //映射定时器 0 中断到 14 号中断
    IRQ_clear (IRQ_EVT_TINT0);      //清除未处理的定时器 0 中断
    IRQ_globalEnable ();            //使能所有中断
}
//=========================================
//主函数，调度功能模块的执行
#pragma FUNC_INTERRUPT_THRESHOLD（main，1）
void main（void）
{   int i;
    int ovlyFlag;
    int taskIn1;
    int val1，val2，val3；

    CSL_init ();            //芯片支持库初始化
    IRQ_globalDisable ();   //除能所有中断
```

```
    PLLInit ();              //系统时钟初始化
    EMIFInit ();             //外总线初始化
    TimerInit ();            //定时器初始化
    IniterruptInit ();       //中断初始化
    testCounter=0;           //测试计数器清 0
    memset (tstResult, 0, sizeof (TEST _ RESULT) *10); //测试结果变量清 0
    ovlyFlag=0;              //Overlay 模块加载控制
    taskIn1=5;               //测试输入初值
    while (1)
    {
        if (tmEvent)
         {
           if (testCounter<10)
            {
             for (i=0; i<3; i++)
                 tstResult [testCounter] . val [i] =0;
             if (! ovlyFlag)
              {
               copy _ in (&task34 _ ctbl); //拷贝 .task34 段代码
               CACHE _ invAllL1p ();           //更新 cache
               asm ( "nop 5");               //消除流水线的影响
               val1=task3 (taskIn1, taskIn1);   //执行 a * b
               val2=task4 (taskIn1, taskIn1);   //执行 a * a+b * b
               val3=IntSub (val1, val2);       //执行 2a-3b
               ovlyFlag=1;
              }
             else
              {
               copy _ in (&task12 _ ctbl); //拷贝 .task12 段代码
               CACHE _ invAllL1p ();
               asm ( "nop 5");
               val1=task1 (taskIn1, taskIn1); // (a+b) * 10
               val2=task2 (taskIn1, taskIn1); //2a-3b
               val3=IntAdd (val1, val2);
               ovlyFlag=0;
               taskIn1++;
              }
             //记录计算结果
             tstResult [testCounter] . val [0] =val1;
             tstResult [testCounter] . val [1] =val2;
```

```
        tstResult[testCounter].val[2]＝val3;
            testCounter++;
        }
        else
            testCounter＝0;
        tmEvent＝0;
    }
  }
}
```

　　程序 11-7 是本实例的公用模块，包含了硬件设备的初始化、中断服务程序、公用函数和主函数 main（）。其中 main（）函数的执行流程如图 11-4 所示。

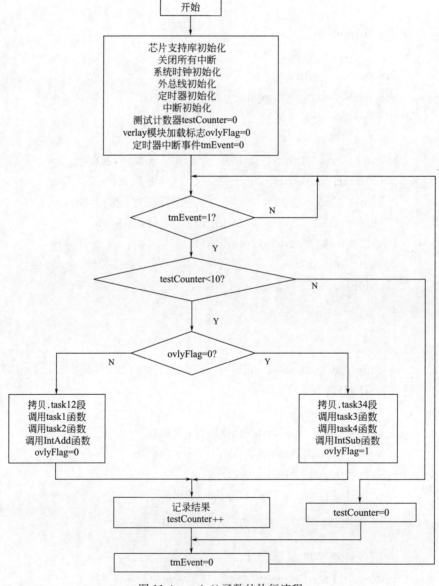

图 11-4　main()函数的执行流程

从图 11-4 可以看出，main 函数主要完成两项任务：初始化和 Overlay 模块的加载执行。初始化工作主要包括芯片支持库初始化、系统时钟初始化，在初始化系统时钟之前要求关闭所有中断。由于在目标板上扩展有 SDRAM 存储器，所以要对外部总线进行初始化才能使 SDRAM 正常工作。本实例使用定时器调度 Overlay 模块的执行，所以初始化工作还包含了定时器初始化和中断初始化。Overlay 模块的加载和执行将在 11.3.3 小节中详细讨论。

11.3.3 Overlay 模块的动态加载

多个 Overlay 模块共享同一块运行内存，因而必须根据需要动态地加载 Overlay 模块。要实现这个目的，必须知道链接器所产生的拷贝表结构。拷贝表的结构信息定义在运行支持库的头文件 cpy＿tbl.h 中，C 语言风格的拷贝表信息结构如下：

```
//拷贝记录数据结构
typedef struct copy＿record
{
    unsigned int load＿addr；   //装载地址
    unsigned int run＿addr；    //运行地址
    unsigned int size；        //拷贝长度
} COPY＿RECORD；
//拷贝表数据结构
typedef struct copy＿table
{
    unsigned short rec＿size；     //每个记录的大小
    unsigned short num＿recs；     //拷贝表记录数
    COPY＿RECORD recs ［1］；      //拷贝记录结构
}   COPY＿TABLE；
```

对于每个需要动态加载的模块，链接器都会为其产生一个 COPY＿RECORD 结构对象。而每个 COPY＿RECORD 对象都包含了装载地址、运行地址和需要拷贝的代码长度。链接器还将所有的 COPY＿RECORD 结构对象组织成一个 COPY＿TABLE 结构对象。

在程序 11-7 中，给出了 Overlay 代码加载函数 copy＿in。该函数根据拷贝表数据结构 COPY＿TABLE 的内容，将代码从装载地址拷贝到运行地址。值得注意的是，当所使用的 DSP 具有 cache（高速缓存）时，在调用完 copy＿in 函数之后，执行刚刚加载的代码之前，应该刷新程序 cache 的内容。为此，程序 11-7 用芯片支持库函数 CACHE＿invAllL1p（）向 cache 控制器提交刷新程序 cache 的命令。此外，为了消除流水线（pipeline）的影响。程序 11-7 在执行刚加载的代码前还插入了 asm（"nop 5"）语句。

11.4 Overlay 程序的调试和运行

在 11.3 节中，讨论了 Overlay 源程序的设计，并给出了实例代码。下面来讨论 Overlay 程序的调试和运行。

11.4.1 加载 Overlay 代码模块到外部内存

细心的读者可能已经注意到，在链接命令文件中，指定 Overlay 模块加载地址 SDRAM，运行地址为 OVLMEM。但 SDRAM 是不能掉电保持的，这样做是否有问题呢？SDRAM 能做程序存储器吗？在实际的运行中，目标系统的程序存储器可能是闪存（FLASH）或其他可掉电保持的存储器（如 EPROM、EEPROM 等），如果在调试阶段频繁地擦写 FLASH、EPROM 或 EEPROM，不但比较麻烦，而且会减少程序存储器的寿命。为了调试方便，暂时将 Overlay 模块的加载地址定位在 SDRAM，待调试完成后，再将其定位到目标系统的程序存储器。

调试前，用 CCS 开发环境将链接后的运行文件（∗.out）下载到目标板。在上电后的首次下载时，可能出现如图 11-5 所示的错误提示。

在本实例中，有两个 Overlay 模块，图 11-5 给出的正好是加载这两个模块的错误提示信息。左边的信息是下载.task12 段时出现的，下载的错误地址是 0x80000000，而右边的信息是下载.task34 段时出现的，下载的错误地址是 0x80000100。从链接命令文件的 MEMORY 中可以看出，这两个地址正好是 SDRAM 的地址空间。出现这个错误的原因是连接 SDRAM 芯片的外部总线没有被初始化，CCS 无法将指定的代码写到 SDRAM 地址空间，因而出现了校验错误。解决此问题的方法是用错误提示窗口中的"确定"按钮，暂时忽略此错误（按"取消"按钮将停止程序的下载），当下载完成后，在外总线初始化函数 EMIFInit（）之后设置断点［例如在本实例中，将断点设置在 main（）函数中的 TimerInit（）函数处］，然后运行程序到所设置的断点处，此时外部总线已被初始化，重新下载∗.out 文件，就不会出现上述错误了。

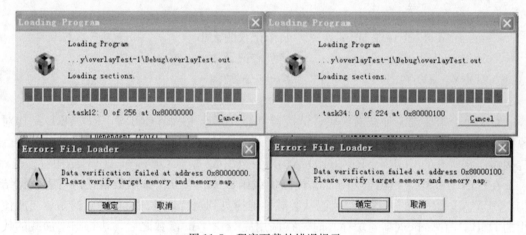

图 11-5　程序下载的错误提示

11.4.2 Overlay 代码的跟踪调试

由于多个 Overlay 模块共享一块运行内存，CCS 在下载符号调试表时只下载了引导时加载模块的符号表。换句话说，在跟踪调试时，只能看到在链接命令文件中具有 table（BINIT）参数的那个 Overlay 模块的符号调试信息。在本实例中，只能看到.task12 模块的符号调试信息。由于这个原因，给程序的源代码级（非汇编级）跟踪调试带来了很大麻烦。有两种方法可以解决这个问题。

① 方法 1　如果希望跟踪调试某一 Overlay 模块，可以修改链接命令文件，使得欲调试

的模块具有 talble（BINIT）参数。例如要调试 .task34 模块，可以修改链接命令文件如下：

```
UNION
{
    .task12：{debug \ task1. obj (. text)，debug \ task2. obj (. text) }
        load≫SDRAM，table ( _ task12 _ ctbl)
    .task34：{debug \ task3. obj (. text)，debug \ task4. obj (. text) }
        load≫SDRAM，table (BINIT)，table ( _ task34 _ ctbl)
} run＝OVLMEM
```

修改行用斜体标识，.task12 模块没有 table（BINIT）参数，而 .task34 具有 table（BINIT）参数。经此修改，.task34 就成为引导加载模块。编译、链接、下载后，即可在源代码级跟踪调试 .task34 模块。

② 方法 2   如果想跟踪调试某一 Overlay 模块，可以暂时不把该模块放在联合段中，待调试完成后，再把它添加到联合段中。为此，除了要修改链接命令文件外，还要修改 Overlay 模块的加载代码。例如要调试 .task34 模块，可以修改链接器命令文件如下：

```
SECTIONS
{
    .vectors＞ROM/＊中断映射段配置＊/
    .text＞ROM/＊公共代码段配置＊/
    .bss＞RAM/＊未初始化数据段配置＊/
    .cinit＞RAM/＊已初始化数据段配置＊/
    .const＞RAM/＊常数段配置＊/
    .far＞RAM/＊远指针段配置＊/
    .stack＞RAM/＊堆栈段配置＊/
    .cio＞RAM/＊流式 I/O 函数缓冲区配置＊/
    .sysmem＞RAM/＊系统堆内存段配置＊/
    /＊联合段配置＊/
    UNION
    {
        .task12：{debug \ task1. obj (. text)，debug \ task2. obj (. text) }
        load≫SDRAM，table (BINIT)，table ( _ task12 _ ctbl)
        /＊.task34：{debug \ task3. obj (. text)，debug \ task4. obj (. text) }
        load≫SDRAM，table ( _ task34 _ ctbl) ＊/
    } run＝OVLMEM
    .ovly：{    } ＞RAM/＊联合段拷贝表段配置＊/
    .binit：{    } ＞RAM/＊引导时，联合段拷贝表配置＊/}
```

注意：已经从联合段中删除了 .task34 模块（斜体标识的行）。由于从联合段中删除了 .task34 段，链接器将不产生 .task34 段的拷贝表，因而也不产生 task34 _ ctbl 对象。在实例程序的 main. c 文件中，task34 _ ctbl 是以外部的全局变量引用的，由于链接器不输出 task34 _ ctbl 变量，因而在编译链接时，会出现编译错误。因此，修改 main. c 如下：

```
    while (1)
    {
      if (tmEvent)
       {
        if (testCounter<10)
         {
          for (i=0; i<3; i++)
                   tstResult [testCounter] . val [i] =0;
          if (! ovlyFlag)
           {
/ *        copy _ in (&task34 _ ctbl)        //拷贝 . task34 段代码
           CACHE _ invAllL1p ();              //更新 cache
           asm ("nop 5"); //消除流水线的影响 * /
           val1=task3 (taskIn1, taskIn1);     //执行 a * b
           val2=task4 (taskIn1, taskIn1);     //执行 a * a+b * b
           val3=IntSub (val1, val2);          //执行 2a—3b
           ovlyFlag=1;
          }
          else
           {
           copy _ in (&task12 _ ctbl); //拷贝 . task12 段代码
           CACHE _ invAllL1p ();
           asm ("nop 5");
           val1=task1 (taskIn1, taskIn1); // (a+b) * 10
           val2=task2 (taskIn1, taskIn1); //2a-3b
           val3=IntAdd (val1, val2);
           ovlyFlag=0;
           taskIn1++;
          }
          //记录计算结果
          tstResult [testCounter] . val [0] =val1;
          tstResult [testCounter] . val [1] =val2;
          tstResult [testCounter] . val [2] =val3;
          testCounter++;
         }
        else
         testCounter=0;
        tmEvent=0;
      }
    }
```

这里，注释了 .task34 段的加载语句行（斜体标识的部分）。由于在联合段中删除了 .task34 段，链接器将把目标文件 task3.obj 和 task4.obj 的 .text 段链接到统一的 .text 输出段中，并把它定位到 ROM 存储器。实际上，在一般情况下，凡是没有出现在联合段中的代码段都会被链接到 .text 输出段中。经上述修改，函数 task3（int，int）和 task4（int，int）将成为公共代码的一部分，编译、链接、下载后，即可在源代码级跟踪调试它们。

在两种调试方法中，推荐使用方法 2。因为按方法 1 的做法，.task34 段仍然是联合段的一部分，如果调试时不加载 .task12 段，那么可以在源代码级跟踪调试 .task34 段。但如果两个段交替加载和执行，可能引起混乱，造成不必要的麻烦。方法 2 是将要调试的模块作为公共模块的一部分，任何时候都可以在源代码级跟踪调试。

运行本实例，运行的结果如图 11-6 所示。从本实例的主函数 main（）以及图 11-4 可以看出，在定时器事件的驱动下，两个 Overlay 模块交替加载和执行。图 11-6 列出了在 10 次定时器事件下两个模块交替执行的结果，共有 10 行，奇数行列出了加载 .task34 模块及其执行的结果，偶数行列出了加载 .task12 模块及其执行的结果。

▦ Memory (32-Bit Signed Int)			_ ▢ ✕
00000BB4:	tstResult		
00000BB4:	25	50	-100
00000BC0:	100	-5	95
00000BCC:	36	72	-144
00000BD8:	120	-6	114
00000BE4:	49	98	-196
00000BF0:	140	-7	133
00000BFC:	64	128	-256
00000C08:	160	-8	152
00000C14:	81	162	-324
00000C20:	180	-9	171

图 11-6　Overlay 实例运行结果

当第一个定时器事件发生时，ovlyFlag＝0，main（）调用 copy _ in 函数将 .task34 段拷贝到运行内存，然后依次执行 task3（）、task4（）和 IntSub（）函数。task3（）和 task4（）是联合段 .task34 中的函数，必须先将 .task34 段拷贝到内存中才能调用这两个函数。换句话说，执行前必须保证这两个函数的代码驻留在内存中。而 IntSub（）是公共模块中的函数，它常驻内存，随时都可以执行。task3（int a，int b）函数计算 a 和 b 的乘积，task4（int a，int b）函数计算 a 和 b 的平方和，IntSub（int a，int b）函数计算 2a－3b。执行这三个函数的结果见图 11-6 的第一行。

当第二个定时器事件发生时，ovlyFlag＝1，main（）调用 copy _ in 将 .task12 段拷贝到运行内存，然后依次执行 task1（）、task2（）和 IntAdd（）函数。这三个函数是联合段 .task12 中的函数。必须先将 .task12 段拷贝到内存中才能调用。task1（int a，int b)函数调用 IntAdd（），并将结果乘以 ratio。IntAdd（）函数是 .task12 中的函数，而 ratio 是在公共模块中定义的全局变量，这表明在 Overlay 模块中不仅可以调用本模块中的函数，而且可以引用外部定义的全局变量。task2（int a，int b）调用 IntSub（）函数，并返回 IntSub（）的计算结果，而 IntSub（）是在公共模块中定义的全局函数，这表明在 Overlay 模块中可以调用外部定义的函数。执行 task1（）、task2（）、IntAdd（）

函数的结果见图 11-6 的第二行。

11.5　要点与思考

本章的主要目的是通过一个具体的实例给出开发 DSP 覆盖（Overlay）程序设计技术的方法和实现步骤。实例以 TM320C6000 系列 DSP 为目标平台，详细地讨论了 Overlay 程序设计技术各个环节。从上面的讨论和实例代码可以看出，实现 Overlay 程序设计技术的关键是程序模块的划分和在链接命令文件中对段的配置。总结起来，实现步骤可归纳如下。

① 在源程序设计阶段，将一个复杂的任务分割成相对独立的模块，硬件支持部分和公共函数组织成公共模块，任务相对独立的部分组织成独立模块，并存储成单独的源文件，构成 Overlay 模块，以便于联合段的组织和加载管理。

② 在链接命令文件中对目标系统的存储器配置时，将公共代码和 Overlay 代码分开配置，以便于 Overlay 代码的动态加载和执行。

③ 在链接命令文件中进行段的配置时，将 Overlay 代码组织在 UNION 联合段中，并指定加载地址和拷贝表对象。对引导时加载的模块，还要指定引导时的拷贝表。

④ 在程序中使用 Overlay 代码时，必须先加载后执行，同时注意高速缓存（cache）和流水线（pipeline）带来的影响。

此外，读者在阅读本章内容时还可以注意思考下列问题。

① 在什么情况下使用 Overlay 程序设计技术？实现中要考虑哪些问题？

② 在例 11-1 中，能否按如下参数配置 ROM 存储器，为什么？

ROM：origin＝0x2000，len＝0x5000

③ 在一般情况下，编译器产生哪些段，在链接命令文件中如何配置这些段？

④ 在链接命令文件中，UNION 的作用是什么？

⑤ 在程序 11-7 中，加载了 .task34 模块后，能否调用 IntAdd 函数，为什么？

给自己的程序打个分
—— DSP实时数据交换技术(RTDX)

本章要点

◆ RTDX的原理、工作机制、接口函数和配置方法

◆ RTDX实用工具介绍

◆ 产生RTDX工程的步骤和方法

◆ RTDX应用综合实例

12.1 概述

随着计算机技术的发展，信息时代、网络时代已经到来，数字化影响着、改变着人们的生活，数字信号处理技术使得人们提高了把握模拟世界的能力。实际上，认知客观世界的能力就是信息的获取和信息的处理能力，而信息时代的来临对信息的获取、信息的分析手段以及信息的传递质量有了更高的要求，信息处理的实时性、自适应、高分辨、多维多通道已成为衡量数字处理系统性能的重要参考。DSP 正是顺应信息处理的特殊要求发展起来的专用芯片，并在实时信号处理领域发挥了巨大的作用。

尽管 DSP 是专门为数字信号处理设计的器件，具有很多优点（如采用改进的哈佛结构总线、硬件乘法器、加法器、流水线工作机制和专门的数字信号处理的指令等）和很高的处理速度，但实时处理的性能与程序的结构和采用的算法密切相关，开发者必须对代码进行严格的测试和考察，才能满足实时特性的要求。

CCS 的工具 RTDX（Real-Time Data Exchange，实时数据交换）为 DSP 应用程序运行提供了一个实时的可视化环境，使得开发者可以动态地观察到 DSP 应用程序真实的工作过程。与其他的 DSP 调试工具（如 Debug、探针等）相比，RTDX 可以在不中断 DSP 工作的情况下与主机客户进行实时的数据交换。RTDX 的这种特性对于评估 DSP 应用程序的性能有很大的帮助。

本章从介绍 RTDX 的原理入手，循序渐进地讨论 RTDX 的工作机制、接口函数、配置方法，并通过具体的应用实例说明使用 RTDX 的步骤和方法。为了使读者对 RTDX 有一个比较深入的了解，在 12.2 节中将详细介绍 RTDX 的原理、工作机制、接口函数（目

标应用程序接口和 COM 接口）及其配置方法。为了方便地检查设置是否正确，通道是否使能以及查阅日志文件中的信息，在 12.3 节中将介绍几种常用的 RTDX 实用工具，包括诊断工具、监视工具和日志文件查阅用具。在 12.4 节中通过一个具体的 RTDX 工程实例，详细阐述创建目标 RTDX 工程步骤及其实现过程；同时也阐述了创建主机客户RTDX 工程的步骤和实现过程。最后在 12.5 节中通过一个 RTDX 的综合应用实例，详细描述如何使用 RTDX 向主机客户传递测量代码执行时间的方法。

12.2 RTDX 详解

RTDX 用于目标设备（target device）与主机（Host computer）之间传输数据，它为DSP 应用程序的运行提供了一个实时的、连续的可视化工作环境。在主机上可以利用RTDX 提供的 COM（Component Object Model，组件对象模型）接口对目标设备的数据进行分析和图示化处理，这种对目标设备工作状况的真实再现可以加快开发速度。

提示：COM 是一种方法，用于创建独立于任何编程语言的对象，按 COM 规范，用任何一种编程语言编写的类可以在其他编程语言中使用。换句话说，COM 超越了创建可重用对象的特定语言的限制，提供了真正的二进制标准。

12.2.1 RTDX 的工作原理

RTDX 的工作原理如图 12-1 所示，可以看出，RTDX 的通信由主机（图中左侧）和目标两部分（图中右侧）构成，主机与目标之间通过 JTAG 接口连接。而目标又由目标应用程序和目标 RTDX 库构成，二者之间通过用户接口连接。主机又由 CCS 集成环境和主机客户构成，二者之间通过 COM 接口连接。RTDX 用两种数据通道（Data Channel）在主机与目标系统之间通信，一种用于目标应用程序向主机传输数据，称为输出通道；另一种用于主机向目标应用程序传输数据，称为输入通道。其数据交换过程如下。

（1）目标应用程序向主机传递数据

在目标应用程序向主机传输数据之前，必须定义一个输出通道。利用这个通道，目标应用程序通过用户接口（一组由 RTDX 库提供的函数）将数据写到目标的 RTDX 库，也就是说，目标应用程序只与目标 RTDX 库交换信息。一旦目标应用程序将数据写到输出通道时，数据被缓存到目标 RTDX 库，目标应用程序的写操作就完成了，并立即返回。目标 RTDX 库自动监视缓存的数据，一旦有等待传输的数据，则通过 JTAG 接口将缓存的数据送到主机的 RTDX 库。主机 RTDX 库接收来自 JTAG 的数据，根据 RTDX 的配置，接收的数据可以缓存到内存中，也可以存储到日志文件（log）中。主机 RTDX 库接收的数据可以被具有 COM 接口的任何应用程序（如 Excel、VC++程序、VB 程序等）存取。

（2）目标应用程序接收主机客户传递的数据

在目标应用程序接收主机客户的数据之前，目标应用程序必须定义一个输入通道。利用这个通道，主机客户通过 COM 接口将数据写到主机的 RTDX 库，主机 RTDX 库将客户送来的数据缓存到自己的缓冲区中。当主机 RTDX 库收到目标应用程序的传输请求，且满足请求条件时，通过 JTAG 接口将缓存的数据传送到目标 RTDX 库。再由目标

RTDX 库直接将数据传送到目标应用程序的指定位置。操作完成后，主机将通知 RTDX 目标库。

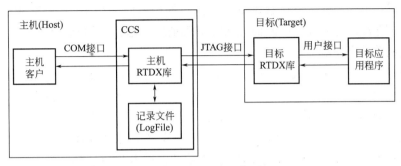

图 12-1   RTDX 的工作原理

12.2.2   RTDX 用户接口

RTDX 用户接口由目标 RTDX 库函数、预定义宏和外部变量组成，使用它们，DSP 应用程序可向主机发送数据或从主机接收数据。根据其功能和用途，RTDX 用户接口可分为通道定义、通道使能/除能、接收通道数据、输出通道数据和监视通道状态。

（1）通道定义

RTDX ＿ CreateInputChannel（name）；

RTDX ＿ CreateOutputChannel（name）；

参数 name 是通道的标识。

这是两个预定义宏，分别用于定义和初始化 RTDX 的输入和输出数据通道。RTDX 的数据通道必须定义成全局对象，通道是单向通道，要么是输入通道，要么是输出通道，但不能作为双向通道。

（2）通道使能/除能

void RTDX ＿ enableOutput（RTDX ＿ outputChannel ＊ ochan）；

void RTDX ＿ DisableOutput（RTDX ＿ outputChannel ＊ ochan）；

void RTDX ＿ enableInput（RTDX ＿ outputChannel ＊ ochan）；

void RTDX ＿ DisableInput（RTDX ＿ outputChannel ＊ ochan）；

参数 ochan 标识一个输出通道；ichan 标识一个输入通道。

数据通道有两种状态，即使能或除能，最初的默认状态为除能状态。在 DSP 应用程序中调用这 4 个函数可以改变通道的状态。此外，通道的状态也可以在 CCS 集成环境中改变，或通过 COM 接口在主机客户程序中改变。

（3）接收通道数据

int RTDX ＿ read（RTDX ＿ inputChannel ＊ ichan，void ＊ buffer，int bsize）；

int RTDX ＿ readNB（RTDX ＿ inputChannel ＊ ichan，void ＊ buffer，int bsize）；

参数 ichan 标识输入通道，buffer 是接收通道数据的缓冲区指针，bsize 是接收缓冲区的大小。

调用这两个函数，将在指定的输入通道上向主机 RTDX 库提交一个读请求，只不过 RTDX ＿ read 提交的是同步请求，而 RTDX ＿ readNB 提交的是异步请求。如果通道被使能，则 RTDX ＿ read 等待数据的到达，如果没有数据可读，则 RTDX ＿ read 函数继续等待，直到数据到达为止。一旦从 RTDX _ read 函数返回，数据将被复制到指定的缓冲区。

RTDX _ read 函数的返回值反映了读请求的完成情况，如果返回值大于 0，则表示读请求成功完成，返回值代表实际读取的字节数。如果返回值小于 0，则表示读请求失败。如果返回 0，则表示由于缓冲区满而无法提交读请求；返回 RTDX _ READ _ ERROR 表示通道忙或通道没有使能。

当使用 RTDX _ readNB 函数向主机 RTDX 库提交读请求时，该函数立即返回（无需等待）。如果函数返回 RTDX _ OK，则表示读请求提交成功；如果函数返回 0，则表示由于 RTDX 目标库缓冲区已满，导致读请求提交失败；如果函数返回 RTDX _ READ _ ERROR，则表示通道忙。由于函数 RTDX _ readNB 在调用后立即返回，数据传输将在后台（background）继续进行，异步请求的完成情况可以用 RTDX _ channelBusy 和 RTDX _ sizeofInput 函数查询。

（4）输出通道数据

int RTDX _ write（RTDX _ outputChannel ＊ ochan，void ＊ buffer，int bsize）;

参数 ochan 标识输出数据通道，buffer 是输出数据缓冲区指针，bsize 是输出缓冲区的大小。

如果输出数据通道使能，函数 RTDX _ write 将 buffer 中的数据写到输出数据通道。一旦从函数返回，buffer 中的数据就被复制到目标 RTDX 库的缓冲区中。如果输出数据通道没有使能，则写操作被禁止。如果目标 RTDX 库的缓冲区已满，则函数调用失败。

如果 RTDX _ write 返回非 0 值，则表示函数执行成功；返回 0 值，表示函数执行失败。

（5）监视通道状态

int RTDX _ isInputEnabled（RTDX _ inputChannel ＊ pichan）; int RTDX _ isOutputEnabled（RTDX _ outputChannel ＊ pochan）;

int RTDX _ channelBusy（RTDX _ inputChannel ＊ pichan）;

int RTDX _ sizeofInput（RTDX _ inputChannel ＊ pichan）;

参数 pichan 标识输入通道，pochan 标识输出通道。

这是 4 个预定义宏，用于监视通道的状态，RTDX _ isInputEnabled 返回输入通道的使能或除能状态，如果返回 0，则表示通道处于除能状态；如果返回非 0，则表示通道处于使能状态。

RTDX _ isOutputEnabled 返回输出通道的使能或除能状态，如果返回 0，则表示通道处于除能状态；如果返回非 0，则表示通道处于使能状态。

RTDX _ channelBusy 返回输入通道的使用情况，如果返回 0，则表示输入通道不忙，意味着以前提交的读请求已经完成；如果返回非 0，则表示输入通道忙，意味着输入通道正在等待数据的输入。RTDX _ channelBusy 主要用于查询 RTDX _ readNB 函数提交的异步请求任务的完成情况，如果 RTDX _ readNB 提交的任务没有完成，则通道处于忙状态；如果完成，则通道处于空闲状态（不忙）。

RTDX _ sizeofInput 返回从输入通道实际读到的字节数。它主要用于 RTDX _ readNB 函数提交的异步请求任务完成后，提取实际读到的数据长度。但必须注意，如果通道处于忙状态，则 RTDX _ sizeofInput 的返回值是非法的。

（6）通信函数

void RTDX _ Poll（）；

RTDX _ Poll 函数维持主机和目标之间的通信，当目标准备向主机传送数据时，每调用一次这个函数就与主机交换一次信息。宏 RTDX _ POLLING _ IMPLEMENTATION 定义了 RTDX 的驱动方式，对 TMS320C6x、OMAP1510 \ TMS320C28x 和 TMS320C55xx 设备，使用中断驱动；对于 ARM、TMS470 和 TMS320C54xx 设备，使用枚举驱动。

如果该宏定义为0，则 RTDX 由中断驱动，当有数据需要传送时，主机在目标系统上触发中断，中断服务程序应该调用 RTDX _ Poll 函数。RTDX 使用 MSGINT 中断，对于不同的 DSP 处理器，MSGINT 中断的映射可能有差异，但多数处理器使用第二个保留的中断［位于 IST（Interrupt Service Table）的 0x60 处］。不适当的中断向量表设置，可能造成调试器挂起。

如果宏定义为1，则 RTDX 由枚举驱动，目标应用程序必须有节奏地调用 RTDX _ Poll 函数以维持通信。不适当地 RTDX _ Poll 调用，可能造成调试器挂起。一个保证 RT-DX 有节奏地调用办法是在定时器中断中调用 RTDX _ Poll。

（7）外部变量 RTDX _ writing

RTDX _ writing 是目标 RTDX 库引出的外部变量，用于指示 RTDX 是否正在向主机传输数据。当 RTDX _ writing＝NULL 时，表示 RTDX 没有向主机传输数据；当 RTDX _ writing≠NULL 时，表示 RTDX 正在向主机传输数据。这个变量只与目标到主机的传输有关，而与主机到目标的传输无关。

（8）_ RTDX _ interrupt _ mask 变量

RTDX 函数可以在多个中断服务程序（Interrupt Service Routine，ISR）中调用，当一个 RTDX 函数正在执行时，由于中断的发生，可能出现同一函数的重入，或转而执行另一个 RTDX 函数。在这种情况下，必须保护 RTDX 的全局数据结构，以确保在同一时刻只有一个 RTDX 函数能更改它。_ RTDX _ interrupt _ mask 变量用于指定在 RTDX 临界区需要屏蔽的中断，一旦进入 RTDX 临界区，这个变量的值和中断控制寄存器相应位进行逻辑与（AND）操作，从而禁止了用户指定的中断。当从 RTDX 临界区退出时，中断寄存器的值将被恢复。只有调用 RTDX 函数的那些中断才需要屏蔽。

_ RTDX _ interrupt _ mask 的值必须在链接命令文件（＊.cmd）中指定，它的每个位（bit）与中断控制寄存器的位相同。对需要屏蔽的中断，将其对应的位清 0。不调用 RTDX 函数的高优先级中断不受影响。

提示：RTDX 的通道是在目标应用程序中定义的，因此通道的输入/输出属性是相对于目标而言的。通道相当于一根管道（pipeline），且是单向的，目标和主机客户位于单向管道的两头，如果在目标中定义了输入通道，则在主机客户程序中只能用此通道输出（写）数据。同理，如果在目标中定义了输出通道，则在主机客户程序中只能用此通道输入（读）数据。

12.2.3 RTDX 的 COM 接口

RTDX 的 COM（Component Object Model，组件对象模型）接口是一组从 RTDX 主机库引出的函数，便于主机客户程序方便地访问 RTDX 的功能。使用COM接口的函数，主机客户应用程序可以从主机 RTDX 库中获得数据，或向主机 RTDX 库发送数据。COM 接口函数可用来在 Visual Basic、Visual C++或 LabView 环境中开发的主机客户应用程序。

根据函数的功能，RTDX 的 COM 接口可划分为配置函数、打开/关闭通道函数、读通道函数、写通道函数、通道查找函数、通道 Flush 函数、通道指针环绕函数、查询函数和诊断函数。

（1）配置函数

long ConfigureRTDX（short Mode，long MainBufferSize，long NumOfMainBuffers）；

long ConfigureLogFile（BSTR FileName，long FileSize，short FileFullMode，short FileOpenMode）；

long EnableRtdx（ ）；

long DisableRtdx（ ）；

long EnableChannel（BSTR ChannelName）；long DisableChannel（BSTR ChannelName）；

ConfigureRTDX 函数设置 RTDX 的模式、定义缓冲区的大小和缓冲区的数目。其中参数 Mode 指定 RTDX 的传输模式，Mode＝1 为连续模式；Mode＝0 为非连续模式。参数 MainBufferSize 指定缓冲区的大小，默认的缓冲区大小为 1024 字节。参数 NumOfMainBuffers 指定缓冲区的个数，默认的缓冲区个数为 4。ConfigureRTDX 的返回值反映函数的执行情况，返回 0 表示调用成功；非 0 表示调用失败，返回值为错误类型码。COM 接口函数返回码类型用 C 语言定义如下：

```
＃define Success          0x0          //调用成功
＃define Failure          0x80004005   //调用失败
＃define Warning          0x80004004   //警告
＃define ENoDataAvailable 0x8003001e   //无数据可用
＃define EEndOfLogFile    0x80030002   //日志文件结束
```

ConfigureLogFile 函数设置 RTDX 的日志文件（＊.rtd）。其中参数 FileName 指定日志文件的全路径名（盘符、根目录及子目录，例如 C：\ CCStudio _ v3.1 \ cc \ bin \ logfile.rtd）。参数 FileSize 指定日志文件的字节数。参数 FileFullMode 指定文件超长时的处理方式，如果 FileFullMode＝1，则覆盖旧数据；如果 FileFullMode＝0，则丢弃新数据。参数 FileOpenMode 指定文件打开模式，如果 FileFullMode＝0，则只读；如果 FileFullMode＝1，则在已存在文件的末尾添加数据；如果 FileFullMode＝2，则覆盖已存在的文件。ConfigureLogFile 的返回值反映函数的执行情况，返回 0 表示调用成功，非 0 表示调用失败，返回值为错误类型码。

EnableRtdx 函数使能 CCS 执行 RTDX 功能，DisableRtdx 除能 CCS 执行 RTDX 功能。这两个函数的返回值反映它们的执行情况，返回 0 值表示调用成功；返回非 0 表示调用失败。

EnableChannel 函数使能指定的数据通道，DisableChannel 函数除能指定的通道。其中参数 ChannelName 是数据通道的名称。这两个函数的返回值反映了它们的执行情况，返回 0 值表示调用成功；返回非 0 表示调用失败，返回值为错误类型码。

（2）打开/关闭通道函数

long Open（BSTR Channel _ String，BSTR Read _ Write）；

long Close （　）；

Open 函数将命名数据通道与接口关联起来，其中参数 Channel _ String 指定数据通道的名称，Read _ Write 指定数据通道的打开方式，如果 Read _ Write 取值 "r" 或 "read"，则打开读操作通道；如果 Read _ Write 取值 "w" 或 "write"，则打开写通道。Open 只能打开单向（输入或输出）通道，而不能同时打开输入或输出通道。Open 函数必须在其他的 RTDX 接口函数使用之前调用。Open 的返回值反映了函数的执行情况，返回 0 值表示调用成功；返回非 0 表示调用失败，返回值为错误类型码。

Close 函数关闭已打开的数据通道，执行这个函数后，就不能再使用这个数据通道。Close 的返回值反映了函数的执行情况，返回 0 值表示调用成功；返回非 0 表示调用失败，返回值为错误类型码。

（3）读通道函数

long ReadSAI1 （VARIANT * pArr）；
long ReadSAI2 （VARIANT * pArr）；
long ReadSAI4 （VARIANT * pArr）；
long ReadSAF4 （VARIANT * pArr）；
long ReadSAF8 （VARIANT * pArr）；
VARIANT ReadSAI2V （long * pStatus）；
VARIANT ReadSAI4V （long * pStatus）；
long ReadI1 （BYTE * pData）；
long ReadI2 （short * pData）；
long ReadI4 （long * pData）；
long ReadF4 （float * pData）；
long ReadF8 （double * pData）；
long Read （VARIANT * pArr，long dataType，long numBytes）。

ReadSA 函数簇用于读取通道数据，参数 pArr 是一个 VARIANT 类型的指针。所读取的数据存储在一个 SAFEARRAY 结构中，这个结构的指针在 pArr 参数中返回。SAFEARRAY 是 COM 结构，其中含有标识数据类型和数据量的结构成员，使用 SAFE-ARRAY 结构接收 RTDX 数据具有更高的效率。具体如下。

ReadSAI1：读 8 位整数（1 字节）。

ReadSAI2：读 16 位整数（2 字节）。

ReadSAI4：读 32 位整数（4 字节）。

ReadSAF4：读 32 位浮点数（单精度浮点数）。

ReadSAF8：读 64 位浮点数（双精度浮点数）。

调用 ReadSA 函数簇返回 0 表示调用成功；非 0 表示调用失败，返回值为错误类型码。

函数 ReadSAI2V 和 ReadSAI4V 从通道读取数据，全部信息被放置在一维的 SAFE-ARRAY 类型的数组中，并且在 VARIANT 中返回 SAFEARRAY 类型的指针。在有些编程环境中，主机客户不支持 SAFEARRAY 类型的 VARIANT 引用，这两个函数就是为此而提供的。参数 pStatus 返回函数调用的状态，如果函数返回 0 表示调用成功，非 0 表示调用失败，返回值为错误类型码。

函数 ReadI1、ReadI2、ReadI4、ReadF4 和 ReadF8 从数据通道读取整数或浮点数，读取的数据在参数 pData 中返回。这些函数是非阻塞调用，也就是说，如果没有数据可读，函数也不会等待。具体如下。

ReadI1：读 8 位整数（1 字节）。

ReadI2：读 16 位整数（2 字节）。

ReadI4：读 32 为整数（4 字节）。

ReadF4：读 32 位浮点数（单精度浮点数）。

ReadF8：读 64 位浮点数（双精度浮点数）。

这些函数的返回值表示调用的执行情况，如果返回 0 表示调用成功；非 0 表示调用失败，返回值为错误类型码。可能的错误类型码如下。

Failure：读数据通道过程中发送错误。

ENoDataAvailable：没有数据可读或目标应用程序的数据未送达。

EEndOfLogFile：无数据可读。对于在线模式，这意味着目标应用程序可能已经终止执行。对于回放（playback）模式，这意味着已经到达日志文件的末尾。

提示：如果在写数据通道上执行这些函数，其结果不可预料。

long Read（VARIANT * pArr，long dataType，long numBytes）函数从数据通道读取指定类型、指定数量的数据。其中参数 pArr 是存放数据的 VARIANT 结构指针，numBytes 是以字节为单位的读写长度，dataType 是数据类型。

0：读 8 位整数（byte）。

1：读 16 位整数（short）。

2：读 32 位整数（long）。

3：读 32 位浮点数（float）。

4：读 64 位浮点数（double）。

Read 函数的返回值表示调用的执行情况，如果返回 0 表示调用成功；非 0 表示调用失败，返回值为错误类型码。

（4）写通道函数

long WriteI1（unsigned char Data，long * numBytes）；

long WriteI2（short Data，long * numBytes）；

long WriteI4（long Data，long * numBytes）；

long WriteF4（float Data，long * numBytes）；

long WriteF8（double Data，long * numBytes）；

long Write（VARIANT Arr，long * numBytes）；

long StatusOfWrite（long * numBytes）。

Write 函数簇向数据通道写数据。其中 WriteI1 写 8 位整数（unsigned char）；WriteI2 写 16 位整数（short）；WriteI4 写 32 位整数（long）；WriteF4 写 32 位浮点数（float）；WriteF8 写 64 位浮点数（double）。它们的参数 Data 是一个输入参数，存放欲写的数据。函数 Write 写 SAFEARRAY 信息到数据通道，其参数 Arr 包含 SAFEARRAY 结构指针，SAFEARRAY 可以包含 8 位整数（byte）、16 位整数 32 位整数（short）、32 位浮点数（float）或 64 位浮点数（double）。函数 StatusOfWrite 用于查询 WriteI1、WriteI2、WriteI4、WriteF4 和 WriteF8 函数的执行情况。

根据 RTDX 的原理，客户将数据传输到主机 RTDX 库，主机 RTDX 库将数据缓存到自己的内部缓冲区，当收到一个读请求时，再将数据传送到目标应用程序。Write 函数簇的参数 numBytes 是一个整数指针，其值反映了函数簇的执行情况。当从调数返回时，numBytes 代表下列几种情形：

① numBytes＜0　目标应用程序请求读，但主机客户尚未写的字节数，即目标应用程序等待要读的字节数。

② numBytes＞0　主机客户已写，但目标尚未读取的字节数，即主机 RTDX 库的内

部缓冲区含有的字节数。

③ numBytes＝0　在主机 RTDX 库的内部缓冲区中没有数据。可能的情形有：没有读写发生；主机 RTDX 库的缓冲区为空，客户写的数据已被目标应用程序读完。

WriteI 函数簇的返回值反映函数的调用执行情况，返回 0 表示调用成功；非 0 表示调用失败，返回值为错误类型码。

提示：如果在读数据通道上使用这些函数，其结果不可预料。

(5) 通道查找函数

long Seek（long MsgNum）;

long SeekData（long numBytes）;

存储在日志文件中的信息是顺序存放的，每条信息有一个与之关联的信息编号，信息编号从 1 开始，顺序编号。Seek 函数将日志文件内部指针移动到指定的信息编号，参数 MsgNum 是指定的信息编号。可以用 GetNumMsgs 函数确定日志文件中信息的总数，也可以用 GetMsgNumber 确定当前的信息编号。

提示：对于写通道，Seek 函数没有定义。

SeekData 函数可以移动日志文件的内部指针到指定的信息编号，如果参数 numBytes 大于 0 则向前移动，如果 numBytes 小于 0，则向后移动。Seek 和 SeekData 的返回值反映函数的调用情况，如果返回值为 0 表示调用成功；返回值非 0，则表示调用失败。

(6) 通道 Flush 函数

long Flush（void）;

执行 Flush 函数将所有等待的数据立即送到目标应用程序，而不管是否有足够的数据满足目标应用程序的请求。在这种情况下，目标应用程序认为读请求成功地完成了。当使用 RTDX_read 请求数据时，RTDX_read 返回实际传输的数据量。当使用 RTDX_readNB 请求数据时，必须调用 RTDX_sizeofInput 函数来确定传输的数据量。

Flush 的返回值反映函数的调用情况，如果返回值为 0 表示调用成功；返回值非 0，则表示调用失败。

提示：如果目标应用程序没有未完成的读请求，Flush 函数无效。

(7) 通道指针环绕（Rewind）函数

long Rewind（　）;

执行 Rewind 函数可将主机 RTDX 库的内部读指针置于日志文件的开头，以便重新处理目标应用程序产生的数据。此函数只对读数据通道有效，而对写通道无效。

Rewind 的返回值反映函数的调用情况，如果返回值为 0 表示调用成功，意味着读数据通道的数据可以重新使用；如果返回值非 0，则表示调用失败。

(8) 查询函数

long GetChannelID（BSTR Channel_String，long * chanId）;

long GetMsgID（long * pMsgId）;

long GetMsgLength（long * pLength）;

long GetMsgNumber（long * pMsgNum）;

long GetNumMsgs（long * pNum）;

long GotoNextMsg（　）;

GetChannelID 函数取指定 RTDX 事件/数据通道的内部标识（ID），参数 Channel_

String 是事件/数据通道的名称，chanId 是一个整型指针。当该函数成功执行后，chanId 就是指定名称的 RTDX 事件/数据通道的内部标识。

GetChannelID 的返回值反映函数的调用情况，如果返回值为 0 表示调用成功；如果返回值非 0，则表示调用失败。

GetMsgID 函数取当前读取信息的内部标识，当函数成功调用后，信息标识在参数 pMsgId 中返回，这个标识对应于信息被写通道的内部标识。在多通道读取时，通过比较信息标识和通道标识来同步通道和所读的信息。在调用这个函数之前，GotoNextMsg 函数必须成功调用，否则，该函数调用失败。

GetMsgID 的返回值反映函数的调用情况，如果返回值为 0 表示调用成功；如果返回值非 0，则表示调用失败。

GetMsgLength 函数取当前信息的长度（字节数），当函数成功调用后，长度值在参数 pLength 中返回。在调用这个函数之前，GotoNextMsg 函数必须成功调用，否则，该函数调用失败。

GetMsgLength 的返回值反映函数的调用情况，如果返回值为 0，表示调用成功；如果返回值非 0，则表示调用失败。

GetMsgNumber 函数取日志文件当前的信息序号，对于记录多通道的日志文件，这个函数可用于通道与通道数据之间的同步。必须成功调用 GotoNextMsg 之后，才能调用这个函数。当该函数成功调用后，在参数 pMsgNum 中返回当前的信息序号。

GetMsgNumber 的返回值反映函数的调用情况，如果返回值为 0，表示调用成功；如果返回值非 0，则表示调用失败。

GetNumMsgs 函数取日志文件的总信息数。当该函数成功调用后，在参数 pNum 中返回日志文件的信息总数。GetNumMsgs 的返回值反映函数的调用情况，如果返回值为 0，表示调用成功；如果返回值非 0，则表示调用失败。

GotoNextMsg 函数调整当前的信息序号到下一条信息，为了使上述的其他查询函数返回合法的结果，该函数必须成功调用。GotoNextMsg 的返回值反映函数的调用情况，如果返回值为 0，表示调用成功；如果返回值非 0，则表示调用失败，返回值代表错误状态。

提示：这个函数只能用于读取事件信息。

（9）诊断函数

long GetChannelStatus（BSTR ChannelName，long * pChannelStatus）；

long GetRTDXRev（long * RevNum）；

long GetStatusString（BSTR * StatusString）；

long GetCapability（long * Capability）；

long RunDiagnostics（short TestType，long TestMode，long TestInfo）；

BSTR GetDiagFilePath（short TestType）；

GetChannelStatus 函数取指定命名通道的使能/除能状态，参数 ChannelName 是通道的名称，当函数成功调用后，在参数 pChannelStatus 中返回通道的使能/除能状态，0 表示通道除能，1 表示通道使能。GetChannelStatus 的返回值反映函数的调用情况，如果返回值为 0，表示调用成功；如果返回值非 0，则表示调用失败。

GetRTDXRev 函数取当前安装的 RTDX 软件的版本号，当函数成功调用后，版本号在参数 RevNum 中返回。GetRTDXRev 的返回值反映函数的调用情况，如果返回值为 0，表示调用成功；如果返回值非 0，则表示调用失败。

GetStatusString 函数取出现在 RTDX 窗口中的描述上一次错误的文字信息，当函数成功调用后，描述错误的字串在参数 StatusString 中返回。GetStatusString 的返回值反映函数的调用情况，如果返回值为 0，表示调用成功；如果返回值非 0，则表示调用失败。

GetCapability 函数取 RTDX 窗口的容量，当函数成功调用后，容量从参数 Capability 中返回。GetCapability 的返回值反映函数的调用情况，如果返回值为 0，表示调用成功；如果返回值非 0，则表示调用失败。

RunDiagnostics 函数执行指定的诊断测试，参数 TestType 指定测试测试类型，TestType＝0 表示内部测试；TestType＝1 表示目标送数到主机的测试；TestType＝2 表示主机送数到目标的测试。参数 TestMode 指定测试模式，TestMode＝0 表示开始测试；TestMode＝1 表示停止测试；TestMode＝2 表示取测试结果。参数 TestInfo 表示测试的结果，TestInfo＝0 表示测试成功；TestInfo＝1 表示测试失败；TestInfo＝2 表示测试超时。RunDiagnostics 的返回值反映函数的调用情况，如果返回值为 0，表示调用成功；如果返回值非 0，则表示调用失败。

GetDiagFilePath 函数返回指定诊断测试的路径文件名。参数 TestType 指定诊断测试类型，TestType＝INTERNAL _ TEST 指定内部测试；TestType＝TARGET2HOST _ TEST 指定目标送数到主机的测试；TestType＝HOST2TARGET _ TEST 指定主机送数到目标的测试。函数的返回值就是诊断测试的全路径（路径和文件名）。

12.2.4 主机 RTDX 配置

RTDX 的配置可以选择数据源、写数据的模式、操作模式和设定 RTDX 库内部的缓冲区数目以及每个缓冲区的大小。

（1）选择数据源

主机客户既可以直接从目标应用程序中读取数据，也可以从记录的日志文件中读取数据。选择数据源可按下列步骤进行。

① 在 CCS 集成环境中选择菜单"Tools"→"RTDX"→"Configuration Control"，将打开如图 12-2 所示的 RTDX 控制主窗口。

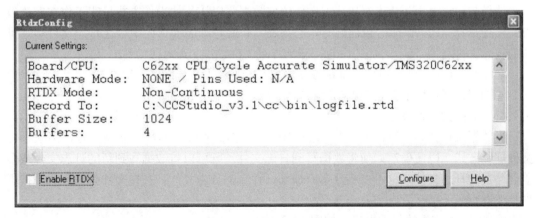

图 12-2 RTDX 控制主窗口

打开 RTDX 控制主窗口时,显示当前的 RTDX 配置信息,图 12-2 中显示了目标板/CPU 信息、硬件模式、RTDX 模式、日志文件名、缓冲区大小和缓冲区数目。从这个窗口还可以使能/除能 RTDX,访问 RTDX 配置属性窗口。

② 在 RTDX 控制主窗口上除能 RTDX 功能,并单击"Configure"按钮。将弹出如图 12-3 所示的 RTDX 属性窗口。

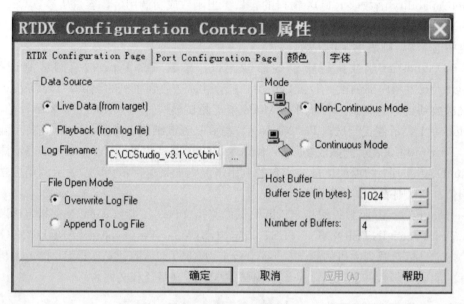

图 12-3   RTDX 属性窗口

在 RTDX 属性窗口中有多个设置标签,"RTDX Configuration Page"标签可以查看和设置数据源、操作模式、主机缓冲区大小。"Port Configuration Page"标签可以查看和设置数据交换端口。颜色和字体标签可以设置窗口显示的颜色和字体。

在 RTDX 属性窗口单击"RTDX Configuration Page"标签,可以设置数据源。有两种数据源可供选择:"Live Data(from target)"和"Playback(from log file)"。选择"Live Data"意味着从目标读取数据,在此数据源下,RTDX 的操作方式(Mode)可设置为非连续方式(Non-Continuous Mode)或连续方式(Continuous Mode)。

选择"Playback"意味着从日志文件读取数据,RTDX 的操作方式只能工作在非连续方式。当选择"Playback"数据源时,必须在"Log Filename"栏中指定日志文件名。默认的日志文件名为"C:\CCStudio_v3.1\cc\bin\logfile.rtd"。

③ 在 RTDX 属性窗口按"确定按钮",返回到 RTDX 控制主窗口。

④ 在 RTDX 主窗口上选择"EnableRTDX",使能 RTDX。

(2)选择文件打开方式

当数据源选择为"Live Data",操作模式为"Non-Continuous Mode"时,必须选择文件打开方式,以便确定如何将数据写到日志文件。既可以将数据写到新的日志文件或覆盖已存在的日志文件,也可以将数据添加到已存在的日志文件。选择文件打开方式可按下列步骤进行。

① 打开 RTDX 控制主窗口,如图 12-2 所示。

② 打开 RTDX 属性窗口,如图 12-3 所示。

③ 在 RTDX 属性窗口，选择操作方式为非连续方式（Non-Continuous Mode）。

④ 在"File Open Mode"选择日志文件打开方式。其中"Overwrite Log File"表示如果文件不存在，则产生一个新日志文件；如果文件存在，则覆盖已存在的日志文件。"Append to Log File"表示如果文件不存在，则产生一个新的日志文件；如果存在，则将数据添加到已存在的日志文件。

⑤ 在 RTDX 属性窗口按"确定按钮"，返回到 RTDX 控制主窗口。

⑥ 在 RTDX 主窗口上选择"EnableRTDX"，使能 RTDX。

（3）选择操作方式

① 打开 RTDX 控制主窗口，如图 12-2 所示。

② 打开 RTDX 属性窗口，如图 12-3 所示。

③ 在 RTDX 属性窗口，选择操作方式（Mode）。在非连续方式下，数据将被记录在主机磁盘上的日志文件（*.rtd）中，当使用此方式时，必须指定日志文件名。这种方式适合于传输少量数据的场合，且记录在日志文件中的数据可以在脱离硬件环境的情况下进行回放。在连续方式下，数据将被存储在 RTDX 主机库的内部缓冲区中，而不会存储到磁盘的日志文件（*.rtd）中，这种方式适合于从目标应用程序连续获得数据的场合。

④ 在 RTDX 属性窗口按"确定按钮"，返回到 RTDX 控制主窗口。

⑤ 在 RTDX 主窗口上选择"EnableRTDX"，使能 RTDX。

（4）配置主机缓冲区

RTDX 主机库的缓冲区存储来自目标应用程序的信息，这个缓冲区的容量必须大于目标应用程序信息的长度。对于 32 位目标系统，主机缓冲区至少应比信息长度大 8 字节，对于 16 位目标系统，主机缓冲区至少应比信息长度大 4 个字节。对于每个 DSP 处理器至少应该有一个缓冲区。在默认的情况下，RTDX 主机库有 4 个缓冲区，每个缓冲区的大小为 1024 字节。

提示：通常情况下，没有必要重新配置主机缓冲区，只有从 COM 的 API 函数 Get-StatusString 中收到"A data message was received which cannot fit into the buffer allocated on the host. To avoid data loss，reconfigure the buffer and run the application again（在主机上分配的缓冲区不足以接收数据信息，为避免数据丢失，重新分配主机缓冲区，然后再运行应用程序）"信息时，才重新配置主机缓冲区。

配置主机缓冲区可按下列步骤进行。

① 打开 RTDX 控制主窗口，如图 12-2 所示。

② 打开 RTDX 属性窗口，如图 12-3 所示。

③ 在"Buffer Size（in bytes）"域键入所要求的缓冲区大小，默认值为 1024 字节。

④ 在"Number Buffers"域键入所要求的缓冲区数目，默认的最小值为 4。在多处理器的情况下，缓冲区的总数应大于或等于使用 RTDX 的处理器数目。对每一个处理器，RTDX 要求一个唯一的缓冲区。

⑤ 在 RTDX 属性窗口按"确定按钮"，返回到 RTDX 控制主窗口。

⑥ 在 RTDX 主窗口上选择"EnableRTDX"，使能 RTDX。

12.2.5　RTDX 目标库缓冲区的配置

RTDX 目标库缓冲区用于临时存储目标应用程序的数据，不同的目标系统，其缓冲区的大小可能是不同的。如果只传输少量数据，为了节省内存，可以压缩 RTDX 目标库缓冲区的大小。当传输比默认缓冲区容量大的数据块时，必须修改缓冲区的大小。对于 C2000、C5000 和 C6000 目标系统，RTDX 目标库的缓冲区容量为 256 个整数（对 16 位系统，缓冲区容量为 512 字节，对于 32 位系统，缓冲区容量为 1024 字节）

RTDX 目标库的缓冲区定义在 rtdx _ buf. c 文件中，该文件位于 CCS 安装目录下的 "TARGET \ rtdx \ lib" 子目录。其中的 TARGET 是 CCS 针对 DSP 处理器的安装子目录名，如对于 C28x 处理器，TARGET 为 C2000；对于 C54x，TARGET 为 C5400；对于 C55x，TARGET 为 C5500，对于 C6x，TARGRT 为 C6000 等。

对于 C6000 系列处理器的 rtdx _ buf. c 代码如程序 12-1 所示。

程序 12-1　C6000 系列处理器的 rtdx _ buf. c 代码

```
/ * * * * * * * * * * * * * * * * * * * * * * * * * * * * * * *
* $ RCSfile：rtdx _ buf. c, v $
* $ Revision：1. 3 $
* $ Date：2000/06/30 16：07：00 $
* Copyright （c）2000 Texas Instruments Incorporated
*
* Declares buffers used by RTDX buffer manager.
* * * * * * * * * * * * * * * * * * * * * * * * * * * * * * * */
#include<RTDX _ access. h>      / * RTDX _ CODE, RTDX _ DATA * /
#ifndef BUFRSZ
#define BUFRSZ 256
#endif
#if RTDX _ USE _ DATA _ SECTION
#pragma DATA _ SECTION （RTDX _ Buffer,". rtdx _ data"）
#pragma DATA _ SECTION （RTDX _ Buffer _ Start, ". rtdx _ data" ）
#pragma DATA _ SECTION （RTDX _ Buffer _ End, ". rtdx _ data" ）
#endif
int RTDX _ DATA RTDX _ Buffer ［BUFRSZ］;
/ * The buffer used by RTDX is defined by 2 symbols：RTDX _ Buffer _ Start
* and RTDX _ Buffer _ End. We use the following declarations in order to
* export these names * /
const void RTDX _ DATA * RTDX _ Buffer _ Start＝&RTDX _ Buffer ［0］;
const void RTDX _ DATA * RTDX _ Buffer _ End＝&RTDX _ Buffer ［BUFRSZ-
1］;
```

修改 RTDX 目标库缓冲区的容量可按下列步骤进行。

① 复制 rtdx _ buf. c 文件到用户的工程目录，不要修改原始文件。

② 将 rtdx _ buf. c 文件添加到用户工程。

③ 修改 rtdx _ buf. c 中宏定义 BUFRSZ。

④ 将 RTDX 目标库添加到用户工程。

⑤ 重新编译、链接以产生用户可执行程序。

12. 3 使用 RTDX 工具

为了方便 RTDX 的设置、诊断和监视，CCS 集成环境提供了若干工具，包括 RTDX 监视工具、RTDX 诊断工具、日志文件查阅工具。

12. 3. 1 RTDX 监视工具

RTDX 监视窗口是一个 ActiveX 控件，用于自动探测目标应用程序定义的通道，并将探测到的通道添加到监视列表中。在这个监视窗口中可以完成下面的操作：

- 从监视列表中删除监视通道；
- 将目标应用程序定义的通道添加到监视列表；
- 使能/除能列表中的通道。

在 CCS 集成环境中选择菜单 "Tools" → "RTDX" → "Channel Viewer Control"，将打开如图 12-4 所示的 RTDX 通道监视窗口。

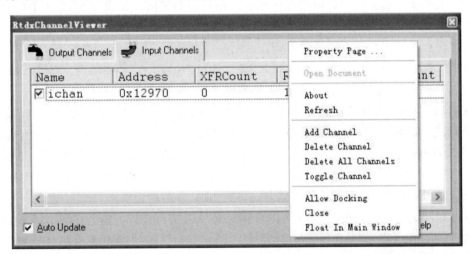

图 12-4 RTDX 通道监视窗口

RTDX 监视窗口有两个标签，分别用于监视输入通道和输出通道。在图 12-4 上单击鼠标右键将弹出一个下拉菜单，在此菜单上可以进行刷新通道信息（Refresh）、添加通道（Add Channel）、删除通道（Delete Channel）、使能/除能通道（Toggle Channel）等操作。如果使能 "Auto Update" 选择框，则可以自动更新所有通道的信息。单击通道名称前的选择框，可以使能或除能该通道，也可以通过鼠标右键的下拉菜单（Toggle Channel）使能或除能通道。

12. 3. 2 RTDX 诊断工具

当 RTDX 配置完成后，可以使用其诊断工具测试当前系统上的 RTDX 是否工作正

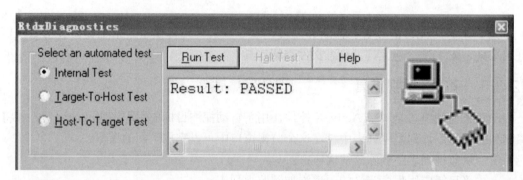

常。诊断测试可进行下列基本功能测试：

- 内部测试；
- 目标→主机的测试；
- 主机→目标的测试。

在 CCS 集成环境中选择菜单"Tools"→"RTDX"→"Diagnostics Control"，将打开如图 12-5 所示的 RTDX 诊断窗口。

图 12-5　RTDX 诊断窗口

（1）Internal Test（内部测试）

该测试模拟从目标应用程序接收数据，运行这个测试的目的是确保 CCS 能正确地处理数据，此测试不需要与目标应用程序相连。在开始测试前，必须按 12.2.4 节的步骤对 RTDX 进行设置，然后在图 12-5 的诊断窗口中选择"Internal Test"，再单击"Run Test"按钮即可进行测试。如果测试通过，则在诊断窗口中显示"Result：PASSED"。

提示：在对 RTDX 设置后，必须使能 RTDX，否则"Run Test"按钮变灰，测试无法进行。

（2）Target-To-Host Test（目标到主机的测试）

该测试主要验证目标向主机传输数据的能力，以及主机接收目标数据的能力。为了实现这个测试，必须在目标上运行通过 RTDX 发送数据的应用程序，同时在主机上运行接收 RTDX 数据的客户程序。CCS 默认使用了 t2h. out 目标应用程序发送数据，该程序位于 CCS 安装目录下的"\ examples \ TARGET \ rtdx \ t2h"子目录。其中的 TARGET 是 CCS 针对 DSP 处理器的安装子目录名，详见 12.2.5 节的说明。

在开始测试前，必须按 12.2.4 节的步骤对 RTDX 进行设置，然后在图 12-5 的诊断窗口中选择"Target-To-Host Test"，再单击"Run Test"按钮即可进行测试。测试结束后，测试结果显示在诊断窗口中，如图 12-6 所示。

（3）Host-To-Target Test（主机到目标的测试）

该测试主要验证目标接收主机数据的能力，以及主机传输数据到目标的能力。为了实现这个测试，必须在目标系统上运行通过 RTDX 接收数据的目标应用程序，同时在主机上运行发送数据的主机客户程序。CCS 默认使用了 h2t. out 目标应用程序接收数据，该程序位于 CCS 安装目录下的"\ examples \ TARGET \ rtdx \ h2t"子目录。有关的注意事项与目标到主机的测试相同。

在开始测试前，必须按 12.2.4 节的步骤对 RTDX 进行设置，然后在图 12-5 的诊断窗口中选择"Host-To-Target Test"，再单击"Run Test"按钮即可进行测试。测试结果与图 12-6 类似。

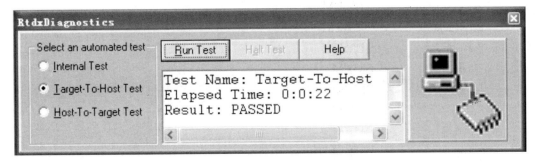

图 12-6　目标到主机的测试结果

在进行目标到主机或主机到目标的测试时，需要特别注意的如下。

① 由于 t2h. out 或 h2t. out 是 CCS 针对具体的目标系统而提供的测试程序，当读者使用的目标系统与 t2h. out 或 h2t. out 使用的目标系统不同时，应注意这种差别，尤其是链接命令文件中关于内存的配置。

② 除了可执行文件 t2h. out 或 h2t. out 外，CCS 还提供了目标测试程序的源代码。读者可通过修改链接命令文件，在自己的目标系统上实现测试。关于链接命令文件的修改请参阅第 11 章的相关内容。

③ "\ examples \ TARGET \ rtdx \ t2h" 目录是 CCS 集成环境执行 t2h. out 的默认目录，修改源代码之前，保护该目录的内容。修改后产生的 t2h. out 执行程序的目录不应改变。

下面通过一个具体的例子来说明如何在自己的目标系统上实现目标到主机的测试。

笔者使用的目标系统的 CPU 是 TMS320C6173B，执行 Target-To-Host Test 测试的目标应用程序位于 "\ examples \ evm6201 \ rtdx \ t2h"，链接命令文件为 "\ examples \ evm6201 \ rtdx \ shared \ c6201evm. cmd"，其中关于目标存储器及其段配置如程序 12-2 所示。

```
程序 12-2    CCS 执行目标到主机测试的原始命令链接文件 c6201evm. cmd
MEMORY
{
    VECS: o   =   00000000h    l=   00000200h
    PMEM: o   =   00000200h    l=   0000fe00h
    EXT0: o   =   00400000h    l=   00040000h
    EXT1: o   =   01400000h    l=   00040000h
    EXT2: o   =   02000000h    l=   00040000h
    BMEM: o   =   80000000h    l=   00010000h
}
SECTIONS
{
    . intvecs  >  VECS
    . text     >  PMEM
    . cio      >  BMEM
    . bss      >  BMEM
```

第 12 章　给自己的程序打个分——DSP 实时数据交换技术（RTDX）

399

```
    . sysmem     >     BMEM
    . stack      >     BMEM
    . cinit      >     BMEM
    . data       >     BMEM
    . far        >     BMEM
    . switch     >     BMEM
    . pinit      >     BMEM
    . const      >     BMEM
    . rtdx _ text >    PMEM
    . rtdx _ data >    BMEM
}
```

从程序 12-2 可以看出，CCS 原始的 t2h.out 使用目标系统具有内存 BMEM，并且将数据段加载到 BMEM。而笔者使用目标系统没有这块内存，因而加载原始的 t2h.out 时出现加载失败的提示，测试不能正常执行。

为了在自己的目标系统上进行测试、修改，命令链接文件如程序 12-3 所示。

程序 12-3　CCS 执行目标到主机测试、修改后的命令链接文件 c6201evm. cmd

```
MEMORY
{
    VECS：o＝00000000h   l＝00000200h
    PMEM：o＝00000200h   l＝0000fe00h
    IDRAM：o＝00010000h   l＝0x030000
}
SECTIONS
{
    . intvecs    >    VECS
    . text       >    PMEM
    . cio        >    IDRAM
    . bss        >    IDRAM
    . sysmem     >IDRAM
    . stack      >    IDRAM
    . cinit      >    IDRAM
    . data       >    IDRAM
    . far        >    IDRAM
    . switch>    IDRAM
    . pinit      >    IDRAM
    . const      >    IDRAM
    . rtdx _ text   >    PMEM
    . rtdx _ data   >    IDRAM
}
```

修改后，重新生成 t2h. out 目标执行文件，即可实现在自己的目标系统上的测试。测试结果见图 12-6。

12.3.3 日志文件查阅工具

CCS 提供一个查阅日志文件的工具 dumprtd. exe，该工具位于 CCS 安装目录下的 "\ examples \ hostapp \ rtdx \ dumprtd" 子目录。该工具将日志文件的二进制数据转换为文本信息并将转换后的信息显示在窗口中，如图 12-7 所示。图中显示的内容是进行 "Target-to-Host Test" 诊断测试时记录的日志文件，目标应用程序向主机发送 0～9 的十个整数。

在图 12-7 中，"MSG♯" 是当前信息的顺序号；"MSG ID" 是通道或事件的地址；"Event/Channel Name" 是通道或事件的名称；"♯ Of Elements" 当前信息中的元素总数。"Data" 是当前信息的值。

要使用 dumprtd. exe 工具，需按如下步骤进行。

① 运行 CCS 集成环境，打开 RTDX 配置窗口，设置步骤见 12.2.4 节。

② 除能 RTDX，在 RTDX 属性窗口（图 12-3）中选择数据源（Data Source）为从日志文件中回放 "playback（from log file）"，按 "确定" 按钮关闭 RTDX 属性窗口。

③ 运行日志文件查阅工具 dumprtd. exe，出现如图 12-7 所示的窗口。

④ 在如图 12-7 所示的窗口中打开日志文件，再执行 "RTDX" → "dumpRtd" 菜单命令，将把日志文件的二进制数据转换成文本信息，并显示在窗口中。

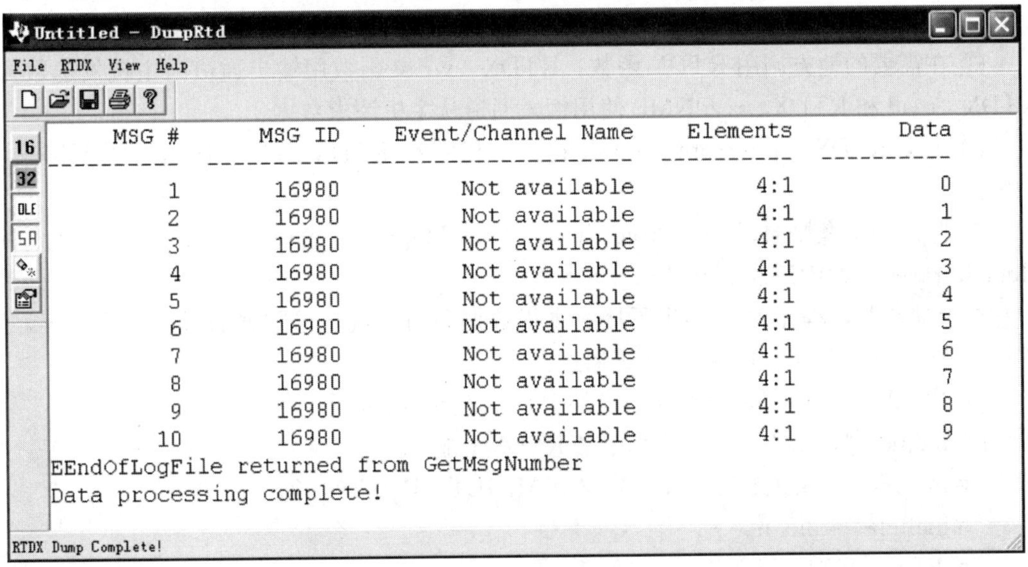

图 12-7　日志文件查阅工具

12.4　RTDX 工程实例

根据 RTDX 的工作原理，完整的 RTDX 工程实例由两部分构成，即目标应用程序和主机客户程序。目标应用程序捕获实时数据，并将捕获的数据送到主机 RTDX 库，主机客户就可以存取和处理来自目标应用程序的数据。通常情况下，从 DSP 捕获数据到主机客户处理数据要经历下面几个步骤。

① 产生捕获数据的目标应用程序。

② 产生处理数据的主机客户程序。

③ 启动 CCS，加载准备好的目标应用程序。

④ 使能 RTDX，以便从目标应用程序中接收数据，并响应主机客户程序的请求，将数据送到主机客户程序。

⑤ 运行目标应用程序，捕获实时数据，并将数据送到 RTDX 主机库。

⑥ 运行主机客户程序，处理数据。

12.4.1　目标应用程序

产生 RTDX 应用程序与产生其他应用程序的方法基本相同，只不过针对 RTDX 的特殊应用在应用程序中添加一些有关 RTDX 的内容，如包含 RTDX 的头文件、链接 RTDX 目标库等。产生 RTDX 应用程序的步骤如下。

① 定义所需的全局变量作为 RTDX 通道。该通道用于在目标应用程序与主机客户程序之间交换数据。RTDX 的通道是单向的，如果从目标应用程序向主机传送数据，必须用 RTDX _ CreateOutputChannel 定义输出通道；如果接收主机的数据，必须用 RTDX _ CreateInputChannel 定义输入通道。

② 设置中断向量。除 C54x 和 ARM 使用枚举驱动外，其他设备使用中断驱动。

③ 在需要的地方调用 RTDX 函数。RTDX _ write 函数用输出通道向主机发送数据，RTDX _ read 和 RTDX _ readNMB 使用输入通道从主机请求数据。

④ 定义 RTDX _ interrupt _ mask 符号，指定在 RTDX 的临界区暂时需要屏蔽的中断。

⑤ 打开 CCS 集成环境的 "Project" -> "Build Option" 窗口，在 Linker 设置的 "Include libraries" 栏中添加 rtdx. lib。

按上述步骤，程序 12-4 给出了接收主机数据和向主机发送数据的目标应用程序，该程序在 MS320C 6713b 目标板上调试通过。

```
程序 12-4    与主机客户程序通信的 RTDX 目标应用程序
#include<rtdx. h>          //定义 RTDX 目标 API
#include "target. h"        //定义 TARGET _ INITIALIZE ()
#include<stdio. h>          //C _ I/O
#define ITERATIONS          10
typedef enum {FALSE，TRUE} BOOL;        //定义布尔量
RTDX _ CreateInputChannel (ichan);       //定义输入通道
RTDX _ CreateOutputChannel (ochan);      //定义输出通道
struct tagReceive {
    int recvd;
} data;                 //定义数据接收结构
int last _ recvd=0;         //记录上次接收的数据
//主函数
void main (void)
```

```
{
    int error=0;                    //接收数据时的错误记录
    BOOL first_time=TRUE;           //第一次接收标志
    unsigned int i;
    unsigned int retMsg;
    //初始化指定的目标系统
    TARGET_INITIALIZE ();
    //使能通道
    RTDX_enableInput (&ichan);
    RTDX_enableOutput (&ochan);
    printf ("Recieving %d Messages from the Host... \n", ITERATIONS);
    for (i=0; i<ITERATIONS; i++)
    {   unsigned ausrcvd;
        //初始化接收数据变量
        data.recvd=0;
        //从主机请求读一个整数
        ausrcvd=RTDX_read (&ichan, &data.recvd, sizeof (data.recvd) );
        if (ausrcvd! =sizeof (data.recvd) ) {
            fprintf (stderr, "\nError: RTDX_read () failed! \n");
            abort ();
        }
        //设置第一次读标志
        if (first_time) {
            first_time=FALSE;
        }
        else {
            //验证读取的数据
            if (data.recvd! =last_recvd+1) {
                fprintf (stderr, "\nError: Unexpected Data! \n" \
                    "Received %i, Expected%i \n", data.recvd, last_recvd);
                error++;
                break;
            }
        }
        //在控制台窗口中显示接收的数据
        fprintf (stdout, "Value%i was read from the host \n", data.recvd);
        last_recvd=data.recvd;
    }
    //发送测试结果到主机
    //retMsg 的高半字为从主机接收到数据数目，低半字为错误信息
```

```
        retMsg= (ITERATIONS<<16) | error;
            RTDX _ write (&ochan, &retMsg, sizeof (retMsg));
            //等待目标到主机的传输完成
            while (RTDX _ writing! =NULL)
            {
    #if RTDX _ POLLING _ IMPLEMENTATION
                //条件编译，如果枚举驱动，调用 RTDX _ Poll
                RTDX _ Poll ();
    #endif
            }
            //显示发送信息
            fprintf (stdout, "Value %i was send to the host \ n", retMsg);
            //除能通道
            RTDX _ disableInput (&ichan);
            RTDX _ disableOutput (&ochan);
            //显出完成信息
            puts ( "\ nApplication Completed");
            if (! error) {
                puts ("Successfully!");
            } else {
                puts ("with Errors!");
            }
    }
```

程序 12-4 的几点说明如下。

① 在程序中，用 RTDX _ CreateOutputChannel（ochan）宏定义并初始化了一个名为"ochan"的输出通道，用 RTDX _ CreateInputChannel（ichan）宏定义并初始化了一个名为"ichan"的输入通道。在目标应用程序中，通道的名称相当于一个全局变量，使用目标 RTDX 库函数时，可以引用该变量。在主机客户程序中，通过 RTDX 主机库共享这个名字，亦即在主机客户应用程序中产生 RTDX 对象时要使用相同的名称。

② 在 main 函数中，首先使用宏 TARGET _ INITIALIZE 对 RTDX 目标进行初始化。该宏在"target. h"文件中定义，主要作用是使能中断。其次调用 RTDX _ enableOutput（&ochan）函数使能命名为"ochan"的输出通道，调用 RTDX _ enableInput（&ochan）函数使能命名为"ichan"的输入通道，接着调用 RTDX _ read 函数等待接收主机的数据。程序设计中，目标向主机请求 10 个数据，主机向目标发送 0～9 的整数。程序 12-4 在接收一个新的数据后，检查是否比上次收到的数据增 1，以此来判断正确与否，并在输出窗口中显示信息。如果接收错误，用 error 记录接收错误的次数。

③ 从主机接收 10 个数后，目标将接收数据的相关信息存放在 retMsg 中，其中 retMsg 的高半字存放接收到的数据个数，低半字存放接收出现的错误次数。然后调用 RTDX _ write 函数将 retMsg 发送到主机。

④ 调用 RTDX _ write 后，通过查询 RTDX _ writing 的值来检查向主机的数据传输

是否完成。如果 RTDX_writing! ＝NULL，则说明传输未完成，对枚举驱动的 RTDX 设备，还要调用 RTDX_Poll 函数。这里，为了统一处理 RTDX 不同的驱动方式（中断驱动或枚举驱动）使用了宏 RTDX_POLLING_IMPLEMENTATION 对程序进行条件编译。

12.4.2 主机客户程序

产生 RTDX 主机客户程序应该完成如下工作：

- 为每一个数据通道创建 RTDX 对象实例；
- 根据创建的 RTDX 实例对象打开每个数据通道；
- 在需要的地方调用 RTDX COM 接口函数。

主机客户与目标应用程序之间的数据传输可以使用两种方法，即每次接收一个数据或每次接收一批数据（如数组）。由于 RTDX 的每次传输都要附加两个字长的控制信息，大块数据传输会减少控制信息量，而传输一个数据与传输一批数据具有相同的控制信息，因而传输批量数据的效率较高。但要注意，如果数组的尺寸大于 RTDX 主机库的缓冲区，可能造成传输失败。

产生主机客户程序的工具很多，如 Visual Basic、Visual C++、Excel、LabVIEW 等，下面以 VC++作为开发工具来说明构建主机客户程序的方法和过程。使用 VC++作为产生主机客户程序的工具时，VC++的版本必须在 5.0 或更高的版本，主机客户程序访问 RTDX COM 接口需按以下步骤进行。

① RTDX COM 接口的函数是在动态库 rtdxint.dll 中，在程序中必须用下面的代码导入 RTDX 服务器类型库。

＃import　"C：\ CCStudio_v3.1 \ cc \ bin \ rtdxint.dll"；

using namespace RTDXINTLib；

其中"C：\ CCStudio_v3.1"是 CCS 的安装目录，这里假定 CCS 安装在 C 盘的 CCStudio_v3.1 目录。

② 用代码 IRtdxExpPtr rtdx 定义 IRtdxExp 类型的接口变量 rtdx。

③ 用代码：:CoInitialize（NULL）初始化 COM 接口。

④ 用代码 rtdx.CreateInstance（_ _ uuidof（RTDXINTLib：:RtdxExp））产生 RTDX COM 对象实例。

⑤ 用 rtdx->Open 函数打开指定的数据通道，用 rtdx->Read 或 rtdx->Write 函数与 RTDX 主机库交换数据。

⑥ 任务完成后，用 rtdx->Close（）函数关闭打开的通道，用 rtdx.Release（）函数释放 COM 对象引用，最后用：:CoUninitialize（）释放 COM 接口资源。

程序 12-5　主机客户应用程序
```
＃include 　<iostream.h>
＃include 　<stdio.h>
＃include 　<stdlib.h>
//定义 COM 接口函数返回码
＃define Success        0x0          //调用成功
＃define Failure        0x80004005 //调用失败
```

```
#define Warning 0x80004004//警告
#define ENoDataAvailable 0x8003001e //无数据可用
#define EEndOfLogFile 0x80030002//日志文件结束
#import "C：\CCStudio_v3.1\cc\bin\rtdxint.dll"    //导入RTDX类型服务库
using namespace RTDXINTLib;
int TestRTDXStatus (int status，int data);    //COM接口调用结果处理
//主函数
int main ( )
{
        long status;
        HRESULT hr;              // COM API调用状态
        long data;
        long bufferstate;
        cout. setf (ios：：showbase); //设置控制台输出
        //初始化COM接口
        :：CoInitialize (NULL);
        //========向目标发送数据==================
        IRtdxExpPtr rtdxW;        //定义IRtdxExp接口
            //实例化RTDX COM对象
        hr=rtdxW. CreateInstance (L "RTDX" );
        if (FAILED (hr) ) {
                cerr<<hex<<hr<< "-Error：Instantiation failed！ \ n";
                return-1;
        }
        //打开命名为"ichan"的通道，准备向目标发送数据
          status=rtdxW->Open ("ichan"，"W");
        if (status! =Success) {
            cerr <<hex<<status \
                << "-Error：Opening of channel \ " ichan \ "failed！ \ n";
            return-1;
        }
        for (data=0；data<10；data++)
         {
                //向目标发送32位整数
                rtdxW->WriteI4 (data，&bufferstate);
                if (status! =Success) {
                        cerr<<hex<<status<< "-Error：WriteI4failed！ \ n";
                        return-1;
                }
         }
```

```cpp
        cout<< "Value" <<data<< "was sent to the target! \ n";
}
//==========从目标接收数据=================
long targetMsg;
IRtdxExpPtr rtdxR;  //定义 IRtdxExpPtr 接口
hr=rtdxR. CreateInstance（L "RTDX"）;
if（FAILED（hr））{
        cerr<<hex<<hr<< "-Error：Instantiation failed! \ n";
        return-1;
}
//打开名为 "ochan" 的通道，准备接收目标的数据
status=rtdxR->Open（ "ochan"， "R"）;
if（status! =Success）{
      cerr<<hex<<status \
      << "-Error：Opening of a channel failed! \ n";
      exit（-1）;
}
    //从目标请求数据
targetMsg=-1;       //接收数据变量初始化
while（1）
 {
   status=rtdxR->ReadI4（&targetMsg）;       //从目标请求数据
   status=TestRTDXStatus（status，targetMsg）;     //检查结果
   if（! status）{
       cout<< "Target Received" << （targetMsg≫16） << "Data! \ n";
       if（!（targetMsg&0x01））
           cout<< "Target Status：OK!";
       else
           cout<< "target Status：Errors!";
       break;
   }
}
status=rtdxR->Close（）; //关闭 ochan 通道
rtdxR. Release（）;          //释放 ochan 通道的资源
//==============================
status  =  rtdxW->Close（）; //关闭 ichan 通道
rtdxW. Release（）; //释放 ichan 通道的资源
cout  << " \ n \ nPress Any Key to Exit \ n";
```

```
        char    option;
        cin ≫ option;
        ∷ CoUninitialize ();            //释放 COM 接口的资源
        return    0;
}
```

//===
//检查 COM 接口函数的执行状态

```
int TestRTDXStatus (int status，int data)
{   int ret＝0;
    switch (status)
    {
        case Success:
            //在控制台窗口显示数据
            cout<< "Value" <<data<< "was received from the target! \ n";
            break;
        case Failure:
            cerr<<hex<<status \
            << "-Error: ReadI4 returned failure! \ n";
            ret＝-1;
            break;
        case ENoDataAvailable:
            cout<< " \ n \ nNo Data is currently available! \ n";
            cout<< " \ n \ nWould you like to continue reading [y or n]?";
            char option;
            cin≫option;
            if ( (option＝＝'y') || (option＝'Y') )
             {
                //cout<< " \ n \ nGet Data is again! \ n";
                ret＝-1;
             }
            else
                ret＝0;
            break;
        case EEndOfLogFile:
            cout<< " \ n \ nData Processing Complete! \ n";
            ret＝-1;
            break;
        default:
            cerr<<hex<<status \
```

```
            << "-Error: Unknown return code! \ n";
            ret=-1;
    }
    return ret;
}
```

程序12-5的几点说明如下。

① 主机客户程序的主要任务是用 RTDX COM 接口与目标应用程序交换数据，为了将注意力集中在 RTDX COM 接口的使用上，程序12-5简单地使用了 Win32 控制台应用程序。

② 通道的输入和输出是相对于目标系统而言的，目标的接收通道为输入通道，发送通道为输出通道。由于 RTDX 的通道是单向的，所以主机客户发送数据时，只能使用目标定义的输入通道，接收数据时，只能使用目标定义的输出通道。因此，在程序12-5中，用语句：

IRtdxExpPtr rtdxW；

hr＝rtdxW. CreateInstance（L "RTDX"）；

IRtdxExpPtr rtdxR；

hr＝rtdxR. CreateInstance（L "RTDX"）；

为每个通道创建了一个 COM 对象。注意，CreateInstance 函数中的参数 "RTDX" 是 RTDX 类型库的名称，不能更改。

程序中打开了两个数据通道，ichan 用于向目标发送数据，ochan 用于从目标接收数据。该程序与程序12-4（目标应用程序）联合使用，也就是说，在目标机上运行程序12-4，在主机上运行程序12-5。

③ 在 RTDX COM 对象的 Open 函数中使用的通道名称必须与目标应用程序中定义的通道名称完全一致，否则，该函数返回错误。就上面的实例而言，"ichan" 在程序12-4被定义为输入通道，在程序12-5中必须用写操作方式打开，如 rtdxW->Open（"ichan"，"W"）。而 "ochan" 在程序12-4中被定义为输出通道，在程序12-5种必须用读操作方式打开，如 rtdxR->Open（"ochan"，"R"）。如果用写操作打开目标定义的输出通道，或用读操作打开目标定义的输入通道，其结果不可预料。

④ 向目标写了10个整数之后，程序12-5打开读通道向目标应用程序请求信息。该信息存储在变量 targetMsg 中。targetMsg 的高半字代表目标应用程序已接收的数据个数，targetMsg 的低半字代表接收出现的错误次数。

⑤ 程序12-5在 Visual C++ 6.0 开发环境中编译通过。

12.4.3 RTDX 程序的调试

在准备好 RTDX 实例程序的源代码之后，就可以进行程序的调试和测试。调试 RTDX 程序需按如下步骤进行。

① 打开 CCS 集成环境，编译程序12-4，产生目标应用程序的执行代码，并下载到目标板。

② 在 CCS 中打开 RTDX 配置窗口，首先除能 RTDX，再打开 RTDX 属性窗口，将

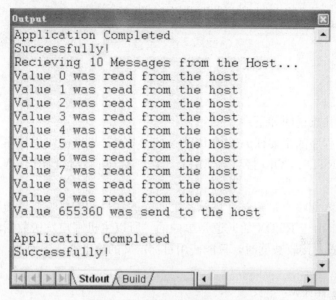

图 12-8　目标应用程序运行结果

RTDX 的操作方式（Mode）设置为连续方式（Continuous Mode）。最后关闭 RTDX 属性窗口，使能 RTDX。关于 RTDX 的配置，请参阅 12.2.4 节。

③ 在 CCS 上运行程序 12-4，运行结果如图 12-8 所示。

④ 在 Visual C++6.0 开发环境中运行程序 12-5，运行结果如图 12-9 所示。

从图 12-8 可以看出，目标应用程序从主机接收了 0～9 的 10 个整数，并向主机发送了一个整数 655360。而从图 12-9 可以看出，主机向目标发送了 0～9 的 10 个整数，并从目标接收了一个整数 655360（0x0a0000）。该整数的高半字代表目标接收到的数据个数（0x0a＝10），低半字代表目标接收数据时出现的错误次数（0x0000，无错误）。不难看出，这正是目标应用程序和主机客户程序的所设计的结果。

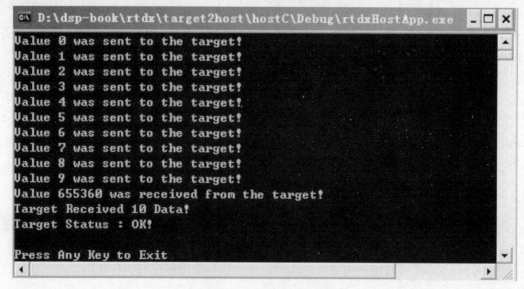

图 12-9　主机客户程序运行结果

12.4.4 RTDX 程序的性能考虑

RTDX 在目标与主机之间交换数据，其性能主要是它们之间的通信率。设计 RTDX 程序时，性能应从主机客户程序和目标应用程序两方面来考虑。

（1）主机客户程序

RTDX 主要关心的是接收和记录目标应用程序数据的速率，通常目标处理器不会限制通信速率，通信的瓶颈主要在主机一边，因为主机 RTDX 通过查询接收目标应用程序的数据，并缓存到自己的缓冲区中。由于 Microsoft Windows 系统不是实时操作系统，主机客户接收和记录数据的速率受到很多因素的影响。采取下面的措施可以提高通信速率。

- 在较快的 CPU 上运行 CCS 和主机程序，这样可以提高仿真器驱动程序查询 JTAG 接口的速度。
- 增加主机系统的内存以减少虚拟内存交换的次数，从而为仿真器驱动程序查询 JTAG 接口提供更多的时间。
- 减少操作系统的任务数量以降低 CPU 执行时的任务竞争，从而减少查询 JTAG 接口时被中断的概率。
- RTDX 在传输数据时，都要附加控制信息，大块数据传输会减少控制信息量，例如，传输整数数组比传输等量的单个整数的效率更高。RTDX COM 接口的函数 ReadASI2 和 Write 函数就可以实现大块数据的传输。

（2）目标应用程序

虽然主机与目标之间的通信的瓶颈不在目标应用程序，但采取下列措施可以提高通信速率。

- 提高 DSP 的工作时钟频率，以加快目标处理器执行通信任务的速度。
- 传送大块数据，降低传输频率，可以减少每次传输附加的控制信息，从而提高通信速率。
- 减少目标系统访问内存的等待状态，使得目标处理器更快地执行代码或访问外部存储器。由于外部扩展内存（external memory）比在片内存（on-chip memory）的访问速度慢，如果将 RTDX 代码/数据链接到外部内存，将直接影响执行 RTDX 代码的速度。因此，建议将 RTDX 代码和数据链接到在片内存。
- 如果 RTDX 采用枚举驱动，降低枚举的频率（执行 RTDX _ Poll 函数的频率）可以减少打扰 RTDX 驱动的次数，从而改善通信性能。
- 优化目标应用程序，减少不必要的测试或信息提示代码。例如，可以删除程序 12-4 中的信息提示 fprintf（stdout…）。

上面提及的措施是对 RTDX 数据传输的原则性要求和建议，更具体的建议依处理器而异，也与 RTDX 的驱动方式有关。下面针对采用不同驱动方式的两种处理器（C54x 和 C6x）加以说明。

C54x 采用枚举方式实现 RTDX 的通信，在每次数据传输时，目标应用程序必须调用 RTDX _ Poll 函数来与主机交换数据。RTDX _ Poll 必须有节奏地调用，因为目标应用程序并不能确定什么时候才允许数据传输。过低的枚举频率将降低数据的传输速率，而过高的枚举频率将增加大量的控制信息，从而影响传送速率，必须在传输数据量和传输速率之间做出平衡。极端情况下，如果不调用 RTDX _ Poll，主机就不能与目标通信，这导致

RTDX 的通信超时，因而在 CCS 中产生极差的响应时间。因此，即使没有数据传输，也应该保持主机与目标之间的通信联系。建议采用如下方法。

• 有节奏地调用 RTDX＿Poll 函数，以保证主机与目标之间有更多的数据交换机会。

• 设置合适的定时器中断，在定时器中断服务程序中调用 RTDX＿Poll 函数。

• 根据 RTDX＿writing 的值调用 RTDX＿Poll 函数，必须在 RTDX＿writing 为 NULL 时调用枚举函数。

• 对 C54x，宏 RTDX＿POLLING＿IMPLEMENTATION 被定义为 1（枚举驱动），不要 ♯undef 这个宏。该宏定义在 C：＼CCStudio＿v3.1＼C5400＼rtdx＼include＼rtdx＿poll.h 中。

• 为了能同时兼顾中断驱动和枚举驱动，使用下面的条件调用：
♯if RTDX＿POLLING＿IMPLEMENTATION
RTDX＿Poll（ ）；
♯endif

对于 C6x，RTDX 由特殊的仿真中断 MSGINT（Message Interrupt）驱动，这个中断依每个 ISA（Industry Standard Architecture）而不同，但多数情况下，MSGINT 是第 2 个保留中断，位于中断服务表 IST（Interrupt Service Table）的 0x60 处。具体位置请参阅 CCS 样本程序中关于该处理器的 intvecs.asm 文件，例如 C6711 的 intvecs.asm 文件位于"C：＼CCStudio＿v3.1＼examples＼dsk6711＼rtdx＼shared"目录。

主机通过 RTDX 与目标通信时，会触发 MSGINT 中断。当这个中断被触发时，目标应用程序必须调用 RTDX＿Poll 函数才能通过 JTAG 接口实现数据交换。当主机向目标写一个字时，它同时也从目标接收到一个字，实际的数据传输发生在 MSGINT 中断调用 RTDX＿Poll 函数的过程中，可以通过系统配置在 RTDX 数据传输率与处理器执行应用程序的时间之间做出平衡。

RTDX 主机库在仿真器驱动程序中接收来自目标的数据，当 RTDX 使能时，该驱动连续查询 JTAG 接口的数据。可以通过下列措施改善通信速率。

• 使用编译器中断阈值选项（-mi＜n＞）限制中断闭锁的时间。因为在 C6x 中，RTDX 是中断驱动的，过长的中断闭锁会降低 RTDX 的响应。当中断闭锁超过 10000 个执行周期时，RTDX 的性能开始下降。关于-mi 选项的更多信息，请参与 TMS320C6000 优化编译器用户指导（SPRU187）。

• 减少 MSGINT 中断被除能的次数，以增加主机与目标进行数据交换的机会。如果频繁地除能 MSGINT，RTDX＿Poll 将得不到足够的调用，从而导致通信超时，进而造成通信率的降低。

12.5 RTDX 应用实例

前面几节讨论了 RTDX 的原理、配置以及接口函数的使用方法，下面再通过一个具体应用实例来给自己的程序打个分，实时性如何？算法是否优化？从而找出需要优化的地方和采取的措施。本实例由目标应用程序和主机客户程序两部分组成。

12.5.1 目标应用程序

程序 12-6 给出了本实例的目标应用程序，其中设计了两个产生正弦信号的函数 CreateSineWave1 和 CreateSineWave2，CreateSineWave1 使用基本的 sin 函数直接产生，而 CreateSineWave2 使用三角函数的倍角递推公式产生。在程序运行的过程中，动态地测量它们的执行时间，并将测量的结果通过 RTDX 发送到主机客户。在主机客户程序中，可以实时地、动态地观察和评价这两个函数的实时特性。

```
程序 12-6  RTDX 应用实例
#include<math.h>           //数学库支持
#include<stdio.h>          //标准 I/O 支持
#include<stdlib.h>         //标准库支持
#include<csl.h>            //芯片支持库
#include<csl_PLL.h>        //系统时钟支持
#include<csl_Timer.h>      //定时器支持
#include<rtdx.h>           //RTDX 支持
#include "reg6713.h"       //芯片寄存器定义
#include "target.h"        //TARGET_INITIALIZE ( )
//常数定义
#define PI           3.141592653589793238462643383279 5 //pi
#define PI2          (2.0 * PI) //2pi
#define PI2_3        (PI2/3.0) //2pi/3
#define ARC_OF_1DEG  0.01745329251994329576923690768488 6//pi/180
#define DEG_OF_1ARC  57.29577951308232087679815481410 5//180/pi
#define SQRT2        1.41421356237309504880168872420 97//sqrt (2)
extern far void vectors ();          //中断矢量表
typedef struct tagOnet2hData      //向主机发送数据结构
{
    unsigned int data1;
    unsigned int data2;
} ONE_T2H;
//发送缓冲区定义
#define T2H_MAX_BUF      1024
typedef struct tagRTDX_t2h
{
    unsigned int headPtr;                   //发送缓冲区头指针
    unsigned int tailPtr;                   //发送缓冲区尾指针
    unsigned int sndCount;                  //发送计数
    ONE_T2H sndBuffer [T2H_MAX_BUF];        //发送缓冲区
} RTDX_T2H;
RTDX_T2H  t2hData;
```

```
//信号参数定义
typedef  struct  tagSignalParm
{
    float amp;                    //幅值
    float sf;                     //频率
    float phase;                  //相位
    double xn _ 2;                //数据递推 xn（n-2）
    double xn _ 1;                //xn（n-1）
    double cos _ 2delta;          //2cos（delta）
    int crtPts;                   //计数器
} SIGNAL;
SIGNAL sine1, sine2;
TIMER _ Handle hTimer0，hTimer1；    //定时器句柄
//函数原型定义
void PLLInit（void）；                          //系统时钟初始化
void IniterruptInit（void）；                    //中断初始化
void TimerInit（void）；                         //定时器初始化
int GetRTDX _ data（ONE _ T2H ∗ retData）；      //从缓冲区读取发送数据
void SetRTDX _ data（ONE _ T2H ∗ pT2hData）；//写发送数据到缓冲区
void sineSignalInit（SIGNAL ∗ pSine）；          //信号产生初始化
void CreateSineWave1（SIGNAL ∗ pSine，int n，float ∗ x）；//信号产生方法 1
void CreateSineWave2（SIGNAL ∗ pSine，int n，float ∗ x）；//信号产生方法 2

//定义并初始化一个输出通道 “ochan”
RTDX _ CreateOutputChannel（ochan）；
//======主函数==========
void main（void）
{   unsigned int sndCnt;
    float   x [128]，y [128]；
    unsigned  int  t0，t1，t2；
    int   delta _ t;
    ONE _ T2H   sndData;
    CSL _ init（）；          //芯片支持库初始化
    IRQ _ globalDisable（）；//全局中断除能
    PLLInit（）；            //初始化系统时钟
    TimerInit（）；          //定时器初始化
    IniterruptInit（）；     //中断初始化
    memset（&t2hData，0，sizeof（RTDX _ T2H））；    //清 0 发送缓冲区
    TARGET _ INITIALIZE（）；        //初始化 RTDX 目标
    RTDX _ enableOutput（&ochan）；          //使能输出通道 “ochan”
//初始化信号产生结构
memset（&sine1，0，sizeof（SIGNAL））；
```

```
    sine1. amp=5.0;
    sine1. sf=50.0;
    sine1. phase=0;
    sine2=sine1;
    sineSignalInit (&sine2);
    sndCnt=0;              //发送计数器清 0
    while (1)              //主循环
    {
        t0=TIMER _ getCount (hTimer1); //取当前计数器的值
        CreateSineWave1 (&sine1, 80, x); //用方法 1 产生信号
        t1=TIMER _ getCount (hTimer1); //取当前计数器的值
        CreateSineWave2 (&sine2, 80, y); //用方法 2 产生信号
        t2=TIMER _ getCount (hTimer1); //取当前计数器的值
        delta _ t=t1-t0;        //用方法 1 产生信号所用的时间
        if (delta _ t<0)
        delta _ t+=0xffffffff;
        sndData. data1=delta _ t;
        delta _ t=t2-t1;        //用方法 2 产生信号所用的时间
        if (delta _ t<0)
            delta _ t+=0xffffffff;
        sndData. data2=delta _ t;
        if (sndCnt<10)
        {
            SetRTDX _ data (&sndData); //将发送数据写入发送缓冲区
            sndCnt++;
        }
    }
}
//=====产生信号方法 1, 直接用 sin 函数产生正弦信号======
//输入参数 pSine: 信号参数, n: 产生的数据点数
//输出参数 x: 产生的信号值
void CreateSineWave1 (SIGNAL * pSine, int n, float * x)
{   int i;
    float ph2, amp;
    double ph, deltaPh, f, ph0;
    double sampFreq=4000.0;        //采样频率

    ph2=pSine->phase;
    f=pSine->sf/sampFreq;
    ph0=ARC _ OF _ 1DEG * ph2;
    ph=ph0;
```

```
deltaPh＝PI2 * f；
    amp＝pSine->amp * SQRT2；
    for (i＝0；i＜n；i＋＋)
    {
            x [i] ＝amp * sinf (ph)；
            ph＋＝deltaPh；
    }
    while (ph＞PI2)
        ph-＝PI2；
    pSine->phase＝ph * DEG _ OF _ 1ARC；
}
//＝＝＝＝＝产生信号方法 2，用迭代方法产生正弦信号＝＝＝＝＝＝＝＝＝＝
//输入参数 pSine：信号参数，n：产生的数据点数
//输出参数 x：产生的信号值
void CreateSineWave2 (SIGNAL * pSine，int n，float * x)
{   int i；
    float   fData；
    for (i＝0；i＜n；i＋＋)
    {
            if (pSine->crtPts＜2)
            {
              if (pSine->crtPts＝＝0)
                fData＝pSine->xn _ 2；
              else
                fData＝pSine->xn _ 1；
            }
            else
            {
            fData＝pSine->cos _ 2delta * pSine->xn _ 1-pSine->xn _ 2；
            //递推数据
            pSine->xn _ 2＝pSine->xn _ 1；
            pSine->xn _ 1＝fData；
            }
            x [i] ＝fData；
            pSine->crtPts＋＋；
    }
}
//＝＝＝＝＝用递推法产生信号的初始化＝＝＝＝＝
//输入参数 pSine：信号参数
void sineSignalInit (SIGNAL * pSine)
```

```
{
    double arcPh, ph, amp;
    double sampFreq=4000.0;         //采样频率
    double delta_f=pSine->sf/sampFreq;
    double delta_ph=PI2 * delta_f;
    arcPh=pSine->phase * ARC_OF_1DEG;
    pSine->cos_2delta=2.0 * cos (delta_ph);
    //计算前面的两个点
    amp=pSine->amp * SQRT2;
    pSine->crtPts=0;
    ph=arcPh+pSine->crtPts * delta_ph;
    pSine->xn_2=amp * sin (ph);
    ph+=delta_ph;
    pSine->xn_1=amp * sin (ph);
}
//====定时器初始化=============================
====
void TimerInit (void)
{   int i, tmp=0;
    Uint32   period;
    //初始化定时器 0,中断周期 0.5ms
    hTimer0=TIMER_open (TIMER_DEV0, TIMER_OPEN_RESET);
    * (int *) _TIMER_BASE_DEV0=0x3e0;
    for (i=0; i<100; i++)
        tmp++;
    period=12187;
    TIMER_setPeriod (hTimer0, period);      //设置中断周期
    TIMER_start (hTimer0);                   //启动定时器
    IRQ_enable (IRQ_EVT_TINT0);           //使能定时器 0 中断
    IRQ_clear (IRQ_EVT_TINT0);            //清除未处理的定时器中断
    //初始化定时器 1,设置为计数器,无中断
    hTimer1=TIMER_open (TIMER_DEV1, TIMER_OPEN_RESET);
    * (int *) _TIMER_BASE_DEV1=0x3e0;
    period=0xffffffff;
    TIMER_setPeriod (hTimer1, period);       //设置定时器周期
    TIMER_setCount (hTimer1, 0x00000000);   //设置计数器初值
    TIMER_start (hTimer1);                    //启动计数器
}
//====系统时钟初始化========================
```

```
void PLLInit (void)
    {
        PLL_Config  pllCfg;
        PLL_Init  pllInit;

        pllCfg.pllcsr＝PLLCSR;           //PLL 控制/状态寄存器
        pllCfg.pllm＝PLLM;               //PLL 倍频器控制寄存器
        pllCfg.plldiv0＝PLLDIV0;         //PLL 分频器 0 寄存器
        pllCfg.plldiv1＝PLLDIV1;         //PLL 分频器 1 寄存器
        pllCfg.plldiv2＝PLLDIV2;         //PLL 分频器 2 寄存器
        pllCfg.plldiv3＝PLLDIV3;         //PLL 分频器 3 寄存器
        pllCfg.oscdiv1＝OSCDIV1;         //振荡器分频器 1 寄存器
        PLL_config (&pllCfg);            //设置 PLL 控制器
        PLL_bypass ();                   //设置 PLL 为旁路模式
        PLL_reset ();                    //复位 PLL
        PLL_setPllRatio (PLL_DIV0, 0);   //设置分频器 0 的分频因子
        PLL_enablePllDiv (PLL_DIV0);     //使能分频器 0.
        PLL_setMultiplier (5);           //设置 PLL 倍频器的值
        PLL_setOscRatio (0x09);          //设置振荡器的分频因子
        PLL_enableOscDiv ();             //使能振荡器分频器
        PLL_setPllRatio (PLL_DIV1, 0);   //设置分频器 1 的分频因子
        PLL_enablePllDiv (PLL_DIV1);     //使能分频器 1
        PLL_setPllRatio (PLL_DIV2, 1);   //设置分频器 2 的分频因子
        PLL_enablePllDiv (PLL_DIV2);     //使能分频器 2
        PLL_setPllRatio (PLL_DIV3, 1);   //设置分频器 3 的分频因子
        PLL_enablePllDiv (PLL_DIV3);     //使能分频器 3
        PLL_deassert ();                 //退出 PLL 复位状态
        PLL_enable ();                   //使能 PLL 并设置成 PLL 模式
    }
    //====定时器 0 中断服务程序===================
    interrupt void Timer0_Interrupt (void)
    {
    //等待数据传输
    if (RTDX_writing! ＝NULL)
        {   //RTDX 忙
            #if RTDX_POLLING_IMPLEMENTATION
            //对于枚举驱动，调用 RTDX_Poll
            RTDX_Poll ();
            t2hData.sndCount＋＋;
            #endif
```

```
          }
        else
        {   //RTDX  空闲
            ONE_T2H sndData;
            int ret=GetRTDX_data (&sndData);
            if (ret)
             {
               if (! RTDX_write (&ochan, &sndData, sizeof (sndData) ) )
                { fprintf (stderr, "\nError: RTDX_write () failed! \n");
                   abort ();
                }
             }
          }
        IRQ_clear (IRQ_EVT_TINT0);      //清除定时器0中断
}
//=====中断初始化=============================
void IniterruptInit (void)
{
  IRQ_globalDisable ();                 //全局中断除能
  IRQ_setVecs (vectors);                //设置中断向量表
  IRQ_nmiEnable ();                     //使能非屏蔽中断
  //初始化 Timer 中断
  IRQ_map (IRQ_EVT_TINT0, 14);          //映射定时器0中断
  IRQ_globalEnable ();                  //全局中断使能
  IRQ_clear (IRQ_EVT_TINT0);            //清除未处理的定时器0中断
  IRQ_enable (IRQ_EVT_TINT0);           //使能定时器中断
}
//=====写发送数据到发送缓冲区=================
void SetRTDX_data (ONE_T2H * pT2hData)
{
  int n=t2hData.tailPtr;
  t2hData.sndBuffer [n] = * pT2hData;
  n++;
  if (n>=T2H_MAX_BUF)
    n=0;
  t2hData.tailPtr=n;
}
//=====从发送缓冲区读取数据, 返回0, 表示无数据========
int GetRTDX_data (ONE_T2H * retData)
```

```
{
    if (t2hData. headPtr! =t2hData. tailPtr)
    {
    int n=t2hData. headPtr;
    #if SND _ ONE _ INT
    retData->data1=t2hData. sndBuffer [n] . data1;
    #else
    retData->data1=t2hData. sndBuffer [n] . data1;
    retData->data2=t2hData. sndBuffer [n] . data2;
    #endif
        n++;
        if (n>=T2H _ MAX _ BUF)
          n=0;
        t2hData. headPtr=n;
        return 1;
    }
    return 0;
}
```

关于程序 12-6 的几点说明如下。

① 程序 12-6 在 6173b 目标板上调试完成。

② 该程序由 main、PLLInit、InterruptInit、TimerInit、GetRTDX _ data、SetRTDX _ data、sineSignalInit、CreateSineWave1 和 CreateSineWave2 等函数组成。其中 main 函数是本实例的主函数；PLLInit 是系统时钟初始化函数，用于设置系统的工作时钟；TimerInit 是定时器初始化函数，该函数将定时器 0 设置为中断周期为 0.5ms 定时器，将定时器 1 设置为自由计数的计数器；IniterruptInit 是中断初始化函数，用于建立定时器中断；GetRTDX _ data 用于从发送缓冲区读取数据；SetRTDX _ data 用于将待发送的数据写入发送缓冲区。sineSignalInit 是产生信号的初始化函数，CreateSineWave1 用基本的正弦函数产生信号，CreateSineWave2 用三角迭代关系产生信号。

提示：虽然本实例是在 6173b 目标板上开发的，其中的函数与具体的处理器基本无关，因为定时器初始化、中断初始化函数、PLL 初始化函数都使用了芯片支持库的函数，对不同的 DSP 处理器，CCS 会自动链接相应的芯片支持库。只要针对不同的处理器和不同的应用需求适当调整设置参数（如定时器中断频率、系统时钟的分频或倍频值等），本实例同样可以在其他处理器上运行。

③ 在程序 12-6 的设计中，使用了缓冲发送策略，这样设计的目的是为了使 RTDX 尽可能不要干扰应用程序的执行。正如在 12.2.2 节讨论的那样，目标应用程序向主机发送数据时，必须检查变量 RTDX _ writing 的值来确定 RTDX 是否忙。如果 RTDX 忙，则不能向主机发送数据。假如直接使用 RTDX _ write 函数，在遇到 RTDX 忙（RTDX _ writing≠NULL）时，可能由于发送失败而丢失数据。如果原地等待 RTDX _ writing＝NULL 时再发送，则会影响目标应用程序的实时性。因此，在目标应用程序需要发送数

据时，首先将数据写到发送缓冲区，然后在定时器中断服务程序中将数据送往主机。本实例中的缓冲区是一个循环缓冲区，用 headPtr 和 tailPtr 两个指针控制，向缓冲区写数据时，tailPtr 加 1，从缓冲区读取数据时，headPtr 加 1。当 tailPtr＝headPtr 时，缓冲区空（没有要发送的数据）。如果指针到达缓冲区末尾时，指针回头。

④ 在定时器中断服务程序 Timer0 _ Interrupt 中，为了统一处理 RTDX 不同的驱动方式（中断驱动或枚举驱动）使用了宏 RTDX _ POLLING _ IMPLEMENTATION 对程序进行条件编译。当定时器触发中断时，首先检查 RTDX 是否忙，如果 RTDX _ writing ＝NULL，则从发送缓冲区中读取待发送的数据，如果有待发送的数据，则调用 RTDX _ write 函数将数据送往主机。如果 RTDX _ writing≠NULL，则根据所用处理器支持的驱动方式来确定等待，还是调用枚举函数 RTDX _ Poll。

⑤ CreateSineWave1 函数使用下列公式产生信号。

$$x \ [i] \ =amp \times sin \ (ph \ [i] \ )$$

$$ph \ [i] \ =\frac{\pi}{180} \ (phase+df \times 360i), \ df=\frac{signalFreq}{sampFreq}$$

式中，amp 为信号的幅值；phase 为信号的初相位；signalFreq 为信号的频率；sampFreq 为采样频率。

⑥ CreateSineWave2 使用下列迭代公式产生信号。

$$sinn\theta=2cos\theta sin \ [\ (n-1) \ \theta] \ -sin \ [\ (n-2) \ \theta]$$

此迭代公式的前两项（$n=0$，$n=1$）和常数 $2cos\theta$ 用 sineSignalInit 函数计算。

⑦ 为了测量代码的执行时间，本实例将定时器 1 设置为自由计数的计数器，当启动计数器后，计数器不断地进行加 1 计数。在需要测量某段代码的执行时间时，首先用 TIMER _ getCount 读取计数器的值（如 t_0）；代码执行完之后，再读取计数器的值（如 t_1），t_1-t_0 即为代码执行的时间。

12.5.2 主机客户程序

程序 12-7 给出了与程序 12-6 配合执行的主机客户程序。

```
程序 12-7 应用实例的主机客户程序
#include<iostream. h>
//定义 RTDX COM 接口返回状态
#define  Success              0x0
#define  Failure              0x80004005
#define  Warning              0x80004004
#define  ENoDataAvailable     0x8003001e
#define  EEndOfLogFile        0x80030002
#import "C: \ CCStudio _ v3. 1 \ cc \ bin \ rtdxint. dll" //导入 RTDX 类型服务库
using namespace RTDXINTLib;
int main ()
{   IRtdxExpPtr rtdx;        //定义 IRtdxExp 接口
    long status;             //RTDX COM API 的调用状态
    HRESULT hr;
```

```
    VARIANT sa；
    long data，i；
cout. setf（ios：：showbase）；        //设置控制台参数
：：CoInitialize（NULL）；            //初始化 COM
：：VariantInit（&sa）；              //初始化 VARIANT 对象
//实例化 RTDX COM 对象
hr=rtdx. CreateInstance（_uuidof（RTDXINTLib：：RtdxExp））；
if（FAILED（hr））{
    cerr<<hex<<hr<< "-Error：Instantiation failed! \ n";
    return-1；
}
//用读方式打开 "ochan" 通道
status=rtdx->Open（"ochan"，"R"）；
if（status! =Success）{
  cerr<<hex<<status \
        << "-Error：Openingofachannelfailed! \ n";
    return-1；
}
//从主机库中读取数据
do {
    //从打开的通道中读取信息
    status=rtdx->ReadSAI4（&sa）；
    //检查 ReadSAI4 的返回状态
    switch（status）{
      case Success：
        //显示数据
        cout<< " \ n";
        for（i=0；i<（signed）sa. parray->rgsabound [0] . cElements；i++）
         {
           hr=：：SafeArrayGetElement（sa. parray，&i，（long * ）&data）；
                cout<<data<< " \ t";
        }
        break；
      case Failure：
        cerr<<hex \
          <<status \
          << "-Error：ReadSAI4 returned failure! \ n";
          return-1；
      case ENoDataAvailable：
        cout<< " \ n \ nNo Data is currently available! \ n";
```

```
        cout<< "\n\nWould you like to continue reading [y or n]? \n";
        char option;
        cin>>option;
        if ((option=='y') || (option=='Y'))
            break;
        else
            return-1;
    case EEndOfLogFile:
        cout<< "\n\nData Processing Complete! \n";
        break;
    default:
        cerr<<hex<<status<< "-Error: Unknown return code! \n";
        return-1;
    }
} while (status! =EEndOfLogFile);
status=rtdx->Close ();              //关闭打开的通道
rtdx. Release ();                   //释放 RTDX COM 对象
:: VariantClear (&sa);             //清理 Variant 对象
:: CoUninitialize ();              //释放 COM 接口
return 0;
}
```

可以看出程序 12-7 与程序 12-5 的结构很类似,二者的主要差异如下。

- 程序 12-5 使用了两个通道:一个向目标发送数据;另一个从目标接收数据。而程序 12-7 只使用了一个接收目标数据的通道。

- 在程序 12-5 中,考虑到目标应用程序向主机发送单个整数,因而接收目标的数据时使用了接收整数的函数 ReadI4。而在程序 12-7 中,目标向主机发送两个元的整数数组,因而接收函数使用了 ReadSAI4。

程序 12-6 和程序 12-7 的运行步骤与程序 12-4 和程序 12-5 的运行步骤完全相同。即在 CCS 上将程序 12-6 下载到目标,配置 RTDX,再执行程序 12-6。在 VC++环境中运行程序 12-7,运行结果如图 12-10 所示。

图 12-10 给出的是本应用实例的示意性结果,只从目标应用程序发送了 10 次测量 CreateSineWave1 和 CreateSineWave2 执行时间的结果。从统计性的角度来看,10 次测量远远不够,应通过足够多的测试来评价算法的优劣。图 12-10 中的第一列是执行 CreateSineWave1(直接用正弦函数产生信号)函数的时间,第二列是执行 CreateSineWave2(用迭代算法产生信号)函数的时间。可以看出,CreateSineWave2 的执行时间比 CreateSineWave1 的执行时间短。

图 12-10 中给出结果只是执行代码期间计数器的计数值,还不是代码执行所花的时间,实际的执行时间还应乘以计数器的计数间隔时间。不过,就比较两种算法的执行效率而言,计数器的计数值就足以说明问题了。

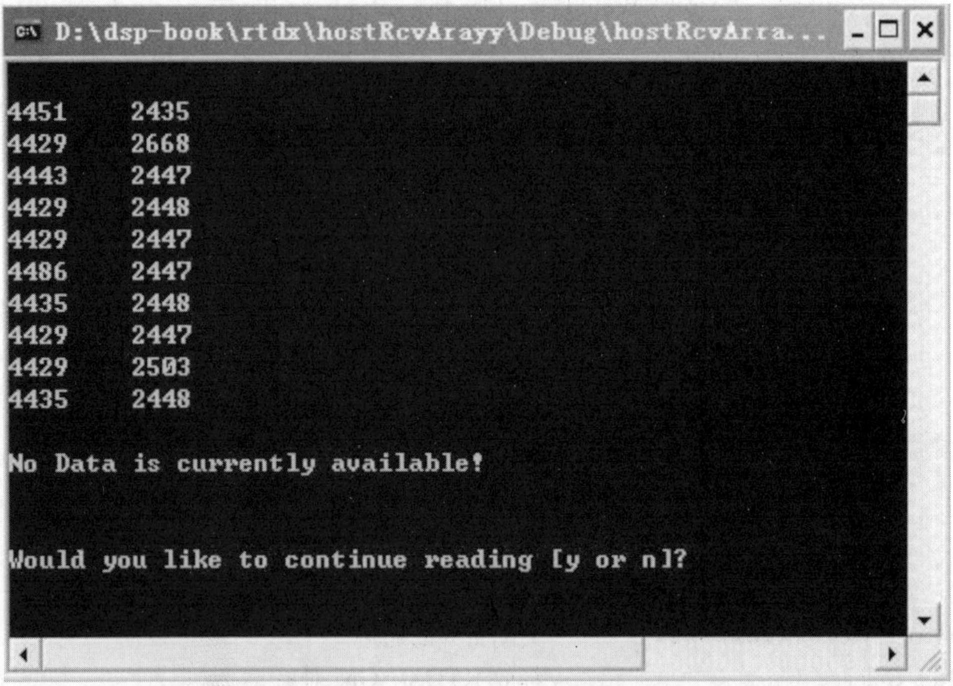

图 12-10　RTDX 应用实例运行结果

此外，为了简单，也限于篇幅，没有在主机客户程序中对测量数据进行图形显示，对大量数据，图形显示会更直观。

12.6　要点与思考

RTDX（Real-Time Data Exchange，实时数据交换）为 DSP 应用程序的运行提供了一个实时的可视化环境，可以在不中断 DSP 工作的情况下与主机客户进行实时的数据交换。通过 RTDX，开发者可以动态地、实时地观察到 DSP 应用程序真实的工作过程。RTDX 的这种特性对于评估 DSP 应用程序的性能有很大的帮助。首先在 12.2 节中详细介绍了 RTDX 的原理、接口（目标应用程序接口和 COM 接口）和配置，使读者对 RTDX 有一个比较深入的了解。其次在 12.3 节中介绍了几种 RTDX 的实用工具，包括诊断工具、监视工具和日志文件查阅用具。使用这些工具可以方便地检查设置是否正确，通道是否使能以及记录在日志文件中的信息。接着在 12.4 节中给出了 RTDX 的工程实例，详细阐述了创建目标 RTDX 工程的步骤及其实现过程，并给出了程序实例。同时也阐述了创建主机客户 RTDX 工程的步骤和实现过程，也给出了程序实例。最后在 12.5 节中给出了 RTDX 应用的综合应用实例，该实例详细描述了如何测量两种算法的代码执行时间，并将测试结果传送到主机客户程序。

此外，读者在阅读本章内容时还可以注意思考下列问题。

① 什么是 RTDX？它能为目标程序的开发提供哪些帮助？

② 一个完整的 RTDX 应用程序应包含哪些部分？

③ 运行 RTDX 程序需要哪些步骤?

④ RTDX 的数据通道由目标应用程序定义,并由主机客户程序使用。能否由主机客户程序定义,并由目标应用程序使用?

⑤ 请把程序 12-7 修改成为具有图形界面的客户应用程序,并图示化目标应用程序送来的数据。

参考文献

［1］粟思科．DSP 原理及控制系统设计．北京：清华大学出版社，2010.

［2］戴明祯．TMS320C54x DSP 结构、原理及应用．北京：北京航空航天大学出版社，2001.

［3］苏涛等．DSP 实用技术．西安：西安电子科技大学出版社，2002.

［4］刘艳萍等．DSP 技术原理及应用教程．北京：北京航空航天大学出版社，2005.

［5］张雄伟等．DSP 继承开发与应用实例．北京：电子工业出版社，2002.

［6］王念旭．DSP 基础及应用系统设计．北京：北京航空航天大学出版社，2001.

［7］曹志刚等．现代通信原理．北京：清华大学出版社，1992.

［8］曾义芳．DSP 基础知识及系列芯片．北京：北京航空航天大学出版社，2006.

［9］刘益成．TMS320 C54 DSP 应用程序设计与开发．北京：北京航空航天大学出版社，2002.

［10］周霖．信号处理技术应用．北京：国防工业出版社，2003.

［11］王念旭等．DSP 基础与应用系统设计．北京：北京航空航天大学出版社，2001.

［12］任丽香等．TMS320 C6000 系列 DSPs 的原理与应用．北京：电子工业出版社，2000.

［13］汪安民．TMS320C54xx DSP 实用技术．北京：清华大学出版社，2002.

［14］苏奎峰等．TMS320 F2812 原理与开发．北京：电子工业出版社，2005.

［15］何振亚．数字信号处理的理论与应用．北京：人民邮电出版社，1987.

［16］丁玉美等．数字信号处理．西安：西安电子科技大学出版社，2001.